위상수학 특강

김준기 지음

KYOWOO

위상수학은 보통 학생들이 대학에서 처음 만나는 고등학교 수학과 분위기가 다른 수학이다. 어떤 문제가 미분적분을 이용해서 해결할 수 있다 판단되면 그 계산이 아무리 복잡하고 어렵더라도 문제를 이해한 것은 분명하다. 때문에 미분적분학 문제는 문제를 풀어가는 과정에서 자신이 올바른 길로 가고 있음을 알 수 있다. 그러나 위상수학에서는 이렇다 할 계산이라는 것이 없다. 가장 큰 여려움은 대분분의 위상수학 교과서에서 위상수학을 소개하는 방법이 원소의 개수가 몇 개 되지 않는 간단한 집합의 부분집합들의 모아 위상을 만들기 때문에, 위상이 전혀 쓸모 없는 것처럼 보이는 것이다.

맞는 말이다. 수학도 그 분야가 방대하기 때문에 대부분의 수학자들이 연구하는 그런 분야는 없다. 바꾸어 말하면 수학을 공부하는 대부분의 사람들이 위상수학을 공부하는 것은 아니다. 그러나 위상수학은 해석학이나 기하학에 관심이 있는 사람들에게는 자신의 관심분야를 통찰하기 위한 근본적이 도구다. 이런 생각으로 이 책에서는 논리적인 완벽함을 버리고, 위상수학의 중요한 개념을 일찍 알게 모르게 소개하고, 다음에 되풀이 하는 방식을 택했다. 특히 거리공간을 초기에 도입하여 이해하고, 이를 바탕으로 추상적인 위상공간을 이해하는데 도움이 되도록 했다. 모든 문제를 해설이 있는 보기 문제로 구성하여 풀어가는 과정에서 자연스럽게 위상개념을 익히도록 했다. 이런 점에서 이 책은 위상수학을 전공으로 공부하기 않지만 지나가는 과정으로 필요한 학생들에게 큰 도움이 될 것이라 생각한다.

희망이 강물처럼 흐르는 도시, 춘천

김 준기

2017년 12월

차 례

장 1
집합(set)

이 장의 목적은 위상수학을 공부하는 데 필요한 집합 개념을 소개하는 것이다. 위상 개념은 고등학교 수학과는 달리 상당히 추상적인 것이어서, 위상 개념을 설명할 때 원소가 몇 개 되지 않는 유한집합에서 정의된 위상으로부터 시작하는 것이 대부분이다. 그러나 수학에서 중요한 역할을 하는 대부분의 것들은 무한집합으로 기술된다. 이 장에서는 집합의 간단한 성질과, 가장 중요한 무한집합인 자연수 집합, 유리수 집합, 실수집합을 소개한다. 때문에 이 장을 필요한 때 보기로 하고 다음 장으로 진행해도 좋다. 주요 내용은 다음과 같다.

- 귀납집합
- 유한집합, 무한집합
- 자연수 집합과 전단사함수가 있는 집합(가산집합)
- 기껏해야 번호를 붙일 수 있을 만큼의 원소를 갖는 집합(기껏해야 가산 집합)
- 자연수 집합으로 단사함수가 없는 집합(비가산집합)
- 귀납집합, 수학적 귀납법
- 칸토르-베른쉬타인 정리
- 도미노 함수

제 1.1 절 집합의 정의

일상 생활에서 늘 접하는 것도, 오직 그것 만이 만족시키는 정의를 하는 것은 거의 불가능한 일이다. 다음을 오직 그것 만이 만족시키는 정의를 할 수 있는가?

- 시간
- 공간
- 우주
- 사람
- 착한 사람
- 자동차
- 개
- 아파트
- 위상수학
- 인간

예를 들어 시간을 보자. 시간이 무엇인지 정의하는 것은 어렵다. 그러나 시간이 무엇인지 분명하게 정의하지 못하더라도 시간이 무엇인지 알고, 느끼고 있다. 또 시간이 무엇인지 정의하지 못하더라도 시간이 멈추는 것도 아니다. 수학에서도 이런 일들이 일어난다. 예를 들어 집합(set)이란 무엇인가?

정의 1.1.1 [집합의 정의(Georg Cantor)] Unter einer Menge verstehen wir jede Zusammenfassung M von bestimmten wohlunterschiedenen Objekten (m) unserer Anschauung oder unseres Denkens (welche die Elemente von M genannt werden) zu einem Ganzen.

집합이란 직관이나 사고를 통해서 명확하게 구별할 수 있는 것(m)들을 하나의 전체 M으로 생각하는 것을 말한다(이때 m을 M의 원소라 말한다)

위 정의는 집합의 정의로 손색이 없는 것처럼 보이지만, 우리가 원하는 것을 완전히 결정하지는 못한다. 즉 처음에 전혀 생각지도 못했던 것들을 집합이라 받아들여야 하는 경우가 생긴다. 그러나 받아들이면 논리적 모순이 생기기 때문에 이러지도 저러지도 못하는 상황이 발생한다. 예를 들어

$$\text{모든 집합을 원소로 갖는 집합 } \mathcal{S}$$

을 생각해보자. 집합이 잘 정의된 것이라면, 당연히 모든 집합을 원소로 갖는 집합 $\mathcal{S}$도 잘 정의된 것이어야 한다. 이제 다음 집합 $\mathcal{S}_0$를 생각하자.

$$\mathcal{S}_0\text{는 집합 } x \text{ 중에서 } x\text{를 원소로 갖지 않는 집합을 하나의 전체로 모은 집합}$$

이 집합 $\mathcal{S}_0$에 대해서는 이러지도 저러지도 못하는 난처한 상황이 생긴다. 즉 $\mathcal{S}_0$는 $\mathcal{S}_0$의 원소인가 하는 질문에 답을 할 방법이 없다. 왜냐하면 만일 $\mathcal{S}_0$가 $\mathcal{S}_0$ 의 원소라 한다면, 바로 $\mathcal{S}_0$의 정의에 따라 $\mathcal{S}_0$는 $\mathcal{S}_0$의 원소가 아니다. 그렇다고 $\mathcal{S}_0$는 $\mathcal{S}_0$의 원소가 아니라고 답을 하면, 또 $\mathcal{S}_0$의 정의에 따라 $\mathcal{S}_0$는 $\mathcal{S}_0$의 원소가 아니다.

위와 같은 난처한 상황은 집합이 무엇인지 몰라서 생기는 것이 아니라, 집합을 단순한 몇개의 단어로 정의할 수는 없다는 것을 의미한다. 예를 들어 사람이 무엇인지 본능적으로 알고 있지만, 사람을 단순하게 몇개의 단어로 정의하기는 불가능하다. 사람이 무엇인지 정의하지 않더라도 사람과 함께 사는 것이 가능한 것처럼, 집합이 무엇이라고 몇개의 단어로 정의하지 않더라도 집합이 무엇인지 알고 불편하지 않게 쓸 수 있다. 때문에 집합이 무엇인지 정의하지 않는다. 본능적으로 아는 것으로 한다. 대신에 다음 규칙을 약속한다.

지금부터 다음은 정의 없이 사용한다.

- 집합(set)
- 원소(element)
- 속한다, 원소이다, 원소가 아니다

[존재공리(Axiom of Existence)] 원소를 한 개도 갖지 않는 집합이 존재한다.

이런 원소가 한 개도 없는 집합을 생각하는 이유는 대략 다음과 같다. 예를 들어 방정식 $x^2 = -1$의 근이 되는 실수는 없다. 그런데 더 복잡한 방정식 $x^{100} + 700x^2 + 500x + 75 = 0$이 실근을 갖는 지를 확인하는 것은 대단히 번거롭다. 따라서 이 방정식의 실근으로 이루어진 집합의 성질을 말하려면 먼저 실근을 갖는 것을 보이는 것이 논리적으로 맞다. 그러나 근의 성질에 대해서 말하는 데는 꼭 근을 구하는 것이 필요한 일은 아니다. 예를 들어 이 방정식의 근이 z라면 $|z| \le 2$가 되어야 하는 것은 한 눈에 알 수 있기 때문이다. 이렇게 원소를 한개도 갖지 않는 집합을 받아들이지 않으면, 집합을 쓸 때마다 제일 먼저 그 집합이 최소한 한개의 원소는 갖는 것을 확인해야 하는데, 이것은 대단히 불편하고, 무엇보다도 먼저 가능한 일도 아니다. 예를 들어 $n \ge 3$ 인 모든 정수에 대해서, $A_n := \{(x, y, z) \mid x, y, z$는 0이 아닌 정수이고 $x^n + y^n = z^n\}$가 원소를 한개도 갖지 않는 것을 확인하는데 350년 이상이 걸렸다.

[같음공리(Axiom of Extensionality)] 두 집합 X, Y에 대해서, X의 모든 원소가 Y의 원소이고, Y의 모든 원소가 X의 원소이면 두 집합은 같다. 즉 $X = Y$.

그런데 왜 이런 공리가 필요한가? 자기 자신을 생각해보자. 오늘을 나는 어제의 나와 같은가? 예를 들어 어떤 사람이 머리를 짧게 잘랐다면 자르기 전과 다른 사람인가? 어떤 사람이 이름을 다른 이름으로 바꿨다면 다른 사람이 되었나? 분명히 다른 점이 있지만, 모두 같은 사람으로 보는 것이 상식이다. 머리카락이나 이름은 사람의 본질이 아니라고 생각하기 때문이다. 집합은 그것이 어떻게 표현되던지, 그 집합을 구성하는 원소가 같으면 같은 집합으로 보겠다는 말이다.

도움정리 1.1.1 원소를 한개도 갖지 않는 집합은 딱 하나 밖에 없다.

증명. A, B가 모두 원소를 한개도 갖지 않는 집합이라 하자. A는 원소르 한개도 갖지 않기 때문에 " a가 A의 원소이다"라는 것은 거짓이다. 따라서 " a가 A의 원소이면 a는 B의 원소이다'라는 말은 참이다. B도 원소를 한개도 갖지 않는 집합이기 때문에 "b가 B의 원소이면 b는 A의 원소이다"는 말도 참이다. 따라서 같음공리에 의해서 $A = B$. ■

정의 1.1.2 [공집합, 원소이다]

1. 원소를 한개도 갖지 않는 집합은 딱 하나 밖에 없다. 지금부터는 원소를 한개도 갖는 않는 집합을 **공집합(empty set)**이라 하고 $\emptyset$ 또는 $\{\}$ 으로 표시한다.
2. X가 집합일 때 " **x가 X의 원소이다** " 는 것을 간단히 $x \in A$ 또는 $A \ni x$ 로 표시한다. 따라서 같음공리는 다음과 같이 간단히 표현된다.

$$A = B \iff x \in A \text{ 이면 } x \in B\text{이고, 동시에 } y \in B\text{이면 } y \in A\text{이다}$$

정의 1.1.3 [부분집합(subset)] A가 B의 **부분집합(subset)**이라는 것은 $A \subset B$ 또는 $B \supset A$ 로 표시하고, 다음과 같은 의미이다.

$$A \subset B \iff x \in A\text{이면 } x \in B$$

즉 $A \subset B$라는 것은 A의 모든 원소가 B의 원소가 되는 것을 말한다. 이 기호를 이용하면 같음공리는 다음과 같이 표현된다:

$$A = B \iff A \subset B, \quad B \subset A$$

도움정리 1.1.2 모든 집합 A에 대해서 $\emptyset \subset A$.

증명. $x \in \emptyset$은 언제나 거짓이다. 따라서 " $x \in \emptyset$이면 $x \in A$ " 는 모든 집합 A에 대해서 참이다. 따라서 $\emptyset \subset A$. ■

[**이해공리(The Axiom Schema of Comprehension)**] x에 대한 성질 $P(x)$가 있다. 그러면 어떠한 집합 A에 대해서도 다음 성질을 갖는 집합 B가 존재한다:

$$x \in B \iff x \in A \text{ 이고 } P(x) \text{ 가 참}$$

이해공리가 말하려는 것을 살펴보자. 우선 $P(x) : x = x$라 두면 $P(x)$는 모든 x에 대해서 참이다. 따라서 $x \in A$이고 $P(x)$가 참 인 원소들로 이루어진 집합 B는 A와 같다. 즉 $B = A$.

보기 1.1.1 두 집합 A, B가 있다, $P(x, C) : x \in C$라 두자. 그러면

$$x \in A \text{ 이고 } P(x, B) \iff x \in A \text{ 이고 } x \in B$$

이다. 같은 생각으로 $x \in B$ 이고 $P(x, A) \iff x \in B$ 이고 $x \in A \iff x \in A$ 이고 $x \in B$

정의 1.1.4 [공통집합(intersection)] 두 집합 A, B가 존재할 때 $x \in A$ 이고 $x \in B$ 이 x들로 이루어진 집합을 A, B의 **공통집합(intersection of** A **and** B)이라 하고 $A \cap B$ 로 표시한다.

정의 1.1.5 [집합 $\{x \in A \mid P(x)\}$] A의 원소 x 중에서 $P(x)$가 참인 원소 전체로 이루어진 집합을 $\{x \in A \mid P(x)\}$ 로 나타낸다. 이 표현을 쓰면 $A \cap B = \{x \in A \mid x \in B\} = \{x \in B \mid x \in A\}$

집합의 보기로 소개한 것은 $\emptyset$이다. 다른 집합은 아직 소개하지 않았다. 두 개의 집합이 주어지면 두 집합의 공통집합을 만들어 새로운 집합을 만들 수 있다. 그런데 $\emptyset \cap \emptyset = \emptyset$이므로, 집합의 연산 $\cap$을 공통집합에 적용하면 새로운 집합이 만들어 지지 않는다. 뭔가 새로운 것을 만드는 것은 이미 있는 재료를 가공하는 일이다. 이것을 위해서 다음 공리가 필요하다.

[**두 원소 집합 공리(The Axiom of Pair)**] A, B를 어떻게 잡더라도 다음 집합 C가 존재한다:

$$x \in C \iff x = A \text{ 이거나 } x = B$$

두 원소 집합공리가 말하려는 것은 이미 존재하는 것 중에서 두개를 잡아서 A, B로 표시하면 , 딱 그 두개 만을 원소로 갖는 집합이 존재한다는 것이다.

정의 1.1.6 오직 A, B 만을 원소로 하는 집합을 $\{A, B\}$ 로 표시한다. 그러나 $A = B$인 경우에는 $\{A, A\}$ 라는 표현 대신에 $\{A\}$로 표시한다.

공집합 $\emptyset$은 존재하는 것으로 약속했다. 이 공집합과 두 원소 집합공리로 다음과 같은 집합들이 차례로 만들어진다. 각각의 경우 A에 해당하는 집합과 B에 해당하는 집합을 어떻게 잡았는지 알아보자.

$$\begin{aligned}
&\emptyset\\
&\{\emptyset\}\\
&\{\emptyset, \{\emptyset\}\}\\
&\{\emptyset, \{\emptyset\}, \{\emptyset, \{\emptyset\}\}\}\\
&\{\emptyset, \{\emptyset\}, \{\emptyset, \{\emptyset\}\}, \{\emptyset, \{\emptyset\}, \{\emptyset, \{\emptyset\}\}\}\}\\
&\vdots
\end{aligned}$$

위 식은 대단히 복잡하다. 다음과 같이 익숙한 번호를 붙여보자.

$$\begin{aligned}
0 &= \emptyset\\
1 &= \{\emptyset\}\\
2 &= \{\emptyset, \{\emptyset\}\}\\
3 &= \{\emptyset, \{\emptyset\}, \{\emptyset, \{\emptyset\}\}\}\\
4 &= \{\emptyset, \{\emptyset\}, \{\emptyset, \{\emptyset\}\}, \{\emptyset, \{\emptyset\}, \{\emptyset, \{\emptyset\}\}\}\}\\
\vdots & \qquad \vdots
\end{aligned}$$

이렇게 $0, 1, 2, 3, 4$ 로 위 집합을 모두 표현하면 다음과 같다.

$$\begin{aligned}
0 &= \emptyset\\
1 &= \{\emptyset\} = \{0\}\\
2 &= \{\emptyset, \{\emptyset\}\} = \{0, 1\}\\
3 &= \{\emptyset, \{\emptyset\}, \{\emptyset, \{\emptyset\}\}\} = \{0, 1, 2\}\\
4 &= \{\emptyset, \{\emptyset\}, \{\emptyset, \{\emptyset\}\}, \{\emptyset, \{\emptyset\}, \{\emptyset, \{\emptyset\}\}\}\} = \{0, 1, 2, 3\}\\
\vdots & \qquad \vdots
\end{aligned}$$

[합집합공리(The Axiom of Union)] 집합 S에 대해서 다음을 만족시키는 집합 U가 존재한다:

$$x \in U \iff x \in A \text{ 가 되는 } A \in S\text{가 있다}$$

이 집합 U를 $\bigcup S$ 로 표시한다.

보기 1.1.2 $S = \{\emptyset, \{\emptyset\}\}$이면 $\bigcup S = \{\emptyset\}$

<**풀이**> 우선 $S = \{\emptyset, \{\emptyset\}\}$는 약속에 따라 $\emptyset$과 $\{\emptyset\}$ 만을 원소로 하는 집합이고, $\{\emptyset\}$은 $\emptyset$ 만을 원소로 하는 집합인 것을 알자. 따라서 $x \in \bigcup S$이면 $x \in A$가 되는 $A \in S$가 있다. 그런데 $A = \emptyset$이거나 $A = \{\emptyset\}$이기 때문에, 의미있는 경우는 $A = \{\emptyset\}$인 경우 뿐이다. 따라서 $x = \emptyset$이다. 그러므로 $x \in \{\emptyset\}$. 이것으로 $\bigcup S \subset \{\emptyset\}$이 증명되었다. 다른 한편으로 $y \in \{\emptyset\}$이면 약속에 따라 $\{\emptyset\} \in S$이므로 $y \in \cup S$이다. 이것으로 $\{\emptyset\} \subset \cup S$가 증명되었다. 따라서 $\cup S = \{\emptyset\}$. □

정의 1.1.7 [합집합(union)] 두 집합 A, B 을 원소로 하는 집합 $S = \{A, B\}$를 생각하자. 이것을 두 원소 집합공리로 약속했다. 그러면 $\bigcup S$ 대신에 간단히 $A \cup B$ 로 표시한다. 즉

$$\bigcup\{A, B\} = A \cup B$$

보기 1.1.3 A, B, C가 주어지면 A, B, C 만을 원소로 하는 집합이 존재하는 것을 보여라.

<**풀이**> 두 원소 집합공리에서 $\{A, B\}$가 존재한다.
다시 두 원소 집합공리에서 $\{C\} = \{C, C\}$가 존재한다. 이제 다시 두 원소 집합공리에서

$$\{\{A, B\},\ \{C\}\}$$

가 존재한다. 그러면 $\bigcup\{\{A, B\},\ \{C\}\}$가 오직 A, B, C 만을 원소로 하는 집합이다. 왜냐하면 $x \in \bigcup\{\{A, B\},\ \{C\}\}$이면 약속에 따라 $x \in \{A, B\}$이거나 아니면 $x \in \{C\}$이다. 따라서 x는 A, B, C 셋 중 어느 하나가 되어야 한다. 다른 한 편으로 x가 A, B, C 셋 중 어는 하나가 되었다 하자.
예를 들어 $x = A$이거나 $x = B$이면 $x \in \{A, B\}$이므로 $x \in \bigcup\{\{A, B\},\ \{C\}\}$.
만일 $x = C$라면 $x \in \{C\}$이므로 $x \in \bigcup\{\{A, B\},\ \{C\}\}$. 따라서 x가 A, B, C 중 어느 하나가 되면 $x \in \bigcup\{\{A, B\},\ \{C\}\}$가 증명되었다. 이것으로 $\bigcup\{\{A, B\},\ \{C\}\}$ 는 A, B, C 만으로 이루어진 집합인 것이 증명되었다. □

생각하는 것이 여러 개 있다면 자연수로 번호를 붙이자. 예를 들어 $A_1, A_2, \cdots, A_n$. 그러면 두 원소 집합공리와 합집합 공리를 적용하면 오직 이렇게 주어진 것들만을 원소로 하는 집합이 존재한다. 이 집합을

$$\{A_1, A_2, \cdots, A_n\}$$

으로 나타내자. 예를 들어 $5 = \{0,1,2,3,4\}$라 하는 것은 5는 오로지 $0,1,2,3,4$ 만을 원소로 하는 집합이라는 뜻이다.

정의 1.1.8 [자연수의 덧셈] 집합 x이 주어지면 $x+1$ 을 다음과 같이 정의한다.

$$x+1 := x \cup \{x\}$$

예를 들어 몇개의 자연수 $0,1,2,3,4$를 생각해보면

$$0+1 = \emptyset \cup \{\emptyset\} = \{\emptyset\} = \{0\} = 1$$
$$1+1 = 1 \cup \{1\} = \{\emptyset\} \cup \{\{\emptyset\}\} = \{\emptyset, \{\emptyset\}\} = \{0,1\} = 2$$
$$2+1 = 2 \cup \{2\} = \{\emptyset, \{\emptyset\}\} \cup \{\{\emptyset, \{\emptyset\}\}\} = \{0,1,2\} = 3$$
$$3+1 = 3 \cup \{3\} = \{\emptyset, \{\emptyset\}\} \cup \{\{\emptyset, \{\emptyset\}\}\} \cup \{\{\emptyset, \{\emptyset\}\} \cup \{\{\emptyset, \{\emptyset\}\}\}\} = \{0,1,2,3\} = 4$$
$$\vdots \quad \vdots$$

정의 1.1.9 [**귀납집합(inductive set)**] 집합 I가 귀납집합이라는 것은 다음 조건을 만족하는 집합란 뜻이다.

1. $0 \in I$
2. $n \in I$ 이면 $n+1 \in I$.

정의 1.1.10 [**자연수 집합(The set of Natural numbers)**] 자연수 집합이란 다음 집합을 말한다.

$$\mathbb{N} := \{x \mid \text{모든 귀납집합 } I\text{에 대해서 } x \in I\}$$

무엇을 정의했다고 해서 그것이 존재하는 것은 아니다. 때문에 자연수 집합이 존재한다는 것을 증명해야 하는 것이 수학적으로도 논리적으로도 필요하다. 그러나 이것을 증명할 방법이 없다. 자연수 집합의 정의에서 핵심적인 것은 귀납집합의 존재성이다. 그런데 귀납집합은 존재하는가? 귀납집합이란 것은 이미 있는 것에 물건 하나를 더 넣어 만드는 아주 자연스런 것이고, 우리가 일상 생활에서 아무런 모순도 없이 쓰는 방법이기 때문에, 귀납집합의 존재성은

당연하다고 여겨진다. 문제는 귀납집합을 만드는 것이 유한번 조작으로 끝나지 않는 것이다. 이런 이유로 다음을 공리로 약속한다.

> [**무한공리(The Axiom of Infinity)**] 귀납집합은 존재한다.

무한공리를 도입한 것은 자연수 집합의 존재성을 확실하게 받아들이기 위한 것이다.

지금부터 자연수 집합을

$$\mathbb{N} := \{0, 1, 2, 3, 4, \cdots\}$$

로 나타내자.

> **정의 1.1.11** [자연수의 순서관계] 자연수 집합 $\mathbb{N}$에서의 관계 $<$를 다음과 같이 정의한다.
>
> $$m < n \iff m \in n$$

예를 들어 $0 = \emptyset, 1 = \{\emptyset\} = \{0\}$ 이므로 $0 < 1$이다. 물론 $2 = \{0, 1\}, 5 = \{0, 1, 2, 3, 4\}$이므로 $2 < 5$이다. 이미 잘 알고 있는 자연수의 성질이다. 중요한 점은 이 성질을 집합으로 표현한 것이다.

보기 1.1.4 A, B가 무엇이든 간에 다음 집합 $\{A, \{A, B\}\}$ 가 존재하는 것을 보여라.

<**풀이**> 두 원소 집합 공리에 따라 $\{A, B\}$가 존재한다. 다시 두 원소 집합 공리에 따라 $\{A, \{A, B\}\}$ 가 존재한다. □

보기 1.1.5 두 집합 $\{\{A\}, \{A, B\}\}$와 $\{\{C\}, \{C, D\}\}$가 같을 필요하고 충분한 조건은 $A = C, \quad B = D$ 인 것을 보여라.

<**풀이**> 충분성: $A = C, B = D$이면 $\{A\} = \{C\}, \{A, B\} = \{C, D\}$이므로 $\{\{A\}, \{A, B\}\} = \{\{C\}, \{C, D\}\}$이다.

필요성: 만일 $\{\{A\}, \{A, B\}\} = \{\{C\}, \{C, D\}\}$라 하자. 그러면 $\{A\} \in \{\{C\}, \{C, D\}\}$.
따라서 $\{A\} = \{C\}$이거나 $\{A\} = \{C, D\}$. 여기서 $\{A\} = \{C\}$이면 $A = C$이다.
만일 $\{A\} = \{C, D\}$라면 $C \in \{C, D\} = \{A\}$이고, $D \in \{C, D\} = \{A\}$이므로 $C = D = A$이다. 따라서 어떤 경우도 $A = C$를 얻는다.

다음으로 $\{A, B\} \in \{\{C\}, \{C, D\}\}$이므로 $\{A, B\} = \{C\}$이거나 $\{A, B\} = \{C, D\}$.
만일 $\{A, B\} = \{C\}$라면 $A = B = C$가 되고, 이것은

$$\{\{A\},\{A,B\}\} = \{\{C\},\{C,C\}\} = \{\{C\},\{C\}\} = \{\ \{C\}\ \}$$

따라서 $\{\ \{C\}\ \} = \{\{C\},\{C,D\}\}$로부터 $\{C\} = \{C,D\}$를 얻는다. 따라서 $B = C = D$을 얻는다. 만일 $\{A,B\} = \{C,D\}$라면 $B \in \{C,D\}$이므로 $B = C$이거나 $B = D$. 여기서 $B = C$인 경우는 이미 알고 있는 $A = C$에 주의하면

$$\{C,D\} = \{A,B\} = \{C,C\} = \{C\}$$

따라서 $B = C = D$. 이것으로 어떤 경우에도 $\{A,\{A,B\}\} = \{C,\{C,D\}\}$이면 $A = C, B = D$가 증명되었다. □

정의 1.1.12 [**순서쌍(ordered pairs)**] A,B가 무엇이든 간에 집합 $\{\{A\},\{A,B\}\}$를 (A,B) 로 나타내고, 이것을 A,B를 원소로 하는 순서쌍이라 한다.

정의 1.1.13 [곱집합] 두 집합 A,B에 대하여 $A \times B := \{(a,b) \mid a \in A,\ b \in B\}$ 를 두 집합 A,B의 **곱집합(product set)** 이라 한다.

보기 1.1.6 $A = \{1,2,3\}, B = \{a,b\}$이면

$$A \times A = \{(1,1),(1,2),(1,3),(2,1),(2,2),(2,3),(3,1),(3,2),(3,3)\}$$
$$A \times B = \{(1,a),(1,b),(2,a),(2,b),(3,a),(3,b)\}$$
$$B \times B = \{(a,a),(a,b),(b,a),(b,b)\}$$

정의 1.1.14 [**관계(relation)**] 두 집합 A,B가 있다. 집합 A의 원소와 집합 B의 원소의 관계라는 것은 $A \times B$의 부분집합 $\mathcal{R} \subset A \times B$ 를 말한다. 보통 $(a,b) \in \mathcal{R}$일 때, 이것을 친근하게 $a\mathcal{R}b$라 쓴다. A에서 B로의 관계 $\mathcal{R}$이 주어지면

- $\mathrm{dom}\,\mathcal{R} := \{a \in A \mid (a,b) \in \mathcal{R}$ 이 성립하는 $b \in B$가 있다$\}$
- $\mathrm{ran}\,\mathcal{R} := \{b \in B \mid (a,b) \in \mathcal{R}$ 이 성립하는 $a \in A$가 있다$\}$

집합 $A = \{1,2,3,4,5,6\}$에서의 관계

$$\mathcal{R} := \{(1,1),(1,2),(1,3),(1,4),(1,5),(1,6),(2,2),(2,4),(2,6),(3,3),(3,6),(4,4),(5,5),(6,6)\}$$

을 생각하자. 이 관계는

$$a\text{가 } b\text{의 약수} \iff a\mathcal{R}b$$

로 정한 것이다. 이 관계는 다음 성질이 있는 것을 알 수 있다.

- $a\mathcal{R}a,\ \forall a \in A$
- $a,b,c \in A$일 때, $a\mathcal{R}b, b\mathcal{R}c$이면 $a\mathcal{R}c$
- $a\mathcal{R}b, b\mathcal{R}a$ 가 성립하는 경우는 $a = b$일 때 뿐이다.
- $a,b \in A, a \neq b$이지만 $a\mathcal{R}c, b\mathcal{R}c$가 되는 $c \in A$가 있다.
- $b,c \in A, b \neq c$이지만 $a\mathcal{R}b, a\mathcal{R}c$가 되는 $a \in A$가 있다.
- 모든 $a \in A$에 대하여 $x\mathcal{R}a$가 되는 $x \in A$가 적어도 한개는 존재한다.

정의 1.1.15 **[함수(function)]** 두 집합 A,B가 있다. f가 A에서 B로의 함수라는 것은

- f는 관계이다. 즉 $f \subset A \times B$
- afb_1, afb_2이면 $b_1 = b_2$이다.

f 가 A에서 B로의 함수이면 이것을 간단하게 $f : A \to B$ 로 나타낸다. 특히 afb 대신에 $b = f(a), f(a) = b$ 처럼 친근한 표현으로 나타낸다. 함수 $f : A \to B$에 대하여

- $\operatorname{dom} f := \{x \in A \mid (x,y) \in f$ 가 되는 $y \in B$ 가 있다 $\} = A$ 가 되어야 한다.
- $\operatorname{ran} f := \{f(a) \in B \mid a \in A\} \subset B.$

보기 1.1.7 $A = \{1,2,3,4,5,6\}, B = \{0,1,2,3,4\}$를 생각하자. $f : A \to B$를 ``$f(a)$ 는 a를 3으로 나눈 나머지''로 정의하자.

1. $f(4)$를 구하여라.
2. $a_1 \neq a_2$이지만 $f(a_1) = f(a_2)$가 되는 $a_1, a_2 \in A$가 존재하는가?
3. $\operatorname{ran} f$를 구하여라.
4. 임의의 $b \in B$에 대하여 $f(a) = b$가 되는 $a \in A$가 존재하는가?

<**풀이**>

1. 1
2. $1,4 \in A, 1 \neq 4$이지만 $f(1) = f(4) = 1$
3. $\operatorname{ran} f = \{0,1,2\} \subset B$
4. $3,4 \in B$에 대해서는 $f(a_1) = 3$ 또는 $f(a_2) = 4$가 되는 $a_1, a_2 \in A$는 존재하지 않는다. □

보기 1.1.8 $A=\{a,b,c,d,e\}$이다. 함수 $f:A\to A$가 다음과 같다.

$$f(a)=f(b)=c, f(c)=d, f(d)=e, f(e)=a$$

1. $\operatorname{ran} f$를 구하여라.
2. 집합 $X=\{a,c,d\}$에 대하여 $f(X):=\{f(x)\mid x\in X\}$를 구하여라.
3. 집합 $Y=\{a,c,d\}$에 대하여 $f^{-1}(Y):=\{x\in X\mid f(x)\in Y\}$를 구하여라.
4. $B\subset A$에 대하여 $f^{-1}(B):=\{a\in A\mid f(a)\in B\}=\emptyset$이 되는 B 를 구하여라.
5. $C\subset A$에 대하여 $f(C):=\{f(c)\mid c\in C\}=\emptyset$이 되는 C 를 구하여라.

<풀이> 1. $\operatorname{ran} f=\{f(a)\mid a\in A\}=\{a,c,d,e\}$

2. $f(X)=\{c,d,a\}$
3. $f^{-1}(Y)=\{e,a,b\}$
4. $\emptyset, \{b\}$
5. $\emptyset$ □

정의 1.1.16 **[동치관계(equivalence relation)]** $\mathcal{R}$이 집합 A에서 동치관계란 $\mathcal{R}\subset A\times A$가 다음 조건을 만족시키는 것을 말한다:

- $a\mathcal{R}a, \forall a\in A$
- $a\mathcal{R}b$이면 $b\mathcal{R}a$
- $a\mathcal{R}b, b\mathcal{R}c$이면 $a\mathcal{R}c$

보기 1.1.9 동치관계는 본질적으로 서로 다른 것은 같은 것으로 보는 방법이다. 서로 다른 것을 같은 것으로 보는 대표적인 방법은 함수를 이용하는 것이다. 함수 $f:X\to Y$ 를 이용한 $x\mathcal{R}y \iff f(x)=f(y)$ 로 정의된 X에서의 관계는 동치관계인 것을 보여라.

<풀이>

- 모든 $x\in X$에 대하여 $f(x)=f(x)$이므로 $x\mathcal{R}x$
- $f(x)=f(y)$이면 $f(y)=f(x)$이므로 $x\mathcal{R}y$이면 $y\mathcal{R}x$
- $f(x)=f(y), f(y)=f(z)$이면 $f(x)=f(z)$이므로 $x\mathcal{R}y$, $y\mathcal{R}z$이면 $x\mathcal{R}z$ □

정의 1.1.17 **[동치류(equivalent class)]** 집합 X 동치관계 $\mathcal{R}$이 있다. 이때 $[x]:=\{y\in X=\mid y\mathcal{R}x\}$ 을 원소 x가 속한 동치류라 한다. 동치관계 $\mathbb{R}$에 따른 동치류 전체의 집합을 $X/\mathcal{R}:=\{[x]\mid x\in X\}$ 로 나타낸다.

정의 1.1.18 **[분할(partition)]** 집합 X가 있다. X의 부분집합 무리 $\{X_\lambda\}_{\lambda\in\Lambda}$가 집합 X의 분할이란

- $X_\lambda \neq \emptyset,\ \forall\lambda\in\Lambda.$
- $X_\lambda \cap X_\mu \neq \emptyset$이면 $X_\lambda = X_\mu$
- $X = \bigcup_{\lambda\in\Lambda} X_\lambda$

집합 X 에 동치관계 $\mathcal{R}$이 있을 때 , 동치류 집합 $[x],[y]$의 특징은

$$[x]=[y] \text{ 이거나 } [x]\cap[y]=\emptyset$$

예를 들어 $z\in[x]\cap[y]$이면 임의의 $a\in[x]$에 대하여

$$a\mathcal{R}z\text{이고, } z\mathcal{R}y\text{이므로 } a\text{가 되어 } [x]\subset[y]$$

같은 이유로 $[y]\subset[x]$도 성립하므로 $[x]=[y]$가 된다.
$X/\mathcal{R} := \{[x]\mid x\in X\}$ 는 집합 X이 분할이다.

보기 1.1.10 함수 $f:\mathbb{R}\to\mathbb{R},\ f(x)=\sin(2\pi x)$에 의해 결정되는 $\mathbb{R}$에서 동치관계를 $\mathcal{R}$이라 하자. $\mathbb{R}/\mathcal{R}$을 구하라.

<**풀이**> $\mathbb{R}/\mathcal{R} = \{x+\mathbb{Z}\mid x\in[0,1)\}$. 여기서 $x+\mathbb{Z} := \{x+n\mid n\in\mathbb{Z}\}$를 나타낸다.
□

정리 1.1.1 **[동치관계와 분할]** 집합 X가 있다. 집합 X에 동치관계 $\mathcal{R}$이 주어진 것과 집합 X의 분할이 주어진 것은 동등하다.

증명. 동치관계 $\mathcal{R}$이 주어졌을 때 $X/\mathcal{R} := \{[x]\mid x\in X\}$가 집합 X의 분할이 되는 것은 이미 살펴보았다. 다음으로 집합 $\{X_\lambda\}_{\lambda\in\Lambda}$가 집합 X의 분할이라 하자. 임의의 $\lambda,\mu\in\Lambda$에 대하여 $X_\lambda\neq X_\mu$ 가 성립하도록 표시집합 Λ를 정하자. 관계 $\mathcal{R}\subset X\times X$를 다음과 같이 정하자:

$$x\mathcal{R}y \iff \{x,y\}\subset X_\lambda \text{ 가 성립하는 } \lambda\in\Lambda\text{가 있다}$$

- $X=\bigcup_{\lambda\in\Lambda}X_\lambda$이므로 임의의 $x\in X$에 대하여 $\{x\}=\{x,x\}\subset X_\lambda$가 성립하는 $\lambda\in\Lambda$가 있다. 따라서 $x\mathcal{R}x$.
- $x\mathcal{R}y$이면 $\{x,y\}=\{y,x\}\subset X_\lambda$가 성립하는 λ가 있기 때문에 $y\mathcal{R}x$.
- $x\mathcal{R}y,\ y\mathcal{R}z$라 하자. 따라서 $\{x,y\}\subset X_\lambda,\ \{y,z\}\in X_\mu$가 성립하는 $\lambda,\mu\in\Lambda$가 있다. 그런데 $y\in X_\lambda\cap X_\mu$이므로 $X_\lambda=X_\mu$. 따라서 $\{x,z\}\subset\{x,y,z\}\in X_\lambda=X_\mu$. 그러므로 $x\mathcal{R}z$.
- 분할 $\{X_\lambda\}_{\lambda\in\Lambda}$로부터 얻어지는 동치관계 $\mathcal{R}$의 정의로부터

$$X/\mathcal{R}=\{[x]\mid x\in X\}=\{X_\lambda\}_{\lambda\in\Lambda} \qquad \blacksquare$$

정리 1.1.2 **[연쇄정리(Recursion Theorem)]** 임의의 집합 A와, A의 임의의 원소 a, 함수

$$g : A \times \mathbb{N} \to A$$

가 주어지더라고, 다음 조건을 만족시키는 함수 $f : \mathbb{N} \to A$가 유일하게 존재한다:

1. $f_0 = a$
2. $f_{n+1} = g(f_n, n), \quad \forall n \in \mathbb{N}$

정리 1.1.2를 증명하기 전에 이 정리의 의미를 살펴보자. 정리의 가장 중요한 가정은 함수

$$g : A \times \mathbb{N} \to A$$

가 존재하는 것이다. 그런데 $\mathbb{N}$이 유한집합이 아니기 때문에 이 조건을 만족시키는 함수를 우리가 원하는 대로 만드는 일은 근본적으로 동의해야 하는 단계가 있다. 다음 주장을 생각해 보자.

방이 무한개 있는 호텔의 각각의 방에 손님이 있다.
이때 새로운 손님이 도착하면 이 손님에게 빈 방을 배정할 수 있는가?

방이 예를 들어 200개 있는 호텔에서는 당연히 새로 도착하는 손님에게 배정할 방은 없다. 그러나 방이 무한개라면 이렇게 생각해보자. 우선 방이 무한개이므로 각각의 자연수 $n \in \mathbb{N}$ 마다 서로 다른 방을 대응시킬 수 있다. 간단하게 말하면 0호실, 1호실, 2호실, $\cdots$ 처럼 방에 번호를 붙일 수 있다. 물론 자연수 번호가 붙지 않은 방도 있을 수 있지만 그 방의 손님들은 그대로 두자. 오로지 방번호가 자연수인 방의 손님에게만 해당하는 일이다. 새로운 손님이 도착하면 방번호 $n \in \mathbb{N}$에 배정된 손님을 방번호 $n+1$의 방으로 옮긴다. 즉 0호실 손님은 1호실로, 1호실 손님은 2호실로, 2호실 손님은 3호실로, $\cdots$ 처럼 차례로 다음 방으로 옮긴다. 그럼면 0호실이 빈방이 되니까 새로 도착한 손님을 0호실에 넣으면 된다. 그런데 이런 방식이 현실적으로 가능한 일인가? 불가능하다면 어떤 이유로 불가능한가? 예를 들어 방이 무한히 많은 호텔이 차지하는 공간을 얼마나 될까? 무한이 많은 방을 어떻게 관리할까? 각각의 손님이 새로 배정된 방에 들어가는데 걸리는 시간은 얼마나 걸릴까?

다시 우리의 문제 $g : A \times \mathbb{N} \to A$ 를 이해해보자. 이 함수 $g : A \times \mathbb{N} \to A$가 주어졌다는 말은 각각의 자연수 $n \in \mathbb{N}$ 마다 함수 $g_n : A \to A$ 가 주어졌다는 말과 같다. $g_n : A \to A$을 결정하는 것은 각각의 $a \in A$에서의 함수값을 결정하면 되는데, 이것은 이미 주어진 함수 $g : A \times \mathbb{N} \to A$ 를 이용해서 다음과 같이 하면 된다:

$$g_n(a) := g(a,n), \quad \forall a \in A, n = 0,1,2,\cdots,$$

거꾸로 각각의 자연수 $n \in \mathbb{N}$마다 함수 $h_n : A \to A$가 주어졌다면, 이것을 이용해서 함수

$$h : A \times \mathbb{N} \to A$$

를 다음과 같이 결정할 수 있다:

$$h(a,n) := h_n(a), \quad \forall a \in A, \forall n \in \mathbb{N}$$

정리 1.1.2의 증명의 핵심은 주어진 조건을 만족시키는 함수 $f : \mathbb{N} \to A$ 를 만드는 것에 있다. 문제는 자연수집합 $\mathbb{N}$의 원소의 개수가 유한이 아닌 것이다. 요구되는 함수 f의 정의역은 $\mathbb{N}$, 치역은 A로 정해져 있기 때문에, 해야 할 일은 각각의 자연수 $n \in \mathbb{N}$에 A의 원소를 대응시키는 일인데, 예를 들어 처음 6개는 다음과 같은 방식으로 가능하다:
임의로 주어진 $a \in A$에 대해서

$$\begin{aligned}
0 &\mapsto a && = f_0\\
1 &\mapsto g(f_0,0) && = f_1\\
2 &\mapsto g(f_1,1) && = f_2\\
3 &\mapsto g(f_2,2) && = f_3\\
4 &\mapsto g(f_3,3) && = f_4\\
5 &\mapsto g(f_4,4) && = f_5
\end{aligned}$$

표현을 간단하게 하기 위하여 위와 같은 성질을 갖는 함수에 이름을 붙이자.

정의 1.1.19 [m-도미노 함수] $a \in A$를 시작으로 하는 m-**도미노 함수**란 다음과 같은 함수

$$s : (m+1) = m \cup \{m\} \to A$$

를 말한다:

1. $s(0) = s_0 = a$
2. $0 \le k < m$인 모든 자연수 k에 대하여 $s(k+1) = g(s_k, k), \quad 0 \le k < m, \ k \in \mathbb{N}.$

자연수 $m \in \mathbb{N}$에 대하여, m-도미노 함수는 m 번 계산을 해서 만들 수 있다. 즉 모든 자연수 m에 대하여 m-도미노 함수는 존재한다.

정리 1.1.2의 증명. 먼저 함수 $\phi : X \to Y$란 집합 $X \times Y$의 부분집합인 것을 기억하자. 즉 함수 $\phi : X \to Y$는 다음 조건을 만족시키는 $X \times Y$의 부분집합 ϕ를 말한다:

임의의 $x \in Y$에 대하여 $(x,y) \in \phi$가 되는 $y \in Y$가 딱 하나 존재한다

증명을 시작하기 전에 m-도미노 함수가 무엇인지 정의했고, 특히 6-도미노 함수를 만들어 보았다. 이제 모든 도미노 함수들로 이루어진 집합 $\mathcal{F}$를 생각하자.

$$\mathcal{F} := \{s \mid s\text{는 어떤 자연수 } m \in \mathbb{N}\text{에 대한 } m\text{-도미노 함수}\}$$

예를 들어 증명을 시작하기 전에 만든 6-도미노 함수는 집합으로 표현하면

$$\{(0,a),(1,f_1),(2,f_2),(3,f_3),(4,f_4),(5,f_5)\}$$

이고 $\mathbb{N} \times A$의 부분집합이다. 물론

$$\{(0,a),(1,f_1),(2,f_2),(3,f_3),(4,f_4),(5,f_5)\} \in \mathcal{F}$$

함수 $f : \mathbb{N} \to A$를 만드는 일은 당연하게 얻어지는 것이 아니다. 왜냐하면 $\mathbb{N}$의 원소의 개수는 유한하지 않기 때문에 각각의 원소에 A의 어떤 원소를 대응시키는 방법을 제시하는 것은 당연하게 보이지만 현실적으로 할 수 있는 일이 아니다. 이런 현실적인 문제점을 넘어서기 위해서 **합집합공리**를 제시했다. 합집합공리는 우리의 직관으로 받아들이는데 아무런 꺼리낌은 없지만 증명할 수 있는 그런 것이 아니다. 이제 합집합공리에 의해

$$f = \bigcup \mathcal{F}$$

가 존재한다. 다음 목표는 바로 이 집합 f가 정리에서 제시한 조건을 만족시키는 함수인 것을 보이는 것이다. 가장 먼저 f가 함수인 것을 밝히자. 이것은

$$(a,b),(a,c) \in f \implies b = c$$

이 것을 밝히는 일이다. 이제 $(a,c) \in f$라는 것은 f의 정의에 따라 m-도미노 함수 s가 존재해서 $(a,b) \in s$ 이다. 같은 이유로 n-도미노 함수 t가 존재해서 $(a,c) \in t$ $m \leq n$이라 하자. 즉 $m \subset n$라 하자. $(a,b) \in s$로부터 $0 \leq a < m$이다. 따라서 $b = c$인 것을 보이는 것은 모든 $0 \leq k < m$에 대해서 $s_k = t_k$인 것을 보이면 충분하다. 우선 도미도함수의 정의로부터 $s_0 = a = t_0$. 즉 $k = 0$인 경우는 성립한다. 이제 $k = 0,1,2,\cdots,\ell$일 때까지 $s_k = t_k$인 것이 밝혀졌다 하자. 그러면 $\ell = m-1$이면 더 할 일이 없고, $\ell < m-1$이면, 도미노 함수의 정의에 따라

$$s_{\ell+1} = g(s_\ell, \ell) = g(t_\ell, \ell) = t_{\ell+1}$$

이것으로 $k = 0,1,2,\cdots,\ell$일 때 $s_k = t_k$가 성립한다면 $\ell = m-1$이면 모든 $0 \leq k < m$에 대해서 $s_k = t_k$가 성립하는 것이고, $\ell < m-1$이면 $k = \ell+1$인 경우에도 $s_k = t_k$가 성립한다. 그런데 $0 \leq k < m$인 자연수 k는 유한개 밖에 없기 때문에 결국 $0 \leq k < m$인 모든 자연수 k에 대해서 $s_k = t_k$가 증명되었다. 따라서

$$b = s_a = t_a = c$$

$f = \bigcup \mathcal{F}$가 함수인 것을 보였다. 이제 $\operatorname{dom} f = \mathbb{N}$인 것을 확인하자. 우선 정의로부터 $\operatorname{dom} f \subset \mathbb{N}$이다. 그런데 모든 자연수 $m \in \mathbb{N}$에 대하여 m-도미노 함수가 존재한다. 그런데 $m \in (m+1) = m \cup \{m\}$이기 때문에 (m,b)는 $m+1$-도미도 함수의 원소이다. 따라서 $(m,b) \in f = \bigcup \mathcal{F}$. 그러므로 $m \in \operatorname{dom} f$. 따라서 $\mathbb{N} \subset \operatorname{dom} f$가 밝혀졌다. 즉 $\operatorname{dom} f = \mathbb{N}$.

끝으로 이렇게 얻어진 함수 $f : \mathbb{N} \to A$가 주어진 조건을 만족시키는 함수인 것을 보이자. 우선 모든 m-도미노 함수는 f의 부분집합이므로 $(0,a) = (0,m_0) \in f$. 따라서 $f_0 = a$이다. 임의의 자연수 k에 대하여 $k+1 \in \mathbb{N}$이다. 더욱 $k+1 \in \big((k+1)+1\big) = (k+1) \cup \{k+1\}$이고, $k \in (k+1) = k \cup \{k\}$이므로 $(k+1)+1$-도미노함수를 s를 생각하면

$$s(k+1) = s_{k+1} = g(s_k, k)$$

따라서 $(k+1, s_{k+1}) \in f$이고, f는 함수인 것을 알고 있기 때문에

$$f_{k+1} = s_{k+1} = g(s_k, k) = g(f_k, k), \quad k = 0, 1, 2, \cdots$$

가 증명되었다. ■

도미노정리 1.1.2가 필요한 것은 자연수 집합 $\mathbb{N}$이 유한집합이 아니기 때문이다. 유한집합이 아닌 곳에서 함수를 정하는 것은 유한집일 때의 경우와는 근본적으로 다르다. 그것은 원소 하나 하나마다 대응되는 원소를 직접 지정하는 것이 불가능한 것이다. 다시 자연수집합의 정의를 생각해보자.

$$\mathbb{N} = \bigcap \{\ I\text{는 귀납집합(inductive set)}\ \}$$

여기서 I가 귀납집합이라는 것은

- $0 = \emptyset \in I$
- $x \in I$이면 $x+1 = x \cup \{x\} \in I$

를 만족시키는 집합을 말한다. 당연하게 0으로 부터 출발해서

$$0 = \emptyset \to \{0\} \to \{0,\{0\}\} \to \{0,\{0\},\{0,\{0\}\}\} \to \cdots$$

처럼 귀납집합을 직접 만들어 낼 수 있을 것 같지만, 불가능하다. 끝날 수 없는 일이기 때문이다. 그러나 이미 있는 것에 새로운 것을 추가하는 방법은 일상 생활에서 근본적인 연산이기 때문에 귀납집합의 존재한다는 것을 당연한 논리적 결과로 받아들이고 싶다. 즉 무한집합이 존재하는 것을 받아들이고 싶다. 이것이 **무한공리**였다. 무한공리가 필요한 것은 자연수집합 $\mathbb{N}$이 존재하는 것을 쓰고 싶기 때문이다. 이제 **도미노정리 1.1.2**를 이용해서 자연수의 덧셈을 새로운 시각으로 이해해보자.

제 1.2 절 자연수의 연산

두 자연수를 더하는 것은 아주 익숙한 연산이다. 예를 들어 $2+4=6$ 인 것에 설명이 필요하지 않은 것 같다. 그러나 자연수의 덧셈을 함수로 이해하면

$$+ : \mathbb{N} \times \mathbb{N} \to \mathbb{N}$$

가 존재한다는 말이다. 물론 $+(2,4)$ 라는 표현보다 더 익숙한 $2+4$ 를 쓴다. 그런데 앞에서 자연수를 집합으로 정의했다. 즉

$$0 = \emptyset,\ 1 = \{0\} = \{\emptyset\},\ 2 = \{0,1\} = \{\emptyset,\{\emptyset\}\}, \cdots$$

이런 식으로 하기로 한다면

$$2+4 = \{0,1\} + \{0,1,2,3\} = 6 = \{0,1,2,3,4,5\}$$

라는 말이 되는데, 뭔가 설명이 필요하다. 먼저 도미도함수를 이용해서 자연수의 덧셈이 존재하는 것을 보이자.

정리 1.2.1 [자연수의 덧셈] 다음 조건을 만족시키는 함수 $+ : \mathbb{N} \times \mathbb{N} \to \mathbb{N}$ 이 존재한다.

1. $+(m,0) = m,\ \forall m \in \mathbb{N}$
2. $+(m,n+1) = +(m,n)+1,\ \forall m \in \mathbb{N}, \forall n \in \mathbb{N}$

증명. 표현을 간단하게 하기 위하여 $+(m,n)$ 대신에 익숙한 표현 $m+n$을 쓰기로 하자.

- 가장 먼저 함수 $s : \mathbb{N} \times \mathbb{N} \to \mathbb{N}$

$$s(i,j) = i+1,\ \forall i \in \mathbb{N},\ \forall j \in \mathbb{N}$$

을 생각하자. 여기서 $n+1 = n \cup \{n\}$을 말한다.

- 이 함수 $s : \mathbb{N} \to \mathbb{N}$를 생각하자. 임의로 주어진 자연수 $m \in \mathbb{N}$에 대하여, m을 시작으로 하는 다음과 같은 도미노함수 $f_m : \mathbb{N} \to \mathbb{N}$이 존재한다:
  - ∘ $f_m(0) = m$
  - ∘ $f_m(k+1) = s\big(f_m(k),k\big) = f_m(k)+1$
- 이렇게 얻어진 도미도 함수

$$f_0,\ f_1,\ f_2, \cdots$$

를 이용해서 새로운 함수 $+ : \mathbb{N} \times \mathbb{N} \to \mathbb{N}$을 만들자.

$$+(m,n) = f_m(n),\ \forall m \in \mathbb{N},\ \forall n \in \mathbb{N}$$

이제 이렇게 만든 함수 $+ : \mathbb{N}\times\mathbb{N}\to\mathbb{N}$이 주어진 조건을 만족시키는 것을 보이자. 우선

$$+(m,0) = f_m(0) = m, \ \forall m \in \mathbb{N}$$

인 것은 이미 존재하는 도미노함수 $f_m : \mathbb{N}\to\mathbb{N}$의 성질로부터 얻어진다. 다음으로

$$+(m,n+1) = f_m(n+1) = s\big(f_m(n),n\big) = f_m(n)+1 = +(m,n)+1, \quad \forall m\in\mathbb{N}, \ \forall n\in\mathbb{N}$$

이것으로 주어진 조건을 만족시키는 함수 $+ : \mathbb{N}\to\mathbb{N}\to\mathbb{N}$인 존재하는 것을 보였다. ■

정리 1.2.1에서 만든 함수 $+ : \mathbb{N}\times\mathbb{N}\to\mathbb{N}$은 물론 이미 우리에게 익숙한 덧셈을 생각하고 만든 함수이다. 따라서 이렇게 만든 함수가 우리가 익숙산 덧셈의 기본성질을 다 만족시키는 것을 확인해야 한다. **정리 1.2.1**가 표면적으로 주장하는 것은

(A1) $m+0=m, \ \forall m\in\mathbb{N}$
(A2) $m+(n+1)=(m+n)+1, \ \forall m\in\mathbb{N}, \ \forall n\in\mathbb{N}$

이다. 그러면 다음도 성립하는가?

$$0+m=m, \ \forall m\in\mathbb{N}$$

정리 1.2.2 **[수학적 귀납법(Mathematical Induction)]** 자연수 n에 대한 성질 $P(n)$을 생각하자. $P(n)$이 다음 두 조건

(C1) $P(0)$가 성립한다 (C2) $P(k)$가 성립하면 $P(k+1)$도 성립한다

을 만족시킨다 하자. 그러면 모든 자연수 $n\in\mathbb{N}$에 대해서 $P(n)$이 성립한다.

증명. 모든 자연수 $n\in\mathbb{N}$에 대하여 $P(n)$이 성립한다는 말을 다르게 표현하면

$$A = \{n\in\mathbb{N} \mid P(n)\text{이 성립한다}\}$$

라 둘 때 $A=\mathbb{N}$이라는 말이다. 이것은 두 집합 A와 $\mathbb{N}$가 같은 집합인 것을 보이는 문제이다. 집합 A의 정의로부터 당연한 것은 $A\subset\mathbb{N}$이다. 이제 $\mathbb{N}\subset A$인 것을 보이면 된다. 이를 위해서 A의 성질을 보자. 우선 (C1)에서 $P(0)$가 성립한다고 했기 때문에 $0=\emptyset\in A$이다. 따라서 $A\neq\emptyset$. 다음으로 $x\in A$이면 A의 정의로부터 $x\in\mathbb{N}$이고, $P(x)$가 성립한다. 따라서 (C2)에 따라 $P(x+1)$도 성립한다. 그런데 $x\in\mathbb{N}$이고, $\mathbb{N}$은 귀납집합이기 때문에 $x+1=x\cup\{x\}\in\mathbb{N}$이다. 그러므로 집합 A의 정의에 따라 $x+1\in A$. 그러나 이것은 A가 귀납집합이라는 말이다. 그런데 $\mathbb{N}$은 모든 귀납집합들의 공통집합이므로 $\mathbb{N}\subset A$. 이것으로 $A=\mathbb{N}$이 증명되었고, 이것은 모든 자연수 $n\in\mathbb{N}$에 대하여 $P(n)$인 성립한다는 것과 같다. ■

정리 1.2.1와 수학적 귀납법을 이용하여 $0+m=m,\ \forall m\in\mathbb{N}$ 을 증명해보자.

$m=0$인 경우에는 성립한다: $0+0=0$.

다음으로 $m=k$일 때 성립한다면 $m=k+1$일 때도 성립하는 것을 보이자:

$$\begin{aligned} 0+(k+1) &= (0+k)+1, \text{ 성질 (A2)} \\ &= k+1, \ k\text{일 때는 } 0+k=k\text{가 성립한다 했기 때문에} \end{aligned}$$

이렇게 해서 모든 자연수 $m\in\mathbb{N}$에 대하여 $m+0=0+m$ 이 성립하는 것을 보였다. 이것을 이용하여 다음을 알아보자.

> **도움정리 1.2.1** 모든 자연수 m,n에 대하여 $m+n=n+m$.

증명. 자연수 $n\in\mathbb{N}$에 대한 귀납법으로 증명하자.

- $n=0$인 경우: $m+0=0+m=m$. 인 경우이므로 이미 살펴보았다.
- 이제 $n=k$일 때 성립하다 가정하면 $n=k+1$일 때도 성립하는 것을 보이자. 즉

  $$m+k=k+m \implies m+(k+1)=(k+1)+m$$

  인 것을 보이자. 우선 식

  $$m+(k+1)=(k+1)+m$$

  은 $m=0$인 경우에는 성립하는 것을 이미 확인했다. 따라서 위 식이 $m=\ell$일 때 성립한다면 $m=\ell+1$일 때도 성립하는 것을 보이면 된다. 이제

  $$\begin{aligned} (\ell+1)+(k+1) &= \big((\ell+1)+k\big)+1, && \text{성질 (A2)} \\ &= \big(k+(\ell+1)\big)+1, && k\text{일 때는 성립한다 가정했기 때문에} \\ &= (k+1)+(\ell+1), && \text{성질 (A2)} \end{aligned}$$

이것으로 모든 자연수 $m,n\in\mathbb{N}$에 대하여 $m+n=n+m$ 인 것이 증명되었다. ■

끝으로 자연수 연산의 모든 성질을 증명해보는 것도 의미있는 일이지만, 이 책의 목표에는 중요하지 않은 일이다. 지금부터는 우리가 익숙한 자연수의 성질을 집합과 함수로 이해하지 않고 편하게 쓰도록 하자.

정리 1.2.3 **[자연수의 순서관계]** 자연수 집합 $\mathbb{N}$에 다음 관계를 도입하자:

$$m < n \iff m \in n$$

그러면 다음이 성립한다:

1. $0 \le n,\ \forall n \in \mathbb{N}$
2. $m < n+1$일 필요하고 충분한 조건은 $m < n$이거나 $m = n$
3. 자연수 p, q, r에 대하여 $p < q,\ q \le r \implies p \le r$
4. 임의의 두 자연수 $m, n \in \mathbb{N}$에 대하여 다음 셋 중 딱 하나만 성립한다.

- $m > n$
- $m = n$
- $m < n$

증명.

1. 수학적 귀납법을 쓰자. $n = 0$인 경우는 $0 \le 0$이 성립한다. 이제 $n = k$일 때 성립하다 가정하면 $n = k+1$인 경우에도 성립하는 것을 보이자. 우선 두 자연수 $i, j \in \mathbb{N}$에 대하여 $i < j$의 의미는 $i \in j$인 것을 기억하자. 그러면 $n = k$ 일 때 성립한다는 것은 $0 \le k$이다. 그런데 $0 \le k$의 의미는 $k = 0$이거나 $0 < k$. 즉 $k = 0$이거나 $0 \in k$이란 말이다. 그런데 $k+1 = k \cup \{k\}$이므로, $k = 0$인 경우에는 $0 \in \{k\}$이므로 $0 \in k \cup \{k\}$가 성립한다. $0 \in k$인 경우에도 $k \subset \left(k \cup \{k\}\right)$이므로 $0 \in k \cup \{k\} = k+1$인 성립한다. 이것으로 모든 자연수 n에 대하여 $0 \le n$이 증명되었다.
2. $m < n+1$이라 하자. 정의에 따라 $n+1 = n \cup \{n\}$이므로 $m \in n$이거나 $m \in \{n\}$이다. 따라서 $m \in n$인 경우에는 $m < n$이고, $m \in \{n\}$인 경우에는 $m = n$이므로 필요성이 증명되었다. 충분성을 증명하기 위하여 $m < n$이거나 $m = n$이라 하자. $m < n$이면 정의에 따라 $m \in n$이고, $m = n$이면 $m \in \{n\}$. 따라서 $m \in \left(n \cup \{n\}\right)$. 그런데 $n + \{n\} = n+1$이므로 충분성이 증명되었다.
3. 수학적 귀납법을 쓰자. 자연수 x에 대한 성질 $P(x)$을

   임의의 자연수 k, m에 대하여 $k < m, m < x$이면 $k < x$

   라 하자. 우선 $P(0)$를 조사하자. 이 경우에는 $P(0)$는

   임의의 자연수 k, m에 대하여 $k < m, m < 0$이면 $k < 0$

   그런데 $0 = \emptyset$이므로 $m < 0 \iff m \in \emptyset$은 참일 수 없다. 따라서 $k < m, m < 0$참일 수 없고, 이에 따라 $P(0)$는 성립한다. 다음으로 $x = k$일 때 $P(x)$가 성립한다 가정하자. 그러면 $x = k = 1$인 경우에는

$$
\begin{aligned}
k<m, m<x+1 &\iff k<m,\ m\in x\cup\{x\} \\
&\iff k<m \text{ 이고 } m\in x\text{이거나 } m=x \\
&\iff k<m, m<x \text{ 이거나 } k<m, m=x \\
&\implies k<x \text{ 이거나 } k<x \\
&\implies k\in x \\
&\implies k\in x\cup\{x\} \\
&\iff k\in x+1 \\
&\iff k<x+1
\end{aligned}
$$

따라서 자연수 $p.q.r$에 대하여

$$p<q,\ q<r \implies p<r$$

이 증명되었다.

4. 수학적 귀납법을 쓰자. 자연수 x에 대한 성질 $P(x)$를

임의의 자연수 m에 대하여 $m>x, m=x, m<x$ 중 딱 어느 하나만 성립한다

라 하자. 이 때 $P(0)$가 성립하는지 알아보자. 어떠한 자연수 m에 대해서도 $0=\emptyset$인 것에 주의하면 $m<0$는 성립하지 않는 것을 알 수 있다. 이제 $m=0$가 성립한다 하자. 그러면 $m>0$는 $0>0 \iff \emptyset\ni\emptyset$이 되어 불가능하다. 만일 $m>0$가 성립했다 하자. 그러면 $0\in m$이므로 $m\neq\emptyset=0$. 따라서 $P(0)$는 성립한다. 다음으로 $n=k$일 때 $P(k)$가 성립한다 하자. 이때 $P(k+1)$도 성립하는지 알아보자. $P(k)$가 성립한다는 것은 모든 자연수 m에 대하여

$$m>k, m=k, m<k$$

세 중 딱 어느 하나만 성립한다는 것이다. 만일 $m<k$라면 $k<k+1$이므로 $m<k+1$이 성립한다. $m=k$가 성립한다면 $m\in k$이므로 $m\in k\cup\{k\}=k+1$. 따라서 $m<k+1$이 성립한다. $m>k$라 하자. 이 경우에는 $k+1\le m$인 것을 보이자. $m=0$인 경우에는 $m>k$는 거짓이므로 $m>k$이면 $k+1\le m$은 성립한다. 이제 $m=\ell$일 때 $\ell>k$이면 $k+1\le\ell$이 성립한다 하자. 그러면 $\ell+1>k$이면 $k\in\ell+1=\ell\cup\{\ell\}$이므로 $k\in\ell$이거나 $k=\ell$. 따라서 $k\in\ell$인 경우는 $k<\ell$이므로 $m=\ell$일 때는 성립한다 가정했기 때문에 $k+1\le\ell$. 따라서 $k+1\le\ell+1$이 성립한다. $k=\ell$이면 $k+1=\ell+1$. 따라서 이 경우도 $k+1\le\ell+1$이 성립한다. 이것으로 모든 자연수 m,k에 대하여 $m>k$이면 $k+1\le m$이 증명되었다. 정리하면 다음과 같다. $P(k)$가 참이라는 것은 $m>k, m=k, m<k$ 셋 중 딱 어느 하나가 성립한다는 말이다. 따라서 m과 $k+1$ 사이의 관계는

- $m>k$이면 $k+1=m$ 이거나 $k+1<m$
- $m=k$이면 $k+1>m$

- $m < k$이면 $m < k+1$

그런데 $k+1 = m$과 $k+1 < m$이 동시에 성립했다면 $m < m$, 즉 $m \in m$이 되는 자연수가 존재한다는 말이다. 그러나 이러한 자연수는 존재하지 않는다. 즉 모든 자연수 m에 대하야 여 $m < m$은 거짓이다. 우선 $m = 0$인 겨우에는 $0 = \emptyset$인 것에 주의하면 $m \in m$은 성립하지 않는다. 또 $m = j$일 때 성립하지 않았다면 $m = j+1$일 때도 성립하지 않는다. 왜냐하면

$$(j+1) < (j+1) \iff \left(j \cup \{j\}\right) \in \left(j \cup \{j\}\right)$$

가 성립했다면, 합집합의 뜻에 따라

$$\left(j \cup \{j\}\right) \in j \quad \text{이거나} \quad \left(j \cup \{j\}\right) \in \{j\}$$

가 성립해야 한다. 그러나

$$\left(j \cup \{j\}\right) \in j \implies j \in j$$

이지만, $j \in j \iff j < j$는 성립하지 않는다 가정했기 때문에 이 경우는 불가능하다. 그렇다면

$$\left(j \cup \{j\}\right) \in \{j\}$$

가 성립해야 하는데, $\{j\}$는 단 하나의 원소 j를 갖는 집합이란 뜻이므로

$$\left(j \cup \{j\}\right) \in \{j\} \quad \implies j \cup \{j\} = j \implies j \in j$$

그러므로 이 경우도 불가능하다. 따라서 모든 자연수 m에 대해서 $m < m$은 성립할 수 없다. 따라서 $P(k)$가 성립하면 $P(k+1)$도 성립하는 것을 증명했다. 이것으로 모든 자연수 m, n에 대해서

$$m > n, \quad m = n, \quad m < n$$

세 중 딱 어느 하나만 성립하는 것을 증명했다. ■

제 1.3 절 유한집합, 원소를 셀 수 있는 집합

자연수 집합 $\mathbb{N}$은 가장 작은 귀납집합으로 정했다. 즉

$$\mathbb{N} = \bigcap \{\, I\text{는 귀납집합}\}$$

자연수집합의 원소를 자연수라 부르는데, 아라비아 숫자와 십진법을 써서 처음 몇개를 표현하면

$$\mathbb{N} = \{0, 1, 2, 3, 4, 5, 6, 7, 8, 9, 10, 11, 12, 13, \cdots\}$$

정의 1.3.1 [단사함수(injective function), 전사함수(surjective function), 전단사함수(bijective function)] 함수 $f:A\to B$를 생각하자.

1. $f:A\to B$가 **단사함수(injective function)**라는 것은 $a_1,a_2\in A,\ a_1\neq a_2 \implies f(a_1)\neq f(a_2)$ 가 성립하는 것을 말한다.
2. 함수 $f:A\to B$가 **전사함수(surjective function)**라는 것은 임의의 $b\in B$에 대하여 $f(a)=b$가 되는 $a\in A$가 적어도 하나 존재하는 것을 말한다.
3. $f:A\to B$가 **전단사함수(bijective function)**라는 것은 f가 단사함수이면서 동시에 전사함수인 것을 말한다.

정의 1.3.2 [원소의 개수가 같다] 두 집합 A,B의 **원소의 개수가 같다**는 말은 A에서 B로 전단사함수 $f:A\to B$ 가 존재하는 것을 말한다. 이것을 기호로 $|A|=|B|$ 로 표시한다. 그러나 집합 X가 자연수인 경우, 즉 $X=n\in\mathbb{N}$인 경우에는 $|n|$ 대신에 n으로 표시한다. 즉 $|n|=n,\quad \forall n\in\mathbb{N}$

집합의 원소의 개수를 비교하는데 다음 정리는 대단히 중요하다. 우선 단사함수 $f:A\to B$가 존재하는 것을 간단하게 $|A|\le|B|$ 로 표시하자. 다음 정리는 A에서 B로의 단사함수가 존재하고, B에서 A로의 단사함수가 존재하면, A에서 B로의 전단사함수가 존재한다는 것을 말하고 있다.

정리 1.3.1 [칸토르-베른쉬타인 정리(Cantor-Bernstein Theorem)]
두 집합 A,B에 대해서 $|A|\le|B|,|B|\le|A|$가 성립한다면 $|A|=|B|$이다

증명. 가정에 따라 단사함수 $f:A\to B$와 $g:B\to A$가 존재한다. 이 두 단사함수를 이용하여 A에서 B로의 전단사함수를 만들어보자.

- 먼저 $f(A)=B$이며 $f:A\to B$가 전단사함수이므로 더 할 일이 없다. 따라서 $f(A)\subsetneq B$라 하자.
- $g:B\to A$는 단사함수이고, $g(B)\subset A,\ |B|=|g(B)|$ 인 것에 주의하면, 만일 A에서 A의 부분집합 $g(B)$로의 전단사함수가 존재하면 A에서 B로의 전단사함수가 존재하는 것을 알 수 있다. 따라서 B가 A의 부분집합인 경우에 대해서 증명하면 충분하다. 즉 $B\subsetneq A$이고, A에서 B로의 단사함수가 존재하면 A에서 B로의 전단사함수가 존재하는 것을 보이면 충분하다.
- 표현을 간단하게 하기 위해서

$$A_0=A,\ B_0=B,\ A_n=f(A_{n-1}),B_n=f(B_{n-1}),\ n=1,2,\cdots$$

라 하면 다음 집합 열을 얻는다:

$$A = A_0 \supset B = B_0 \supset A_1 \supset B_1 \supset A_2 \supset B_2 \supset \cdots$$

특히

$$(A_n \setminus B_n) \ni x \mapsto (A_{n+1} \setminus B_{n+1}), n = 0, 1, 2, \cdots$$

는 모두 전단사함수인 것에 주의하자.

- 이제 $C = \bigcup_{n=0}^{\infty}(A_n \setminus B_n)$라 두자. 그러면

$$f(C) = \bigcup_{n=1}^{\infty}(A_n \setminus B_n) \subset C$$

함수 $\phi : A \to B$를 다음과 같이 정의하자.

$$\phi(x) := \begin{cases} f(x), & x \in C \\ x, & x \in A \setminus C \end{cases}$$

- 우선 ϕ는 단사함수이다. 왜냐하면 $x \neq y$라 하자. 만일 $x, y \in C$이면 $\phi(x) = f(x) \neq f(y) = \phi(y)$. 다음으로 $x \in C$, $y \notin C$이면 $\phi(y) = f(y) \in C$이므로 $\phi(y) = f(y) \neq \phi(x) = x \in C$. 끝으로 $x, y \in A \setminus C$인 경우는 $\phi(x) = x \neq y = \phi(y)$이므로 당연하다.
- 이제 $\phi : A \to B$가 전사함수인 것을 보이자. 임의의 $b \in B$에 대하여, 만일 $b \in \bigcap_{n=0}^{\infty} A_n$이 성립하면 $b \notin C := \bigcup_{n=0}^{\infty}(A_n \setminus B_n)$. 따라서 이 경우는 $\phi(b) = b$. 다음으로 $b \notin A_n$이 성립하는 자연수 n이 존재한다면 k를 $b \notin A_k$가 되는 가장 작은 자연수라 하자. $b \in A_0 = A$이므로 $k > 0$이다. 그러면 $b \in A_k \setminus B_k$이거나 $b \in B_k \setminus A_{k+1}$. 따라서 $\phi(b) = b$이거나 $\phi(b_{k-1}) = b$가 되는 $b_{k-1} \in A_{k-1} \setminus B_{k-1}$가 존재한다. ■

보기 1.3.1 다음 두 집합은 원소의 개수가 같은 것을 설명하여라.

1. $A = \{x \in \mathbb{R} \mid 0 < x < 1\}, B = \{x \in \mathbb{R} \mid 0 \leq x \leq 1\}$
2. $A = \{x \in \mathbb{R} \mid 0 < x < 1\}, B = \{x \in \mathbb{R} \mid 0 < x < 1\} \cup \{x \in \mathbb{R} \mid 2 < x < 3\}$

<풀이>

1. $A \subset B$이므로 $|A| \leq |B|$. 함수 $B \to A, x \mapsto \frac{1}{2} + \frac{1}{4}x$는 단사함수다. 따라서 $|B| \leq |A$.
2. $A \subset B$이므로 $|A| \leq |B|$. 함수 $B \to A, x \mapsto \frac{1}{4}x$는 단사함수이다. 따라서 $|B| \leq |A|$. □

정의 1.3.3 [유한집합(finite set)] 집합 A가 유한집합라는 말은 $|A| = n$ 인 것을 말한다.

예를 들어 모든 자연수는 유한집합이다.

정의 1.3.4 [**진부분집합(proper subset)**] A가 B의 진부분집합이란 $A \subset B$이지만 $A \neq B$인 것을 말한다. 이것을 간단히 $A \subsetneq B$ 로 표시한다.

도움정리 1.3.1 모든 자연수 $n \in \mathbb{N}$에 대하여 n에서 n의 진부분집합으로 전단사함수는 없다.

증명. 모든 자연수에 대해 성립하는 성질을 증명하는 것이므로 수학적 귀납법으로 접근해보자.

- $n = 0 = \emptyset$인 경우는 성립한다. 왜냐하면 공집합 $\emptyset$는 진부분집합을 갖지 않기 때문이다.
- 이제 $n = 0, 1, 2, \cdots, k$일 때 성립한다 가정하자. $n = k+1 = k \cup \{k\}$일 때 성립하는 것을 보이면 된다. 만일 $k+1$의 진부분집합 $X \subsetneq k+1$에 대하여 전단사함수

$$\phi : k+1 \to X$$

가 있다 하자. $k \notin X$인 경우에는 $X \subset k$이고,

$$\phi|_k : k \to X \setminus \{\phi(k)\}$$

는 k에서 k의 진부분집합 $X \setminus \{\phi(k)\}$로의 전단사함수가 되어 귀납법의 가정에 모순이다. 남은 경우는 $k \in X$인데, 이 경우는 $\phi(k) = k$ 라면

$$\phi|_k : k \to X \setminus \{k\}$$

는 k에서 k의 진부분집합으로 전단사함수가 되어 귀납법의 가정에 모순이다. 끝으로 $\phi(k) \neq k$인 경우는 $\phi(k) \in k$이고, $\phi(x_k) = k$가 성립하는 $x_k \in k$가 있다. 이제 X의 원소 k를 $\phi(k)$로 바꾸자. 그러면

$$\big(X \setminus \{k\}\big) \cup \{\phi(k)\}$$

는 k의 진부분집합이고, 함수

$$\psi : k \to \big(X \setminus \{k\}\big) \cup \{\phi(k)\}, \quad \psi(x) = \begin{cases} \phi(x), & x \neq x_k \\ \phi(k), & x = x_k \end{cases}$$

는 k에서 k의 진부분집합으로의 전단사함수가 되어 귀납법의 가정에 모순이다. ■

정리 1.3.2 자연수 집합 $\mathbb{N}$은 자연수가 아니다.

증명. 이 정리를 증명하려 할 때 가장 막막한 점은 아마도 자연수집합이 자연수가 아닌 것이 그냥 알 수 있는데, 증명을 하라 하는 것이다. 그런데 이 증명하려는 것을 기호로 바꾸면

$$\mathbb{N} \notin \mathbb{N}$$

을 증명해야 하는 것이다. 즉 모든 자연수 n에 대하여

$$P(n): \quad n \neq \mathbb{N}$$

이 성립하는 것을 보이는 일이다. 수학적 귀납법을 쓰자. 우선 $n = 0$인 경우는 $0 = \emptyset$이고 $\mathbb{N} \neq \emptyset$이므로 $P(0)$는 성립한다. 이제 $n = k$일 때 $P(n) = P(k)$가 성립한다 하자. 남은 일은 $P(k+1)$도 성립하는 것을 보이는 것이다. 만일 $P(k+1)$이 성립하지 않는다면, 즉

$$k+1 = \mathbb{N}$$

이 성립한다면 어떤 일이 일어날까? 정의에 따라 $k+1 = k \cup \{k\}$에서 $\mathbb{N}$으로의 전단사함수가 존재한다. 이제

$$\phi : k+1 = k \cup \{k\} \to \mathbb{N}$$

을 전단사함수라 하자. 따라서 $\phi(k) \in \mathbb{N}$. 더욱

$$\phi\big|_r : k \to \mathbb{N} \setminus \{\phi(k)\}, \quad \phi\big|_r(x) = \phi(x), \ \forall x \in k$$

는 전단사함수이다.

이제 다음과 같이 정의된 함수 $T : \mathbb{N} \setminus \{\phi(k)\} \to \mathbb{N}$을 생각해보자.

$$T(x) = \begin{cases} x, & x < \phi(k) \\ x-1, & x > \phi(k) \end{cases}$$

함수 T의 정의를 이해하면 $T : \mathbb{N} \setminus \{\phi(k)\} \to \mathbb{N}$인 전단사함수인 것을 알 수 있다.

다음과 같은 함수 $\psi : k \to \mathbb{N}$를 만들어보자.

$$\psi(x) = T\left(\phi\big|_r(x)\right), \quad \forall x \in k$$

함수 ψ는 두 전단사함수

$$\phi\big|_r : k \to \mathbb{N} \setminus \{\phi(k)\}, \quad T : \mathbb{N} \setminus \{\phi(k)\} \to \mathbb{N}$$

의 합성함수이기 때문에 전단사함수이다. 그러나 이것은 $k = \mathbb{N}$이라는 것인데, 이것은 성립하지 않는다 가정했기 때문에 불가능한 일이다. 즉 $P(k)$가 성립하면 $P(k+1)$도 성립한다. 이것으로 모든 자연수 n에 대하여 $n \neq \mathbb{N}$인 것이 증명되었다. ■

정의 1.3.5 [무한집합(infinite set)] 유한집합이 아닌 집합을 **무한집합(infinite set)**이라 한다. 예를 들어 자연수집합 $\mathbb{N}$은 무한집합이다. 특히 자연수집합 $\mathbb{N}$과 전단사함수가 존재하는 집합을 **가산집합 (원소의 개수를 셀 수 있는 무한집합, countable set)**이라 한다. 유한집합이거나 원소의 개수를 셀 수 있는 무한집합을 **기껏해야 원소의 개수를 셀 수 있는 집합(at most countable set)**이라 한다. 자연수집합과 전단사함수가 없는 무한집합을 **비가산집합 (uncountable set)**이라 한다.

정리 1.3.3 A가 무한집합이면, 모든 자연수 $n \in \mathbb{N}$에 대하여 $n < |A|$. 즉 n에서 A로의 전사함수는 존재하지 않는다.

증명. 수학적 귀납법으로 증명하자. 모는 $n \in \mathbb{N}$에 대하여 $n \leq |A|$인 것을 증명하면 된다. 즉 임의의 자연수 n에서 A로의 단사함수가 있는 것을 보이면 된다. 우선 $n = 0 = \emptyset$이면, 함수 $f : 0 = \emptyset \to A$는 $f = \emptyset$ 뿐이고, 따라서 $f(0) = \emptyset$ 이므로 전사함수일 수 없다. 이제 $k = 0, 1, 2, \cdots, n$일 때까지 증명되었다 하자. A는 무한집합이므로 임의의 단사함수 $f : n \to A$에 대해서 f는 전사함수가 아니다. 그러므로 $A \setminus \operatorname{ran} f \neq \emptyset$. $a^* \in A \setminus \operatorname{ran} f$를 하나 잡자. 다음 함수를 만들자:

$$\tilde{f} : n+1 = n \cup \{n\} \to A,$$
$$\tilde{f} = f \cup \{(n, a^*)\}$$

$f : n \to A$가 단사함수이므로 $\tilde{f} : n+1 = n \cup \{n\} \to A$도 단사함수이다. 이것으로 $n+1 \leq |A|$가 증명되었다. 따라서 수학적 귀납법에 따라 모든 자연수 n에 대하여 $n \leq |A|$. ■

보기 1.3.2 가장 대표적인 무한집합은 자연수집합 $\mathbb{N}$이다. 자연수 집합이 유한집합이 아닌 것을 보여라.

<**풀이**> 자연수집합이 유한집합이라면 유한집합의 정의에 따라 $|\mathbb{N}| = n$이 되는 자연수 n이 있다. 그런데 $E := \{2k \mid k \in \mathbb{N}\}$을 생각하면 $\mathbb{N} \to \mathbb{E}$, $n \mapsto 2n$은 전단사함수이다. 그러나 **정**

리 1.3.1에서 자연수 n을 어떻게 잡더라도, n에서 n으로의 전단사함수는 존재할 수 없는 것을 보였다. 따라서 자연수집합은 유한집합이 아니다. □

정의 1.3.6 **[가산집합(countable set)]** 집합 A가 가산집합이라는 것은 $|A| = |\mathbb{N}|$인 경우를 말한다. 즉 $\mathbb{N}$에서 A로의 전단사함수가 존재하는 경우를 말한다.

정리 1.3.4 A가 가산집합이라 하자. $B \subset A$가 무한집합이라면 B도 가산집합이다.

증명. 자연수집합 $\mathbb{N}$에서 B로의 전단사함수가 존재하는 것을 보이는 문제이다. 그런데 자연수집합이 귀납집합이기 때문에 함수의 존재성은 도미노정리를 이용해야 하는 것에 익숙해지자. 가정에서 A는 가산집합이므로 전단사함수 $\phi : \mathbb{N} \to A$가 존재한다. 그러면

$$\begin{aligned}
k_0 &= \min\{i \in \mathbb{N} \mid \phi(i) \in B\} \\
k_1 &= \min\{i \in \mathbb{N} \mid \phi(i) \in B, \phi(i) \neq \phi(k_0)\} \\
&\vdots \quad \vdots \\
k_n &= \min\{i \in \mathbb{N} \mid \phi(i) \in B, \phi(i) \neq \phi(k_j), j = 0, 1, 2, \cdots, n-1\} \\
&\vdots \quad \vdots
\end{aligned}$$

이것은 $\mathbb{N} \times \mathbb{N}$의 부분집합에서 $\mathbb{N}$로의 함수 g에 도미노정리를 적용하는 것과 같다.

$$\begin{aligned}
&g(t, 0) = a, \text{주어진 출발점} \\
&g(t, n) := \min\{i \in \mathbb{N} \mid i > t, \phi(i) \in B, \phi(i) \neq \phi(j),\ j = 0, 1, 2, \cdots, n\},\ n \geq 1
\end{aligned}$$

예를 들어 $\phi : N \to A$를 이용해서 $A = \{a_0, a_1, a_2, \cdots\}$, $\phi(i) = a_i, i \in \mathbb{N}$으로 표현했다면,

$$\begin{aligned}
g(0, 0) &= k_0 \\
g(k_0, 0) &= \min\{i \in \mathbb{N} \mid i > k_0, \phi(i) = a_i \in B, a_i \neq a_{k_0}\} := k_1 \\
g(k_1, 1) &= \min\{i \in \mathbb{N} \mid i > k_1, \phi(i) = a_i \in B, a_i \neq a_{k_0}, a_{k_1}\} := k_2
\end{aligned}$$

이제 함수 $\psi : \mathbb{N} \to B$를

$$\psi(i) := \phi(k_i), \quad i \in \mathbb{N}$$

으로 정하면, $\psi : \mathbb{N} \to B$는 전단사함수이고, 따라서 B는 가산집합이다. ■

정리 1.3.5 A,B가 모두 가산집합이면 $A\cup B$도 가산집합니다.

증명. A,B가 모두 가산집합이므로 전단사함수

$$\alpha:\mathbb{N}\to A,\quad \beta:\mathbb{N}\to B$$

가 존재한다. 따라서 함수 $\phi:\mathbb{N}\to A\cup B$를

$$\phi(n):=\begin{cases}\alpha(k), & n=2k\\ \beta(k), & n=2k+1\end{cases}$$

라 정하면 $\phi:\mathbb{N}\to A\cup B$는 전사함수이다. 따라서 $|A\cup B|\le|\mathbb{N}|$. 그런데 $A\subset A\cup B$이므로 $|\mathbb{N}|=|A|\le|A\cup B|$. 따라서 정리 에 따라 $|A\cup B|=|\mathbb{N}|$. ■

보기 1.3.3 $A\times\mathbb{N}$의 부분집합 S 에서 정의된 함수 $\phi:S\subset A\times\mathbb{N}\to A$ 를 생각하자. 이때 A 의 특정한 원소 $a_0\in A$가 어떻게 주어지더라도 자연수 $k\in\mathbb{N}$과, 다음 조건을 만족시키는 집합 A의 원소의 열 f가 존재한다:

- $f(0)=a_0$, 즉 주어진 원소 a에서 출발한다.
- $f(0),f(1),\cdots,f(i)$가 결정되었다면

$$f(i+1)=\phi\big(f_i,i\big),\ \ i\in\mathbb{N},\ \ i+1\in\operatorname{dom}f$$

- $\operatorname{dom}f=\mathbb{N}$이거나, $\operatorname{dom}f=k$이 되는 자연수 $k\in\mathbb{N}$이 존재하고, 특히 $\big(f(k),k\big)\notin\operatorname{dom}\phi$

<**풀이**> 먼저 A의 원소가 아닌 원소를 아무 것이나 잡아 이것을 a^*라 하고 $A^*:=A\cup\{a^*\}$를 생각하자. 함수 $\phi:A\times\mathbb{N}\to A$를 다음과 같이 확장하자.

$$\phi^*:A^*\times\mathbb{N}\to A^*,\quad \phi^*(a,n):=\begin{cases}\phi(a,n), & (a,n)\in\operatorname{dom}\phi\\ a^*, & (a,n)\notin\operatorname{dom}\phi\end{cases}$$

그러면 **도미노 정리 1.1.2**에 따라 함수 $f^*:\mathbb{N}\to A$가 존재한다. 특히

- $f^*(0)=a_0$
- $f^*(n+1)=\phi\big(f^*(n),n\big),\forall n\in\mathbb{N}$

만일 $f^*(\ell)=a^*$가 되는 $\ell\in\mathbb{N}$이 있다면, k를 그런 자연수 ℓ 중에서 가장 작은 것이라 하자. 그러면

$$f=f^*\big|_k:k=\{0,1,2,\cdots,k-1\}\to A$$

라 두면 $f : k = \{0, 1, 2, \cdots, k-1\} \to A$는 주어진 조건을 만족시키는 함수이다. □

이 보기는 대단히 복잡하게 보인다. 더 구체적으로 $A = \{2n \mid n \in \mathbb{N}\} = \{0, 2, 4, 6, \cdots\}$라 하고, 함수

$$\phi : A \to \mathbb{N} \to A, \quad \phi(a, n) = a - 2n$$

을 생각하자. 이 경우 $a_0 = 10$이라 정하면, 다음과 같은 열이 만들어진다.

$$\begin{aligned}
f_0 &= 10 \\
f_1 &= \phi(f_0, 0) = \phi(10, 0) = 10 - 2 \times 0 = 10 \\
f_2 &= \phi(f_1, 1) = \phi(10, 1) = 10 = 2 \times 1 = 8 \\
f_3 &= \phi(f_2, 2) = \phi(8, 2) = 8 - 2 \times 2 = 4
\end{aligned}$$

그런데 $(f_3, 3) \notin \operatorname{dom}\phi$이다, 왜냐하면 $\phi(f_3, 3) = \phi(4, 3) = 4 - 2 \times 3 = -2 \notin A$. 따라서 얻어지는 함수는

$$\begin{aligned}
& f : 4 = \{0, 1, 2, 3\} \to A, \\
& f(0) = 0, \\
& f(1) = 10, \\
& f(2) = 8, \\
& f(3) = 4
\end{aligned}$$

만일 함수 $\psi : A \times \mathbb{N} \to A$, $\psi(a, n) = a + 2n$을 쓰면 똑 같은 $10 \in A$를 출발하는 다음과 같은 열이 얻어진다.

$$\begin{aligned}
& g : \mathbb{N} \to A \\
& g(0) = 10 \\
& g(1) = \psi\big(g(0), 0\big) = \psi(10, 0) = 10 \\
& g(2) = \psi\big(g(1), 1\big) = \psi(10, 1) = 10 + 2 \times 1 = 12 \\
& g(3) = \psi\big(g(2), 2\big) = \psi(12, 2) = 12 + 2 \times 2 = 16 \\
& g(4) = \psi\big(g(3), 3\big) = \psi(16, 3) = 16 + 2 \times 3 = 22 \\
& \ \vdots \qquad \vdots
\end{aligned}$$

도움정리 1.3.2 A가 유한집합이라 하자. 그러면 A의 모든 부분집합은 유한집합이다.

증명. $B \subset A$라 하자. $B = \emptyset$이면 $|B| = 0$이므로 유한집합이다. 이제 $B \neq \emptyset$이라 하자. 가정에서 A는 유한집합이므로 자연수 n과 전단사함수

$$f : n := \{0, 1, 2, \cdots, n-1\} \to A$$

가 존재한다. 따라서 $A = f(A) = \{a_0, a_1, \cdots, a_n\}$이라 하자. 여기서 물론

$$a_k = f(k),\ k \in n$$

다시 가정에서 $B \subset A$는 공집합이 아니므로 다음과 같은 작업을 할 수 있다.

- g_0는 $a_i \in B$가 되는 가장 작은 i
- $g_0, g_1, \cdots, g_i$가 정해졌을 때,

$$g_{i+1}\text{은 } k_i < k < n\text{이고, } a_k \in B\text{가 성립하는 } k \text{ 중에서 가장 작은 것}$$

만일 이런 k가 없다면 g_{i+1}은 정의하지 않는다. 사실 이 경우는 $A \times \mathbb{N}$의 부분집합에서 A로의 함수를

$$\phi(t,i) := \begin{cases} \min\{k \in n \mid k > t, a_k \in B\}, & \text{이런 } k \text{ 가 존재할 때} \\ \text{정의하지 않는다}, & \text{이런 } k \text{ 가 존재하지 않는다} \end{cases}$$

로 정의하고, 도미노 정리 1.1.2를 써서 함수 $g : m \to B$를 만들 수 있다.
이렇게 $\{g_0, g_1, \cdots, g_{m-1}\}$이라 두자. 그러면 $b_i = a_{g_i}, i \in m$이라 두면

$$B = \{b_i \mid i \in m\}$$

이 되어 $|B| = m$. 따라서 B는 유한집합이고, 특히 $|B| = m \leq n = |A|$. ■

이 보기도 보이려는 내용보다 논리가 어려워 보인다. 예를 들어 집합 $A = \{a, b, c, d, e, f\}$를 생각하자. 원소가 6개밖에 되지 않는다. 줄긋기를 생각하면 집합 $6 = \{0, 1, 2, 3, 4, 5\}$의 원소와 전단함수를 만들 수 있다. 예를 들어 전단사함수 $f : 6 = \{0, 1, 2, 3, 4, 5\} \to A$

$$\alpha(0) = d,\ \alpha(1) = a,\ \alpha(2) = e,\ \alpha(3) = b,\ \alpha(4) = c,\ \alpha(5) = f$$

를 생각하자. A의 부분집합 $B = \{a, d, f\}$에 대하여

$$g_0 = \min\{i \mid i \in 6, \alpha(i) \in B\} = \min\{1, 0, 5\} = 0$$

$g_0 = 0 \in A$를 출발하여

$$g_1 = \phi(g_0, 0) = \phi(0,0) = \min\{k \in 6 \mid k > 0, \alpha(k) \in B\} = \min\{1,5\} = 1$$
$$g_2 = \phi(g_1, 1) = \phi(1,1) = \min\{k \in 6 \mid k > 1, \alpha(k) \in B\} = \min\{5\} = 5$$

그런데

$$\min\{k \in 6 \mid k > 5, \alpha(k) \in B\} = \emptyset$$

이므로 $\phi(5,3)$은 정의하지 않는다. 그런데 $\phi(1,2)$은 정의되는가? 이것은

$$\{k \in 6 \mid k > 1, \alpha(k) \in B\} = \{5\}$$

이 것에 주의하면 $\phi(1,2) = 5$이다. 정리하면 집합 $A = \{a,b,c,d,e,f\}$와 앞에서 말한 함수 $\alpha : 6 \to A$, 부분집합 $B = \{a,d,f\}$에 대하여

$$\begin{aligned}
&\tilde{\alpha} : 3 = \{0,1,2\} \to B, \\
&\tilde{\alpha}(0) = \alpha(g_0) = \alpha(0) = d, \\
&\tilde{\alpha}(1) = \alpha(g_1) = \alpha(1) = a, \\
&\tilde{\alpha}(2) = \alpha(g_2) = \alpha(5) = f
\end{aligned}$$

가 얻어진다. 만일 함수 $\beta : 6 \to A$

$$\beta(0) = c,\ \beta(1) = b,\ \beta(2) = d,\ \beta(3) = e,\ \beta(4) = f,\ \beta(5) = a$$

를 썼다면 함수

$$h : 3 = \{0,1,2\} \to B, \quad h(0) = 2,\ h(1) = 4,\ h(2) = 5$$

를 얻고, 따라서

$$\begin{aligned}
&\tilde{\beta} : 3 = \{0,1,2\} \to B, \\
&\tilde{\beta}(0) = \beta(h_0) = \beta(2) = d \\
&\tilde{\beta}(1) = \beta(h_1) = \beta(4) = f \\
&\tilde{\beta}(2) = \beta(h_2) = \beta(5) = a
\end{aligned}$$

보기 1.3.4 A가 유한집합이라 하자. 그러면 임의의 함수 $f : A \to B$에 대해서도 $f(A) = \{f(a) \mid a \in A\}$는 유한집합인 것을 보여라.

<**풀이**> A가 유한집합이므로 전단사함수 $g : n \to A$가 있다. 따라서

$$A = \{a_0, a_1, \cdots, a_{n-1}\},\ g(i) = a_i, i \in n$$

이제 $n\times\mathbb{N}$의 부분집합에서 다음과 같이 정의된 함수

$$\phi(t,i) := \begin{cases} \min\{k\in n \mid k>t, f\big(g(k)\big)\neq f\big(g(j)\big), i=0,1,2,\cdots,i\}, & \text{이런 } k \text{ 가 존재할 때} \\ \text{정의하지 않는다,} & \text{나머지 경우} \end{cases}$$

그러면 다음 조건을 만족시키는 함수 $\alpha : m\to f(A)$ 가 존재한다.

- $\alpha(0)=0$
- $\alpha(i+1)=\phi\big(\alpha(i),i\big)=\min\{k\in m \mid k>\alpha(i), f\big(g(k)\big)\neq f\big(g(j)\big), j=0,1,\cdots,i\}$

예를 들어 $A=\{a,b,c,d\}$이고, $f:A\to\{3,4,5,6,7\}$가 다음과 같다 하자.

$$f(a)=f(b)=4, f(c)=f(d)=7$$

함수 $g:4=\{0,1,2,3\}\to A$는

$$g(0)=d,\ g(1)=c,\ g(2)=b,\ g(3)=a$$

가 주어졌다 하자. 그러면 이 경우는 $m=2=\{0,1\}$이고,

$$\begin{aligned}\alpha(1)=\phi\big(\alpha(0),0\big) &= \min\{k\in n \mid k>0, f\big(g(k)\big) \\ &\neq f\big(g(0)\big)=f(d)=7\}=\min\{2,3\}=2\end{aligned}$$

이 경우 $\tilde{f}:2=\{0,1\}\to f(A)=\{4,7\}$는 다음과 같다.

$$\begin{aligned}\tilde{f}(0)&=f\big(g\big(\alpha(0)\big)\big)=f\big(g(0)\big)=f(d)=7\\ \tilde{f}(1)&=f\big(g\big(\alpha(1)\big)\big)=f\big(g(2)\big)=f(b)=4\end{aligned}$$ □

보기 1.3.5 A,B가 모두 유한집합이면 $A\cup B$도 유한집합인 것을 보여라. 특히 $|A\cup B|\leq|A|+|B|$. 만일 $A\cap B=\emptyset$이면 $|A\cup B|=|A|+|B|$.

<**풀이**> A, B 가 유한집합이므로 $A=\{a_0,a_1,\cdots,a_{m-1}\}$, $B=\{b_0,b_1,\cdots,b_{n-1}\}$라 하자. 함수

$$f:m+n\to\{a_0,a_1,\cdots,a_{m-1},b_0,b_1,\cdots,b_{n-1}\}$$

을 다음과 같이 정의하자.

$$f(i)=\begin{cases} a_i, & 0\leq i<m \\ b_{i-m}, & m\leq i<m+n \end{cases}$$

정의로부터 $f:m+n\to A\cup B$는 전사함수이다. 따라서 $\big|A\cup B\big|\leq m+n$. 특히 $A\cap B=\emptyset$이면 $f:m+n\to A\cup B$는 전단사함수가 되어 $\big|A\cup B\big|=m+n=|A|+|B|$ □

합집합의 정의에 따라 S가 유한집합이고, S의 임의의 원소 X가 다시 유한집합이면 $\bigcup S$도 유한집합인 것을 알 수 있다. 이것을 간단히 유한집합 유한개의 합집합은 유한집합이라고 이해한다.

보기 1.3.6 X가 유한집합이면 X의 모든 부분집합을 원소로 하는 집합

$$\mathfrak{P}(X) := \{A \mid A \subset X\}$$

도 유한집합이다.

<**풀이**> 수학적 귀납법을 쓰자. $|X| = 0$이면, 즉 $X = \emptyset$이면 $\mathfrak{P}(\emptyset) = \{\emptyset\} = 1$이므로 유한집합이다. 다음으로 $|X| = 0, 1, 2, \cdots, n$일 때 $\mathfrak{P}(X)$가 유한집합인 것을 알고 있다 하자. $|Y| = n+1$인 임의의 집합 Y에 대하여, $Y = \{y_0, y_1, \cdots, y_n\}$이라 하자. 이것은 $|Y| = n+1$이므로 전단사함수

$$\phi : n+1 = n \cup \{n\} \to Y, \quad Y = \{\phi(i) \mid i \in n \text{ 또는 } i = n\}$$

가 존재하므로 $y_i = \phi(i), i \in n$ 또는 $i = n$라 두면, 가 존재하므로 $X = \phi(n) = \{y_0, y_1, \cdots, y_{n-1}\}$이 되고, 특히 $|X| = n$이다. 따라서 Y 의 부분집합을 $y_n = \phi(n)$을 원소로 갖는 것과 갖지 않는 것으로 분류하면

$$\mathfrak{P}(Y) = \mathfrak{P}(X) \cup U, \quad U := \{B \subset Y \mid y_n \in B\}$$

귀납법의 가정에 따라 $\mathfrak{P}(X)$는 유한집합이다. 더구나

$$U \ni B \mapsto U \setminus \{y_n\} \in \mathfrak{P}(X)$$

는 전단사함수이다. 따라서 $\left|U\right| = \left|\mathfrak{P}(X)\right|$가 되어 U도 유한집합이다.
그러므로 $\mathfrak{P}(Y)$는 2개의 유한집합의 합집합이므로 유한집합이다. □

제 1.4 절 보기 문제

여기에서는 앞으로 위상수학을 공부하는데 자주 나타나는 것들을 살펴본다. 그러나 "유한집합의 부분집합은 유한집합이다"와 같은 당연한 것들을 증명하는 경우가 있다. 증명이 필요하지 않은 것처럼 보이지만, 예를 들어 유한집합은 어떤 자연수로 전단사함수가 있는 집합으로 정의했기 때문에 논리적으로 보면 증명이 필요하다. 그러나 모든 것을 당연한 것으로 받아들이고, 다음 장을 공부해도 좋다.

1.1. $A \subset B, C \subset D$이면

$$A \cap C \subset B \cap D, \quad A \cup C \subset B \cup D$$

인 것을 보여라.

<**해설**> ▷

- $x \in A \cap C$라 하자. $x \in A, x \in C$이므로 $x \in B, x \in D$. 따라서 $x \in B \cap D$.
- $x \in A \cup C$ 라 하자. $x \in A$이거나 $x \in C$이다. 따라서 $x \in B$이거나. $x \in D$이다. 따라서 $x \in B \cup D$.

1.2. $A \cap B = A$일 필요충분조건은 $A \subset B$인 것을 보여라.

<**해설**> ▷

- 필요성: $A \cap B = A$라면 공통집합의 뜻에 따라 $A = A \cap B \subset B$.
- 충분성: $A \subset B$라 하자. 우선 언제나 성립하는 것은 $A \cap B \subset A$. 다음으로 임의의 $x \in A$에 대하여 $A \subset B$이므로 $x \in B$. 따라서 $x \in A$이면 $x \in A \cap B$이다. 이것으로 $A \subset A \cap B$를 얻는다.

1.3. $A \cup B = B$일 필요충분조건은 $A \subset B$인 것을 보여라.

<**해설**> ▷

- 필요성: $A \cup B = B$라면 합집합의 뜻에 따라 $A \subset A \cup B = B$.
- 충분성: 언제나 성립하는 것은 $B \subset A \cup B$. 그런데 $A \subset B$라면 $x \in A$이면 $x \in B$. 따라서

$$x \in A \cup B \implies x \in A \text{ 또는 } x \in B \implies x \in B$$

이것으로 $A \cup B \subset B$를 얻는다.

1.4. 임의의 집합 A, B, C에 대하여

1. $A \cap (B \cup C) = (A \cap B) \cup (A \cap C)$
2. $A \cup (B \cap C) = (A \cup B) \cap (A \cup C)$

<**해설**> ▷

1.

$$\begin{aligned} x \in A \cap (B \cup C) &\iff x \in A, x \in B \cup C \\ &\iff (x \in A)(x \in B \text{ 또는 } x \in C) \\ &\iff (x \in A, x \in B) \text{ 또는 } (x \in A, x \in C) \\ &\iff x \in A \cap B \text{ 또는 } x \in A \cap C \\ &\iff x \in \big((A \cap B) \cup (A \cap C)\big) \end{aligned}$$

2. $x \in A \cup (B \cap C) \iff x \in A$ 또는 $x \in B \cap C$

- $x \in A$이면 $x \in A \cup B, x \in A \cup C$가 성립하므로 $x \in (A \cup B) \cap (A \cup C)$가 성립한다.
- $x \in B \cap C$인 경우에도, $x \in A \cup B, x \in A \cup C$가 성립한다. 따라서 $x \in (A \cup B) \cap (A \cup C)$가 성립한다.

이것으로 $A \cup (B \cap C) \subset \Big((A \cup B) \cap (A \cup C)\Big)$를 얻는다.
다음으로 $y \in \Big((A \cup B) \cap (A \cup C)\Big)$라면 $y \in A \cup B, y \in A \cup C$가 성립한다. 만일 $y \in A$라면 $y \in A \cup (B \cap C)$가 성립한다. 만일 $y \notin A$라면 $y \in B, y \in C$가 성립해야 한다. 따라서 $y \in B \cap C$가 성립해야 하고, 결국 $y \in A \cup (B \cap C)$가 성립한다.
이것으로부터 $\Big((A \cup B) \cap (A \cup C)\Big) \subset A \cup (B \cap C)$를 얻는다.

1.5. 임의의 집합 A와 집합무리 $\{B_i\}_{i \in I}$에 대하여

1. $A \cap \bigcup_{i \in I} B_i = \bigcup_{i \in I} (A \cap B_i)$
2. $A \cup \bigcap_{i \in I} B_i = \bigcap_{i \in I} (A \cup B_i)$

<**해설**> ▷

1.

$$\begin{aligned} x \in A \cap \bigcup_{i \in I} B_i &\iff x \in A, (\exists i_x \in I)(x \in B_{i_x}) \\ &\iff (\exists i_x \in I)(x \in A, x \in B_{i_x}) \\ &\iff x \in \bigcup_{i \in I} (A \cap B_i) \end{aligned}$$

2.

$$\begin{aligned} x \in A \cup \bigcap_{i \in I} B_i &\iff x \in A \text{ 또는 } x \in \bigcap_{i \in I} B_i \\ &\iff x \in A \text{ 또는 } (\forall i \in I)(x \in B_i) \\ &\iff (\forall i \in I)(x \in A \cup B_i) \\ &\iff x \in \bigcap_{i \in I} (A \cup B_i) \end{aligned}$$

1.6. 임의의 집합 A와 집합무리 $\{B_i\}_{i \in I}$에 대하여

1. $A \setminus \bigcup_{i \in I} B_i = \bigcap_{i \in I} (A \setminus B_i)$
2. $A \cap \bigcap_{i \in I} B_i = \bigcup_{i \in I} (A \setminus B_i)$

<**해설**> ▷

1.

$$\begin{aligned} x \in A \setminus \bigcup_{i\in I} B_i &\iff x \in A, (\forall i \in I)(x \notin B_i) \\ &\iff (\forall i \in I)(x \in A, x \notin B_i) \\ &\iff \bigcap_{i\in I}(A \setminus B_i) \end{aligned}$$

2.

$$\begin{aligned} x \in A \setminus \bigcap_{i\in I} B_i &\iff x \in A, x \notin \bigcap_{i\in I} B_i \\ &\iff x \in A, (\exists i_x \in I)(x \notin B_{i_x}) \\ &\iff (\exists i_x \in I)(x \in A, x \notin B_{i_x}) \\ &\iff x \in \bigcup_{i\in I}(A \setminus B_i) \end{aligned}$$

1.7. $|\mathbb{N}| = |\mathbb{N} \times \mathbb{N}|$인 것을 보여라.

<**해설**> ▷ $\mathbb{N} \times \mathbb{N}$에서 $\mathbb{N}$으로 전단사함수를 만드는 방법은 무수히 많다. 여기서는 다음을 위하여 구체적을 $(i, j) \in \mathbb{N} \times \mathbb{N}$이 주어지면 (i, j)에 대응되는 $\mathbb{N}$을 계산할 수 있는 자연스런 방법을 생각하자. 먼저 $\mathbb{N} \times \mathbb{N}$을 다음과 같이 분할하자:

$$\mathbb{N} \times \mathbb{N} = \bigcup_{k=0}^{\infty} A_k, \quad A_k := \{(i, j) \mid i + j = k\}$$

예를 들어

$$\begin{aligned} A_0 &= \{(0,0)\}, \\ A_1 &= \{(0,1), (1,0)\}, \\ A_2 &= \{(0,2), (1,1), (2,0)\} \end{aligned}$$

A_n의 원소의 개수는 $n+1$인 것에 주의하자. 이것에 주의하면

$$\phi : \mathbb{N} \times \mathbb{N} \to \mathbb{N}, \quad \phi(i, j) := \frac{(i+j)(i+j+1)}{2} + i$$

는 전단사함수이다.

1.8. 모든 집합 A에 대하여 $|A| < |\mathfrak{P}(A)|$인 것을 보여라.

<**해설**> ▷

- $A = \emptyset$인 경우는 $|A| = 0 = \emptyset$이고 $\mathfrak{P}(A) = \{\emptyset\} = 1$이므로 성립한다.
- $A \neq \emptyset$인 경우를 생각하자. 만일 전단사함수

$$\phi : A \to \mathfrak{P}(A)$$

가 있다 하자. 그러면 **이해공리**에 따라

$$A_* := \{x \in A \mid x \notin \phi(x)\}$$

가 있다. 가정에 따라 $\phi : A \to \mathfrak{P}(A)$는 전단사함수이고, $A_* \in \mathfrak{P}(A)$이므로 $\phi(a_*) = A_*$가 성립하는 $a_* \in A$가 있다. 이 원소 a_*에 주의하자. $a_* \in A_*$이거나 $a_* \notin A_*$가 성립해야 한다. 그러나 $a_* \in A_*$이면 $a_* \in A_* = \phi(a_*)$이므로 함수 ϕ의 정의에 따라 $a_* \notin A_* = \phi(a_*)$. $a_* \notin A_*$이면 ϕ의 정의에 따라 $a_* \in \phi(a_*) = A_*$. 따라서 A에서 $\mathfrak{P}(A)$로의 전단사함수는 없다.

1.9. $|\mathbb{N}| < |\mathbb{R}| = \mathfrak{c}$인 것을 보여라. 실수집합의 원소의 개수는 보통 $\mathfrak{c}$로 표시한다.

<**해설**> ▷ 이진법을 생각하면 편리하다.

- 우선 0과 1로 이루어진 열 전체를

$$2^{\mathbb{N}} := \{f : \mathbb{N} \to 2 = \{0,1\}\}$$

로 나타내자. 먼저 $\mathbb{N}$에서 $2^{\mathbb{N}}$으로의 전단사함수는 없은 것을 보이자. 만일 $\mathbb{N}$에서 $2^{\mathbb{N}}$으로의 전단사함수가 있었다면

$$2^{\mathbb{N}} = \{f_0, f_1, f_2, f_2, \cdots\}$$

이제 다음과 같이 정의된 함수 $\alpha : \mathbb{N} \to 2 = \{0,1\}$를 생각하자:

$$\alpha(n) := \begin{cases} 0, & f_n(n) = 1 \\ 1, & f_n(n) = 0 \end{cases}$$

핵심은 α의 $n \in \mathbb{N}$에서의 값을 n-번째 함수 f_n의 n에서의 값과 다르게 잡는 것이다. 정의로부터 $\alpha \in 2^{\mathbb{N}}$. 그러나 $\alpha = f_k$가 되는 자연수 $k \in \mathbb{N}$는 없다. 왜냐하면

$$\alpha(k) \neq f_k(k)$$

- 다음으로 $|\mathbb{R}| = |[0,1]|$을 알아보자. 함수

$$\beta : \mathbb{R} \to (-2,2), \quad \beta(x) := \frac{2x}{1+|x|}$$

은 전단사함수이므로 $|\mathbb{R}| = |(-2,2)|$이다. $[0,1] \subset (-2,2)$이므로 $|[0,1]| \leq |(-2,2)| = |\mathbb{R}|$. 여기에 $\mathbb{R} \to (0,1), x \mapsto \frac{1}{4}\big(2+\beta(x)\big)$ 도 전단사함수인 것에 주의하면 $|\mathbb{R}| = |(0,1)| \leq |[0,1]|$. 이것으로

$$|[0,1]| = |\mathbb{R}|$$

을 얻는다.

- 끝으로 $|2^{\mathbb{N}}| = |[0,1]|$인 것을 보이자. 이것은 실수의 2진법 표현 때문에 함수

$$\phi : 2^{\mathbb{N}} \to [0,1], \phi(f) := \sum_{n=0}^{\infty} \frac{f(n)}{2^{n+1}}$$

가 전단사함수인 것에 주의하면 알 수 있다.

정리하면

$$\aleph_0 := |\mathbb{N}| < |\mathfrak{P}(\mathbb{N})| = |2^{\mathbb{N}}| = |\mathbb{R}| := \mathfrak{c}$$

1.10. $|\mathbb{N}^{\mathbb{N}}| = |\mathbb{R}| := \mathfrak{c}$인 것을 보여라.

<**해설**> ▷ 먼저 $f :\in \mathbb{N}^{\mathbb{N}}$에 f을 그래프 $G_f := \{(n, f(n)) \mid n \in \mathbb{N}\}$ 을 대응시키는 함수 $G : \mathbb{N}^{\mathbb{N}} \to \mathfrak{P}(\mathbb{N} \times \mathbb{R})$ 은 단사함수이다. 따라서

$$\mathfrak{c} = |2^{\mathbb{N}}| \leq |\mathbb{N}^{\mathbb{N}}| \leq \left|\mathfrak{P}(\mathbb{N} \times \mathbb{N})\right| \leq \left|\mathfrak{P}(\mathbb{N})\right| = |2^{\mathbb{N}}| = |\mathbb{R}| := \mathfrak{c}$$

1.11. $\mathbb{Z}$에서 $\mathbb{Q}$로 전단사함수를 만들어라.

<**해설**> ▷ 유리수 집합 $\mathbb{Q}$에서 정의된 함수를 다룰 때 불편한 점은, 유리수를 두 정수의 비율로 표현할 때, 표현 방법이 유일하지 않은 것이다. 예를 들어

$$\frac{1}{2} = \frac{2}{4} = \frac{3}{6} = \cdots$$

먼저 음수가 아닌 유리수를 생각하자:

$$\mathbb{Q}^+ := \{q \in \mathbb{Q} \mid q \geq 0\}$$

음이 아닌 유리수를 다음과 같이 분할하자. $\mathbb{Q}^+ = A_1 \cup A_2 \cup A_3 \cup A_4 \cup \cdots$ 이식에서

$$A_1 := \{0, 1, 2, 3, 4, \cdots\} \equiv \{\frac{0}{1}, \frac{1}{1}, \frac{2}{1}, \frac{3}{1}, \cdots\}$$
$$A_2 = \{\frac{1}{2}, \frac{3}{2}, \frac{5}{2}, \cdots\}$$
$$A_3 = \{\frac{1}{3}, \frac{2}{3}, \frac{4}{3}, \cdots\}$$

이 표현은A_1은 음이 아닌 유리수 중에서 자연수인 것을 고른 것이고, $n > 1$일 때

$$A_n := \{\frac{m}{n} \mid m, n \in \mathbb{N} \setminus \{0\},\ m.n\text{의 공약수는 1 뿐이다}\}$$

함수 $\alpha : (\mathbb{N} \setminus \{0\}) \times (\mathbb{N} \setminus \{0\}) \to \mathbb{Q}^+$을

$$\alpha(i, j) = A_i\text{의 } j \text{ 번째 원소}$$

로 정의하자. 따라서

$$\alpha(1,1) = 0$$
$$\alpha(1,2) = 1$$
$$\alpha(2,1) = \frac{1}{3}$$
$$\vdots$$
$$\alpha(10,5) = \frac{11}{10}$$
$$\vdots$$

함수 $\beta : \mathbb{N} \to (\mathbb{N} \setminus \{0\}) \times (\mathbb{N} \setminus \{0\})$를 다음과 같이 정의하자:

$$\beta(n) := \left(1+n-\frac{n_k(n_k+1)}{2},\ 1+n_k-n+\frac{n_k(n_k+1)}{2}\right), \quad n_k = \left[\frac{-1+\sqrt{1+8n}}{2}\right]$$

함수 β는 복잡하게 보이지만, 처음 몇 개의 값을 계산해보면 의미가 분명하다.

$$\beta(0) = (1,1)$$
$$\beta(1) = (1,2)$$
$$\beta(2) = (2,1)$$
$$\beta(3) = (1,3)$$
$$\beta(4) = (2,2)$$
$$\beta(5) = (3,1)$$
$$\vdots$$
$$\beta(1000) = (11,35)$$
$$\vdots$$

β는 전단사함수이다. 따라서 α와 β의 합성함수

$$\alpha \circ \beta : \mathbb{N} \to (\mathbb{N} \setminus \{0\}) \times (\mathbb{N} \setminus \{0\}) \to \mathbb{Q}^+$$

는 전단사함수이다.

$$\gamma : \mathbb{Z} \to \mathbb{Q}, \quad \gamma(0) = 0,\ \gamma(n) = \frac{n}{|n|}(\alpha \circ \beta)(|n|), n \neq 0$$

는 $\mathbb{Z}$에서 $\mathbb{Q}$로의 전단사함수이다. 예를 들어

$$\gamma(-100) = -(\alpha \circ \beta)(100) = -\alpha(10,5) = -\frac{11}{10}$$

1.12. $\mathbb{R}| = |\mathbb{R}\times\mathbb{R}|$인 것을 보여라.

<**해설**> ▷ $|[0,1| = |2^{\mathbb{N}}| = |\mathbb{R}|$인 것을 알고 있다. 따라서 전단사함수

$$\phi : 2^{\mathbb{N}} \times 2^{\mathbb{N}} \to 2^{\mathbb{N}}$$

을 만들면 충분하다. 이것은 $f,g \in 2^{\mathbb{N}}$일 때

$$\phi(f,g)(n) := \begin{cases} f(k), & n = 2k \\ g(k), & n = 2k+1 \end{cases}$$

라 정의하면 된다. 예를 들어

$$\begin{aligned}\phi(\frac{7}{8},\frac{21}{32}) &= \phi\big((1,1,1,0,0,0,\cdots),(1,0,1,0,1,0,\cdots)\big)\\ &= (1,1,1,0,1,1,0,0,0,1,0,\cdots)\\ &= \frac{1}{2}+\frac{1}{2^2}+\frac{1}{2^3}+\frac{1}{2^5}+\frac{1}{2^6}+\frac{1}{2^{10}}\\ &= \frac{945}{1024}\end{aligned}$$

장 2

집합과 함수

집합은 아직 다듬지 않는 식재료다. 이 식재료를 필요에 따라 다듬는 것이 함수다. 여기서는 집합에서 집합으로 함수의 성질을 알아본다. 집합과 함수의 관계는 위상수학 뿐 아니로 모든 수학을 공부하기 위한 기초다. 이 장에서 다룰 주요 내용은 다음과 같은 것들이 있다.

- 그림자, 거꿀그림자
- 단사함수, 전사함수, 전단사함수
- 선택공리
- 동치류, 함수의 표준분해

제 2.1 절 집합과 함수

함수 $f : X \to Y$가 주어지면, 다음 질문을 할 수 있다.

- $a, b \in X$가 서로 다르면 $f(a) \neq f(b)$인가?
- Y의 모든 점이 함수 값이 될 수 있나?

이런 질문에 답하기 위하여 다음 정의는 중요하자.

정의 2.1.1 그림자([image) , 거꿀그림자(inverse Image), 단사함수(injection), 전사함수(surjection)]
함수 $f : X \to Y$가 있다.

1. $A \subset X$에 대해서 $f(A) := \{b \in B \mid b = f(a)$가 되는 $a \in A$ 가 있다$\}$ 을 함수 $f : X \to Y$에 대한 집합 A의 **그림자(상, image)**라 한다.
2. $B \subset Y$에 대해서 $f^{-1}(B) := \{a \in X \mid f(a) \in B\}$ 를 함수 $f : X \to Y$에 대한 집합 B의 **거꿀그림자 (역상, inverse image)**라 한다.
3. $x_1, x_2 \in X, f(x_1) = f(x_2) \iff x_1 = x_2$ 가 성립하는 함수를 **단사함수(injection)**이라 한다.
4. 임의의 $y \in Y$에 대해서 $f(x) = y$가 되는 x가 있으면, f를 **전사함수(surjection)**이라 한다.
5. 단사함수이면서 동시에 전사함수인 함수를 **전단사함수(bijection)**라 한다.

보기 2.1.1 $X = \{a, b, c, d, e\}, Y := \{1, 2, 3, 4, 5, 6\}$와 다음과 같이 정의된 함수 $f : X \to Y$를 생각하자.

1. $A_1 = \{a, c, d\}, A_2 = \{a, d, e\}, B_1 = \{6\}, B_2 = \{2, 3, 4\}$ 일 때 $f(A_1), f(A_2), f^{-1}(B_1), f^{-1}(B_2)$를 구하여라.
2. $f(X)$를 구하여라.
3. $f^{-1}(Y)$를 구하여라.
4. $f : X \to Y$가 단사함수가 아닌 이유를 말하여라.
5. $f : X \to Y$가 전사함수가 아닌 이유를 설명하여라.

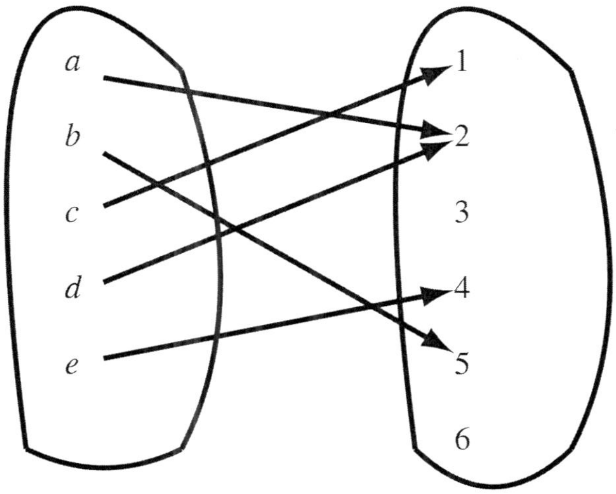

<풀이>

1. $f(A_1) = \{1,2\}, f(A_2) = \{2,4\}, f^{-1}(B_1) = \emptyset, f^{-1}(B_2) = \{a,d,e\}$
2. $f(X) = \{1,2,4,5\}$
3. $f^{-1}(Y) = \{a,b,c,d,e\}$
4. $a,d \in X, a \neq d$이지만 $f(a) = f(d)$이기 때문이다.
5. $3 \in Y$에 대해서는 $f(x) = 3$이 되는 $x \in X$가 없다. □

보기 2.1.2 임의의 함수 $f : X \to Y$를 생각하자.

1. $A \subset X$일 때 $A \subset f^{-1}(f(A))$를 증명하여라.
2. f가 단사함수일 필요충분조건은 임의의 $A \subset X$에 대해서 $A = f^{-1}(f(A))$인 것을 증명하여라.

<풀이>

1. 임의의 $a \in A$에 대해서 $f(a) \in f(A) := \{y \in Y \mid y = f(x)$ 가 되는 $x \in A$가 있다$\}$. 거꿀그림자의 정의에 따라 $a \in f^{-1}(f(A))$. 따라서 $A \subset f^{-1}(f(A))$.
2. 앞에서 모든 함수에 대해서 $A \subset f^{-1}(f(A))$를 증명했다. 따라서 $A = f^{-1}(f(A))$ 를 증명하려면 $f^{-1}(f(A)) \subset A$인 것만 보이면 된다. 이것을 위해서 단사함수라는 조건이 어떻게 쓰이는지 보자.

 - 필요성: 임의의 $x \in f^{-1}(f(A))$에 대해서 거꿀그림자의 정의에 따라

$$f(x) \in f(A)$$

이제 함수 f에 의한 집합 A의 그림자의 정의에 따라 $f(x) = f(a)$가 되는 $a \in A$가 있다. 그런데 가정에서 f가 단사함수이므로 $f(x) = f(a) \iff x = a$. 따라서 f가 단사함수이면 임의의 $x \in f^{-1}\big(f(A)\big)$에 대해서 $x = a$가 되는 $a \in A$가 있다. 따라서 $x \in A$.

- 충분성: 이제 임의의 $A \subset X$에 대해서 $A = f^{-1}\big(f(A)\big)$라 하자. 그러면 $x_1, x_2 \in X$이고 $f(x_1) = f(x_2)$가 되었다면

$$\{x_1\} = f^{-1}\big(\{f(x_1)\}\big) = f^{-1}\big(\{f(x_2)\}\big) = \{x_2\}$$

따라서 $f(x_1) = f(x_2) \iff x_1 = x_2$, 즉 f는 단사함수이다. □

보기 2.1.3 임의의 함수 $f : X \to Y$를 생각하자.

1. $B \subset Y$일 때 $f\big(f^{-1}(B)\big) \subset B$를 증명하여라.
2. f가 전사함수일 필요충분조건은 임의의 $B \subset Y$에 대해서 $f\big(f^{-1}(B)\big) = B$인 것을 증명하여라.

<**풀이**>

1. 임의의 $a \in f^{-1}(B)$에 대해서 거꿀그림자의 정의에 따라 $f(a) \in B$. 따라서 $f\big(f^{-1}(B)\big) \subset B$.
2. 앞에서 임의의 함수 f에 대해서 $f\big(f^{-1}(B)\big) \subset B$를 증명했다. 따라서 반대 포함관계 $B \subset f\big(f^{-1}(B)\big)$를 증명하면 충분하다.

- 필요성: f가 전사함수라 하자. 그러면 임의의 $y \in B$에 대해서

$$f(x) = y \in B$$

가 되는 $x \in X$가 있다. 이 x는 물론 거꿀그림자의 정의에 따라 $x \in f^{-1}(B)$. 따라서 $f(x) \in f\big(f^{-1}(B)\big)$. 이것으로 $B \subset f\big(f^{-1}(B)\big)$가 증명되었다. 따라서 f가 전사함수이면 임의의 $B \subset Y$에 대해서 $B = f\big(f^{-1}(B)\big)$
- 충분성: 이제 임의의 $B \subset Y$에 대하여 $B = f\big(f^{-1}(B)\big)$라 하자. 그러면 임의의 $y \in Y$에 대해서 $\{y\} = f\big(f^{-1}(\{y\})\big)$ 따라서 $f^{-1}(\{y\}) \neq \emptyset$. 그러므로 $a \in f^{-1}(\{y\})$인 원소 $a \in X$를 잡을 수 있고, a에 서의 함수값은 물론 $f(a) \in \{y\} \iff f(a) = y$.
그러나 이것은 바로 f가 전사함수라는 말이다. □

제 2.2 절 집합의 연산과 그림자, 거꿀 그림자

두 집합 X, Y를 생각하자. 함수 $f : X \to Y$가 주어지면 이 함수와 관련하여 다음을 생각할 수 있다.

1. $A_1, A_2 \subset X$일 때
   - $f(A_1 \cup A_2)$ 와 $f(A_1) \cup f(A_2)$ 사이의 관계
   - $f(A_1 \cap A_2)$와 $f(A_1) \cap f(A_2)$ 사이의 관계
2. $B_1, B_2 \subset Y$일 때
   - $f^{-1}(B_1 \cup B_2)$ 와 $f^{-1}(B_1) \cup f^{-1}(B_2)$ 사이의 관계
   - $f^{-1}(B_1 \cap B_2)$와 $f^{-1}(B_1) \cap f^{-1}(B_2)$ 사이의 관계
3. $(A_{i\in I})$가 X의 부분집합으로 구성되었을 때
   - $f\left(\cup_{i\in I} A_i\right)$ 와 $\cup_{i\in I} f(A_i)$ 사이의 관계
   - $f\left(\cap A_i\right)$와 $\cap_{i\in I} f(A_i)$ 사이의 관계
4. $(B_{i\in I})$가 Y의 부분집합으로 구성되었을 때
   - $f^{-1}\left(\cup_{i\in I} B_i\right)$ 와 $\cup_{i\in I} f^{-1}(B_i)$ 사이의 관계
   - $f^{-1}\left(\cap B_i\right)$와 $\cap_{i\in I} f^{-1}(B_i)$ 사이의 관계

위 관계를 분명하게 아는 것이 위상공간의 이해에 필수적이다. 왜냐하면 위상공간의 의미가 합집합과 공통집합을 이용해서 정의 되었기 때문이다.

다시 집합 $X = \{a, b, c, d, e\}, Y := \{1, 2, 3, 4, 5, 6\}$와 다음과 같이 정의된 함수 $f : X \to Y$를 생각하자.

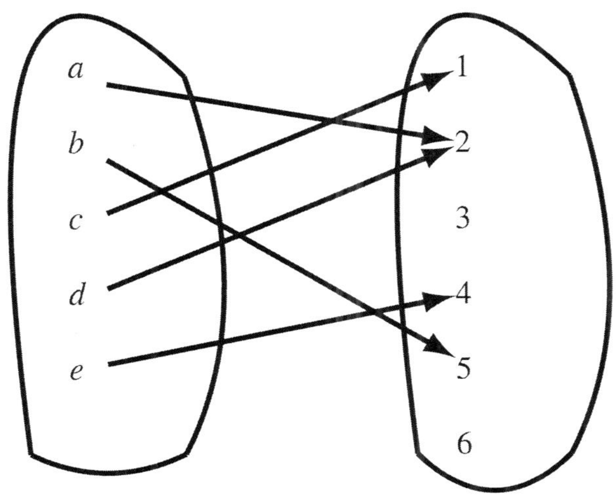

X의 부분집합 $A = \{a, b\}, B = \{d, e\}$를 생각하면

$$
\begin{aligned}
f(A) &= \{f(a), f(b)\} = \{2,5\} \\
f(B) &= \{f(d), f(e)\} = \{2,4\} \\
A \cup B &= \{a,b,d,e\} \\
f(A \cup B) &= \{f(a), f(b), f(d), f(e)\} = \{2,5,2,4\} = \{2,4,5\} \\
f(A) \cup f(B) &= \{2,5\} \cup \{2,4\} = \{2,4,5\} \\
A \cap B &= \{a,b\} \cup \{d,e\} = \emptyset \\
f(A \cap B) &= f(\emptyset) = \emptyset \\
f(A) \cap f(B) &= \{2,5\} \cap \{2,4\} = \{2\}
\end{aligned}
$$

적어도 이 보기에서는 다음 사실이 성립하는 것을 알 수 있다.

$$
\begin{aligned}
f(A \cup B) &= f(A) \cup f(B) \\
f(A \cap B) &\subsetneq f(A) \cap f(B)
\end{aligned}
$$

그러면 집합의 연산과 함수의 그림자는 일반적으로 위 사실이 성립할까? 위 보기에서 특히 $f(A \cap B) = f(A) \cap f(B)$는 일반적으로 성립하지 않는 것을 알았다. 그렇다면 어떤 특별한 경우에 $f(A \cap B) = f(A) \cap f(B)$가 성립할까?

도움정리 2.2.1 [집합의 연산과 함수의 그림자]모든 함수 $f: X \to Y$와, 집합 $A, B \subset X, (A_i)_{i \in I}, A_i \subset X$에 대해서

1. $A \subset B$이면 $f(A) \subset f(B)$
2. $f(A \cup B) = f(A) \cup f(B)$
3. $\left(\bigcup_{i \in I} A_i\right) = \bigcup_{i \in I} f(A_i)$
4. $f(A \cap B) \subset f(A) \cap f(B)$.
5. 모든 $A, B \subset X$에 대해서, $f(A) \cap B) = f(A) \cap f(B) \iff f: X \to Y$가 단사함수
6. $f\left(\bigcap_{i \in I} A_i\right) \subset \bigcap_{i \in I} f(A_i)$
7. 모든 $(A_i)_{i \in I}$에 대해서 $f\left(\bigcap_{i \in I} A_i\right) = \bigcap_{i \in I} f(A_i) \iff f: X \to Y$가 단사함수

증명.

1. $x \in f(A)$ 이면 $x \in f(B)$ 를 보이면 된다. $x \in f(A)$이면 $x = f(a)$ 가 성립하는 $a \in A$가 있다. 따라서 $A \subset B$ 이면 $x = f(a) \in B$.
2. $A \subset A \cup B, B \subset A \cup B$ 이므로 $f(A) \subset f(A \cup B)$, $f(B) \subset f(A \cup B)$ 가 성립한다. 따라서 $f(A) \cup f(B) \subset f(A \cup B)$.
   다음으로 $x \in f(A \cup B)$이면 $x = f(p)$가 성립하는 $p \in A \cup B$ 가 있다. 그런데 $p \in A \cup B$라는 것은 $p \in A$ 이거나 $p \in B$. 따라서 $x = f(p) \in f(A)$이거나 $x = f(p) \in f(B)$. 그러므로 $x \in f(A) \cup f(B)$가 증명되었다.

3. 합집합의 경우에는 집합의 개수와 관계없이 각각의 그림자의 합은 전체 그림자이다. 우선 임의의 $\lambda \in I$에 대해서 $A_\lambda \subset \bigcup_{i\in I} A_i \implies f(A_\lambda) \subset f\big(\bigcup_{i\in I} A_i\big)$. 따라서

$$\bigcup_{i\in I} f(A_i) = \bigcup_{\lambda\in I} f(A_\lambda) \subset f\Big(\bigcup_{i\in I} A_i\Big)$$

반대 포함관계를 보이자. 임의의 $y \in f\big(\bigcup_{i\in I} A_i\big)$ 에 대해서, 그림자의 정의에 따라

$$y = f(x), x \in \bigcup_{i\in I} A_i$$

가 성립하는 x가 존재한다. 그러면 합집합의 정의에 따라 $x \in A_\lambda$ 가 되는 $\lambda \in I$가 있다. 이 λ를 통해서

$$y = f(x) \in f(A_\lambda) \in \bigcup_{i\in I} f(A_i)$$

이것으로 반대 포함관계

$$f\Big(\bigcup_{i\in I} A_i\Big) \subset \bigcup_{i\in I} f(A_i)$$

를 보였고, 따라서

$$f\Big(\bigcup_{i\in I} A_i\Big) = \bigcup_{i\in I} f(A_i)$$

가 증명되었다.

4. 공통집합의 그림자는 합집합의 경우와 다르다. 실제로 서로 다른 물체의 그림자가 겹칠 수 있다. 즉 두 물체의 공통부분이 없더라도 그림자는 겹칠 수 있다. 때문에 등호는 일반적으로 성립하지 않는다. 즉

$$A\cap B \subset A, \quad A\cap B \subset B \implies f(A\cap B) \subset f(A), \quad f(A\cap B) \subset f(B) \implies f(A\cap B) \subset f(A)\cap f(B)$$

5. 등호가 성립하는 것은 서로 다른 부분의 그림자가 겹치는 일이 없으면 된다. 즉 $a, b \in X, a \neq b$이면 $f(a) \neq f(b)$인 것이 필요충분조건이다.

- $\Rightarrow$ $a, b \in X, a \neq b$라 하자. 그러면 $\{a\}\cap\{b\} = \emptyset$. 따라서

$$\emptyset = f(\emptyset) = f(\{a\}\cap\{b\}) = f(\{a\})\cap f(\{b\}) = \{f(a)\}\cap\{f(b)\}$$

  따라서 $f(a) \neq f(b)$이고, 이것은 바로 $f : X \to Y$가 단사함수라는 말이다.

- $\Leftarrow$ 역으로 $f : X \to Y$가 단사함수라 하자. 우리는 이미 $f(A\cap B) \subset f(A)\cap f(B)$는 언제나 성립하는 성질인 것을 알고 있다. 따라서 반대 포함관계를 보이면 충분하다.
  임의의 $y \in f(A)\cap f(B)$에 대해서 $y \in f(A)$이므로 $f(a) = y$가 되는 $a \in A$가 존재하고, $y \in f(B)$이므로 $y = f(b)$가 되는 $b \in B$가 존재한다. 그런데 $f : X \to Y$는 단사함수이고, 이 $a \in A, b \in B$를 통로로 $f(a) = y = f(b)$.
  따라서 단사함수의 정의에 따라 $a = b$. 그러나 이것은 $a = b \in A\cap B$을 말하고, 따라서

$$y = f(a) = f(b) \in f(A \cap B)$$

이것으로 반대 포함관계가 증명되었고, 결국 모든 $A, B \subset X$에 대해서 $f(A \cap B) = f(A) \cap f(B)$가 성립할 필요충분조건은 $f : X \to Y$가 단사함수인 것을 증명했다.

6. 4. 와 같은 방법으로 증명되므로 생략
7. 5. 와 같은 방법으로 증명되므로 생략. ■

이제 함수에 의한 집합의 거꿀그림자를 생각해보자.
이를 위해서 다시 집합 $X = \{a,b,c,d,e\}, Y := \{1,2,3,4,5,6\}$와 다음과 같이 정의된 함수 $f : X \to Y$를 생각하자.

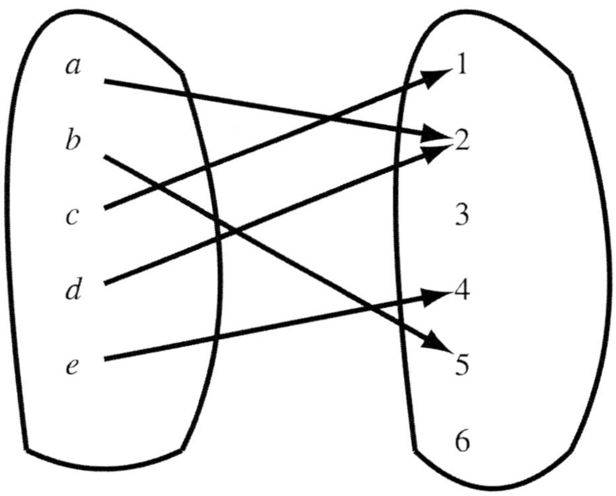

이 함수는 a,b,c,d,e가 서로 독자적으로 $1,2,3,4,5$에게 편지를 보내는 것으로 생각하면 좋다. a,b는 똑 같은 사람 2에게 편지를 보냈다. 서로는 이 사실을 모른다. 그러나 2는 두 통의 편지를 받았고, 편지를 받은 사람은 누가 편지를 보냈는지를 알고 있다. 3, 6은 편지를 한 장도 받지 못했다. 거꿀그림자(inverse image)는 편지를 보낸 사람에게 편지를 돌려주는 것으로 생각하면 좋다. 이렇게 이해하면 다음 도움정리는 거의 당연하다.

도움정리 2.2.2 [거꿀그림자의 성질] 임의의 함수 $f: X \to Y$와 집합 $C, D \subset Y, (C_\kappa)_{\kappa \in K}, C_\kappa \subset Y$에 대해서 다음이 성립한다.

1. $C \subset D$이면 $f^{-1}(C) \subset f^{-1}(D)$
2. $f^{-1}(C \cup D) = f^{-1}(C) \cup f^{-1}(D)$
3. $f^{-1}\left(\bigcup C_\kappa\right) = \bigcup f^{-1}(C_\kappa)$
4. $f^{-1}(C \cap D) = f^{-1}(C) \cap f^{-1}(D)$
5. $f^{-1}(\bigcap C_\kappa) = \bigcap f^{-1}(C_\kappa)$
6. $f\left(f^{-1}(C)\right) \subset C$. 등호가 성립할 필요충분조건은 $f: X \to Y$가 전사함수
7. 임의의 $A \subset X$에 대해서 $f^{-1}\left(f(A)\right) \supset A$. 등호가 성립할 필요충분조건은 $f: X \to Y$가 단사함수.

증명.

1. $x \in f^{-1}(C)$이면 $f(x) \in C$. 따라서 $f(x) \in D$이고, $x \in f^{-1}(D)$.
2. $C \subset C \cup D, D \subset C \cup D$이므로 $f^{-1}(C) \subset f^{-1}(C \cup D), f^{-1}(D) \subset f^{-1}(C \cup D)$.
따라서 $f^{-1}(C) \cup f^{-1}(D) \subset f^{-1}(C \cup D)$. 또한 임의의 $x \in f^{-1}(C \cup D)$에 대해서 $f(x) \in C \cup D$ 이므로 $f(x) \in C$이거나 $f(x) \in D$. 그러나 이것은 $x \in f^{-1}(C)$이거나 $x \in f^{-1}(D)$. 따라서 $x \in f^{-1}(C) \cup f^{-1}(D)$. 이것으로
$$f^{-1}(C \cup D) = f^{-1}(C) \cup f^{-1}(D)$$
가 증명되었다.
3. 2. 과 같은 방법으로 증명되니 생략
4. 우선 $C \cap D \subset C, C \cap D \subset D$이므로
$$f^{-1}(C \cap D) \subset f^{-1}(C), \quad f^{-1}(C \cap D) \subset f^{-1}(D)$$
따라서
$$f^{-1}(C \cap D) \subset f^{-1}(C) \cap f^{-1}(D)$$
반대 포함관계를 보이자. 임의의 $x \in \left(f^{-1}(C) \cap f^{-1}(D)\right)$에 를 잡자. 공통집합의 정의에 따라
$$x \in f^{-1}(C), \quad x \in f^{-1}(D) \iff f(x) \in C, \quad f(x) \in D \iff f(x) \in C \cap D \iff x \in f^{-1}(C \cap D)$$
이것으로 $\left(f^{-1}(C) \cap f^{-1}(D)\right) \subset f^{-1}(C \cap D)$를 보였다. 따라서
$$f^{-1}(C \cap D) = f^{-1}(C) \cap f^{-1}(D)$$
가 증명되었다.

5. 4. 같은 방법으로 증명되니 생략
6. 그림자와 거꿀그림자의 정으로부터$f\big(f^{-1}(C)\big) \subset C$는 당연하게 성립한다.
   따라서 등호가 성립하는 경우만 조사하면 충분하다.

   - $f: X \to Y$가 전사함수이면 임의의 $c \in C \subset Y$에 대해서 $f(x) = c$가 되는 $x \in X$가 존재한다. 거꿀그림자의 정으로부터 이 $x \in X$는 $x \in f^{-1}(C)$. 따라서 그림자의 정의로부터 $f(x) = c \in f\big(f^{-1}(C)\big)$. 이것으로 $f: X \to Y$가 전사함수이면 임의의 $C \subset Y$에 대해서 $f\big(f^{-1}(C)\big) = C$가 증명되었다.
   - 다음으로 임의의 $C \subset Y$에 대해서 $f\big(f^{-1}(C)\big) = C$가 성립한다 하자.
     그러면 임의의 $y \in Y$에 대해서 집합 $\{y\}$를 생각하면

$$f\big(f^{-1}(\{y\})\big) = \{y\}$$

     따라서 $f^{-1}(\{y\}) \neq \emptyset$이고, 그러므로 $x \in f^{-1}(\{y\})$가 존재한다. 그러면 그림자의 정의에 따라

$$f(x) \in \{y\} \iff f(x) = y$$

     따라서 $f: X \to Y$는 전사함수이다.

7. 6. 과 같은 생각으로 증명된다 ■

다음은 **보기 2.1.2**에서 다루었다.

도움정리 2.2.3 임의의 함수 $f: X \to Y$ 에 대하여 다음이 성립한다.

1. $A \subset f^{-1}\big(f(A)\big), \forall A \subset X$
2. 모든 $A \subset X$에 대하여 $A = f^{-1}\big(f(A)\big)$일 필요충분조건은 f가 단사함수인 것이다.

증명.

1. 우선 $a \in A$이면 $f(a) \in f(A)$이므로 정의에 따라 $a \in f^{-1}\big(f(A)\big)$. 따라서 $A \subset f^{-1}\big(f(A)\big)$.
2. 다음으로 $f: X \to Y$가 단사함수라 하자. 단사함수의 정의에 따라 $f(a_1) = f(a_2)$라면 $a_1 = a_2$이다. 따라서 $x \in f^{-1}\big(f(A)\big)$이면 $f(x) \in (A)$. 그런데 $f(A) = \{f(a) \mid a \in A\}$이므로 $f(x) = f(a)$가 되는 $a \in A$가 있다. f가 단사함수이므로 $x = a \in A$. 즉 f가 단사함수라는 조건으로부터 $x \in f^{-1}\big(f(A)\big)$이면 $x \in A$인 것을 알수 있다. 그러므로 아무 조건없이 성립하는 $A \subset f^{-1}\big(f(A)\big)$와 함께 생각하면 $f: X \to Y$가 단사함수이면 임의의 $A \subset X$에 대하여 $A = f^{-1}\big(f(A)\big)$. 역으로 모든 $A \subset X$에 대하여 $A = f^{-1}\big(f(A)\big)$라 하자. 만일 $f(x_1) = f(x_2), x_1, x_2 \in X$가 성립했다면

$$\{x_1\} = f^{-1}\big(f(\{x_1\}\big) = f^{-1}\big(\{f(x_1)\big) = f^{-1}\big(f(x_2)\big) = f^{-1}\big(f(\{x_2\}\big) = \{x_2\}$$

따라서 $x_1 = x_2$를 얻고, 이것은 f는 단사함수인 것을 말한다. ■

보기 2.2.1 $f:\{a,b,c\} \to \{a,b,c\}$를 $f(a)=b, f(b)=c, f(c)=c$인 경우 생각해보자. $A=\{a,b\}$로 잡으면

- $f(A)=\{f(a),f(b)\}=\{b,c\}$
- $f^{-1}(A)=\emptyset$
- $f^{-1}(f(A))=f^{-1}(\{b,c\})=\{a,b,c\}$.

이 경우는 f는 $b \neq c$이지만 $f(b)=c=f(c)$이므로 단사함수가 아니다. 때문에 이 경우에

$$A=\{a,b\} \subsetneq f^{-1}(f(A))=f^{-1}(\{b,c\})=\{a,b,c\}$$ □

다음은 **보기 2.1.3** 에서 다루었다.

도움정리 2.2.4 임의의 함수 $f:X \to Y$ 에 대하여 다음이 성립한다.

1. $f(f^{-1}(B)) \subset B, \quad B \subset Y$
2. 모든 $B \subset Y$에 대하여 $f(f^{-1}(B))=B$일 필요충분조건은 f가 전사함수인 것이다.

증명.

1. 임의의 $x \in f^{-1}(B)$에 대하서 $f(x) \in B$인 것은 $f^{-1}(B)$의 의미다. 따라서 $f(f^{-1}(B)) \subset B$.
2. 다음으로 $f:X \to Y$가 전사함수인 경우를 생각하자. 전사함수의 의미는 임의의 $y \in Y$에 대하여 $f(x)=y$가 되는 $x \in X$가 적어도 한 개는 있다는 말이다. 그러므로 임의의 $b \in B$에 대해서 $f(a)=b$가 되는 $a \in X$가 있고, $f^{-1}(B)$의 정의에 따라 이 $f(a)=b \in B$가 되는 a는 $f^{-1}(B)$의 원소이다. 따라서 $b \in f(f^{-1}(B))$.. 이것이 모든 $b \in B$에 대해서 성립하므로 $B \subset f(f^{-1}(B))$. 그런데 아무 조건도 없이 성립하는 $f(f^{-1}(B)) \subset B$과 함께 생각하면 $f:X \to Y$가 전사함수이면 $f(f^{-1}(B)) \subset B = B$인 것을 알 수 있다. 역으로 임의의 $B \subset Y$에 대해서 $f(f^{-1}(B)) \subset B = B$가 성립하다 가정하자. 그러면 $f:X \to Y$는 전사함수이다. 왜냐하면 임의의 $b \in Y$에 대해서 $f(f^{-1}(\{b\})=\{b\}$ 이므로 $f(x)=b$가 되는 $x \in X$가 있기 때문이다. ■

보기 2.2.2 $f:\{a,b,c\}\to\{a,b,c\}$를 $f(a)=b, f(b)=c, f(c)=c$인 경우 생각해보자. $B=\{c\}$로 잡으면

- $f^{-1}(B)=\{b,c\}$
- $f\big(f^{-1}(B)\big)=f(\{b.c\})=\{f(b),f(c)\}=\{c,c\}=\{c\}=B$.

이 경우는 $f(x)=a$가 되는 $x\in X$가 없기 때문에 f는 전사함수가 이니다. 때문에 이 경우에 $C=\{a,b\}\subset Y$를 생각하면 $f^{-1}(C)=\{a\}$이고,

$$f\big(f^{-1}(C)\big)=f(\{a\})=\{f(a)\}=\{b\}\subsetneq=\{a,b\}=C \qquad \square$$

지금까지 함수에 의한 집합의 그림자와 거꿀그림자의 성질을 알아보았다. 생각과는 달리 그림자보다는 거꿀그림자가 집합의 연산을 더 잘 보존하는 것을 보았다.

제 2.3 절 곱집합(product set)

두 집합 A,B 가 주어졌을 때 새로운 집합

$$A\times B:=\{(a,b)\mid \forall a\in A,\ \forall b\in B\}$$

을 만들자. 이 집합을 두 집합 A,B의 **곱집합(product set)**이라 한다.

보기 2.3.1 $A=\{x,y,z\}, B=\{a,b\}$라면 $A\times B=\{(x,a),(x,b),(y,a),(y,b),(z,a),(z,b)\}$.

보기 2.3.2 두 개의 집합 A,B의 곱집합은 이렇게 해석할 수 도 있다. 먼저 표식집합 $I=\{1,2\}$를 생각해서 집합 A,B에 표시를 붙인다. 예를 들어 $X_1=A$, $X_2=B$. 이렇게 해서 $I=\{1,2\}$를 표식집합(index set)으로 하는 표식이 붙은 집합무리 $(X_i)_{i\in I}$를 만든다. 그려면 $A\times B$는 다음과 같은 함수들의 집합으로 이해된다.

$$A\times B=\{f:I\to\bigcup_{i\in I}X_i\mid f(i)\in X_i,\ \ \forall i\in I\} \qquad \square$$

보기 2.3.2에서 쓴 곱집합의 정의는 대단히 복잡하게 보인다. 그러나 무한히 많은 집합의 곱집합을 정의할 때는 이 방식이 참 편리하다.

보기 2.3.3 각 자연수 $n \in \mathbb{N}$ 마다 집합 $A_n := \{n, n+1, n+2\}$ 이 대응되었다 하자. 그러면 표식이 붙은 집합무리 $(A_n)_{n\in\mathbb{N}}$은 $\prod_{n\in\mathbb{N}} A_n$으로 표시하고, 다음과 같이 정의된다.

$$\prod_{n\in\mathbb{N}} A_n := \{f : \mathbb{N} \to \bigcup_{n\in\mathbb{N}} A_n \mid f(n) \in A_n, \forall n \in \mathbb{N}\}$$

즉 곱집합 $\prod_{n\in\mathbb{N}} A_n$의 원소는 각 자연수 n 마다 집합 $A_n = \{n, n+1, n+2\}$의 원소를 선택해서 얻을 수 있다. □

보기 2.3.3에서 $\prod_{n\in\mathbb{N}} A_n$은 원소를 하나 만들어 내는데 아무런 어려움이 없어 보인다. 그런데 "각 자연수 n 마다 집합 $A_n = \{n, n+1, n+2\}$의 원소를 선택"하는 문제를 우리의 마음속에서라도 한번만 생각해보면 사실상 $\prod_{n\in\mathbb{N}} A_n$의 원소는 한개도 찾을 수 없다. A_n에서 원소 한 개를 선택하는데, 1억분의 1초가 걸린다 하더라도 죽을 때까지 선택하더라도 끝나지 않을 일이다. 이 문제를 해결 방법은 그렇게 선택할 수 있다고 받아들이는 것 뿐이다.

> [**선택공리(Axiom of Choice)**] 임의의 공집합이 아닌 집합으로 이루어진 집합무리 $(X_\lambda)_{\lambda\in\Lambda}$에 대해서 $f(\lambda) \in X_\lambda,\ \forall \lambda \in \Lambda$ 가 성립하는 함수 $f : \Lambda \to \bigcup_{\lambda\in\Lambda} X_\lambda$ 가 존재한다.

이제 다시 두 개의 집합 A, B의 곱집합 $A \times B$를 생각하자. 곱집합에서 각각의 성분집합으로 가는 자연스런 투사함수가 있다.

$$\mathrm{pr}_1 : A \times B \to A, \quad \mathrm{pr}_1(a, b) = a$$
$$\mathrm{pr}_2 : A \times B \to B, \quad \mathrm{pr}_1(a, b) = b$$

보기 2.3.4 임의의 집합 $U \subset A, V \subset B$에 대하여

1. $\mathrm{pr}_1^{-1}(U), \mathrm{pr}_2^{-1}(V)$를 계산하여라.
2. $\mathrm{pr}_1^{-1}(U) \cap \mathrm{pr}_1^{-1}(V)$를 구하여라.
3. 임의의 $W \subset A \times B$에 대하여 $W \subset \mathrm{pr}_1^{-1}(\mathrm{pr}_1(W)) \cap \mathrm{pr}_2^{-1}(\mathrm{pr}_2(W)) = \mathrm{pr}_1(W) \times \mathrm{pr}_2(W)$ 인 것을 보여라. 등호가 성립할 때는 언제인가?
4. $U_1, U_2 \subset A$이고 $V_1, V_2 \subset B$일 때, $(U_1 \times V_1) \cap (U_2 \times V_2) = (U_1 \cap U_2) \times (V_1 \cap V_2)$ 인 것을 보여라.

<**풀이**> 투사함수의 거꿀 그림자를 이해하는 문제다.

1. $x \in \mathrm{pr}_i(U) \iff pr_i(x) \in U$에 주의하면

$$\begin{aligned} x \in \mathrm{pr}_1^{-1}(U) &\iff \mathrm{pr}_1(x) \in U \\ &\iff \big(\exists u \in U\big)\ \mathrm{pr}_1(x) = u \\ &\iff \big(\exists b \in B\big)\big(x = (u,b)\big) \\ &\iff x \in U \times B \end{aligned}$$

요약하면 $\mathrm{pr}_1^{-1}(U) = U \times B$. 같은 생각으로 $\mathrm{pr}_2^{-1}(V) = A \times V$.

2. 앞의 계산에서

$$\mathrm{pr}_1^{-1}(U) \cap \mathrm{pr}_2^{-1}(V) = \Big(U \times B\Big) \cap \Big(A \times V\Big) = U \times V$$

3. $x \in W \subset A \times B$이면

$$\begin{aligned} x \in W, W \subset A \times B &\implies x = \big(\mathrm{pr}_1(x),\ \mathrm{pr}_2(x)\big),\ \mathrm{pr}_1(x) \in A,\ \mathrm{pr}_2(x) \in B \\ &\implies x \in \mathrm{pr}_1(W) \times \mathrm{pr}_2(W) \\ &\implies x \in \Big(pr_1(W) \times B\Big) \cap \Big(A \times \mathrm{pr}_2(W)\Big) \\ &\implies x \in \Big(\mathrm{pr}_1^{-1}\big(\mathrm{pr}_1(W)\big)\Big) \cap \Big(\mathrm{pr}_2^{-1}\big(\mathrm{pr}_2(W)\big)\Big) \end{aligned}$$

이것으로

$$W \subset \Big(\mathrm{pr}_1^{-1}\big(\mathrm{pr}_1(W)\big)\Big) \cap \Big(\mathrm{pr}_2^{-1}\big(\mathrm{pr}_2(W)\big)\Big) = \mathrm{pr}_1(W) \times \mathrm{pr}_2(W)$$

가 증명되었다. 따라서 등호가 성립하는 경우는 $W = U \times V, \quad U \subset A, V \subset B$ 인 경우 뿐이다.

4. 공통집합의 정의로부터

$$(U_1 \cap U_2) \times (V_1 \cap V_2) \subset U_1 \times V_1, \quad (U_1 \cap U_2) \times (V_1 \cap V_2) \subset U_2 \times V_2$$

따라서 $(U_1 \cap U_2) \times (V_1 \cap V_2) \subset \big(U_1 \times V_1\big) \cap \big(U_2 \times V_2\big)$.
이제 $x \in \big(U_1 \times V_1\big) \cap \big(U_2 \times V_2\big)$라 하자.공통집합의 정의에 따라

$$x = \big(\mathrm{pr}_1(x),\ \mathrm{pr}_2(x)\big) \in U_1 \times V_1, \quad x = \big(\mathrm{pr}_1(x),\ \mathrm{pr}_2(x)\big) \in U_2 \times V_2$$

따라서 $\mathrm{pr}_1(x) \in U_1 \cap U_2, \quad \mathrm{pr}_2(x) \in U_2 \cap V_2$. 그러므로
$x = \big(\mathrm{pr}_1(x),\ \mathrm{pr}_2(x)\big) \in \big(U_1 \cap U_2\big) \cap \big(V_1 \cap V_2\big)$.
이것으로 $(U_1 \times V_1) \cap (U_2 \times V_2) = \big(U_1 \cap U_2\big) \times \big(V_1 \cap V_2\big)$ 가 증명되었다. □

제 2.4 절 중요한 관계

원소 사이에 아무런 관계도 없는 집합은 자신 만의 역할이 없다. 집합이 독립된 역할을 할 수 있을 때는 원소들 사이에 관계가 있을 때이다. 수학에서 자주 나타나는 중요한 관계는

1. **함수관계**:
f가 집합 A에서 집합 B로의 함수라는 것은 다음 세 조건을 만족하는 $A \times B$의 부분집합 f를 말한다:

- $f \subset A \times B$
- $\{a \mid (a,b) \in f$ 가 되는 $b \in B$ 가 있다 $\} = A$
- $(a_1,b) \in f, (a_2,b) \in f \implies a_1 = a_2$

f가 집합 A에서 집합 B로의 함수일 때 이것을 간단히 $f : A \to B$로 나타낸다.

2. **동치관계**:
집합 A에서의 동치관계란 다음 세 조건을 만족시키는 $A \times A$의 부분집합 $\mathcal{R}$를 말한다:

- $(a,a) \in \mathcal{R}$, 모든 $a \in A$에 대하여 (reflexive)
- $a,b \in A$이고 $(a,b) \in \mathcal{R}$ 이면 $(b,a) \in A$ (symmetric)
- $a,b,c \in A$이고, $(a,b) \in \mathcal{R}, (b,c) \in \mathcal{R}$이면 $(a,c) \in \mathcal{R}$ (transitive)

$(a,b) \in \mathcal{R}$이란 표현보다 $a\mathcal{R}b$란 표현을 쓴다.

3. **순서관계**:
집합 A에서의 순선관계란 다음 조건을 만족시키는 $A \times A$의 부분집합 $\leq$ 을 말한다:

- 모든 $a \in A$에 대해서 $(a,a) \in \leq$ (reflexive)
- $a,b,c \in A$이고, $(a,b) \in \leq, (b,c) \in \leq$이면 $(a,c) \in \leq$ (transitive)

$(a,b) \in \leq$라는 표현대신에 $a \leq b$라는 표현이 더 익숙하다.

함수관계는 익숙하다. 여기서는 동치관계를 살펴보자. 동치관계는 서로 다른 원소를 정해진 법칙에 따라 같은 것으로 보는 것이다. 집합이 크지 않으면 이 정해전 법칙은 정하는 사람 마음대 할 수 있다. 예를 들어 집합 $A = \{a,b,c,d,e\}$에서 A를 다음과 같이 서로 만나지 않는 부분집합의 합집합으로 표현하자.

$$A = \{a,d\} \cup \{b\} \cup \{c,e\}$$

이렇게 분해한 후 같은 부분집합에 있는 원소를 같은 것으로 보면 다음과 같은 동치관계가 얻어진다:

$$\mathcal{R} := \{(a,a),(a,d),(d,a),(d,d), \quad (b,b), \quad (c,c),(c,e),(e,c),(e,e)\}$$

그러나 이런 식으로 동치관계를 만드는 것은 만든 사람에게만 의미가 있다. 의미있는 동치관계는 원소를 일일이 나열하지 않고, 자연스런 , 동의할 수 있는 법칙으로 나타나는 것이다.

- 함수 $f : A \to B$가 있다. 이 함수는 자연스럽게 A서의 동치관계를 만든다:

$$a_1 \mathcal{R} a_2 \iff f(a_1) = f(a_2)$$

예를 들어$X = \{a,b,c,d,e\}, Y := \{1,2,3,4,5,6\}$와 다음과 같이 정의된 함수 $f : X \to Y$를 생각하자.

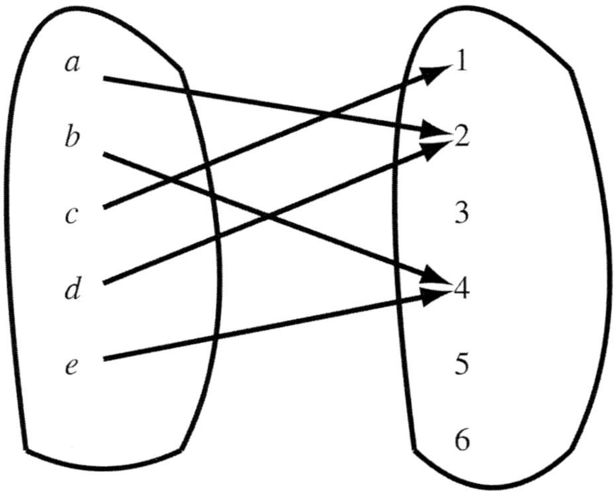

이 함수 $f : X \to Y$는 집합 X을 다음과 같이 분해한다.

$$X = \{a,d\} \cup \{b.e\} \cup \{c\} \cup \{d\}$$

무엇보다도 집합 X를 분해하는 방법이 마음대로가 아니고 함수 $f : X \to Y$의 함수값이 같은 점들로 이루어진 것에 주의하자. 이 분해로부터 얻어지는 동치관계는 물론

$$\mathcal{R} := \{(a,a),(a,d),(d,a),(d,d), \quad (b,b),(b,e),(e,b),(e,e), \quad (c,c)\}$$

함수값이 똑 같은 원소로 이루어지 X의 부분집합 $\{a,d\}$를 보자. 이 집합 $\{a,d\}$은 다음과 같은 표현을 갖는다:

$$[a] := \{x \mid x\mathcal{R}a\} = \{a,d\} = \{y \mid y\mathcal{R}d\} := [d]$$

여기서 $[a]$는 a와 동치관계가 있는 (지금 경우는 함수값이 a에서의 함수값과 같은) 모든 원소로 이루어진 X의 부분집합을 나타낸다. 이것을 a의 동치류집합(equivalence class of a)라 부른다. 정의로부터 당연히

$$a\mathcal{R}b \iff [a] := \{x \mid x\mathcal{R}a\} = \{y \mid y\mathcal{R}b\} := [b]$$

지금부터 X의 동치류집합 $\{\{a,d\},\{b,e\},\{c\}\}$을 간단히 $X/\mathcal{R}$으로 나타내자. 즉 $\mathcal{R}$가 X에서의 동치관계일 때

$$X/\mathcal{R} := \{[x] \mid x \in X\}$$

지금경우는

$$X/\mathcal{R} = \{[x] \mid x \in X\} = \{[a],[b],[c],[d]\} = \{\{a,d\},\{b,e\},\{c\}\}$$

함수로부터 얻어지는 동치관계의 중요한 점은 다음과 같은 함수의 분해가 가능하기 때문이다. 예를 들어$X = \{a,b,c,d,e\}, Y := \{1,2,3,4,5,6\}$와 다음과 같이 정의된 함수 $f : X \to Y$를 생각하자.

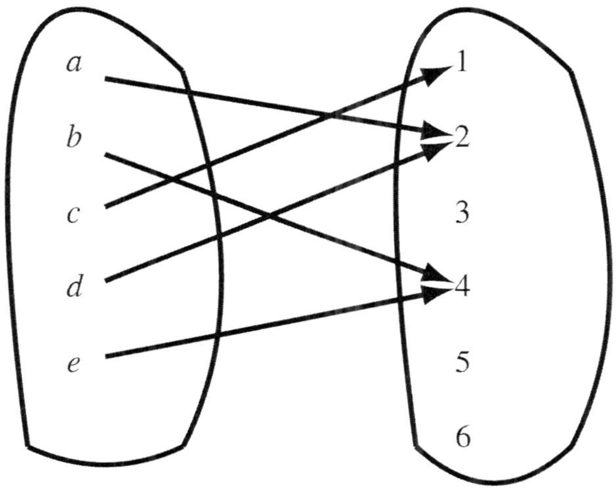

집합 X에서의 관계 $\mathcal{R}$을 $x_1 \mathcal{R} x_2 \iff f(x_1) = f(x_2)$라 정의하면 다음과 같은 2개의 함수가 만들어진다. $\varphi : X \to X/\mathcal{R}, \quad \widetilde{f} : X/\mathcal{R} \to Y$

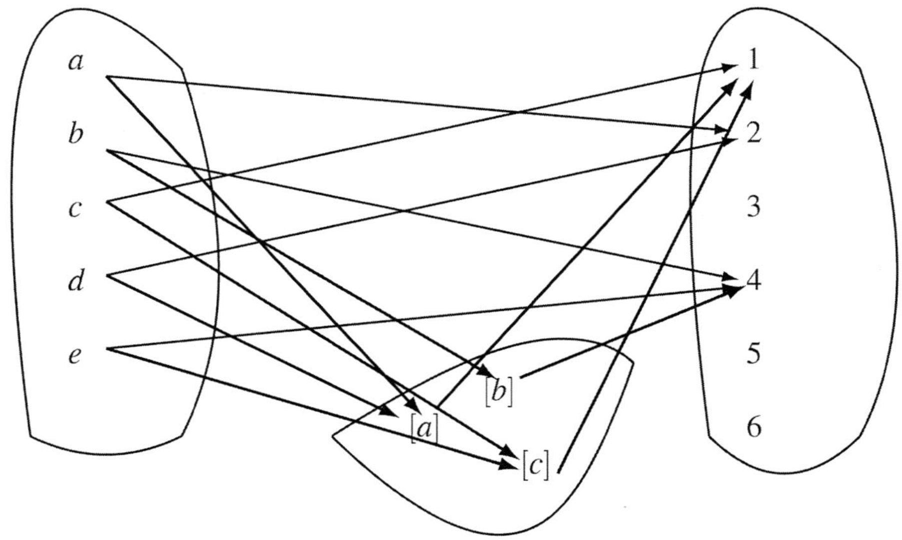

위 그림에서 $\varphi : X \to X/\mathcal{R}$은 원소 $x \in X$에 그 동치류 $[x] \in X/\mathcal{R}$을 대응시키는 다음과 같은 함수이다.

$$\begin{aligned} a &\longrightarrow [a] := \{a,d\} \\ b &\longrightarrow [b] := \{b,e\} \\ c &\longrightarrow [c] := \{c\} \\ d &\longrightarrow [d] := \{a,d\} \\ e &\longrightarrow [e] := \{b,e\} \end{aligned}$$

$\widetilde{f} : X/\mathcal{R} \to Y$는 동치류 집합에 공통된 함수값을 대응시키는 다음과 같은 함수이다.

$$\begin{aligned} \{a,d\} &\longrightarrow f(a) \\ \{c\} &\longrightarrow f(c) \\ \{b,e\} &\longrightarrow f(b) \end{aligned}$$

이때 특히 함수 $f : X \to Y$를

$$f = \widetilde{f} \circ \varphi : X \xrightarrow{\varphi} X/\mathcal{R} \xrightarrow{\widetilde{f}} Y$$

로 분해되는데, 이것을 **함수 f의 표준분해(canonical decomposition)**이라 한다.

보기 2.4.1 함수 $f:\mathbb{R}\to\mathbb{R}, f(x)=x^2$을 생각하자. 이 함수는 $\mathbb{R}$에 다음과 같은 동치관계를 만든다:

$$x_1\mathcal{R}x_2 \iff f(x_1)=f(x_2)$$

따라서 이 동치관계의 의한 $x\in\mathbb{R}$이 동치류는 $[x]:=\{y\in\mathbb{R}\mid y^2=x^2\}=\{x,-x\}$. 그러면 $\bar{x}$의 원소 중에서 음수가 아닌 것을 대표원으로 잡으면 $\mathbb{R}/\mathcal{R}:=\{[x]\mid x\in\mathbb{R}\}=\{r\in\mathbb{R}\mid r\geq 0\}:=[0,\infty)$ 라 이해해도 좋다. 그러면 $\varphi:\mathbb{R}\to\mathbb{R}/\mathcal{R}$은 $\varphi(x)=|x|$ 가 되고, $\widetilde{f}:\mathbb{R}/\mathcal{R}\to\mathbb{R}$은 $\widetilde{f}(y)=y^2$ 이다, 물론

$$f(x)=(\widetilde{f}\circ\varphi)(x)=\widetilde{f}(\varphi(x))=\widetilde{f}(|x|)=|x|^2=x^2,\quad x\in\mathbb{R} \qquad \square$$

함수 $\sin:\mathbb{R}\to\mathbb{R}, x\mapsto \sin x$를 생각하자. 이 경우 sin 함수가 $\mathbb{R}$에 만드는 동치관계는

$$x_1\mathcal{R}x_2 \iff \sin(x_1)=\sin(x_2)$$

따라서

$$x_2-x_1=2\pi k \quad \text{또는 } x_2+x_1=\pi(2k+1),\quad k\in\mathbb{Z}$$

이것은 함수 $\sin:\mathbb{R}\to\mathbb{R}$의 그래프를 보면 쉽게 알 수 있다.

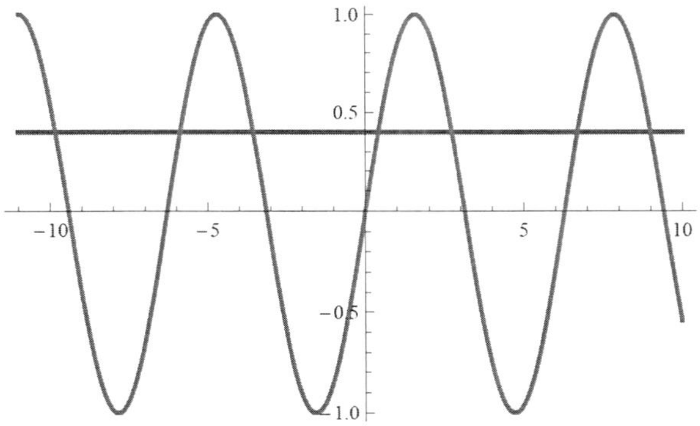

예를 들어 $x=\frac{\pi}{6}$으로 잡으면

$$[x]:=\{\cdots,\frac{\pi}{6}-2\pi,-\frac{\pi}{6}-\pi,\frac{\pi}{6},-\frac{\pi}{6}+\pi,\frac{\pi}{6},\cdots\}$$

그래프를 보면 동치류 집합 $\mathbb{R}/\mathcal{R}$의 대표원소를 $[-\pi,\pi)$에서 잡는 것이 편리하하다. 이것은

$$x_2=-x_1+(2k+1)\pi=(2\ell\pi+\pi-x_1)+2(k-\ell)\pi, \left|2\ell\pi+\pi-x_1\right|\leq\pi$$

가 되도록 ℓ을 잡으면 된다. 이것은 각을 보통은 $0\leq\theta<2\pi$로 표시하는데, 어떤 경우에는 $-\pi\leq\theta<\pi$로 표현하는 것과 같은 방식이다. 그러면 동치관계 $\mathcal{R}$은 다음과 같이 표현된다

$$x_1\mathcal{R}x_2 \iff x_2=x_1+2\pi k, k\in\mathbb{Z}, -\pi\leq x_1<\pi$$

이렇게 하면 $\varphi:\mathbb{R}\to\mathbb{R}/\mathcal{R}$은 다음과 같은 함수이다.

$$\varphi : \mathbb{R} \to \mathbb{R}/\mathcal{R}, x \mapsto \theta, -\pi \le \theta < \pi, x = \theta + 2\pi k, k \in \mathbb{Z}$$

보기 2.4.2 $X = \mathbb{R}^3 \setminus \{(0,0,0)\}$라 하자. X에서의 관계 $\mathcal{R}_1$을 다음과 같이 정의하자.

$$\mathbf{x}\mathcal{R}_1\mathbf{y} \iff \mathbf{x} \times \mathbf{y} = \mathbf{0}$$

여기서 $\mathbf{x} \times \mathbf{y}$는 두 벡터 $\mathbf{x}, \mathbf{y}$의 외적이다:

$$\mathbf{x} \times \mathbf{y} = (x_2y_3 - x_3y_2, x_3y_1 - x_1y_3, x_1y_2 - x_2y_1)$$

1. 이 관계는 동치관계인 것을 보여라.
2. $X/\mathcal{R}_1$을 기술하여라.
3. $f : X \to X$를 다음과 같이 정의하자.

$$f(\mathbf{x}) := \frac{\mathbf{x}}{\|\mathbf{x}\|}$$

이 함수 f가 X에 만드는 동치관계를 $\mathcal{R}_2$라 할 때, X에서의 두 관계 $\mathcal{R}_1$, $\mathcal{R}_2$의 관계를 말하여라.

<**풀이**>

1. 외적의 성질을 생각하면

$$\mathbf{x} \times \mathbf{y} \iff \mathbf{x}\text{와 }\mathbf{y}\text{는 일차종속}$$

- 모든 $\mathbf{x} \in \mathbb{R}^3 \setminus \{\mathbf{0}\}$에 대하여 $\mathbf{x} \times \mathbf{x} = \mathbf{0}$. 따라서 $\mathbf{x}\mathcal{R}_1\mathbf{x}$.
- $\mathbf{x} \times \mathbf{y} = -\mathbf{y} \times \mathbf{x}$이므로 $\mathbf{x}\mathcal{R}_1\mathbf{y}$이면 $\mathbf{y}\mathcal{R}_1\mathbf{x}$.
- 끝으로 $\mathbf{x}\mathcal{R}_1\mathbf{y}, \mathbf{y}\mathcal{R}_1\mathbf{z}$ 라 하자. 정의에 따라 $\mathbf{x}, \mathbf{y}$는 1차종속이고, $\mathbf{y}, \mathbf{z}$는 1차 종속이다. 1차종속의 의미에 따라

$$a\mathbf{x} + b\mathbf{y} = \mathbf{0}, a^2 + b^2 \neq 0; \quad c\mathbf{y} + d\mathbf{z} = \mathbf{0}, c^2 + d^2 \neq 0$$

가 성립하는 실수 a, b, c, d 가 있다. 만일 $b = 0$이면 $a \neq 0$이므로 $\mathbf{x} = \mathbf{0}$. 따라서 이 경우 $\mathbf{x} \times \mathbf{z} = \mathbf{0}$가 성립한다. 만일 $b \neq 0$이면 $\mathbf{y} = -\frac{a}{b}\mathbf{x}$이고,

$$c\mathbf{y} + d\mathbf{z} = c(-\frac{a}{b}\mathbf{x}) + d\mathbf{z} = \mathbf{0}$$

이므로 $\mathbf{x}, \mathbf{z}$는 1차종속이다. 따라서 $\mathbf{x} \times \mathbf{z} = \mathbf{0}$. 이것으로 $x\mathcal{R}_1\mathbf{z}$가 증명되었고, 따라서 $\mathcal{R}_1$은 동치관계이다.

2. $X/\mathcal{R}_1$은 원점을 지나는 직선에서 원점을 뺀 것들의 집합으로 보면 된다. 왜냐하면 $\mathbf{x} \times \mathbf{y} = \mathbf{0}$라는 것은 $\mathbf{x}, \mathbf{y}$가 모두 원점을 지나는 어떤 직선 위에 있다는 말이기 때문이다. 또 관계 $\mathbf{x}\mathcal{R}_1\mathbf{y} \iff \mathbf{x} \times \mathbf{y} = \mathbf{0}$는 $\mathbb{R}^3$에서는 동치관계가 아닌 것도 주의하자.
3. $f(\mathbf{x}) = f(\mathbf{y})$라는 것은 함수 $f : X \to X$의 정의로부터

$$\mathbf{x} = \frac{\|\mathbf{x}\|}{\|\mathbf{y}\|}\mathbf{y}$$

따라서 $f(\mathbf{x}) = f(\mathbf{y}) \implies \mathbf{x} \times \mathbf{y}$. 그러므로 두 동치관계 $\mathcal{R}_2 \subset \mathcal{R}_1$. 그러나 $\mathbf{x} \in \mathbb{R}^3 \setminus \{\mathbf{0}\}$이면 $-\mathbf{x} \in \mathbb{R}^3 \setminus \{\mathbf{0}\}$이다. 그런데 $\mathbf{x} \times (-\mathbf{x}) = \mathbf{0}$이지만

$$f(\mathbf{x}) = \frac{x}{\|\mathbf{x}\|} \neq -\frac{\mathbf{x}}{\|\mathbf{x}\|} = f(-\mathbf{x})$$

이므로 $\mathcal{R}_1 \subsetneq \mathcal{R}_2$. □

제 2.5 절 보기 문제

2.1. $X = \{a, b, c, d\}, Y = \{1, 2, 3, 4\}$. 함수 $f : X \to Y$는 다음과 같다.

$$f(a) = 4.f(b) = 2, f(c) = 4, f(d) = 2$$

1. $A = \{a, b\}$일 때 $f^{-1}(f(A))$를 구하여라.
2. $B = \{2, 3, 4\}$일 때 $f(f^{-1}(B))$를 구하여라.
3. $C = \{2, 3\}$일 때 $f^{-1}(C) = f^{-1}(D)$ 가 성립하는 $D \in \mathfrak{P}(Y)$를 모두 구하여라.

<**해설**> ▷

1. X
2. $\{2, 4\}$
3. $\{2\}$, $\{2, 1\}$, $\{2, 3\}$, $\{2, 1.3\}$

2.2. $\mathbb{N} = \{0, 1, 2, \cdots\}$은 자연수집합이다. 함수

$$\phi : \mathbb{N} \times \mathbb{N} \to \mathbb{N}, \quad \phi(i, j) := \frac{(i+j)(i+j+1)}{2} + i$$

는 전단사함수인 것을 보여라.

<**해설**> ▷

- $(i, j) \neq (k, \ell)$이라 하자. 만일 $i + j = k + \ell = M$이라면

$$\phi(i, j) = \frac{M(M+1)}{2} + i, \ \phi(k, \ell) = \frac{M(M+1)}{2} + k$$

따라서 이 경우 $\phi(i, j) = \phi(k, \ell)$이면 $i = k$가 되어야 한다. 그러면 $j = M - i = M - k = \ell$이 되어 $(i, j) = (k, \ell)$이 되어 모순. 따라서 이 경우에는 $\phi(i, j) \neq \phi(k, \ell)$. 다음으로 $i + j \neq k + \ell$이라 하자. 따라서 $i + j \leq k + \ell - 1$이라 가정해도 좋다. 그러면

$$\begin{aligned}\phi(i,j) &= \frac{(i+j)(i+j+1)}{2}+i \leq \frac{(i+j)(i+j+1)}{2}+i+j \\ &= \frac{(i+j)(i+j+3)}{2} \leq \frac{(k+\ell-1)(k+\ell+2)}{2} \\ &= \frac{(k+\ell)^2+(k+\ell)-2}{2} < \frac{(k+\ell)^2+(k+\ell)}{2} \\ &\leq \frac{(k+\ell)^2+(k+\ell)}{2}+k \\ &= \phi(k,\ell)\end{aligned}$$

이것으로 ϕ가 단사함수인 것이 증명되었다.

- ϕ는 전사함수인 것을 보이자. 우선 $\phi(0,0)=0$. $n>0$이면

$$\frac{M(M+1)}{2} < n$$

이 성립하는 가장 큰 $M \in \mathbb{N}$을 잡는다. 그러면

$$\phi(n-\frac{M(M+1)}{2}, \frac{(M+1)(M+2)}{2}-n-1)=n$$

2.3. $f:\mathbb{R}\to(-1,1)$, $f(x)=\frac{x}{1+|x|}$는 전단사함수인 것을 보여라.

<**해설**> ▷

- f는 기함수이다. 따라서 $x \geq 0$인 경우만 확인하면 충분하다. $0 \leq x,y$이고, $f(x)=f(y)$라면

$$\frac{x}{1+x}=\frac{y}{1+y}$$

따라서

$$x(1+y)=y(1+x) \iff x=y$$

따라서 f는 단사함수이다.

- 임의의 $t \in [0,1)$에 대하여 $x=\frac{t}{1-t}$라 두면

$$f(\frac{t}{1-t})=\frac{\frac{t}{1-t}}{1+\frac{t}{1-t}}=\frac{t}{(1-t)+t}=t$$

2.4. 함수 $\phi:\mathbb{R}\to\mathbb{R}^2$, $\phi(x)=\big(f(x),g(x)\big)$ 가 단사함수일 필요충분조건은 $f,g:\mathbb{R}\to\mathbb{R}$ 모두가 단사함수인 것인가?

<**해설**> ▷

- f,g가 모두 단사함수라 하자. 그러면

$$\phi(s)=\phi(t) \iff \big(f(s),g(s)\big)=\big(f(t),g(t)\big) \iff f(s)=f(t),g(s)=g(t) \iff s=t$$

따라서 f,g가 모두 단사함수이면 ϕ도 단사함수이다.

- 그러나 f가 단사함수이거나, g 가 단사함수이기만 해도, $\phi(s)=\phi(t)$로부터 $s=t$를 얻는다. 즉 ϕ가 단사함수라고 해서 f,g가 모두 단사함수인 것은 아니다.
- 심지어 f,g가 모두 단사함수가 아니라도 $\phi(t)=\big(|t|,|t-1|\big)$처럼 ϕ는 단사함수가 될 수 있다.

2.5. 복소수 집합 $\mathbb{C}$에서 정의된 관계

$$z\mathcal{R}\zeta \iff \zeta=\lambda z \text{ 가 되는 } \lambda\in\mathbb{C}\setminus\{0\} \text{ 가 있다}$$

는 동치관계인 것을 보여라. $\mathbb{C}/\mathcal{R}$을 구하라.

<**해설**> ▷

- 모든 $z\in\mathbb{C}$에 대하여 $z=1\cdot z$이므로 $z\mathcal{R}z$
- $z\mathcal{R}\zeta$이면 $\zeta=\lambda z,\lambda\neq 0$. 따라서 $z=\frac{1}{\lambda}\zeta$이므로 $\zeta\mathcal{R}z$.
- $z\mathcal{R}\zeta,\ \zeta\mathcal{R}\eta$이면

$$\zeta=\lambda z,\eta=\mu\zeta,\ \lambda\neq 0,\mu\neq 0$$

따라서 $\eta=\mu\zeta=(\mu\lambda)z,\mu\lambda\neq 0$이므로 $\eta\mathcal{R}z$.

임의의 $z,\zeta\in\mathbb{C},z\neq 0,\zeta\neq 0$에 대하여 $z=\frac{z}{\zeta}\zeta,\ \frac{z}{\zeta}\neq 0$이므로 $z\mathcal{R}\zeta$.

$$\mathbb{C}/\mathcal{R}=\{0\}\cup\{z\in\mathbb{C}\mid z\neq 0\}=\{[0],[1]\}$$

2.6. 다음 각각의 경우, 사각형 $D:=\{(x,y)\mid 0\leq x\leq 1,\leq y\leq 1\}$ 의 분할로 얻어지는 동치관계를 정의하는 함수 $f:D\to X$ 를 만들어라.

1. $D=\{\{(x,0),(x,1)\}\cup\{\{(x,y)\}\mid 0<y<1\}$
2. $D=\{\{(x,0),(x,1)\}\mid 0<x<1\}\cup\{\{(0,y),(1,y)\}\mid 0<y<1\}\cup$
   $\cup\{\{(x,y)\}\mid 0<x<1,0<y<1\}$
3. $D=\{\{(x,0),(1-x,1)\}\cup\{\{(x,y)\}\mid 0<y<1\}$

<**해설**> ▷

1. $\phi:D\to\mathbb{R}^3,\phi(x,y)=\big(x,\cos(2\pi y),\sin(2\pi y)\big)$
2. $A=\{(0,0),(0,1),(1,0),(1,1)\}$라 두 면

$$\phi:D\to\mathbb{R}^4,\phi(x,y)=\begin{cases}\big(\cos(2\pi x),\sin(2\pi x),\cos(2\pi y),\sin(2\pi y)\big), & (x,y)\in D\setminus A,\\ (1,1,1,1), & (x,y)\in A\end{cases}$$

3. $\phi : D \to \mathbb{R}^4, \phi(x,y) = \big(|x-\frac{1}{2}|\cos(2\pi y), |x-\frac{1}{2}|\sin(2\pi y), \cos(2\pi y), \sin(2\pi y)\big)$

2.7. 함수 $\phi : \mathbb{R}^3 \setminus \{(0,0,0)\} \to S^2 := \{(x,y,z) \in \mathbb{R}^2 \mid x^2+y^2+z^2=1\}$가

$$\phi\big((x,y,z)\big) := \frac{(x,y,z)}{\sqrt{x^2+y^2+z^2}}$$

이 함수 ϕ에 따른 동치관계를 $\mathcal{R}$이라 할 때 동치류집합 $\{[(x,y,z)] \mid (x,y,z) \in \mathbb{R}^3 \setminus \{(0,0,0)\}\}$를 설명하여라.

<**해설**> ▷ $[(x,y,z)]$는 반직선 $\{t(x,y,z) \mid t > 0\}$을 나타낸다.

2.8. 함수 $f : \mathbb{R} \to \mathbb{R}, f(x) = \frac{3x}{1+x^2}$에 대하여

1. $\bigcap_{n=1}^{\infty} f^{-1}(-\frac{1}{n}+1, 2+\frac{1}{n})$을 구하여라.
2. $\bigcup_{n=1}^{\infty} f^{-1}\big([-1+\frac{1}{n}, -\frac{1}{n}+1]\big)$을 구하여라.

<**해설**> ▷

1.

$$\bigcap_{n=1}^{\infty} f^{-1}(-\frac{1}{n}+1, 2+\frac{1}{n}) =^{-1} \big(\bigcap_{n=1}^{\infty}(-\frac{1}{n}+1, 2+\frac{1}{n})\big) = f^{-1}([1,2]) = [\frac{3-\sqrt{5}}{2}, \frac{3+\sqrt{5}}{2}]$$

2.

$$\begin{aligned}\bigcup_{n=1}^{\infty} f^{-1}\big([-1+\frac{1}{n}, -\frac{1}{n}+1]\big) &= f^{-1}\big(\bigcup_{n=1}^{\infty}[-1+\frac{1}{n}, -\frac{1}{n}+1]\big) \\ &= f^{-1}\big((-1,1)\big) \\ &= \big(-\infty, -\frac{3+\sqrt{5}}{2}\big) \cup \big(\frac{-3+\sqrt{5}}{2}, \frac{3-\sqrt{5}}{2}\big) \cup \big(\frac{3+\sqrt{5}}{2}, \infty\big)\end{aligned}$$

2.9. 실수집합 $\mathbb{R}$의 부분집합 $A_q := \mathbb{R} \setminus \{q\}$를 생각하자. $\mathbb{Q}$ 는 유리수집합이다.

1. $\bigcap_{q \in \mathbb{Q}} A_q$를 구하라.
2. $\bigcap_{n=1}^{\infty} [n, \infty)$. 여기서 $[n,\infty) := \{x \in \mathbb{R} \mid x \geq n\}$
3. $\bigcap_{n=1}^{\infty} (-\frac{1}{n}, 1)$

1. 무리수 집합
2. $\emptyset$
3. $[0,1)$

2.10. X가 무한집합일 필요충분조건은 $\mathbb{N}$에서 X로 단사함수가 존재하는 것임을 보여라.

<**해설**> ▷ 필요성: X가 무한집합이라 하자. **선택공리**에 따라 함수

$$\phi : \mathfrak{P}(X) \setminus \{\emptyset\} \to X,\ \phi(A) \in A$$

가 존재한다. X는 공집합이 아니므로 $x_0 \in X$를 하나 잡아 $A_0 = \{x_0\}$라 두자. 이것으로부터 출발하여

$$x_1 \in \phi\big(X \setminus A_0\big) \in X \setminus A_0$$

를 잡아 $A_1 := A_0 \cup \{x_1\}$이라 하자. X가 무한집합이므로 수학적 귀납법을 써서 모든 $n \geq 1$에 대하여

$$x_n = \phi\big(X \setminus A_{n-1}\big) \in X \setminus A_{n-1}$$

을 잡고 $A_n := A_{n-1} \cup \{x_n\}$을 만들 수 있다. 이렇게 얻어진 열 $\{x_n\}_{n=0}^{\infty}$를 이용하여 만든 함수

$$\psi : \mathbb{N} \to X,\ \psi(n) = x_n$$

은 단사함수이다.

충분성: $\mathbb{N}$에서 X로 단사함수가 있다 하자. 만일 X가 무한집합이 아니라면, 즉 X가 유한집합이라면 $|X| = n$이 성립하는 자연수 $n \in \mathbb{N}$이 있다. 그러나 이것은 $\mathbb{N}$에서 n으로의 단사함수가 존재하는 것을 말하므로 **도움정리 1.3.1** 에 모순이다.

2.11. X가 무한집합일 필요충분조건은 X에서 X의 진부분집합으로 전단사함수가 있는 것임을 보여라.

<**해설**> ▷ 필요성: X가 무한집합이면 **문제 2.10**에 따라 단사함수 $f : \mathbb{N} \to X$가 있다. $A = \{f(n \mid n \geq 0\}$라 두자. 함수

$$\phi : X \to X \setminus \{f(0)\},\ \phi(x) := \begin{cases} x, & x \in X \setminus A \\ a_{n+1}, & x = a_n \in A \end{cases}$$

는 X의 진부분집합 $X \setminus \{a_0\}$로의 전단사함수이다.

충분성: X에서 X의 진부분집합으로 전단사함수가 존재하면 X가 유한집합일 수 없다는 것이 **도움정리 1.3.1** 이다.

2.12. 함수 $f : X \to Y$에 대하여 함수 $g : \mathfrak{P}(Y) \to \mathfrak{P}(X)$를 다음과 같이 정의하자:

$$g(B) := f^{-1}(B)$$

1. f가 단사함수일 필요충분조건은 g가 전사함수인 것임을 보여라.
2. f가 전사함수일 필요충분조건은 g가 단사함수인 것임을 보여라,

<**해설**> ▷

1. f가 단사함수일 필요충분조건은, 임의의 $A \subset X$에 대해서 $A = f^{-1}\big(f(A)\big) = g\big(f(A)\big)$ 라는 것이 **보기 2.1.2**이다.

2. f가 전사함수일 필요충분조건은 임의의 $B \in \mathfrak{P}(Y)$에 대하여 $B = f\big(f^{-1}(B)\big) = f\big(g(B)\big)$ 인 것이 **보기 2.1.3**이다. 따라서 f가 전사함수이면 $g(B_1) = g(B_2)$이면 $B_1 = B_2$가 성립한다. 역으로 g가 단사함수이면 $g(\emptyset) = f^{-1}(\emptyset) = \emptyset$이므로 임의의 $\{b\}, b \in Y$에 대하여 $g\big(\{b\}\big) = f^{-1}(b) \neq \emptyset$. 따라서 f는 전사함수이다.

2.13. 함수 $f : X \to Y, g : Y \to Z$에 대하여

1. $g \circ f$가 전사함수이면 g가 전사함수인 것을 보여라.
2. $g \circ f$가 단사함수이면 f가 단사함수인 것을 보여라.

<**해설**> ▷

1. 임의의 $z \in Z$에 대해서 $(g \circ f)(x) = z$가 되는 $x \in X$가 있다. 그런데 $(g \circ f)(x) = g\big(f(x)\big) = z$ 이고, $f(x) \in Y$이므로 g는 전사함수이다.
2. $x_1 \neq x_2$이면 $(g \circ f)(x_1) \neq (g \circ f)(x_2)$. 따라서 $g\big(f(x_1)\big) \neq g\big(f(x_2)\big)$. 그러므로 $f(x_1) \neq f(x_2)$가 되어 f는 단사함수여야 한다.

2.14. 함수 $f : X \to Y$에 대하여 다음은 서로 동등한 것을 보여라.

1. f는 단사함수
2. 임의의 무리 $\{A_i\}_{i \in I}$에 대하여 $f\big(\bigcap_{i \in I} A_i\big) = \bigcap_{i \in I} f(A_i)$
3. 임의의 두 집합 $A, B \subset X$에 대하여 $A \cap B = \emptyset$이면 $f(A) \cap f(B) = \emptyset$이다.

<**해설**> ▷ 1. 이면 2. : 임의의 $j \in I$에 대하여 $\bigcap_{i \in I} A_i \subset A_j$이므로 $f\big(\bigcap_{i \in I} A_i\big) \subset f(A_j), \forall j \in I$. 따라서 $f\big(\bigcap_{i \in I} A_i\big) \subset \bigcap_{i \in I} f(A_i)$ 는 언제나 성립하는 식이다. 임의의 $b \in \bigcap_{i \in I} f(A_i)$에 대하여 $f(a) = b \in \bigcap_{i \in I} f(A_i)$ 가 성립하는 $a \in X$ 가 있다. 그런데 f가 단사함수이면 $A_i = f^{-1}\big(f(A_i)\big), \forall i \in I$인 것에 주의하면 $a \in A_i, \forall i \in I$. 따라서 $a \in \bigcap_{i \in I} A_i$이고 $b = f(a) \in f\big(\bigcap_{i \in I} A_i\big)$.

2. 이면 3. : $\emptyset = f(\emptyset) = f(A \cap B) = f(A) \cap f(B)$.

3. 이면 1.: 임의의 $a, b \in X, a \neq b$에 대하여 $\{a\} \cap \{b\} = \emptyset$. 그런데 $f\big(\{a\}\big) = \{f(a)\}$, $f\big(\{b\}\big) = \{f(b)\}$이고 $\{f(a)\} \cap \{f(b)\} = \emptyset$이므로 $f(a) \neq f(b)$.

장 3
거리공간(metric space)

보통의 위상수학에 대한 책에서는 거리공간은 위상의 일반적인 개념을 공부한 후에 이를 바탕으로 수학의 모든 분야에서 중요한 거리공간을 공부한다. 그러나 이 책에서는 먼저 직관적으로 이해하기 쉬운 거리공간을 공부한 후에 이렇게 습득된 개념을 도구로 추상적이고 일반적인 위상공간을 공부하는 방법을 선택했다. 이렇게 순서를 바꾼 이유는 위상수학이 아닌 수학의 다른 분야를 공부하는 학생들에게는 추상적인 위상수학보다 구체적인 거리공간이 더 중요하기 때문이다.

- 거리함수, 거리공간, 내적공간, 노음공간
- 코쉬-슈바르쯔부등식
- Frèchet Metric
- 열린공 $B_r(x)$, 이웃(neighborhood)
- 연속,열린집합, 닫힌집합
- 위상, 위상공간, Hausdorff 공간, 제1가산공간
- 근본이웃체제(fundamental system of neighborhoods)
- 수렴, 코쉬 열, 집적점, 도집합, 폐포, 조밀한 부분집합
- 완비공간, 컴팩트 공간, 볼차노-바이슈트라스 정리, 완비거리공간
- 수열컴팩트, 집적점 컴팩트 , 덮개, 르벡 수(Lebesgue Number)
- 연결공간, 연결성분, 중간값 정리, 최대최소정리

제 3.1 절 거리공간

수학에서는 사고의 대상을 구체화한 것을 보통 집합으로 표현한다. 때문에 집합의 원소 사이에는 특별한 의미를 주는 것이 보통이다. 원소 사이에 아무런 의미도 줄 수 없는 것들을 한 곳으로 모을 필요가 없기 때문이다. 집합의 원소 사이에 가장 이해하기 쉽고 자연스러운 것이 두 원소 사이의 거리이다. 이것은 우리가 살아가면서 거리를 항상 체험하기 때문이라 생각된다. 일상 생활에서의 거리를 추상화하여 집합의 두 원소 사이에도 거리 개념을 줄 수 있다. 우선 집합 X에서 두 개의 원소를 생각하여 새로운 집합

$$X \times X := \{(x,y) \mid x,y \in X\}$$

를 만들 수 있다. 예를 들어 $X = \{1,2,3\}$이면

$$X \times X = \{(1,1),(1,2),(1,3),(2,1),(2,2),(2,3),(3,1),(3,2),(3,3)\}$$

만일 집합 $X = \{1,2,3\}$과 집합 $Y = \{a,b\}$를 생각한다면

$$X \times Y := \{(1,a),(1,b),(2,a),(2,b),(3,a),(3,b)\}$$

이런 생각으로 보면

$$Y \times X := \{(a,1),(a,2),(a,3),(b,1),(b,2),(b,3)\}$$

정의 3.1.1 [거리(distance), 거리공간(metric space)] 함수 $d : X \times X \to [0,\infty)$가 다음 세가지 조건을 모두 만족시키면 **거리함수(distance function)**라 한다.

1. $d(x,y) \geq 0,\ \forall x,y \in X$ 이고 $d(x,y) = 0 \iff x = y$
2. $d(x,y) = d(y,x),\ \forall x,y \in X$
3. $d(x,y) \leq d(x,z) + d(z,y),\ \forall x,y,z \in X$ (삼각부등식)

집합 X에 거리함수 $d : X \times X \to [0,\infty)$를 정했으면, 집합 X와 거리함수 d를 함께 생각한 것을 (X,d)로 표시하고, (X,d)를 **거리공간(metric space)**이라 부른다.

거리공간 (X,d)를 생각할 때 거리함수 $d : X \times X \to [0,\infty)$는 문맥에 따라 판단할 수 있는 것이 보통이다. 때문에 " 거리공간 (X,d) " 라 하는 대신에 간단하게 " 거리공간 X " 라 말한다.

(X,d)가 거리공간일 때는 임의의 점 $p,q \in X$의 관계는 주로 두 점 사이의 거리 $d(p,q)$로 판단한다. 예를 들어 $x,y,z \in X$이고 $d(x,y) < d(x,z)$이면 " y가 z보다 x에 가깝다" 고 말한다.

보기 3.1.1 가장 대표적이고 중요한 거리공간은 실수집합 $\mathbb{R}$이다. $\mathbb{R}$을 거리공간이라 부를 때, 거리함수 d 는 특별한 말이 없으면 항상 다음을 말한다:

$$d:\mathbb{R}\times\mathbb{R}\to[0,\infty),\quad d(a,b):=|a-b|$$

이 함수 d가 실제로 $\mathbb{R}$에서 거리함수인 것은 실수집합 $\mathbb{R}$ 에서 절대값의 성질로부터 쉽게 확인된다.

<**풀이**> 실수의 절대값의 성질로부터

1. $d(a,b)\geq 0,\quad \forall a,b\in\mathbb{R},\quad d(a,b)=0 \iff a=b.$
2. $d(a,b)=|a-b|=|b-a|=d(b,a),\quad \forall a,b\in\mathbb{R}.$

실수의 절대값의 다음 성질을 갖는다:

$$|x+y|\leq|x|+|y|,\quad x,y\in\mathbb{R}.$$

그러므로

$$d(a,c)=|a-c|=|(a-b)+(b-c)|\leq|a-b|+|b-c|=d(a,b)+d(b,c),\quad \forall a,b,c\in\mathbb{R}.$$

이것으로 $(\mathbb{R},|\ |)$가 거리공간인 것이 증명되었다. □

보기 3.1.2 우리가 늘 사용하는 $\mathbb{R}^2$도 거리공간이다. $\mathbb{R}^2$를 거리공간이라 할 때에는, 특별한 말이 없으면 그 거리함수는 항상 다음을 말한다:

$$d:\mathbb{R}^2\times\mathbb{R}^2\to[0,\infty),\quad d(\mathbf{x},\mathbf{y}):=\|\mathbf{x}-\mathbf{y}\|$$

위 식에서 $\mathbf{x},\mathbf{y}$는 $\mathbb{R}^2$의 임의의 점을 표시함다. 따라서 $\mathbf{x}=(x_1,x_2)\in\mathbb{R}^2, x_1,x_2\in\mathbb{R}$ 로 이해한다. 물론 $\mathbf{y}=(y_1,y_2)\in\mathbb{R}^2,\ y_1,y_2\in\mathbb{R}$. 또한 $\|\mathbf{x}\|:=\sqrt{x_1^2+x_2^2}$ 를 나타낸다. 따라서 $d(\mathbf{x},\mathbf{y})=\|\mathbf{x}-\mathbf{y}\|=\sqrt{(x_1-y_1)^2+(x_2-y_2)^2}$. 예를 들어 $\mathbf{x}=(1,2),\mathbf{y}=(5,-1)$이라면 $\mathbf{x}-\mathbf{y}=(-4,3)$이고

$$d(\mathbf{x},\mathbf{y})=d\big((1,2),(5,-1)\big)=\sqrt{(-4)^2+3^2}=\sqrt{25}=5$$

$\mathbb{R}^2$에서는 함수 $d(\mathbf{x},\mathbf{y}):=\|\mathbf{x}-\mathbf{y}\|$가 실제로 거리함수인 것을 보이는 것은 쉽지 않다. □

보기 3.1.3 우리가 늘 사용하는 $\mathbb{R}^3$도 거리공간이다. $\mathbb{R}^3$를 거리공간이라 할 때에는, 특별한 말이 없으면 그 거리함수는 항상 다음을 말한다:

$$d : \mathbb{R}^2 \times \mathbb{R}^2 \to [0,\infty), \quad d(\mathbf{x},\mathbf{y}) := \|\mathbf{x}-\mathbf{y}\|$$

위 식에서 $\mathbf{x},\mathbf{y}$는 $\mathbb{R}^3$의 임의의 점을 표시함다. 따라서 $\mathbf{x} = (x_1,x_2,x_3) \in \mathbb{R}^3, x_1,x_2,x_3 \in \mathbb{R}$ 로 이해한다. 물론 $\mathbf{y} = (y_1,y_2,y_3) \in \mathbb{R}^3,\ y_1,y_2,y_3 \in \mathbb{R}$. 또한 $\|\mathbf{x}\| := \sqrt{x_1^2+x_2^2+x_3^2}$ 를 나타낸다. 따라서 $d(\mathbf{x},\mathbf{y}) = \|\mathbf{x}-\mathbf{y}\| = \sqrt{(x_1-y_1)^2+(x_2-y_2)^2+(x_3-y_3)^2}$. 예를 들어 $\mathbf{x} = (1,2,7), \mathbf{y} = (5,-1,8)$이라면 $\mathbf{x}-\mathbf{y} = (-4,3,-1)$이고

$$d(\mathbf{x},\mathbf{y}) = d\big((1,2,7),(5,-1,8)\big) = \sqrt{(-4)^2+3^2+(-1)^2} = \sqrt{26}$$

$\mathbb{R}^3$에서는 함수 $d(\mathbf{x},\mathbf{y}) := \|\mathbf{x}-\mathbf{y}\|$가 실제로 거리함수인 것을 보이는 것은 쉽지 않다. □

자연수 n에 대하여 $\mathbb{R}^n := \{\mathbf{x} = (x_1,x_2,\cdots,x_n) \mid x_i \in \mathbb{R}, i = 1,2,\cdots,n\}$ 을 생각하자. $n = 1,2,3$일 때는 이미 살펴보았다. $\mathbf{x},\mathbf{y} \in \mathbb{R}^n$이고 $a,b \in \mathbb{R}$일 때

$$a\mathbf{x}+b\mathbf{y} = (ax_1+by_1, ax_2+by_2, \cdots, ax_n+by_n) \in \mathbb{R}^n$$

로 정의한다. 물론 $(-1)\mathbf{x} = (-x_1,-x_2,\cdots,-x_n) = -\mathbf{x}$로 이해한다. $\mathbb{R}^n$을 거리공간이라 할 때, 그 거리함수 $d : \mathbb{R}^n \times \mathbb{R}^n \to [0,\infty)$는 다음 함수를 말한다:

$$d(\mathbf{x},\mathbf{y}) := \|\mathbf{x}-\mathbf{y}\| = \sqrt{(x_1-y_1)^2+(x_2-y_2)^2+\cdots+(x_n-y_n)^2}$$

이 함수 $d(\mathbf{x},\mathbf{y}) := \|\mathbf{x}-\mathbf{y}\|$가 실제로 거리함수인 것을 보이는 것은 쉽지 않다.

도움정리 3.1.1 자연수 n에 대하여

$$\mathbb{R}^n := \{\mathbf{x} = (x_1,x_2,\cdots,x_n) \mid x_i \in \mathbb{R}, i = 1,2,\cdots,n\}$$

을 생각하자. $\mathbf{x},\mathbf{y} \in \mathbb{R}^n$이고 $a,b \in \mathbb{R}$일 때

$$a\mathbf{x}+b\mathbf{y} = (ax_1+by_1, ax_2+by_2, \cdots, ax_n+by_n) \in \mathbb{R}^n$$

로 정의한다. 물론 $(-1)\mathbf{x} = (-x_1,-x_2,\cdots,-x_n) = -\mathbf{x}$로 이해한다.
그러면 함수 $d : \mathbb{R}^n \times \mathbb{R}^n \to [0,\infty)$

$$d(\mathbf{x},\mathbf{y}) := \|\mathbf{x}-\mathbf{y}\| = \sqrt{(x_1-y_1)^2+(x_2-y_2)^2+\cdots+(x_n-y_n)^2}$$

는 거리함수이다.

증명. $d(\mathbf{x},\mathbf{y})$가 거리함수가 되기 위한 조건을 모두 만족시키는 것을 보이자.

1. $d(\mathbf{x},\mathbf{y}) \geq 0,\ \forall \mathbf{x},\mathbf{y} \in \mathbb{R}^n$ 이고, $d(\mathbf{x},\mathbf{y}) = 0 \iff \mathbf{x} = \mathbf{y}$는 한 눈에 알 수 있다.
2. 또한 $d(\mathbf{x},\mathbf{y}) := \|\mathbf{x}-\mathbf{y}\| = \|\mathbf{y}-\mathbf{x}\|,\ \forall \mathbf{x},\mathbf{y} \in \mathbb{R}^n$도 한 눈에 알 수 있다.
3. 따라서

$$\|\mathbf{x}-\mathbf{y}\| \leq \|\mathbf{x}-\mathbf{z}\| + \|\mathbf{z}-\mathbf{y}\|, \quad \forall \mathbf{x},\mathbf{y},\mathbf{z} \in \mathbb{R}^n$$

을 증명하면 충분하다. 먼저 제곱근 기호가 불편하다. 그런데 $\|\mathbf{x}\|^2 = x_1^2 + x_2^2 + \cdots + x_n^2$ 인 것에 주의하자. 이것으로부터 다음 함수를 생각하는 것이 자연스럽다:

$$\langle\ ,\ \rangle : \mathbb{R}^n \to \mathbb{R}^n \to \mathbb{R}, \quad \langle \mathbf{x},\mathbf{y} \rangle = x_1y_1 + x_2y_2 + \cdots + x_ny_n$$

그러면

$$\langle \mathbf{x},\mathbf{x} \rangle = x_1^2 + x_2^2 + \cdots + x_n^2 = \|\mathbf{x}\|^2 \geq 0,\ \forall \mathbf{x} \in \mathbb{R}^n$$

따라서 $\mathbf{x},\mathbf{y} \in \mathbb{R}^n$을 어떻게 잡더라도, 임의의 실수 $t \in \mathbb{R}$에 대하여

$$\langle t\mathbf{x}+\mathbf{y}, t\mathbf{x}+\mathbf{y} \rangle \geq 0,\ \forall t \in \mathbb{R}$$

여기서 $t\mathbf{x}+\mathbf{y} = (tx_1+y_1, tx_2+y_2, \cdots, tx_n+y_n)$인 것에 주의하면

$$\begin{aligned}\langle t\mathbf{x}+\mathbf{y}, t\mathbf{x}+\mathbf{y} \rangle &= (tx_1+y_1)^2 + (tx_2+y_2)^2 + \cdots + (tx_n+y_n)^2 \\ &= (t^2x_1^2 + 2tx_1y_1 + y_1^2) + (t^2x_2^2 + 2tx_2y_2 + y_2^2) + \cdots + (t^2x_n^2 + 2tx_ny_n + y_n^2) \\ &= t^2\|\mathbf{x}\|^2 + 2t\langle \mathbf{x},\mathbf{y} \rangle + \|\mathbf{y}\|^2 \geq 0,\ \forall t \in \mathbb{R}\end{aligned}$$

여기서 식 $t^2\|\mathbf{x}\|^2 + 2t\langle \mathbf{x},\mathbf{y} \rangle + \|\mathbf{y}\|^2$은 $\|\mathbf{x}\| \neq 0$이면 t에 대한 2차식이다. 더구나 $\|\mathbf{x}\| \neq 0$일 때, 주어진 조건은 t에 대한 이차함수 $t^2\|\mathbf{x}\|^2 + 2t\langle \mathbf{x},\mathbf{y} \rangle + \|\mathbf{y}\|^2$ 가 음수값을 갖지 않는 다른 것을 말한다. 따라서 이 t에 대한 2차방정식의 판별식은 0과 같거나 작아야 한다:

$$\langle \mathbf{x},\mathbf{y} \rangle^2 - \|\mathbf{x}\|^2\|\mathbf{y}\|^2 \leq 0$$

정리하면 $\|\mathbf{x}\| \neq 0$이면

$$\left|\langle \mathbf{x},\mathbf{y} \rangle\right| = \sqrt{\langle \mathbf{x},\mathbf{y} \rangle^2} \leq \|\mathbf{x}\|\ \|\mathbf{y}\|, \forall \mathbf{x},\mathbf{y} \in \mathbb{R}^n, \mathbf{x} \neq \mathbf{0}$$

그런데 부등식 $\left|\langle \mathbf{x},\mathbf{y} \rangle\right| \leq \|\mathbf{x}\|\ \|\mathbf{y}\|$는 $\mathbf{x} = \mathbf{0}$인 경우에도 성립하기 때문데 다음이 성립한다:

$$\left|\langle \mathbf{x},\mathbf{y} \rangle\right| \leq \|\mathbf{x}\|\ \|\mathbf{y}\|,\ \forall \mathbf{x},\mathbf{y} \in \mathbb{R}^n$$

이것을 이용하여 거리함수가 되기 위한 남겨진 조건을 조사하면,

$$\begin{aligned} d(\mathbf{x},\mathbf{y})^2 = \|\mathbf{x}-\mathbf{y}\|^2 &= \|(\mathbf{x}-\mathbf{z})+(\mathbf{z}-\mathbf{y})\|^2 \\ &= \langle |(\mathbf{x}-\mathbf{z})+(\mathbf{z}-\mathbf{y}), |(\mathbf{x}-\mathbf{z})+(\mathbf{z}-\mathbf{y})\rangle \\ &= \|\mathbf{x}-\mathbf{z}\|^2 + 2\langle \mathbf{x}-\mathbf{z}, \mathbf{z}-\mathbf{y}\rangle + \|\mathbf{z}-\mathbf{y}\|^2 \\ &\le \|\mathbf{x}-\mathbf{z}\|^2 + 2\|\mathbf{x}-\mathbf{z}\|\ \|\mathbf{z}-\mathbf{y}\| + \|\mathbf{z}-\mathbf{y}\|^2 \\ &= \big(\|\mathbf{x}-\mathbf{z}\| + \|\mathbf{z}-\mathbf{y}\|\big)^2 \\ &= \big(d(\mathbf{x},\mathbf{z}) + d(\mathbf{z}-\mathbf{y})\big)^2 \end{aligned}$$

이것으로 $d(\mathbf{x},\mathbf{y}) \le d(\mathbf{x},\mathbf{z}) + d(\mathbf{z},\mathbf{y}), \quad \forall \mathbf{x},\mathbf{y},\mathbf{z} \in \mathbb{R}^n$ 이 증명되었다. ■

도움정리 3.1.1의 증명에서 중요한 부등식을 증명했다. 이것을 다음과은 이름이 붙어있는 부등식이다.

> **정의 3.1.2** [코쉬-슈바르쯔 부등식(Cauchy-Schwartz inequality)] $\mathbb{R}^n$의 임의의 두 원소 $\mathbf{x} = (x_1, x_2, \cdots, x_n)$, $\mathbf{y} = (y_1, y_2, \cdots, y_n)$에 대하여 다음 부등식이 성립한다:
>
> $$\big|\langle \mathbf{x},\mathbf{y}\rangle\big| \le \|\mathbf{x}\|\ \|\mathbf{y}\|$$
>
> 이 부등식을 **코쉬-슈바르쯔 부등식**이라 한다. 여기서
>
> $$\begin{aligned} \langle \mathbf{x},\mathbf{y}\rangle &:= x_1y_1 + x_2y_2 + \cdots + x_ny_n \\ \|\mathbf{x}\| &:= \sqrt{\mathbf{x},\mathbf{x}\rangle} \end{aligned}$$

이제 코쉬-슈바르쯔 부등식을 일반화하자. 우선 연속인 순증가함수(continuous strictly increasing function) $f : [0,A] \to \mathbb{R}$에 대하여

$$ab \le \int_0^a f(t)dt + \int_0^b f^{-1}(s)ds,\ 0 < a < A, 0 < b < f(A)$$

이 부등식은 아래 그림에서, 가로가 a, 세로가 b인 사각형의 면적이 빗금친 부분의 면적의 합보다 크지 않은 것으로 확인할 수 있다.

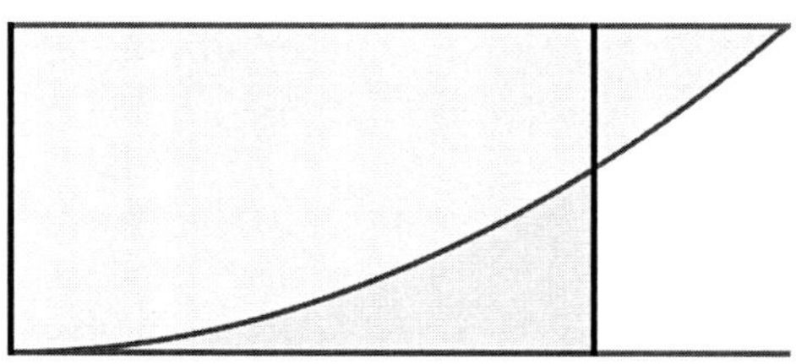

이 부등식을 함수 $f : [a,\infty) \to [0,\infty),\ f(x) = x^{p-1}, 1 < p < \infty$ 인 경우에 적용해보면

$$\begin{aligned} ab &\le \int_0^a f(t)dt + \int_0^b f^{-1}(s)ds \\ &= \int_0^a t^{p-1}dt + \int_0^b s^{\frac{1}{p-1}}ds \\ &= \frac{1}{p}\left[t^p\right|_{t=0}^a + \frac{1-p}{p}\left[s^{\frac{p}{p-1}}\right|_{s=0}^b \\ &= \frac{1}{p}a^p + \frac{1-p}{p}b^{\frac{p}{p-1}} \end{aligned}$$

p에 대응하는 양수 q를 $\frac{1}{p}+\frac{1}{q}=1$ 로 정의하면 $q=\frac{p}{p-1}$ 이고 주어진 부등식은

$$ab \le \frac{1}{p}a^p + \frac{1}{q}b^q, \ \frac{1}{p}+\frac{1}{q}=1$$

이것을 다음과 같이 정리하자.

정리 3.1.1 임의의 음이 아닌 두 수 a, b에 대해서 다음 부등식이 성립한다.

$$ab \le \frac{1}{p}a^p + \frac{1}{q}b^q, \quad \frac{1}{p}+\frac{1}{q}=1$$

정리 3.1.2 [Cauchy-Schwartz 부등식의 일반화] $1<p<\infty$일 때, 임의의 $\mathbf{x},\mathbf{y}\in\mathbb{R}^n$에 대해서

$$|\langle \mathbf{x},\mathbf{y}\rangle| \le |\mathbf{x}|_p \ |\mathbf{y}|_q$$

위 식에서 $|\mathbf{x}|_p := \left(\sum_{i=1}^n |x_i|^p\right)^{\frac{1}{p}}$ 이고 $\frac{1}{p}+\frac{1}{q}=1$.

증명. 우선 음이 아닌 임의의 두 수 a, b에 대해서 $ab \le \frac{1}{p}a^p + \frac{1}{q}b^q$인 것에 주의하면 $\mathbf{x},\mathbf{y}$에 대해서

$$\begin{aligned} \left|\left\langle \frac{\mathbf{x}}{|\mathbf{x}|_p}, \frac{\mathbf{y}}{|\mathbf{y}|_q}\right\rangle\right| &= \sum_{i=1}^n \left|\frac{x_i}{|\mathbf{x}|_p}\cdot\frac{y_i}{|\mathbf{y}|_q}\right| \\ &= \sum_{i=1}^n \left(\frac{1}{p}\frac{|x_i|^p}{|\mathbf{x}|_p^p} + \frac{1}{q}\frac{|y_i|^q}{|\mathbf{y}|_q^q}\right) \\ &= \frac{1}{p}\frac{1}{|\mathbf{x}|_p^p}\sum_{i=1}^n |x_i|^p + \frac{1}{q}\frac{1}{|\mathbf{y}|_q^q}\sum_{i=1}^n |y_i|^q \\ &= \frac{1}{p}+\frac{1}{q} = 1 \end{aligned}$$

따라서 $|\langle \mathbf{x},\mathbf{y}\rangle| \le |\mathbf{x}|_p \ |\mathbf{y}|_q$ 위 부등식은 $p=2$인 경우 코쉬-슈바르쯔 부등식이다. ■

정의 3.1.3 [내적] 실수 위에서의 벡터공간 V 위에서 실수로 가는 정의된 다음 함수

$$\langle\ ,\ \rangle : V \to \mathbb{R}$$

을 생각하자. 이 함수 $\langle\ ,\ \rangle$이 다음 세 조건을 만족시키면 이 함수를
벡터공간 V의 **내적(inner product)**이라 한다:

1. $\langle \mathbf{v},\mathbf{v}\rangle \geq 0, \forall \mathbf{v}\in V, \quad \langle \mathbf{v},\mathbf{v}\rangle = 0 \iff \mathbf{v}=\mathbf{0}$
2. $\langle \mathbf{v},\mathbf{w}\rangle = \langle \mathbf{w},\mathbf{v}\rangle, \quad \forall \mathbf{v},\mathbf{w}\in V.$
3. $\langle a\mathbf{u}+b\mathbf{v},\mathbf{w}\rangle = a\langle \mathbf{u},\mathbf{w}\rangle + b\langle \mathbf{u},\mathbf{w}\rangle, \quad \forall a,b\in\mathbb{R},\ \forall \mathbf{u},\mathbf{v},\mathbf{w}\in V.$

내적이 정의되어 있는 벡터공간을 **내적공간**이라 한다.

정의 3.1.4 [노음(norm)] 벡터공간 V 위에서 정의된 함수 $\|\ \| : V \to [0,\infty)$가 다음 세 조건을 만족시키면 이 함수를 **노음(norm)** 이라 한다:

1. $\|\mathbf{v}\| \geq 0,\ \forall \mathbf{v}\in V, \quad \|\mathbf{v}\mathbf{v}\| = 0 \iff \mathbf{v}=\mathbf{O}.$
2. $\|a\mathbf{v}\| = |a|\ \|\mathbf{v}\|, \quad \forall a\in\mathbb{R}, \mathbf{v}\in V.$
3. $\|\mathbf{u}+\mathbf{v}\| \leq \|\mathbf{u}\|+\|\mathbf{v}\|, \quad \forall \mathbf{u},\mathbf{v}\in V.$

노음이 정의된 벡터공간을 **노음공간(normed space)**이라 한다. 노음의 정의와 거리의 정의는 비슷한 점이 있다. 실제로

도움정리 3.1.2 모든 노음공간은 거리공간이다.

증명. V가 노음공간이라 하자. $\|\ \|$을 V의 노음이라 하면, 이 노음을 이용해서 다음과 같은 거리함수 $d : V\times V \to [0,\infty]$를 정의할 수 있다.

$$d(\mathbf{x},\mathbf{y}) := \|\mathbf{x}-\mathbf{y}\|, \quad \forall \mathbf{x},\mathbf{y}\in V.$$

이 함수 d가 거리함수가 되기 위한 세 조건을 만족하는 것은 노음의 성질로부터 시시하게 성립한다. 삼각부등식 만을 살표보면

$$\begin{aligned} d(\mathbf{x},\mathbf{z}) &= \|\mathbf{x}-\mathbf{z}\| \\ &= \|(\mathbf{x}-\mathbf{y})+(\mathbf{y}-\mathbf{z})\| \\ &\leq \|\mathbf{x}-\mathbf{y}\|+\|\mathbf{y}-\mathbf{z}\| \\ &= d(\mathbf{x},\mathbf{y})+d(\mathbf{y},\mathbf{z}), \quad \forall \mathbf{x},\mathbf{y},\mathbf{z}\in V. \end{aligned}$$

■

노음공간을 거리공간으로 이해할 때, 그 거리함수는 항상 **도움정리 3.1**에서처럼 노음으로부터 거리함수를 말한다. 또한 모든 내적공간은 거리공간이다. 이것은 **도움정리 3.1**로부터 내적공간을 노음공간으로 만들 수 있는 것을 보이면 충분하다. 다음은 내적공간은 모두 노음공간이라는 것을 증명할 때 필요한 중요한 부등식이다.

> **도움정리 3.1.3 [코쉬-슈바르쯔 부등식(Cauchy-Schwartz inequality)]** 내적공간 V를 생각하자. 그러면 $|\langle \mathbf{v}, \mathbf{w}\rangle| \le \sqrt{\langle \mathbf{v}, \mathbf{v}\rangle}\,\sqrt{\langle \mathbf{w}, \mathbf{w}\rangle}, \quad \forall \mathbf{v}, \mathbf{w} \in V.$

증명. $\mathbf{v}, \mathbf{w} \in V$를 잡자. 어떻게 잡더라도, 내적의 성질로부터,

$$\langle x\mathbf{v} + \mathbf{w}, x\mathbf{v} + \mathbf{w}\rangle \ge 0, \quad \forall x \in \mathbb{R}.$$

이것을 전개하면 다음 부등식을 얻는다.

$$\langle \mathbf{v}, \mathbf{v}\rangle x^2 + 2\langle \mathbf{v}, \mathbf{w}\rangle x + \langle \mathbf{w}, \mathbf{w} \ge 0, \quad \forall x \in \mathbb{R}.$$

만일 $\langle \mathbf{v}, \mathbf{v}\rangle = 0$이면 $\mathbf{v} = \mathbf{0}$이므로 바라던 부등식은 시시하게 성립한다. $\langle \mathbf{v}, \mathbf{v}\rangle \neq 0$ 인 경우는 얻어진 부등식을 x에 대한 이차부등식이다. 이 부등식을 다시쓰면 모든 $x \in \mathbb{R}$에 대해서

$$\langle \mathbf{v}, \mathbf{v}\rangle x^2 + 2\langle \mathbf{v}, \mathbf{w}\rangle x + \langle \mathbf{w}, \mathbf{w}\rangle = \langle \mathbf{v}, \mathbf{v}\rangle \left(x + \frac{\langle \mathbf{v}, \mathbf{w}\rangle}{\langle \mathbf{v}, \mathbf{v}\rangle}\right)^2 + \frac{\langle \mathbf{v}, \mathbf{v}\rangle\langle \mathbf{w}, \mathbf{w}\rangle - \langle \mathbf{v}, \mathbf{w}\rangle^2}{(\langle \mathbf{w}, \mathbf{w}\rangle)^2} \ge 0$$

위 식은 특히

$$x + \frac{\langle \mathbf{v}, \mathbf{w}\rangle}{\langle \mathbf{v}, \mathbf{v}\rangle} = 0$$

일 때도 성립해야 하므로

$$\frac{\langle \mathbf{v}, \mathbf{v}\rangle\langle \mathbf{w}, \mathbf{w}\rangle - \langle \mathbf{v}, \mathbf{w}\rangle^2}{(\langle \mathbf{w}, \mathbf{w}\rangle)^2} \ge 0$$

를 얻는다. 이것은 우리가 증명하려 한 코쉬-슈바르쯔 부등식이다. $\mathbf{v} \neq \mathbf{0}$일 때 $|\langle \mathbf{v}, \mathbf{w}\rangle| = \sqrt{\langle \mathbf{v}, \mathbf{v}\rangle}\,\sqrt{\langle \mathbf{w}, \mathbf{w}\rangle}$ 이면, 즉 코쉬-슈바르쯔 부등식에서 등호가 성립하면

$$\langle x\mathbf{v} + \mathbf{w}, x\mathbf{v} + \mathbf{w}\rangle = \langle \mathbf{v}, \mathbf{v}\rangle \big(x + \frac{\langle \mathbf{v}, \mathbf{w}\rangle}{\langle \mathbf{v}, \mathbf{v}\rangle}\big)^2, \quad \forall x \in \mathbb{R}$$

가 되기 때문에 $x = -\frac{\langle \mathbf{v}, \mathbf{w}\rangle}{\langle \mathbf{v}, \mathbf{v}\rangle}$라 잡으면

$$\langle x\mathbf{v} + \mathbf{w}, x\mathbf{v} + \mathbf{w}\rangle = 0.$$

따라서 내적의 정의로부터 $x\mathbf{v} + \mathbf{w} = \mathbf{0}$

를 얻는다. 이것은 $\mathbf{v}, \mathbf{w}$가 일차종속인 것을 말한다. 역으로 $\mathbf{v}, \mathbf{w}$가 일차종속이면 $\mathbf{v} = \lambda \mathbf{w}$ 또는 $\mathbf{w} = \lambda \mathbf{v}$ 가 되는 $\lambda \in \mathbb{R}$가 존재하므로, 내적을 정으로부터 코쉬-슈바르쯔 부등식에서 등호가 성립하는 것을 확인 할 수 있다. ■

도움정리 3.1.4 내적공간은 노음공간이다. 따라서 내적공간은 거리공간이다.

증명. 내적공간 $(V, \langle\ ,\ \rangle)$이 주어지면 이 내적을 이용해서 함수 $\|\ \|: V \to [0,\infty)$ 를 다음과 같이 정의하자:

$$\|\mathbf{v}\| := \sqrt{\langle \mathbf{v}, \mathbf{v} \rangle}, \quad \forall \mathbf{v} \in V.$$

이렇게 정의된 함수가 실제로 노음이 되기 위한 세가지 조건을 만족시키는 것은 쉽게 확인된다. 여기서는 세번째 성질만을 살펴보자.

$$\begin{aligned}
\|\mathbf{v}+\mathbf{w}\|^2 &= \langle \mathbf{v}+\mathbf{w}, \mathbf{v}+\mathbf{w} \rangle \\
&= \langle \mathbf{v}, \mathbf{v} \rangle + 2\langle \mathbf{v}, \mathbf{w} \rangle + \langle \mathbf{w}, \mathbf{w} \\
&= \|\mathbf{v}\|^2 + 2\langle \mathbf{v}, \mathbf{w} \rangle + \|\mathbf{w}\|^2 \\
&\le \|\mathbf{v}\|^2 + 2\|\mathbf{v}\|\,\|\mathbf{w}\| + \|\mathbf{w}\|^2 \\
&= (\|\mathbf{v}\| + \|\mathbf{w}\|)^2
\end{aligned}$$

양변의 제곱근을 생각하면 $\|\mathbf{v}+\mathbf{w}\| \le \|\mathbf{v}\| + \|\mathbf{w}\|$. ■

지금부터 내적공간을 노음공간으로 이해할 때, 그 노음은 언제나 주어진 내적으로부터 얻어지는 $\|\mathbf{v}\| := \sqrt{\langle \mathbf{v}, \mathbf{v} \rangle}, \quad \forall \mathbf{v} \in V$ 으로 이해한다. 내적공간에서 코쉬-슈바르쯔 부등식은 다음과 같이 표현된다:

$$|\langle \mathbf{v}, \mathbf{w} \rangle| \le \|\mathbf{v}\|\,\|\mathbf{w}\|.$$

보기 3.1.4 $\mathbb{R}^n = \{(x_1, x_2, \cdots, x_n) \mid x_i \in \mathbb{R},\ \ i = 1, 2, \cdots, n\}$을 생각하자. $\mathbf{x} \in \mathbb{R}^n$은

$$\mathbf{x} = (x_1, x_2, \cdots, x_n)$$

을 말한다. $\mathbb{R}^n$은 다음을 거리함수로 해서 거리공간이다.

$$d(\mathbf{x}, \mathbf{y}) := \sqrt{(x_1-y_1)^2 + (x_2-y_2)^2 + \cdots + (x_n-y_n)^2}, \quad \mathbf{x}, \mathbf{y} \in \mathbb{R}^n.$$

<**풀이**> $\mathbb{R}^n$이 내적공간인 것을 보이고 주어진 거리 d는 내적에서 얻어진 노음으로부터 나온 것임을 보이자.

- $\mathbb{R}^n$은 다음 연산으로 실수 위에서의 벡터공간이다.

$$\mathbf{x}+\mathbf{y} := (x_1+y_1, x_2+y_2, \cdots, x_n+y_n), \quad \mathbf{x}, \mathbf{y} \in \mathbb{R}^n,$$
$$r\mathbf{x} := (rx_1, rx_2, \cdots, rx_n), \quad r \in \mathbb{R}, \mathbf{x} \in \mathbb{R}^n.$$

- 다음 함수 $\langle\ ,\ \rangle : \mathbb{R}^n \times \mathbb{R}^n \to \mathbb{R}$은 내적이다.

$$\langle \mathbf{x}, \mathbf{y} \rangle := x_1y_1 + x_2y_2 + \cdots + x_ny_n.$$

  따라서 $(\mathbb{R}^n, \langle\ ,\ \rangle)$은 내적공간이다.
- 주어진 거리함수 d는 내적으로부터 얻어진 것이다. 즉

$$d(\mathbf{x}, \mathbf{y}) := \sqrt{(x_1-y_1)^2 + (x_2-y_2)^2 + \cdots + (x_n-y_n)^2} = \|\mathbf{x}-\mathbf{y}\|.$$

  이것으로 $(\mathbb{R}^n, d)$는 거리공간이 것이 밝혀졌다. $\mathbb{R}^n$을 거리공간이라 할 때는 특별한 말이 없으면 그 거리함수는 내적으로부터 얻어진 이 거리함수를 말한다. □

내적공간 $\mathbb{R}^n$에서의 코쉬-슈바르쯔 부등식은 벡터의 성분을 써서 다음과 같이 복잡하게 흩어서 쓸 수도 있다.

$$|x_1y_1 + x_2y_2 + \cdots + x_ny_n| \le \sqrt{x_1^2 + x_2^2 + \cdots + x_n^2}\sqrt{y_1^2 + y_2^2 + \cdots + y_n^2}.$$

정리 3.1.3 $1 < p < \infty$에 대해서

$$|\ |_p : \mathbb{R}^n \to [0, \infty), \quad |\mathbf{x}|_p := \left(\sum_{i=1}^n |x_i|^p\right)^{\frac{1}{p}}$$

라 정의하면 $|\ |_p$는 $\mathbb{R}^n$에서 노음(norm)이다.

증명. $|\ |_p$가 노음인 것을 증명한다는 것은

- $|\mathbf{x}|_p \ge 0$이고 $|\mathbf{x}|_p = 0 \iff \mathbf{x} = 0$
- $|\alpha\mathbf{x}|_p = |\alpha|\ |\mathbf{x}|_p$
- $|\mathbf{x}+\mathbf{y}|_p \le |\mathbf{x}|_p + |\mathbf{y}|_p$

인 것을 증명하는 것인데, 다른 두 개는 쉽고, 문제가 되는 삼각부등식이다. 따라서 여기서는 삼각부등식을 만족시키는 것을 보이도록 하자. 부등식 $|\langle \mathbf{x}, \mathbf{y} \rangle| \le |\mathbf{x}|_p\ |\mathbf{y}|_q$ 에 주의하면

$$\begin{aligned}
|\mathbf{x}+\mathbf{y}|_p^p &= \sum_{i=1}^n |x_i+y_i|^p \\
&= \sum_{i=1}^n |x_i+y_i|\ |x_i+y_i|^{p-1} \\
&\le \sum_{i=1}^n \left(|x_i|\ |x_i+y_i|^{p-1} + |y_i|\ |x_i+y_i|^{p-1}\right) \\
&= \sum_{i=1}^n |x_i|\ |x_i+y_i|^{p-1} + \sum_{i=1}^n |y_i|\ |x_i+y_i|^{p-1} \\
&= |\mathbf{x}|_p\ |\mathbf{x}+\mathbf{y}|_p^{p-1} + |\mathbf{y}|_p\ |\mathbf{x}+\mathbf{y}|_p^{p-1}
\end{aligned}$$

위 부등식을 정리하면 $|\mathbf{x}+\mathbf{y}|_p \le |\mathbf{x}|_p + |\mathbf{y}|_p$ 를 얻는다. 또한 $q = \frac{p}{p-1}$이므로, 증명과정에서

$$\left(\sum_{i=1}^{n}\left(|x_i+y_i|^{p-1}\right)^q\right)^{\frac{1}{q}} = \left(\sum_{i=1}^{n}|x_i+y_i|^p\right)^{\frac{p-1}{p}} = |\mathbf{x}+\mathbf{y}|_p^{p-1}$$

인 것에 주의하자. 이것으로 $|\ |_p : \mathbb{R}^n \to [0,\infty), \quad |\mathbf{x}|_p := \left(\sum_{i=1}^{n}|x_i|^p\right)^{\frac{1}{p}}$ 가 노음(norm) 인 것이 증명되었다. ■

정리 3.1.4 (X,d)가 거리공간이라 하자. X의 공집합이 아닌 어떠한 부분집합 A에 대해서도 $(A,d|_A)$는 거리공간이다. 여기서 d_A는 함수 $d : X\times X$를 $A\times A$로 제한한 함수이다.

증명. A의 점은 모두 X의 점이다. $d|_A$가 함수 d의 제한이므로

$$d|_A(p,q) = d(p,q), \quad p,q \in A.$$

이것으로부터 $(A,d|_A)$가 시시하게 거리공간이 되는 것을 알 수 있다. ■

정의 3.1.5 [Frèchet Metric] 벡터공간 X에서의 거리는 종종

$$d(x,y) = \rho(x-y)$$

꼴로 주어진다. 여기서 $\rho : X\to\mathbb{R}$ 은 다음 성질을 갖는다.

F1: $\rho(x)\ge 0$ 이고 $\rho(x)=0 \iff x=0$

F2: $\rho(x)=\rho(-x)$

F3: $\rho(x+y)\le\rho(x)+\rho(y)$

이 성질을 갖는 함수 $\rho : X\to\mathbb{R}$을 Frèchet metric이라 한다.

보기 3.1.5 $\rho : [0,\infty)\to[0,\infty)$ $\rho(x) := \frac{x}{1+x}$ 를 생각하자. 그러면 $x,y\ge 0$일 때

$$\rho(x+y) = \frac{x+y}{1+x+y} = \frac{x}{1+x+y} + \frac{y}{1+x+y} \le \frac{x}{1+x} + \frac{y}{1+y} = \rho(x)+\rho(y)$$

가 된다. 위 식은 ρ은 증가함수인 것까지 보여준다 □

정리 3.1.5

1. 벡터공간 X의 모든 노음(norm) $\| \ \| : X \to \mathbb{R}$ 은 Frèchet metric이다.
2. 벡터공간 $\mathbb{K}^n$ ($\mathbb{R}^n$ 또는 $\mathbb{C}^n$)에서 $\rho_n : \mathbb{K}^n \to \mathbb{R}, \quad \rho(x) = \frac{\|x\|}{1+\|x\|}$ 는 대표적인 유계인 Frèchet metric 이다.

증명. 간단한 분수 계산이다.

$$\begin{aligned}\rho_n(x)+\rho_n(y)-\rho_n(x+y) &= \frac{\|x\|}{1+\|x\|}+\frac{\|y\|}{1+\|y\|}-\frac{\|x+y\|}{1+\|x+y\|}\\ &= \frac{\|x\|+\|y\|+2\|x\|\,\|y\|}{(1+\|x\|)(1+\|y\|}-\frac{\|x+y\|}{1+\|x+y\|}\end{aligned}$$

위 식을 통분했을 때 분자를 보면

$$\begin{aligned}&\Big(\|x\|+\|y\|+2\|x\|\,\|y\|\Big)\Big(1+\|x+y\|\Big)-\|x+y\|(1+\|x\|)(1+\|y\|)\\ &\quad=\Big(\|x\|+\|y\|+2\|x\|\,\|y\|\Big)\Big(1+\|x+y\|\Big)-\|x+y\|\Big(1+\|x\|+\|y\|+\|x\|\,\|y\|\Big)\\ &\quad=\Big(\|x\|+\|y\|+2\|x\|\,\|y\|\Big)+\Big(\|x\|\,\|y\|-1\Big)\|x+y\|\\ &=\Big(\|x\|+\|y\|-\|x+y\|\Big)+\|x\|\,\|y\|\Big(2+\|x+y\|\Big)\\ &\geq 0\end{aligned}$$

따라서 $\rho_n(x+y)\leq\rho_n(x)+\rho_n(y), \quad \forall x,y\in X$ ■

그런데 $\rho_n : \mathbb{R}^n \to \mathbb{R}$은

$$\rho_n=\rho\circ\|\ \|, \quad \text{합성함수}$$

인 것에 주의하면,

$$\rho_n(\mathbf{x}+\mathbf{y})=(\rho_1\circ\|\ \|)(\mathbf{x}+\mathbf{y})=\rho_1(\|\mathbf{x}+\mathbf{y}\|)\leq\rho_1(\|\mathbf{x}\|+\|\mathbf{y}\|)\leq\rho_1(\|\mathbf{x}\|)+\rho_1(\|\mathbf{y}\|)=\rho_n(\mathbf{x})+\rho_n(\mathbf{y})$$

이렇게 문제를 나누어 생각하면 $\rho_n(\mathbf{x}) := \frac{\|\mathbf{x}\|}{1+\|\mathbf{x}\|}$가 $\mathbb{R}^n$에서 Frèchet metric 인 것을 쉽게 확일할 수 있다. 물론 $\rho_1 : \mathbb{R}\to\mathbb{R}, \quad \rho_1(x)=\rho(|x|)=\frac{|x|}{1+|x|}$ 도 Frèchet metric이다.

정리 3.1.6 연속인 함수 $f:[0,1]\to\mathbb{R}$ 전체로 이루어진 집합을 $\mathcal{C}^0[0,1]$를 생각하자. 즉

$$\mathcal{C}^0[0,1]=\{f:[0,1]\to\mathbb{R}\mid f \text{ 는 연속함수 }\}$$

$\mathcal{C}^0[0,1]$는 무한차원 벡터공간(infinite dimensional vector space)이다. 함수

$$\|\ \|_{\mathcal{C}^0[0,1]}:\mathcal{C}^0[0,1]\to[0,\infty)$$

를 $\|f\|_{\mathcal{C}^0[0,1]}:=\sup\{|f(x)\|\mid x\in[0,1]\}$ 이라 정의하면 $\|\ \|_{\mathcal{C}^0[0,1]}$는 노음(norm)이다.

증명. 함수값의 절대값의 최대값을 생각하면 편리하다.

- 노음(norm)이 되기 위한 조건
  - $\|f\|_{\mathcal{C}^0[0,1]}\geq 0$이고 $\|f\|_{\mathcal{C}^0[0,1]}=0 \iff f=0$
  - $\|\alpha f\|_{\mathcal{C}^0[0,1]}=|\alpha|\ \|f\|_{\mathcal{C}^0[0,1]}$
  - $\|f+g\|_{\mathcal{C}^0[0,1]}\leq\|f\|_{\mathcal{C}^0[0,1]}+\|g\|_{\mathcal{C}^0[0,1]}$

  중 나머지 두 개는 한 눈에 알 수 있기 때문에 삼각부등식만 증명하기로 하자.
- 그런데 임의의 $x\in[0,1]$에 대해서

$$f(x)+g(x)\leq\sup\{|f(x)|\mid x\in[0,1]\}+\sup\{|g(x)|\mid x\in[0,1]\}=\|f\|_{\mathcal{C}^0[0,1]}+\|g\|_{\mathcal{C}^0[0,1]}$$

  따라서

$$\|f+g\|_{\mathcal{C}^0[0,1]}\leq\|f\|_{\mathcal{C}^0[0,1]}+\|g\|_{\mathcal{C}^0[0,1]}$$

- 이것으로 $\mathcal{C}^0[0,1]$는 노음공간(normed vector space)이고, 특히 노음(norm) 은 Frèchet metric 이므로 $\mathcal{C}^0[0,1]$ 는 거리함수

$$d(f,g):=\|f-g\|_{\mathcal{C}^0[0,1]}=\sup\{|f(x)-g(x)|\mid x\in[0,1]\}$$

  로 거리공간이 된다. ■

보기 3.1.6 거리공간 (X,d)를 생각하자. 함수

$$d_b:X\times X\to[0,\infty),\quad d_b(x,y):=\frac{d(x,y)}{1+d(x,y)}$$

도 X에서 d 와 동등한 거리이다.

<**풀이**> 무엇보다도 $d_b=\rho\circ d$ 인 것에 주의하자. 즉

$$(\rho \circ d)(x,y) = \rho\big(d(x,y)\big) = \frac{d(x,y)}{1+d(x,y)} = d_b(x,y)$$

d_b가 거리인 것을 보이려면

- $d_b(x,y) \geq 0$ 이고 $d_b(x,y) = 0 \iff x = y$
- $d_b(x,y) \leq d_b(x,z) + d_b(z,y)$
- $d_b(x,y) = d_b(y,x)$

인 것을 보여야 하는데, 여기서는 삼각부등식만 보이기로 하자.
함수 $\rho : [0,\infty) \to [0,\infty)$, $\rho(x) := \frac{x}{1+x}$을 성질을 생각하면

$$\begin{aligned} d_b(x,y) &= \rho\big(d(x,y)\big) \\ &\leq \rho\big(d(x,z)+d(z,y), \quad \rho\text{는 증가함수, } d \text{ 거리함수이므로} \\ &\leq \rho\big(d(x,z)\big)+\rho\big(d(z,y)\big), \quad \rho\text{의 성질} \\ &= d_b(x,z)+d_b(z,y) \end{aligned}$$

이것을 $d_b : X \times X \to [0,\infty)$가 거리함수인 것이 증명되었다. d와 d_b가 동등한 거리함수인 것은 $d(x,y) \leq 1$일 때, 부등식 $\frac{1}{2}d(x,y) \leq d_b(x,y) \leq d(x,y)$ 으로부터 알 수 있다. 왜냐하면 이 부등식은 임의의 $p \in X, \varepsilon < 1$에 대해서 $B_d(p,\varepsilon) \subset B_{d_b}(p,\varepsilon) \subset B_d(p,2\varepsilon)$ 이기 때문이다. □

정의 3.1.6 [열린 공(Open Ball)] (X,d)가 거리공간이다. 점 $p \in X$를 중심으로 하고 반지름의 길이가 $r > 0$ 인 **열린공(open ball)**이란 다음과 같이 정의되는 X의 부분집합 $B_r(p)$를 말한다:

$$B_r(p) := \{x \in X \mid d(x,p) < r\}$$

정의 3.1.7 [거리공간에서 이웃] (X,d)가 거리공간이다. U가 점 $p \in X$의 **이웃(neighborhood)**이라는 것은 $B_r(p) \subset U$ 가 성립하는 양수 $r > 0$이 존재하는 것이다..

정의 3.1.8 [거리공간에서 연속의 정의] 거리공간 $(X,d_X),(Y,d_Y)$에서 함수 $f : (X,d_X) \to (Y,d_Y)$ 가 점 $p \in X$에서 연속이라는 것은 $f(p)$의 임의의 이웃 V에 대해서, $f^{-1}(V)$가 p의 이웃이 되는 것을 말한다.

위 정의에서 V가 $f(p)$의 이웃이라는 것은 $B_\varepsilon\big(f(p)\big) \subset V$ 가 되는 양수 ε이 있다는 것이다.
그런데 $B_\varepsilon\big(f(p)\big) \subset V$이므로

$$p \in f^{-1}\Big(B_\varepsilon\big(f(p)\big)\Big) \subset f^{-1}(V)$$

따라서 $f^{-1}(V)$가 p의 이웃이 되기 위한 충분한 조건은 $B_\delta(p) \subset f^{-1}\Big(\big(B_\varepsilon\big(f(p)\big)\Big)$ 가 성립하는 양수 δ가 존재하는 것이다. 그런데 임의의 양수 ε에 대해서 $B_\varepsilon\big(f(p)\big)$는 $f(p)$의 이웃이기 때문에, f가 점 p에서 연속이라면, $B_\delta(p) \subset f^{-1}\Big(\big(B_\varepsilon\big(f(p)\big)\Big)$ 가 성립하는 양수 δ가 존재할 것이 필요하다. 그런데 정해진 양수 ε, δ에 대해서, $B_\delta(p) \subset f^{-1}\Big(\big(B_\varepsilon\big(f(p)\big)\Big)$ 가 성립할 필요하고 충분한 조건은

$$x \in X, d_X(x,p) < \delta \implies d_Y\big(f(x), f(p)\big) < \varepsilon$$

인 것에 주의하면, 거리공간에서 연속성은 이웃 개념을 감춘 다음과 같은 형태로 정의하는 것이 보통이다.

> **정의 3.1.9 [거리 공간에서 연속의 정의]** 두 거리공간 $(X,d_X),(Y,d_Y)$ 사이의 함수 $f : X \to Y$가
>
> 1. **점 p에서 연속(continuous at the point** a) 이라는 것은
>   - 임의의 양수 ε에 대해서
>   - 양수 $\delta = \delta(\varepsilon, p)$, 즉 ε과 점 $p \in X$에 의해 결정되는 양수 δ, 가 존재해서
>
> $$x \in X, d_X(x,p) < \delta \implies d_Y\big(f(x), f(p)\big) < \varepsilon$$
>
> 2. $A \subset X$이고 함수 $f : (X,d_X) \to (Y,d_Y)$가 A의 모든 점에서 연속이면 $f : X \to Y$는 A에서 연속이라 한다.

보기 3.1.7 거리공간 (X,d)를 생각하자.

1. 상수함수 $f_c : X \to X,\ f_c(x) = c$는 X에서 연속이다.
2. 항등함수 $I_X : X \to \mathbb{R},\ I_X(x) = x$,는 X에서 연속이다.

<풀이>

1. 임의의 점 $p \in X$가 주어졌다. 임의의 양수 ε에 대하여 아무런 조건도 없이

$$x \in X \implies d\big(f(x), f(p)\big) = d(c,c) = 0 < \varepsilon$$

따라서 상수함수 $f_c : X \to X$는 임의의 점 $p \in X$에서 연속이므로 X에서 연속이다.

2. 임의의 점 $p \in X$가 주어졌다. 잉의의 양수 ε에 대해여, 양수 δ를 $\delta = \varepsilon$으로 잡자. 그러면

$$d(x,p) < \delta \implies d\big(f(x), f(p)\big) = d(x,p) < \delta = \varepsilon$$

따라서 항등함수 $I_X : X \to X$는 X에서 연속이다. □

제 3.2 절 열린집합의 성질

거리공간 (X,d)가 주어지면, 주어진 점 $p \in X$로부터 일정한 거리 $r > 0$ 이내의 점들로 이루어지는 집합

$$B_r(p) := \{x \in X \mid d(x,p) < r\}$$

을 점 p를 중심으로 하고 반지름의 길이가 $r > 0$인 열린공이라 했다.

> **정의 3.2.1 [열린집합 (open set)]** (X,d)가 거리공간이라 하자. $U \subset X$가 거리공간 X의 열린집합이라는 것은 U가 열린공들의 합집합으로 표현되는 것은 말한다.

> **도움정리 3.2.1** (X,d)는 거리공간이라 하자. 임의의 열린공은 열린집합이다.

증명. $B_r(p)$가 점 $p \in X$를 중심으로 하고 반지름의 길이가 $r > 0$인 열린공이라 하자. 임의의 점 $q \in B_r(p)$에 대하여 $d(q,p) < r$인 것에 주의하면 $r_q := r - d(q,p) > 0$라 하면 $B_{r_q}(q) \subset B_r(p)$. 왜냐하면

$$\begin{aligned} y \in B_{r_q}(q) &\implies d(y,q) < r_q \\ &\implies d(y,p) \le d(y,q) + d(q,p) \\ &\qquad < r_q + d(q,p) = \big(r - d(q,p)\big) + d(q,p) = r \end{aligned}$$

따라서 $B_r(p) = \bigcup_{q \in B_r(p)} \{q\} \subset \bigcup_{q \in B_r(p)} B_{r_q}(q) \subset B_r(p)$. 이 식은 $B_r(p) = \bigcup_{q \in B_r(p)} B_{r_q}(q)$를 의미하고, 따라서 $B_r(p)$는 열린공들의 합집합으로 표현되므로 열린집합이다. ■

> **정리 3.2.1** (X,d)는 거리공간이다. $U \subset X$가 열린집합일 필요충분조건은 임의의 $p \in U$에 대하여 $B_{r_p}(p) \subset U$ 가 성립하는 양수 r_p가 존재하는 것이다.

증명. 필요성: $U \subset X$ 가 열린집합이라 하자. 열린집합의 정의에 따라 U는 열린공들이 합집합으로 표현된다. 즉 열린공들의 무리 $\{B_{r_\lambda}(p_\lambda)\}_{\lambda \in \Lambda}$가 존재해서

$$U = \bigcup_{\lambda \in \Lambda} B_{r_\lambda}(p_\lambda)$$

따라서 임의의 $p \in U$에 대하여 $p \in B_{r_\lambda}(p_\lambda)$가 성립하는 $\lambda \in \Lambda$가 존재한다.
따라서 $r_p = r_\lambda - d(p, p_\lambda)$로 잡으면 $B_{r_p}(p) \subset B_{r_\lambda}(p_\lambda) \subset U$.

충분성: 임의의 $p \in U$에 대하여 $B_{r_p}(p) \subset U$ 가 성립하는 양수 r_p가 존재한다 하자. 그러면

$$U = \bigcup_{p \in U} \{p\} \subset \bigcup_{p \in U} B_{r_p}(p) \subset U$$

이것으로 $U = \bigcup_{p \in U} B_{r_p}(p)$ 가 증명되었다. U가 열린공들의 합집합으로 표현되므로 열린집합의 정의에 따라 U는 열린집합이다. ■

다음 정리는 거리공간 (X, d)에서 열린집합의 핵심적인 성질을 정리한 것이다. 열린집합의 이 성질은 앞으로 계속해서 나타나고 사용될 중요한 것이다.

정리 3.2.2 [열린 집합의 성질] 거리공간 (X, d)에서 열린 집합은 다음 성질을 갖는다:

1. $\emptyset$, X는 열린집합이다.
2. $\{U_\iota\}_{\iota \in A}$가 열린 집합무리(family of open sets)이면 $U = \bigcup_{\iota \in A} U_\iota$ 도 열린집합이다.
3. 유한개의 열린집합 $V_1, V_2, \cdots, V_k$가 주어지면 $V = \bigcap_{i=1}^{k} V_i = V_1 \cap V_2 \cap \cdots \cap V_k$ 도 열린집합이다.

증명.

1. 열린집합의 정의로부터 시시하게 성립한다.
2. 임의의 점 $p \in U$를 잡자. 양수 δ를 잘 잡아서 $B_\delta(p) \subset U$ 가 성립하도록 해야 한다. $p \in U$이면 합집합의 정의에따라 $p \in U_i$가 되는 $i \in A$가 있다. 그런데 U_i는 가정에따라 열린집합이므로, 이 점 p에 대해서 양수 δ를 잘 잡아서 $B_\delta(p) \subset U_i$ 가 되게 할 수 있다. 여기서 $U_i \subset U = \bigcup_{\iota \in A} U_\iota$ 이 것에 주의하면, 바로 이 δ에 대해서 $B_\delta(p) \subset U$인 것을 알 수 있다.
3. $q \in V$를 잡자. 양수 δ를 잘 잡아서 $B_\delta(q) \subset V$ 가 성립하도록 해야 한다. 그런데 $q \in V$이면 모든 $i = 1, 2, \cdots, k$에 대해서 $q \in V_i$이다. 여기서 각각의 V_i가 열린집합인 것에 주의하면 양수 $\delta_1, \delta_2, \cdots, \delta_k$를 잘 잡아서

$$B_{\delta_i}(q) \subset V_i, \quad i = 1, 2, \cdots, k$$

   가 성립하게 할 수 있다. 이제 수 $\delta = \min\{\delta_1, \delta_2, \cdots, \delta_k\}$ 를 생각하자. δ는 유한개의 양수 중에서 가장 작은 수이므로 양수이다. 더욱

$$B_\delta(q) \subset B_{\delta_i}(q) \subset V_i, \quad i = 1, 2, \cdots, k$$

   이므로 $B_\delta(q) \subset V = \bigcap_{i=1}^{k} V_i$. 이것으로 V가 열린집합인 것이 증명되었다. ■

정리 3.2.2에서 말한 거리공간에서 열린집합의 성질은 위상이라 불리는 세로운 근본적인 수학적 구조를 정의한다. 즉 임의의 집합 X에 대하여 X의 위상이란 X의 부분집합 중에서 **정리**

3.2.2에서 말한 거리공간의 열린집합의 성질을 만족시키는 것들로 이루어지는 $\mathfrak{P}(X)$의 부분집합을 말한다. 다음 정의는 앞으로 자주 나타날 것이다.

정의 3.2.2 [위상(topology)] 집합 X를 생각하자. 집합 X의 부분집합으로 이루어진 다음 성질을 갖는 집합 $\mathfrak{T}$ 를 생각하자.

1. $\emptyset, X \in \mathfrak{T}$
2. $U, V \in \mathfrak{T} \Longrightarrow U \cap V \in \mathfrak{T}$
3. $(U_\iota)_{\iota\in}$가 $\mathfrak{T}$에 속하는집합무리이면 $\bigcup_{\iota\in I} U_\iota \in \mathfrak{T}$

이 집합 $\mathfrak{T}$를 X에서의 **위상(topology)**라 하고, 집합 X와 집합 X에서의 위상 $\mathfrak{T}$를 함께 생각한 것을 $(X,\mathfrak{T})$로 나타내고, $(X,\mathfrak{T})$를 **위상공간(topological space)**라 한다. 문맥에 따라 위상 $\mathfrak{T}$을 알 수 있는 경우에는 간단히 **위상공간** X라 한다.

보기 3.2.1 임의의 집합 X에 대해서

1. X의 모든 부분집합으로 이루어진 집합 $\mathfrak{P}(X)$는 X의 위상이다. 위상공간 $(X,\mathfrak{P}(X))$를 이산위상공간이라 한다. 예를 들어 $X = \{a,b\}$이면 X의 이산위상은 $\mathfrak{P}(X) = \{\emptyset,\{a,b\},\{a\},\{b\}\}$.
2. $\emptyset, X$로 이루어진 집합 $\mathfrak{T} = \{\emptyset, X\}$는 X의 위상이다. 위상공간 $(X,\mathfrak{T})$를 **시시한 위상공간** (**trivial topology**)라 한다. 예를 들어 $X = \{a,b\}$이면 X의 시시한 위상은 $\{\ \emptyset,\{a,b\}\ \}$.

집합 $X = \{a,b,c\}$를 생각하자. $\mathfrak{T} := \{\emptyset, X, \{a\}, \{b,c\}\ \}$ 는 위상이다. X의 원소의 개수가 3이므로 $\mathfrak{P}(X)$의 원소의 개수는 $2^3 = 8$이다. 그런데 X의 위상은 모두 $\mathfrak{P}(X)$의 부분집합이므로, X의 위상의 개수는 기껏해야 $2^8 = 128$ 개이다. 그러나 위상은 **정의 3.2.2**를 만족시키는 부분집합들의 모임이므로 아무 것이나 위상이 되는 것은 아니다. $X = \{a,b,c\}$의 위상을 몇개 나열하면 다음과 같다.

$$\{\emptyset, X\},\quad \{\emptyset, X, \{a\}\},\quad \{\emptyset, X, \{b\}\},\quad \{\emptyset, X, \{c\}\},$$
$$\{\emptyset, X, \{a,b\}\},\quad \{\emptyset, X, \{a,c\}\},\quad \{\emptyset, X, \{b,c\}\},$$
$$\{\emptyset, X, \{a\}, \{a,b\}\},\quad \{\emptyset, X, \{a\}, \{a,c\}\},\quad \{\emptyset, X, \{a\}, \{b,c\}\},$$
$$\{\emptyset, X, \{b\}, \{b,a\}\},\quad \{\emptyset, X, \{b\}, \{b,c\}\},\quad \{\emptyset, X, \{b\}, \{a,c\}\},$$
$$\{\emptyset, X, \{c\}, \{c,a\}\},\quad \{\emptyset, X, \{c\}, \{c,b\}\},\quad \{\emptyset, X, \{c\}, \{a,b\}\},$$
$$\{\emptyset, X, \{a\}, \{a,b\}, \{a,c\}\},\quad \{\emptyset, X, \{b\}, \{a,b\}, \{b,c\}\},\quad \{\emptyset, X, \{c\}, \{a,c\}, \{b,c\}\}$$
$$\{\emptyset, X, \{a\}, \{b\}, \{a,b\}\},\quad \{\emptyset, X, \{a\}, \{b\}, \{a,c\}\},\quad \{\emptyset, X, \{a\}, \{b\}, \{b,c\}\},$$
$$\{\emptyset, X, \{b\}, \{c\}, \{b.c\}\},\quad \{\emptyset, X, \{b\}, \{c\}, \{a,b\}\},\quad \{\emptyset, X, \{b\}, \{c\}, \{a.c\}\},$$
$$\{\emptyset, X, \{c\}, \{a\}, \{c,a\}\},\quad \{\emptyset, X, \{c\}, \{a\}, \{a,b\}\},\quad \{\emptyset, X, \{c\}, \{a\}, \{b,c\}\},$$
$$\mathfrak{P}(X) = \{\emptyset, X, \{a\}, \{b\}, \{c\}, \{a,b\}, \{b,c\}, \{c,a\}\}$$

따라서 집합 X의 모든 위상을 구하려는 것은 큰 의미가 없고, X의 서로 다른 부분집합들로 이루어진 두 위상 사이의 관계를 구하는 것이 더 중요하다. 또한 아무 것이나 위상이 되지 않는 것을 확인하자. 예를 들어 $X = \{a,b,c\}$일 때 $\{\emptyset, X, \{a\}, \{b\}\ \}$ 는 위상이 아니다.

정의 3.2.3 [열린집합(open set), 닫힌집합(closed set)] 위상공간 $(X, \mathfrak{T})$를 생각하자.

- X의 부분집합 U가 **열린집합(open set)** 이라는 것은 $U \in \mathfrak{T}$인 것을 말한다.
- $X \setminus C$가 열린집합이 되는 경우 $C \subset X$를 **닫힌집합(closed set)** 이라 한다.

위상공간의 열린집합은 위상수학의 핵심적인 개념이고, 따라서 앞으로 계속해서 나타날 것이다.

정의 3.2.4 [이웃(neighborhood)] 위상공간 $(X, \mathfrak{T})$ 가 있다.

- $U \subset X$가 점 $p \in X$의 **이웃(neighborhood)** 이라는 것은 U가 p를 포함하는 열린집합을 포함하는 것을 말한다.
- U 자체는 열린집합이 아니어도 좋다. 특히 U 자체가 p를 포함하는 열린집합이면 U를 p의 **열린이웃(open neighborhood)** 라 한다.

보기 3.2.2 집합 $X = \{a,b,c,d\}$를 생각하자.

1. $\{\emptyset, X\}$는 X의 위상이다. 이 위상에서는 X의 임의의 점 $x \in X$이 이웃은 X 하나 밖에 없다. 예를 들어 a의 이웃도 $X = \{a,b,c,d\}$이고 b의 이웃도 $\{a,b,c,d\}$이다.
2. X의 모든부분집합을 원소로 하는 집합 $\mathfrak{P}(X)$는 X의 위상이다. 위상 $\mathfrak{P}(X)$에서는 임의의 $x \in X$에 대하여 x의 이웃은 x를 포함하는 X의 모든 부분집합이다. 예를 들어
   - a의 이웃: $\{a\}, \{a,b\}, \{a,c\}, \{a,d\}, \{a,b,c\}, \{a,b,d\}, \{a,c,d\}, \{a.b.c.d\}$
   - b의 이웃: $\{b\}, \{b,a\}, \{b,c\}, \{b,d\}, \{b,a,c\}, \{b,a,c\}, \{b,c,d\}.\{b,.a,b,c,\}$
3. $\mathfrak{T} = \{\emptyset, X, \{a,b\}, \{c,d\}\}$는 X의 위상이다. 이 경우
   - a의 이웃: $\{a,b\}, \{a,b,c\}, \{a,b,d\}, X$
     그런데 a의 열린이웃은 $\{a,b\}, X$ 뿐이다.
   - c의 이웃: $\{c,d\}, \{c,d,a\}, \{c,d,b\}, X$.
     그러데 c의 열린이웃은 $\{c,d\}, X$ 뿐이다.

집합 X의 부분집합 가족 $\{U_i\}_{i \in A}$가 어떻게 주어지더라도

$$X \setminus \Big(\bigcap_{i \in A} U_i\Big) = \bigcup_{i \in A} (X \setminus U_i), \quad X \setminus \Big(\bigcup_{i \in A} U_i\Big) = \bigcap_{i \in A} (X \setminus U_i)$$

인 것에 주의하면 다음 따름정리를 얻는다.

따름정리 3.2.1 [닫힌집합의 성질] 거리공간 (X,d)에서 닫힌집합은 다음 성질을 갖는다:

1. $\emptyset$, X는 닫힌집합이다.
2. $\{U_\iota\}_{\iota \in A}$가 닫힌집합 무리(family of closed sets)이면 $U = \bigcap_{\iota \in A} U_\iota$ 도 닫힌집합이다.
3. 유한개의 닫힌집합 $V_1, V_2, \cdots, V_k$가 주어지면 $V = \bigcup_{i=1}^{k} V_i = V_1 \cap V_2 \cap \cdots \cap V_k$ 도 닫힌집합이다.

보기 3.2.3 (X,d)는 거리공간이다. X의 부분집합 C가 유한집합이면 C는 닫힌집합이다.

<**풀이**> C가 유한집합이면 C를 원소나열법으로 $\{p_1, p_2, \cdots, p_k\}$라 표시하자. 그러면

$$C = \{p_1\} \cup \{p_2\} \cup \cdots \cup \{p_k\}$$

이다. 따라서 C가 닫힌집합인 것을 증명하기 위해서는, 단 한 점을 원소로 하는 집합이 닫힌집합인 것을 증명하면 충분하다. 이제 X의 임의의 점 p를 잡자. $\{p\}$가 닫힌집합인 것을 보이는 것은 $X \setminus \{p\}$가 열린집합인 것을 보이는 것이다. $q \in (X \setminus \{p\}$이면 $q \neq p$이므로 $d(q,p) > 0$.

따라서 $\delta = \frac{1}{2}d(q,p)$로 잡으면, 거리함수의 삼각부등식으로부터, 어떠한 $x \in X$에 대해서도

$$d(q,p) \le d(q,x) + d(x,p)$$

이므로,

$$d(x,q) < \delta \implies d(x,p) \ge d(q,p) - d(q,x) > d(q,p) - \delta = d(q,p) - \frac{1}{2}d(q,p) = \frac{1}{2}d(q,p) > 0.$$

이것을 다르게 표현하면

$$B_\delta(q) \subset (X \setminus \{p\}).$$

따라서 $X \setminus \{p\}$는 열린집합이고, 닫힌집합의 정의에따라 $\{p\}$는 닫힌집합이다. 따라서 $C = \{p_1\} \cup \{p_2\} \cup \cdots \cup \{p_k\}$는 유한개의 닫힌집합의 합집합이므로 닫힌집합이다. □

유한개의 열린집합의 공통집합은 언제나 열린집합이 된다. 그러면 무한개의 열린집합의 공통집합은 어떻게 될까? 결론은 무한개의 열린집합의 공통집합은 열린집합이 되지 않는 경우도 있다.

보기 3.2.4 (X,d)는 거리공간이다. 임의의 점 p를 잡자. 각 자연수 $n = 1,2,\cdots,$ 에 대해서 열린 공 $B_{\frac{1}{n}}(p)$ 를 생각하자. 그러면 $\{p\} = \bigcap_{n=1}^{\infty} B_{\frac{1}{n}}(p)$.

<풀이> 우선 $B_{\frac{1}{n}}(p)$는 열린집합이다. 또한 $p \in B_{\frac{1}{n}}(p)$이므로 $p \in \bigcap_{n=1}^{\infty} B_{\frac{1}{n}}(p)$. 만일 $q \ne p$이면 $d(q,p) > 0$이다. 따라서 $\frac{1}{k} < d(q,p)$가 되는 자연수 k가 있다. 이 자연수 k에 대해서 $q \notin B_{\frac{1}{k}}(p)$. 따라서 $q \notin \bigcap_{n=1}^{\infty} B_{\frac{1}{n}}(p)$. 그러므로 $\{p\} = \bigcap_{n=1}^{\infty} B_{\frac{1}{n}}(p)$. 여기서 $\{p\}$는 거리공간 X의 닫힌 부분집합인 것에 주의하자. □

거리공간에는 열린집합의 정의에 따라 U 가 $p \in X$의 이웃이라는 것은 $p \in B_{r_p}(p) \subset U$ 가 성립하는 양수 r_p가 존재한다는 말과 같다.

도움정리 3.2.2 거리공간 (X,d)를 생각하자. $U \subset X$가 X의 열린집합일 필요하고 충분한 조건은 U가 U의 모든 원소의 이웃인 것 이다.

증명. 충분성: U가 U의 모든 원소의 이웃이라 하자. 임의의 $p \in U$에 대해서 U는 p의 이웃이므로, 이웃의 정의에 따라 $p \in B_{r_p}(p) \subset U$가 되는 양수 r_p가 존재한다. 따라서

$$U = \bigcup_{p \in U} \{p\} \subset \bigcup_{p \in U} B_{r_p}(p) \subset U$$

따라서 $U = \bigcup_{p \in U} B_{r_p}(p)$가 성립하므로 U는 열린집합이다.

필요성: U가 열린집합이라 하자. 거리공간의 열린집합의 정의에 따라 U는 열린공들의 합집합으로 표현된다. 따라서 임의의 $p \in U$에 대해서 $p \in B_r(q) \subset U$가 되는 열린공 $B_r(q)$가 존재한다. 그런데 열린공은 모두 열린집합이므로 이웃의 정의에 따라 U는 p의 이웃이다. 이것이 임의의 $p \in U$에 대하여 성립하므로 U는 U의 모든 원소의 이웃이다. ■

도움정리 3.2.3 거리공간 (X,d)를 생각하자. $p,q \in X$이고 $p \neq q$이면

$$B_r(p) \cap B_r(q) = \emptyset$$

이 성립하는 양수 r이 존재한다.

증명. $p \neq q$이므로 $d(p,q) > 0$이다. 양수 r을 $r = \frac{1}{2}d(p,q) > 0$로 잡자.
만일 $x \in B_r(p) \cap B_r(q)$라면 $d(p,q) \leq d(p,x) + d(x,q) < r + r = 2r = d(p,q)$. 이것으로 $B_r(p) \cap B_r(q) = \emptyset$이 증명되었다. 이 도움정리의 의미는 거리공간에서는 서로 다른 점은 서로 만나지 않는 이웃을 갖는다는 것이다. ■

정의 3.2.5 [Hausdorff 공간] 위상공간 $(X,\mathfrak{T})$가 Hausdorff 공간라는 것은 X의 서로 다른 두 점이 서로 만나지 않는 이웃을 갖는 경우를 말한다. 예를 들어 거리공간은 모두 Hausdorff 공간이다.

Hausdorff 공간은 중요한 위상공간이다. 앞으로 계속해서 나타날 것이다.

보기 3.2.5 임의의 집합 X에서 정의된 이산위상 $\mathfrak{P}(X)$는 Hausdorff 위상이다. 왜냐하면 $p,q \in X$이고, $p \neq q$이면, 이산위상에서는 모든 부분집합이 열린집합이므로 $\{p\}$와 $\{q\}$는 열린집합이고 $\{p\} \cap \{q\} = \emptyset$이기 때문이다. 이제 집합 $X = \{a,b,c\}$를 생각하자.

1. 시시한 위상 $\{\emptyset, X\}$는 Hausdorff 위상이 아니다. 왜냐하면 $a \neq b$이지만 a의 이웃은 X 뿐이고, b의 이웃도 X이 뿐이기 때문에, 서로 만나지 않는 이웃이 존재하지 않는다.
2. $\{\emptyset, X, \{a,b\}, \{c\}\}$는 X의 위상이다. X의 서로 다른 두 점 a,c를 생각하자. a의 이웃은 $\{a,b\}$가 있고, c의 이웃은 $\{c\}$가 있다. 따라서 a와 c는 서로 만나지 않는 이웃을 갖는다. 그러나 a의 이웃은 모두 $\{a,b\}$를 포함하고, b의 이웃도 모두 $\{a,b\}$를 포함하기 때문에 a와 b는 서로 만나지 않는 아웃을 갖을 수 없다. 따라서 $\{\emptyset, X, \{a,b\}, \{c\}\}$는 Hausdorff 위상이 아니다. □

임의의 위상공간 $(X,\mathfrak{T})$에서 열린집합의 합집합은 다시 열린집합이 된다. 이제 X를 두 개의 열린집합 U,V의 합집합으로 표현했다 하자: $X = U \cup V$.

수학에서 특정한 집합에서 주어진 조건을 만족시키는 원소를 찾는 문제가 언제나 중요하다. 예를 들어 $p \in X$를 찾는다 하자. X는 너무 크기 때문에 p를 찾기가 불편하고, 이렇게 전수조사를 하는 것은 최후의 수단이다. 만일 $X = U \cup V$라면 $p \in U$이거나 아니면 $p \in V$이다. 일반적으로 U, V는 X보다는 범위가 작기 때문에 p를 찾는 것이 전수조사보다는 효과적일 것이다. 이것을 X를 유한개의 부분집합의 합집합, 열린집합이거나 말거나,

$$X = U_1 \cup U_2 \cup \cdots \cup U_n$$

으로 표현되었다 해도 같은 생각이다. 즉 $p \in U_k$가 성립하는 $k = 1, 2, \cdots, n$이 적어도 한 개는 존재한다. 위상공간 $(X, \mathfrak{T})$에서 다음 개념은 중요하다, 계속해서 나타날 것이다.

정의 3.2.6 [컴펙트 공간(compact space)] 위상공간 $(X, \mathfrak{T})$가 **컴펙트공간(compact space)** 이라는 것은 다음 조건을 만족시키는 위상공간을 말한다.

- $(U_\lambda)_{\lambda \in \Lambda}$가 X의 열린집합무리(family of open sets)이고 $X = \bigcup_{\lambda \in \Lambda} U_\lambda$ 가 되었다면,
- 유한집합 $J \subset \Lambda$가 존재해서 $X = \bigcup_{j \in J} U_j$

컴펙트 공간의 정의는 간단히 다음과 같이 표현하는 것이 흔하다:

X를 열린집합무리 $(U_\lambda)_{\lambda \in \Lambda}$의 합집합으로 표현했다면, 이 중에서 유한개 $U_1, U_2, \cdots, U_n$를 잘 골라서 $X = U_1 \cup U_2 \cup \cdots \cup U_n$ 이 성립하게 할 수 있다.

보기 3.2.6 위상을 처음 공부하는 많은 사람들에게 컴펙트공간은 이해하기가 어려운 개념이라 전해진다. 당장 이해할 수 있는 것은 다음과 같은 것이 있다.

1. 유한집합에서 정의된 위상은 모두 컴펙트공간이다. 왜냐하면 열린집합이 유한개 밖에 없기 때문이다.
2. 임의의 집합 X에서의 시시한 위상 $\{\emptyset, X\}$는 컴펙트공간이다. 왜냐하면 열린집합이 2개밖에 없기 때문이다.

정의 3.2.7 [유계인 집합(bounded set)] 거리공간 (X, d)의 부분집합 $B \subset X$가 **유계인 집합(bounded set)** 이라는 것은 , 임의의 $p \in X$에 대하여

$$X \subset B_M(p) := \{x \in X \mid d(x, p) \leq M\}$$

이 성립하는 양수 M이 존재하는 것 을 말한다.

정리 3.2.3 거리공간 (X,d)가 컴펙트공간일 필요조건은 X가 유계인 집합인 것이다.

증명. 임의의 $p \in X$에 대하여 p를 중심으로 하고 반지름이 길이가 $n = 1,2,3,\cdots$인 열린 공을 생각하면

$$X = \bigcup_{n=1}^{\infty} B_n(p)$$

왜냐하면 $B_n(p) := \{x \in X \mid d(x,p) < n\} \subset X$이므로 $\bigcup_{n=1}^{\infty} B_n(p) \subset X$이고, 또 임의의 $x \in X$에 대하여 $d(x,p) < n$이 성립하는 자연수 n이 존재하기 때문에 $X \subset \bigcup_{n=1}^{\infty} B_n(p)$ 이기 때문이다. 그런데 X 가 컴펙트공간이면 $\{B_n(p)\}_{n=1}^{\infty}$ 에서 유한개를 골라서 X를 덮을 수 있다. 예를 들어

$$X = B_{n_1}(p) \cup B_{n_2}(p) \cup \cdots \cup B_{n_k}(p)$$

따라서 $M = \max\{n_1, n_2, \cdots, n_k\}$라 두면

$$X = B_{n_1}(p) \cup B_{n_2}(p) \cup \cdots \cup B_{n_k}(p) = B_M(p)$$

이므로 X는 유계인 집합이다. ■

보기 3.2.7 그러나 거리공간 (X,d)이 유계인 집합이 모두 컴펙트공간이 되는 것은 아니다. 예를 들어 거리공간 $\mathbb{R}$의 부분공간 $X = (0,1) := \{x \in \mathbb{R} \mid 0 < x \leq 1\}$을 생각하자. X는 유계인 거리공간이다. 실제로 $1 \in X = (0,1]$이고 $|x-1| \leq 1, \quad x \in X$. 지금 경우 $r_n = 1 - \frac{1}{n}, n = 2,3,\cdots$ 라 두면

$$B_{r_n}(1) := \{x \in X \mid |x-1| < r_n\} = \{x \in X \mid r_n < x \leq 1\}$$

예를 들어 $B_2 = (\frac{1}{2},1]$, $B_3(\frac{1}{3},1]$, $B_4 = (\frac{1}{4},1]$, $\cdots$. 따라서 $B_{r_1}(1) \subset B_{r_2}(1) \subset \cdots\ B_{r_n}(1) \subset B_{r_{n+1}}(1) \subset\ \cdots$ 이고, 특히 $X = (0,1] = \bigcup_{n=2}^{\infty} B_{r_n}(1)$. 그러나 $\{B_{r_n}(1)\}_{n=2}^{\infty}$ 중에서는 유한개를 골라서 $X = (0,1]$를 덮을 수는 없다. 따라서 거리공간 $X = (0,1] := \{x \in \mathbb{R} \mid 0 < x \leq 1\}$는 컴펙트 공간이 아니다. □

보기 3.2.8 $\mathbb{R}$의 부분공간으로서 유리수집합 $\mathbb{Q}$를 생각하자.

$$A := \{x \in \mathbb{Q} \mid x^2 < 2\}$$

는 유계인 집합이다. 그러나 $\mathbb{Q}$의 부분공간으로서 A는 컴펙트 공간이 아니다. 왜냐하면 산술평균과 기하평균을 이용하여

$$x_0 = 1, y_0 = 2, x_{n+1} = \frac{x_n + y_n}{2}, y_{n+1} = \frac{2x_n y_n}{x_2 + y_n}, n \geq 0$$

라 정의하면, x_n, y_n은 모두 유리수이고, $\{x_n\}$은 증가하면서 $\sqrt{2} \notin \mathbb{Q}$로 수렴한다. 따라서

$$U_n := (-x_n, x_n), \quad n = 0, 1, 2, \cdots$$

이라 두면

$$U_n \subsetneq U_{n+1} \subsetneq A, \quad n = 0, 1, 2, \cdots$$

이고, $A = \bigcup_{n=1}^{\infty} U_n$이지만, 이 중에서 유한개를 골라서 A를 덮을 수 없기 때문이다. □

제 3.3 절 거리공간에서 연속함수

거리공간 (X, d_X)에서 거리공간 (Y, d_Y)라 가는 함수

$$f : (X, d_X) \to (Y, d_Y)$$

중에서 중요한 함수는 당연히 거리공간의 구조를 존중하는 함수이다. 그러면 거리공간의 구조를 존중하는 함수란 어떤 함수를 말하는가? 직관적으로 보면 $x_1, x_2 \in X$가 거리공간 X에서 서로 가까운 점이면 $f(x_1), f(x_2) \in Y$도 거리공간 (Y, d_Y)에서 가까운 점일 때를 말한다.

정의 3.3.1 [근본이웃체제(fundamental system of neighborhood)] 위상공간 $(X, \mathfrak{T})$를 생각하자. 임의의 점 $p \in X$에 대하여 p의 이웃으로 이루어진 집합 $\mathfrak{B}(p)$가 점 $p \in X$의 **근본이웃체제**라는 것은, $p \in U$의 임의의 이웃 U에 대하여 $B \subset U$ 가 성립하는 $B \in \mathfrak{B}(p)$가 있는 것을 말한다.

위상공간 $(X, \mathfrak{T})$가 어떻게 주어지더라도 $\mathfrak{B}(p) := \{U \subset X \mid U$는 p의 이웃$\}$라 하면 $\mathfrak{B}(p)$는 아주 시시하게 점 $p \in X$의 근본이웃체저이다. 그러나 근본이웃체제를 이렇게 잡으면 거의 쓸모가 없다. 근본이웃체제는 최대한 원소의 수가 작은 것으로 잡는 것이 쓸모가 있다. 더운 근본이웃체제의 원소를 다 나열하는 것보다 근본이웃체제에 들어가는 이웃의 특성을 말하는 것이 쓸모가 있다.

보기 3.3.1 (X,d)가 거리공간이라 하자. 임의의 점 $p \in X$에 대하여

$$\mathfrak{B}(p) := \{B_{\frac{1}{n}}(p) \mid n = 1,2,3,\cdots\}$$

는 점 $p \in X$의 근본이웃체제이다. 가장 중요한 점은 $|(\mathfrak{B}(p)| = \aleph_0 = |\mathbb{N}| = |\mathbb{Z}| = |\mathbb{Q}|$ 인 것이다. 즉 모든 거리공간은 임의의 점 $p \in X$에 대하여 가산인 근본이웃체제를 갖는다. □

위상공간이 가산집합인 근본이웃체제를 갖는 것은 중요한 성질이다. 다음 정의가 있다.

정의 3.3.2 [제1가산공간(first countable space)] 위상공간 $(X,\mathfrak{T})$가 **제1가산공간(first countable space)**이라는 것은 위상공간 X의 모든 점이 가산인 근본이웃체제를 갖는 것을 말한다. 대표적인 제1가산공간은 거리공간이다.

정의에 따라 X가 유한집합이면 X 에서의 모든 위상이 제1가산위상이다. 이웃의 개념은 거리공간이 아닌 일반적인 위상공간에서도 그대로 적용된다. 따라서 일반적인 위상공간에서 연속함수를 다음과 같이 정의한다.

정의 3.3.3 [일반적인 위상공간에서 연속함수] 위상공간 $(X,\mathfrak{S})$, $(Y,\mathfrak{T})$가 있다.

1. $f : (X,\mathfrak{S}) \to (Y,\mathfrak{T})$가 점 $p \in X$에서 **연속**이라는 것은 점 $f(p) \in Y$의 임의의 이웃 V에 대하여 $f^{-1}(V) := \{x \in X \mid f(x) \in V\}$가 $p \in X$의 이웃이 되는 것이다.
2. $A \subset X$일 때 f가 **집합 A에서 연속**이라는 것은 f가 모든 $a \in A$에서 연속인 것을 말한다.

도움정리 3.3.1 거리공간 (X,d_X)에서 거리공간 (Y,d_Y)로 함수 f가 점 $p \in X$에서 연속일 필요충분조건은 임의의 양수 ε에 대하여 $f(B_\delta(p)) \subset B_\varepsilon(f(p))$가 성립하는 양수 δ가 존재하는 것이다:

증명. 필요성: $f : X \to Y$가 점 $p \in X$에서 연속이라 하자. 연속의 정의에 따라 $f(p) \in Y$의 임의의 이웃 V에 대하여 $f^{-1}(V)$가 $p \in X$의 이웃인 것이다. V가 $f(p)$이 이웃이므로, $B_\varepsilon(f(p)) \subset V$가 되는 양수 ε이 존재한다. 이 양수 ε에 대하여, 가정에 따라 $f(B_\delta(p)) \subset B_\varepsilon(f(p)) \subset V$ 가 성립하는 양수 δ가 존재한다. 따라서 $p \in B_\delta(p) \subset f^{-1}(B_\varepsilon(f(p))) \subset f^{-1}(V)$ 따라서 $f^{-1}(V)$가 p의 이웃인 것이 증명되었다.

충분성: 임의의 양수 ε이 주어지면, 점 $f(p) \in Y$의 이웃으로 $B_\varepsilon(f(p))$를 잡자. 연속의 정의에 따라 $f^{-1}\Big(B_\varepsilon(f(p))\Big)$는 $p \in X$의 이웃이다. 따라서

$$p \in B_\delta(p) \subset f^{-1}\Big(B_\varepsilon\big(f(p)\big)\Big)$$

가 성립하는 양수 δ가 존재한다. 따라서

$$f\big(B_\delta(p)\big) \subset B_\varepsilon\big(f(p)\big) \qquad \blacksquare$$

정리 3.3.1 거리공간 (X,d_X)에서 거리공간 (Y,d_Y)로의 함수 $f:X\to Y$가 연속함수일 필요충분조건은 Y의 임의의 열린집합 V에 대하여 $f^{-1}(V)$가 X의 열린집합인 것이다.

증명. 필요성: $f:X\to Y$가 연속이라 하자. 임의의 점 $p\in X$에 대하여 f는 p에서 연속이다. Y의 임의의 열린집합 V에 대하여 $f^{-1}(V)=\emptyset$이면, 더 할 일이 없다. 이제 $f^{-1}(V)\neq\emptyset$이라 하자. 임의의 $p\in f^{-1}(V)$에 대하여 $f(p)\in V$이므로 $B_\varepsilon\big(f(p)\big)\subset V$ 가 성립하는 양수 ε이 존재한다. 이 양수ε에 대하여 연속의 정의에 따라 $f\big(B_{\delta_p}(p)\big)\subset B_\varepsilon\big(f(p)\big)$ 가 성립하는 양수 δ_p가 존재한다. 이것을 다른 말로 표현하면, 임의의 $p\in f^{-1}(V)$에 대하여 $p\in B_{\delta_p}(p)\subset f^{-1}\Big(B_\varepsilon\big(f(p)\big)\Big)\subset f^{-1}(V)$ 가 성립하는 양수 δ_p가 존재하는 것이다. 따라서

$$f^{-1}(V)=\bigcup_{p\in f^{-1}(V)}\{p\}\subset\bigcup_{p\in f^{-1}(V)}B_{\delta_p}(p)\subset f^{-1}(V)$$

따라서 $f^{-1}(V)=\bigcup_{p\in f^{-1}(V)}B_{\delta_p}(p)$ 가 되어 $f^{-1}(V)$는 열린공들의 합집합으로 표현된다. 그러므로 $f^{-1}(V)$는 X의 열린집합이다.

충분성: 임의의 점 $p\in X$가 주어졌다 하자. 임의의 양수 ε에 대하여 $B_\varepsilon\big(f(p)\big)$는 Y에서 $f(p)$를 포함하는 열린집합이다. 가정에 따라 $f^{-1}\Big(B_\varepsilon\big(f(p)\big)\Big)$는 X의 p를 포함하는 열린집합이다. 그런데 $\{B_r(p)\}_{r>0}$은 점 p의 근본이웃체제이므로, $B_\delta(p)\subset f^{-1}\Big(B_\varepsilon\big(f(p)\big)\Big)$ 가 성립하는 양수 δ가 존재한다. 그런데 이것은 $f\big(B_\delta(p)\big)\subset B_\varepsilon\big(f(p)\big)$을 의미하므로 f는 $p\in X$에서 연속이다. 그런데 $p\in X$는 X의 임의의 점으로 잡았기 때문에 $f:X\to Y$는 X에서 연속이다. $\blacksquare$

일반적인 위상공간에서 정의된 함수의 연속성에 대해서도 거리공간에서 정의된 연속함수의 경우아 같은 방법으로 다음을 증명할 수 있다.

정리 3.3.2 두 위상공간 $(X,\mathfrak{S})$, $(Y,\mathfrak{T})$가 있다. 함수 $f:X\to Y$가 연속함수이기 위한 필요충분조건은 Y의 임의의 열린집합 V에 대하여 $f^{-1}(V)$는 X의 열린집합이다.

증명. 이 조건을 다르게 표현하면 $f^{-1}(\mathfrak{T})\subset\mathfrak{S}$.

필요성: $f:X\to Y$가 연속함수라 하자. $f^{-1}(V)=\emptyset$인 경우에는 더 할 일이 없다. 때문에

$f^{-1}(V) \neq \emptyset$인 경우를 생각하자. 임의의 $p \in f^{-1}(V)$에 대하여 V는 $f(p)$의 이웃이다. 따라서 연속의 정의에 따라 $f^{-1}(V)$는 $p \in X$이 이웃이다. 이웃의 정의에 따라

$$p \in U_p \subset f^{-1}(V)$$

가 성립하는 p를 포함하는 X의 열린집합 $U_p \in \mathfrak{S}, \quad U_p \subset f^{-1}(V)$가 존재한다. 따라서

$$f^{-1}(V) = \bigcup_{p \in f^{-1}(V)} \{p\} \subset \bigcup_{p \in f^{-1}(V)} U_p \subset f^{-1}(V)$$

따라서 $f^{-1}(V) = \bigcup_{p \in f^{-1}(V)} U_p, \quad U_p \in \mathfrak{S}$ 가 되어 $f^{-1}(V)$는 열린집합의 합집합이므로 열린집합이다. 충분성: X의 임의의 점 $p \in X$를 잡자. $f(p) \in Y$의 임의의 이웃 V에 대하여, $V_{f(p)} \subset V$가 성립하는 $f(p)$의 열린이웃 $V_{f(p)}$가 존재한다. 가정에 따라 $f^{-1}\left(V_{f(p)}\right)$는 $p \in X$를 포함하는 X의 열린집합이다. 따라서

$$f^{-1}(V) \supset f^{-1}\left(V_{f(p)}\right) \ni p$$

는 p의 이웃이다. 따라서 연속의 정의에 따라 $f : X \to Y$는 $p \in X$에서 연속이다. 그런데 이것이 임의의 $p \in X$에 대해서 성립하기 때문에 $f : X \to Y$는 X에서 연속이다. ■

정리 3.3.2에 있는 조건 $f^{-1}(\mathfrak{T}) \subset \mathfrak{S}$ 는 연속함수의 정의로 사용될 것이다.

정의 3.3.4 [거리공간에서 열의 수렴] 거리공간 (X,d)의 열 $\{x_n\}$이 점 $p \in X$로 수렴한다는 것은

- 임의의 양수 ε에 대하여
- $n \geq n_\varepsilon \implies d(x_n, p) < \varepsilon$ 을 만족시키는 자연수 n_ε이 있는 것이다:

정리 3.3.3 거리공간 (X, d_X)에서 거리공간 (Y, d_Y)로 가는 함수 $f : X \to Y$가 점 $p \in X$에서 연속일 필요충분조건은 $\{x_n\}$이 p로 수렴하는 X의 열이면, $\{f(x_n)\}$은 $f(p)$로 수렴하는 Y의 열인 것 이다.

증명. 필요성: f가 p에서 연속이라 하자. 임의의 양수 ε에 대하여, 다음 조건을 만족시키는 양수 δ_ε가 있다:

$$d_X(x, p) < \delta_\varepsilon \implies d_Y\left(f(x), f(p)\right) < \varepsilon$$

$\{x_n\}$을 p로 수렴하는 X의 임의의 열이라 하자. 열의 수렴의 정의에 따라

$$n \geq n_{\delta_\varepsilon} \implies d_X\left(x_n, p\right) < \delta_\varepsilon$$

따라서 $n \geq n_{\delta_\varepsilon} \implies f_Y\left(f(x_n), f(p)\right) < \varepsilon$. 이것은 $\{f(x_n)\}$이 $f(p)$로 수렴하는 것을 말한다.

충분성: 만일 f가 p에서 연속이 아니라 하자. 그러면 다음을 만족시키는 양수 ε_* 가 있다:

$$(\forall\delta>0)(\exists p_\delta\in X)(d_X(p_\delta,p)<\delta)\Big(d_Y\big(f(p_\delta),f(p)\big)\geq\varepsilon_*\Big)$$

이제 $\delta=\frac{1}{n}.n=1,2,3,\cdots$에 대해서 위 조건에 나타나는 p_δ를 p_n이라 두면,

$$(\forall n\in\mathbb{N},n\geq1)(\exists p_n\in X)\big(d_X(p_n,p)<\frac{1}{n}\big)\Big(d_Y\big(f(p_n),f(p)\big)\geq\varepsilon_*\Big)$$

그러나 이것은 $\{p_n\}$은 p로 수렴하는 열이지만, $\{f(p_n)\}$은 $f(p)$로 수렴하지 않는 것을 말하므로 모순이다. 따라서 f는 p에서 연속이어야 한다. ■

제 3.4 절 위상공간 $\mathbb{R}^n$

이 절에서는 $\mathbb{R}^n$에서의 위상을 살펴보자. $\mathbb{R}^n$은 모든 수학의 바탕이 되는 위상공간이고, 벡터공간이므로 잘 알아둘 필요가 있다. 또한 다른 이상공간이 갖지 못한 많은 좋은 성질을 갖고 있다.

실수집합 $\mathbb{R}$의 두 원소 x,y가 주어지면, x,y의 절대적인 위치를 판단할 수 있는 음이 아닌 실수 $|x-y|$ 를 대응시킬 수 있다. 여기서 $|\ |:\mathbb{R}\to[0,\infty)$는 다음과 같은 함수이다.

$$|x|:=\begin{cases}x, & x\geq0\\ -x, & x<0\end{cases}$$

이 함수 $|\ |:\mathbb{R}\to[0,\infty)$를 보통 절대값함수라 부른다. 절대값함수는 정의로부터 직접 얻어지는 다음 성질이 있다.

1. $|x|\geq0,\ \forall x\in\mathbb{R}$ 이고 $|x|=0\iff x=0.$
2. $|x-y|=|y-x|,\ \forall x,y\in\mathbb{R}.$
3. $|x-y|\leq|x-z|+|z-x|,\ \forall x,y,z\in\mathbb{R}.$

보기 3.4.1 실수집합 $\mathbb{R}$에서 다음 조건을 만족시키는 실수를 모두 구하여라.

1. $|x-3|<x$
2. $|x^2-4x|>x^2$
3. $|2x-x^3|\leq x^2$
4. $|x-|2x-5|\ |<5$

<풀이>

1. $x-3\geq0$인 경우에는 조건 $|x-3|<x\iff x-3<x$은 당연히 성립한다. 다음으로 $x-3<0$ 인 경우에는 조건 $|x-3|<x\iff -x+3<x\iff x>\frac{3}{2}$. 따라서

$$|x-3| < x \iff \{x \mid \frac{3}{2} < x < 3\} \cup \{x \mid x \geq 3\} = \{x \mid x > \frac{3}{2}\}$$

2. $x^2-4x = x(x-4)$ 이므로 $x^2-4x \geq 0 \iff x \leq 0$ 또는 $x \geq 4$. $x \leq 0$ 또는 $x \geq 4$인 경우에는 주어진 조건은

$$|x^2-4x| > x^2 \iff x^2-4x > x^2 \iff x < 0$$

따라서 이 경우는 $\{x \mid x < 0\}$를 얻는다.
다음으로 $x^2-4x<0$인 경우는 $0<x<4$와 동등하므로 주어진 조건은

$$|x^2-4x| > x^2 \iff -x^2+4x > x^2 \iff 2x^2-4x < 0 \iff 0 < x < 2$$

이 경우는 $\{x \mid 0 < x < 2\}$을 얻는다. 그러므로

$$|x^2-4x| > x^2 \iff \{x \mid x < 0\} \cup \{x \mid 0 < x < 2\}$$

3. $2x-x^3 = x(2-x^2) \geq 0$는 $x \leq -\sqrt{2}$ 또는 $0 \leq x \leq \sqrt{2}$와 동등하다. 경우에는

$$\begin{aligned} |2x-x^3| \leq x^2 &\iff 2x-x^3 \leq x^2 \\ &\iff x^3+x^2-2x \geq 0 \\ &\iff x(x^2+x-2) \geq 0 \\ &\iff -2 \leq x \leq 0 \text{ 또는 } x \geq 1 \end{aligned}$$

그러므로 이 경우에는 $\{x \mid -2 \leq x \leq -\sqrt{2}\} \cup \{x \mid 1 \leq x \leq \sqrt{2}\}$를 얻는다.
다음으로 $2x-x^3<0$인 경우는 $-\sqrt{2}<x<0$ 또는 $\sqrt{2}<x$와 동등하다. 이 경우는

$$\begin{aligned} |2x-x^3| \leq x^2 &\iff -2x+x^3 \leq x^2 \\ &\iff x^3-x^2-2x \leq 0 \\ &\iff x(x^2-x-2) \leq 0 \\ &\iff x \leq -1 \text{ 또는 } 0 \leq x \leq 2 \end{aligned}$$

따라서 이 경우는 $\{x \mid -\sqrt{2} < x \leq -1\} \cup \{x \mid \sqrt{2} < x \leq 2\}$를 얻는다. 정리하면

$$\begin{aligned} |2x-x^3| \leq x^2 &\iff \{x \mid -2 \leq x \leq -\sqrt{2}\} \cup \{x \mid 1 \leq x \leq \sqrt{2}\} \\ &\qquad \cup \{x \mid -\sqrt{2} < x \leq -1\} \cup \{x \mid \sqrt{2} < x \leq 2\} \\ &= \{x \mid -2 \leq x \leq -1\} \cup \{x \mid 1 \leq x \leq 2\} \end{aligned}$$

4. $2x-5 \geq 0 \iff x \geq \frac{5}{2}$인 경우.

$$\begin{aligned} |x-|2x-5|\,|<5 &\iff |x-2x+5|<5 \\ &\iff -5<-x+5<5 \\ &\iff 0<x<10 \end{aligned}$$

그러므로 이 경우에는 $\{x \mid \frac{5}{2} \le x < 10\}$을 얻는다.
다음으로 $2x-5<0 \iff x<\frac{5}{2}$인 경우에는

$$\begin{aligned} |x-|2x-5|\,|<5 &\iff |x+2x-5|<5 \\ &\iff -5<3x-5<5 \\ &\iff 0<x<\frac{10}{3} \end{aligned}$$

그러므로 이 경우에는 $\{x \mid 0<x<\frac{5}{2}\}$를 얻는다. 정리하면

$$\big|x-|2x-5|\,\big|<5 \iff \{x \mid 0<x<\frac{5}{2}\} \cup \{x \mid \frac{5}{2} \le x < 10\} = \{x \mid 0<x<10\}$$ □

정의 3.4.1 [열(sequence)] 자연수 집합 $\mathbb{N}$에서 집합 X로 가는 함수 $a : \mathbb{N} \to X$ 를 **열(sequence)**이라 한다. 열 a의 점 n에서의 값을 $a(n)$ 대신에 a_n 으로 나타내는 것이 보통이다. 이것에 따라 열 $a : \mathbb{N} \to X$ 를 간단히 $\{a_n\}$으로 표시한다. 특히 X가 실수집합 $\mathbb{R}$이거나 복소수집합 $\mathbb{C}$인 경우는 **수열**이라 한다.

정의 3.4.2 [**열의 수렴**] 거리공간 (X,d)의 열 $\{p_n\}$이 $p \in X$로 수렴한다는 것은

- 어떠한 양수 ε이 주어지더라도, 이에 따른 자연수 n_ε이 있어서,
- $n \ge n_\varepsilon$ 이면 $d(p_n, p) < \varepsilon$.

정의에서 짐작할 수 있듯이 어떤 열이 수렴한다는 것을 증명하는 것은 어려운 일이다. a,b가 실수인 경우에는 $|a-b|$는 의미가 분명하다. 그런데 a,b가 복소수라면 보통

$$a = x_1 + iy_1, \quad b = x_2 + iy_2, \quad x_1, x_2, y_1, y_2 \in \mathbb{R}$$

로 표현되므로 $|a-b|$의 의미를 설명해야 한다. 이것은

$$|a-b| := \sqrt{(x_1-x_2)^2 + (y_1-y_2)^2}$$

라 정했다. 보는 것처럼 실수인 경우와 복소수인 경우가 $|a-b|$의 표현이 다르다. 그렇지만 실수이건 복소수이건 구별하지 않고, 절대값 기호를 쓴다. 복소수인 경우는

$$|x_1+iy_1, x_2+iy_2| = \sqrt{(x_1-x_2)^2+(y_1-y_2)^2}$$

로 이해한다.

정의 3.4.3 [열의 수렴] X가 실수, 또는 복소수 집합일 때 , X의 점 열 $\{p_n\}$이 X에서 수렴한다는 것은 다음 조건을 만족시키는 점 p가 있는 것이다:

- 어떠한 양수 ε이 주어지더라도, 이에 따른 자연수 n_ε이 있어서,
- $n \geq n_\varepsilon$ 이면 $|p_n - p| < \varepsilon$.

열 $\{a_n\}$이 수렴할 때 그 극한값을 $\lim_{n\to\infty} a_n$ 으로 나타낸다.

수열 $\{\frac{1}{n}\}$은 0으로 수렴한다고 알고 있다. 이것을 증명할 수 있는가? 다음은 수열 $\{\frac{1}{n}\}$이 0으로 수렴하는 것을 증명하는데 필요한 것이다. 우리가 받아들일 실수의 이 성질은 모든 곳에서 실수의 성질이 같다는 것을 말한다. 속담에 " 천리 길도 한 걸음부터" 라는 것이 있다. 이 것도 길의 성질이 모든 곳에서 같다는 것을 말하고 있다. 그러나 우리가 살고 있는 공간의 성질이 모든 곳에서 같다는 것을 알 수 있을까? 고무줄 위를 기어가는 벌레를 생각하자. 벌레가 고무줄의 중간에 도달하면 고무줄을 두배로 늘린다. 그러면 벌레가 갈 길은 다시 처음과 같아졌다. 다시 벌레가 남은 길의 중간에 도달하면 다시 고무줄을 두 배로 늘린다. 이 과정을 되풀이 하는 것을 생각하자. 벌레가 줄을 건널 수 있을까? 벌레의 경우는 벌레가 기어가는 동안 길의 성질이 바뀌는 경우이다. 다행스럽게 우리가 사는 공간은 시간에 따라 장소에 따라 그 성질이 바뀌는 것이 관찰되지 않는다. 이것을 바탕으로 실수가 다음 성질을 갖는다고 분명히 말해두자.

[아르키메데스 성질(Archimedian Property)] 임의의 두 양의 실수 a, b가 주어지면 $a < nb$ 가되는 자연수 n이 있다.

거리공간의 부분집합 A가유계라는 것은

$$A \subset B_M(p) := \{x \in X \mid d(x,p) < M\}$$

가 되는 점 $p \in X$와 양수 $M \in \mathbb{R}$이 존재하는 것이다. 여기서 $B_p(M)$을 "점 p를 중심으로하고 반지름의 길이가 M인 열린공"이라 한다. 그러나 집합이 유계인지 아닌지를 판단할 때, 공의 중심 p는 큰 역할을 하는 것은 아니다. 왜냐하면 $A \subset B_M(p)$가 성립하면 어떤한 점 $q \in X$를 잡더라도 삼각부등식을 생각하면

$$A \subset B_K(q), \quad K = M + d(p,q)$$

이기 때문이다. 그러나 $\mathbb{R}, \mathbb{C}, \mathbb{R}^n$ 등은 벡터공간이기 때문에 덧셈에 대한 항등원이란 특별한 점 0이 있다. 따라서 공의 중심으로 0을 선택하는 것이 설득력이 있다. 따라서 $\mathbb{R}$에서 $A \subset \mathbb{R}$이 유계가는 것은

$$d(x,0) = |x-0| = |x| \le M, \ \forall x \in A$$

가 되는 양수 $M \in \mathbb{R}$이 있다는 것으로 정의한다.

복소수공간 $\mathbb{C}$에서 $A \subset \mathbb{C}$이 유계라는 것은

$$d(z,0) = |z-0| = |z| \le M, \ \forall z \in A$$

가 되는 양수 $M \in \mathbb{R}$이 있다는 것으로 정의한다.

n-차원 공간 $\mathbb{R}^n$에서 $A \subset \mathbb{R}^n$이 유계가는 것은

$$d(x,0) = \|\mathbf{x}-0\| = \|\mathbf{x}\| := \sqrt{x_1^2 + x_2^2 + \cdots + x_n^2} \le M, \ \forall \mathbf{x} \in A$$

가 되는 양수 $M \in \mathbb{R}$이 있다는 것으로 정의한다.

정의 3.4.4 [위로 유계, 아래로 유계, 유계] 거리공간 X, 실수집합 $\mathbb{R}$을 생각하자.

1. 실수의 부분집합 A가 **위로 유계(bounded from above)** 하는 것은

$$x \in A \implies x \le M$$

이 성립하는 실수 $M \in \mathbb{R}$ 이 있는 것이다.

2. 실수의 부분집합 A가 **아래로 유계(bounded from below)** 하는 것은

$$x \in A \implies m \le x$$

이 성립하는 실수 $m \in \mathbb{R}$ 이 있는 것이다.

3. 거리공간 (X,d)의 부분집합 $B \subset X$ 가 **유계(bounded)** 라는 것은

$$B \subset B_r(x)$$

이 성립하는 공 $B_r(x)$가 있는 것이다. 따라서 실수 또는 복소수의 부분집합 D라 유계라는 것은

$$x \in D \implies |x| \le M$$

이 성립하는 양수 $M \in \mathbb{R}$ 이 있는 것이다.

정의 3.4.5 [최소상계(상한,least upper bound), 최대하계(하한, greatest lower bound)]
실수 집합의 부분집합 $A \neq \emptyset$에 대해 다음 조건

1. **상한(supremum),최소상계(least upper bound)** :
   - 어떠한 수 $x \in A$이 주어지더라도 $x \leq L$이다.(즉 L은 A의 **상계**이다.)
   - L'가 A의 상계라면 $L \leq L'$이다.

   를 만족시키는 수 L을 A의 **상한**이라 하고, $L = \sup A$로 나타낸다.
2. **하한(infimum), 최대하계(greatest lower boud)** : 실수집합의 부분집합 A에 대해 다음 조건
   - 어떠한 수 $x \in A$이 주어지더라도 $l \leq x$이다.(즉 l은 A의 **하계**이다.)
   - l'가 A의 하계라면 $l' \leq l$이다.

   를 만족시키는 수 l을 A의 **하한**이라 하고, $l = \inf A$로 나타낸다.

그러면 위로 유계인 실수의 부분집합 $A \neq \emptyset$은 언제나 상한을 갖는가? 다음 보기를 생각해 보자.

보기 3.4.2 유리수 집합 $\mathbb{Q}$의 부분집합 $A = \{q \in \mathbb{Q} \mid q^2 < 2\}$를 생각하자. A는 위로 유계인 유리수의 부분집합이지만 유리수 집합 $\mathbb{Q}$에서는 상한을 갖을 수 없는 것을 보여라.

<**풀이**> $0 \in A$이므로 $A \neq \emptyset$이다. $a \in A$이면 $a \leq 3$이므로 3은 A의 상계이다. 따라서 A는 위로 유계인 유리수의 부분집합이다.
A가 유리수 집합에서 상한을 갖는다 가정하자. $\ell \in \mathbb{Q}$를 A의 상한이라 하면 우선 $\ell > 1$이다. 또한 $\ell^2 \leq 2$ 가 되어야 한다. 만일 $\ell^2 > 2$라 하자.

$$\begin{aligned}(\ell - \varepsilon)^2 &= \ell^2 - 2\varepsilon\ell + \varepsilon^2 \\ &= 2 + (\ell^2 - 2) - 2\varepsilon\ell + \varepsilon^2 \\ &= 2 + \varepsilon^2 + \left(\ell^2 - 2 - 2\varepsilon\ell\right)\end{aligned}$$

따라서 $\ell^2 - 2 - 2\varepsilon\ell = 0$ 가 되도록 $\varepsilon = \frac{\ell^2-2}{2\ell}$ 으로 잡으면 $\varepsilon > 0$인 유리수이고

$$\ell - \varepsilon = \frac{\ell^2+2}{2\ell} > 0, \quad (\ell - \varepsilon)^2 = 2 + \varepsilon^2 > 2.$$

따라서 $\ell - \varepsilon$은 A의 상계이다. 그러나 ℓ이 A의 최소상계인 것에 주의하면 $\ell \leq \ell - \varepsilon$ 이 되어 모순이다. 그러므로 $\ell^2 \leq 2$.

같은 방법으로 $\ell^2 \geq 2$인 것을 보일 수 있다. 이것으로 ℓ이 A의 상계하면 $\ell^2 = 2$ 를 얻는다. 즉 A가 유리수 집합에서 상한 $\ell \in \mathbb{Q}$를 갖는다면 $\ell^2 = 2$가 되어야 한다.

그러나 유리수 중에서 $x^2 = 2$가 되는 유리수는 없는 것을 알고 있다. 따라서 A는 유리수 집합에서는 상한을 갖지 않는다. □

위 **보기 3.4.2** 는 "유리수 집합은 부분집합들의 상한을 포함 할 만큼 완비(complete)되어있지 않다"는 것을 말한다. 또 임의의 두 실수 $a, b \in \mathbb{R}$에 대하여 다음 셋 중 딱 하나만 성립하는 것도 말하지 않고 사용했다.

$$a < b, \quad a = b, \quad a > b$$

어떻게 하면 유계인 부분집합이 상한과 하한을 갖게 할 수 있을까? 이것을 해결하기 위해서 새로운 수 체계가 필요한데, 이를 위해 만든 수 체계가 실수이다. 실수는 다음 성질을 갖는다고 정하자. 즉 "실수집합은 완비되어있게" 만들었다.

[실수의 최소상계 성질(least upper bound property)] 공집합이 아닌 위로 유계인 실수의 부분집합은 실수 집합에서 상한을 갖는다.

정의 3.4.6 실수열 $\{a_n\}$을 생각하자.

1. 어떠한 실수 M에 대해서도 자연수 n_M이 존재해서

$$n \geq n_M \quad \text{이면} \quad a_n \geq M$$

이 성립하면 $\lim_{n\to\infty} a_n = \infty$ 라 표시한다.

2. 어떠한 실수 M에 대해서도 자연수 n_M이 존재해서

$$n \geq n_M \quad \text{이면} \quad a_n \leq M$$

이 성립하면 $\lim_{n\to\infty} a_n = -\infty$ 라 표시한다.

도움정리 3.4.1 세 수열 $\{a_n\}$, $\{b_n\}$, $\{c_n\}$을 생각하자. 만일 다음 조건을 만족하는

$$a_n \leq b_n \leq c_n, \quad n \geq M$$

자연수 M이 존재하고, $\lim_{n\to\infty} a_n = \lim_{n\to\infty} c_n = L$ 이면 $\lim_{n\to\infty} b_n = L$ 이다. 이것은 $L = \infty, -\infty$인 경우도 성립한다.

증명. 여기에서는 부등식 $a_n \le b_n \le c_n$ 이 모든 자연수 n에 대해서 성립할 필요는 없고, 유한개를 제외한 $n \ge M$인 자연수 n에 대해서만 성립해도 바라던 것을 증명할 수 있다는 점이다. 때문에 표현은 좀 복잡해지지만 특별히 신경 쓸 일은 아니다.

1. $L = \infty$인 경우:
   $\lim_{n\to\infty} a_n = \infty$이므로 어떠한 실수 K에 대해서도 자연수 n_K이 있어 $n \ge n_K$이면 $K \le a_n$ 따라서 자연수 $n_K^* = \max\{n_K, M\}$를 생각하면, $n \ge n_K^*$이 성립하면 언제나 $K \le a_n \le b_n$. 그러므로 $\lim_{n\to\infty} b_n = \infty$.
2. $L = -\infty$인 경우: $L = \infty$인 경우와 같은 방법으로 증명된다.
3. $L \in \mathbb{R}$인 경우:
   양수 ε이 주어졌다 하자. 가정에서 $\lim_{n\to\infty} a_n = L$이므로 이 양수 ε에 대해서 자연수 $n_{1\varepsilon}$이 존재해서 $n \ge n_{1\varepsilon}$이면
   $$|a_n - L| < \varepsilon.$$
   다시 이 양수 ε에 대해서 $\lim_{n\to\infty} c_n = L$이므로, 자연수 $n_{2\varepsilon}$이 존재해서 $n \ge n_{2\varepsilon}$이면
   $$|c_n - L| < \varepsilon.$$
   이제 자연수 $n_\varepsilon = \max\{n_{1\varepsilon}, n_{2\varepsilon}, M\}$을 생각하자. 그러면 $n \ge n_\varepsilon$이면 $n \ge n_{1\varepsilon}$, $n \ge n_{2\varepsilon}$, $n \ge M$ 이므로
   $$L - \varepsilon < a_n \le b_n \le c_n < L + \varepsilon.$$
   따라서 $n \ge n_\varepsilon$이면
   $$|b_n - L| < \varepsilon.$$
   그러므로 $\lim_{n\to\infty} b_n = L$. ■

보기 3.4.3 다음을 보여라.

1. $\frac{1}{n} \to 0$
2. $|z| < 1$이면 $z^n \to 0$

<풀이>

1. 이것은 실수의 아르키메데스 성질이다. 이것을 두 양수 $1, \varepsilon$에 적용하면
   $$1 < \varepsilon n_1$$
   이 되는 자연수 n_1가 있다. 즉 $\frac{1}{n_1} < \varepsilon$ 이 되는 자연수 n_1가 있다. 따라서 $n \ge n_1$이면
   $$|\frac{1}{n} - 0| = \frac{1}{n} \le \frac{1}{n_1} < \varepsilon$$

2. $z=0$인 경우는 당연하다. $z \neq 0$인 경우만 생각하자. $|z|<1$이므로 $|z|>|z^2|>|z^3|>\cdots$이다. 따라서 $A=\{|z|,|z^2|,|z^3|,\cdots\}$ 은 유계이다. $\ell = \inf A$라 하자. 당연히 $\ell \geq 0$이다. 우리는 $\ell=0$인 것을 보이려 한다. 이를 위해서 만일 $\ell>0$라 가정하자. $|z|<1$인 것에 주의하면, $\frac{1}{|z|}\ell > \ell$ 이므로 $\frac{1}{|z|}\ell$은 A의 하한이 아니다. 따라서 $|z^{n_0}| < \frac{1}{|z|}\ell$이 되는 n_0가 있다. 따라서 $|z^{n_0}||z| = |z^{n_0+1}| < \ell$. 이것으로부터 $n \geq n_0$ 이면 $|z^n| < \ell$. 이것은 ℓ이 A의 하한인 것에 모순이다. 그러므로 $\ell=0$가 되어야 한다. 이제 $z^n \to 0$인 것을 보이자. 양수 ε을 어떻게 잡더라도 $\ell+\varepsilon > \ell$이므로 $\ell+\varepsilon$을 A의 하한이 아니다. 따라서 $|z^{n_1}| < \ell+\varepsilon$ 이 되는 자연수 n_1이 있다. 따라서 $n \geq n_1$ 이면 $|z^n - 0| = |z^n| \leq |z^{n_1}| < \ell+\varepsilon = 0+\varepsilon = \varepsilon$. □

보기 3.4.4 다음을 보여라.

1. $a>0$이면 $\sqrt[n]{a} \to 1$.
2. $\sqrt[n]{n} \to 1$.

<풀이>

1. $a=1$인 경우는 당연하다. 먼저 $a>1$인 경우를 생각하자. $\sqrt[n]{a}>1$이므로

$$\sqrt[n]{a} = 1+h_n,\ h_n > 0$$

이다. 따라서 $h_n \to 0$인 것을 보이면 된다. 그런데

$$\begin{aligned} a &= (1+h_n)^n \\ &= 1+nh_n+\sum_{r=2}^{n}\binom{n}{r}h_n^r \\ &> nh_n. \end{aligned}$$

따라서 $0 \leq h_n < \frac{a}{n}$. 이 식으로부터 $h_n \to 0$인 것을 알 수 있다. 이제 $0<a<1$인 경우를 생각하자. 이 경우는 $\frac{1}{a}>1$이므로 앞에서 밝힌 바에 따라

$$\sqrt[n]{\frac{1}{a}} \to 1.$$

그런데 $\sqrt[n]{\frac{1}{a}} = \frac{1}{\sqrt[n]{a}}$ 이므로 이 경우에도 $\sqrt[n]{a} \to 1$인 것이 증명되었다.

2. $n>1$이면 $\sqrt[n]{n}>1$이므로 $\sqrt[n]{n}=1+k_n,\ k_n>0$이 되는 수 k_n들이 있다. 이것으로부터

$$\begin{aligned} n &= (1+k_n)^n \\ &= 1+nk_n+\frac{n(n-1)}{2}k_n^2+\sum_{r=3}^{n}\binom{n}{r}k_n^r \\ &> \frac{n(n-1)}{2}k_n^2. \end{aligned}$$

따라서 $0 \leq k_n^2 < \frac{2}{n-1}$, $n \geq 2$ 그러므로

$$0 \leq k_n < \sqrt{\frac{2}{n-1}}, \quad n \geq 2.$$

이 식으로부터 $k_n \to 0$이 되는 것을 알 수 있다. □

정리 3.4.1 [유리수의 조밀성] 임의의 두 실수 사이에 유리수가 존재한다. 즉 $a, b \in \mathbb{R}$, $a < b$일 때 $a < q < b$ 를 만족시키는 유리수 $q \in \mathbb{Q}$가 존재한다.

증명. $0 < a$인 경우만 증명하면 충분하다.

- $a < b$이면 $0 < b - a$. 그런데 $\lim_{n\to\infty} \frac{1}{n} = 0$이므로 $\frac{1}{m} < b - a$ 가 되는 자연수 m이 있다.
- 두 양수 $a, \frac{1}{m}$을 생각하자. 실수의 아르키메데스 성질에 따라 $a < k \cdot \frac{1}{m}$ 가 되는 자연수 k가 있다. 위 조건을 만족시키는 자연수 k들 중에서 자장 작은 자연수를 n이라 하자. 즉

$$n = \min\{k \in \mathbb{N} \mid a < k \cdot \frac{1}{m}\}.$$

- 그러면 $a < \frac{n}{m} < b$이다. $a < \frac{n}{m}$은 n의 선택에 따라 당연하다. $\frac{n}{m} < b$를 증명하기 위하여 $\frac{n}{m} \geq b$ 라 가정하다. 이때는 $\frac{n}{m} - b \geq 0$에 주의하면 그려면

$$\begin{aligned} \frac{n-1}{m} &= \frac{n}{m} - \frac{1}{m} \\ &> \frac{n}{m} - (b-a) \\ &= (\frac{n}{m} - b) + a \\ &\geq a \end{aligned}$$

그러나 이것은 n이 $a < k \cdot \frac{1}{m}$이 되는 가장 작은 자연수인 것에 모순이다. 따라서

$$\frac{n}{m} < b.$$

이것으로 두 수 a, b 사이에 유리수 $q = \frac{n}{m}$가 존재하는 것이 증명되었다. ■

수열이 수렴하는 것을 증명할 때, 그 극한값을 예측하는 것은 어려운 일이다. 따라서 극한값을 모르는 상태에서 수렴을 증명할 수 있는 방법이 있다면 좋은 일이다. 다음 정리는 극한값을 모르는 상태에서 수렴성을 보장하는 것이다. 즉 유계인 증가(감소)수열은 함수값들의 상한(하한)으로 수렴한다.

정리 3.4.2 유계인 증가(감소)하는 실수 열은 수렴한다.

증명. 유계이며 증가하는 실수 열인 경우만 증명하기로 하자. $\{a_n\}$이 유계이며 증가하는 실수 열이라 하자. $\{a_n\}$이 유계라는 말은 집합 $\{a_n \mid n = 1, 2, \cdots\}$가 유계인 실수의 부분집합이란 말이다. 따라서

$$L = \sup\{a_1, a_2, \cdots, a_n, \cdots\}$$

이 존재한다. 이제 $a_n \to L$인 것을 증명하자. 우선 (a_n)은 유계인 실수 열이므로 $L \in \mathbb{R}$. 양수 ε을 어떻게 잡더라도 $L - \varepsilon < L$이므로 $L - \varepsilon$은 집합 $\{a_n \mid n = 1, 2, 3, \cdots\}$의 상한이 아니다. 따라서

$$L - \varepsilon < a_{n_0}$$

가 되는 자연수 n_0가 있다. 그러면 (a_n)은 증가 열이므로

$$L - \varepsilon < a_n, \quad \text{모든 } n \geq n_0.$$

여기에 L의 정으로부터 모든 n에 대해서 $a_n \leq L$. 따라서 $n \geq n_0$일 때

$$|a_n - L| = L - a_n < \varepsilon.$$

이것으로 $a_n \to L = \sup\{a_k \mid k = 1, 2, 3, \cdots\}$인 것이 증명되었다. 유계인 감소수열인 경우에도 같은 방법으로 증명할 수 있다. ■

변화율의 크기가 현재의 양과 같은 경우를 생각해보자. 이것을 식으로 표현하면

$$y'(t) = y(t)$$

위 조건을 만족하는 함수 $y = y(t)$를 시각 t에 따라 수직선을 움직이는 점의 위치를 나타내는 것으로 이해할 수 있다. 그러면 시간 $t = 0$일 때 수직선의 위의 점 1을 출발해서 속도가 $y'(t) = y(t)$를 만족시키면서 움직이는 점의 1초 후의 위치 $y(1)$을 구하는 문제를 생각해보자. 문제는 속도가 시간에 따라 변하기 때문에 계산에 유한번에 끝나지 않는다는 것이다. 예를 들어 속도가 변하지 한고 v일 때 시간 T초간 움직인 거리는 당연히

$$\text{속도} \times \text{움직인 시간} = vT$$

그러나 속도가 시간에 따라 변하는 경우에는 이 간단한 공식을 쓸 수 없다. 따라서 속도의 변화가 거의 없도록 주어진 시간 구간 $[0, 1]$ (왜냐하면 출발 후 일초 후의 위치를 계산하기 때문에)을 아주 큰 자연수 n을 잡아 시간 구간 $[0, 1]$을 n등분하면 , 각각의 시간 구간에서는 속도 변화가 거의 없기 때문에 속도 $\times$ 움직인 시간 공식을 적용하는 것이다. 그러면 다음 열을 얻는다:

$$
\begin{aligned}
y(0) &= 1\\
y(\frac{1}{n}) &\approx y(0)+y'(0)\cdot\frac{1}{n} = y(0)+y(0)\frac{1}{n} = 1+\frac{1}{n}\\
Y(\frac{2}{n}) &\approx y(\frac{1}{n})+y'(\frac{1}{n})\cdot\frac{1}{n} = y(\frac{1}{n})+y(\frac{1}{n})\frac{1}{n} = y(\frac{1}{n})(1+\frac{1}{n}) = (1+\frac{1}{n})^2\\
&\vdots\ \vdots\ \vdots\\
y(\frac{k}{n}) &\approx y(\frac{k-1}{n})+y'(\frac{k-1}{n})\cdot\frac{1}{n} = y(\frac{k-1}{n})+y(\frac{k-1}{n})\frac{1}{n} = y(\frac{k-1}{n})(1+\frac{1}{n}) = (1+\frac{1}{n})^k\\
&\vdots\ \vdots\ \vdots\\
y(1) &\approx y(\frac{n-1}{n})+y'(\frac{n-1}{n})\cdot\frac{1}{n} = y(\frac{n-1}{n})(1+\frac{1}{n}) = (1+\frac{1}{n})^n
\end{aligned}
$$

이런 방식으로 계산하는 것은 아주 설득력이 있다. 문제는

$n \to \infty$ 일 때

$$(1+\frac{1}{n})^n$$

은 일정한 값으로 수렴하는가? 만일 그렇다면 $y(1) = \lim_{n\to\infty}\left(1+\frac{1}{n}\right)^n$으로 정의하는 것이 설득력이 있다.

> **도움정리 3.4.2** 열 $\{(1+\frac{1}{n})^n\}$은 수렴한다.

증명. 표현하기 쉽게 $a_n = (1+\frac{1}{n})^n$이라 두자. 다음을 확인하면 충분하다.

- $1 \le a_n < 3$, 즉 $\{a_n\}$은 유계인 수열이다.
- $a_n < a_{n+1}$, $n = 1,2,3,\cdots$, 즉 $\{a_n\}$은 증가하는 수열이다.

$\{a_n\}$은 유계인 열인 것을 보이자. 이항전개를 생각하면 $n \ge 2$이면

$$
\begin{aligned}
(1+\frac{1}{n})^n &= \sum_{r=0}^{n}\binom{n}{r}(\frac{1}{n})^r\\
&= 1+1+\sum_{r=2}^{n}\binom{n}{r}(\frac{1}{n})^r\\
&= 2+\sum_{r=2}^{n}\frac{n(n-1)(n-2)\cdots(n-r+1)}{r!}(\frac{1}{n})^r\\
&= 2+\sum_{r=2}^{n}(1-\frac{1}{n})(1-\frac{2}{n})\cdots(1-\frac{r-1}{n})\frac{1}{r!}\\
&< 2+\sum_{r=2}^{n}\frac{1}{r!}.
\end{aligned}
$$

여기서 $r \ge 2$일 때

$$r! = 1\cdot 2\cdot 3\cdots r > \overbrace{2\cdot 2\cdot\cdots\cdot 2}^{r-1} = 2^{r-1}$$

인 것에 주의하면

$$(1+\frac{1}{n})^n < 2+\sum_{r=2}^{n}\frac{1}{2^{r-1}} = 2+1) < 3.$$

따라서 $\{a_n\}$은 유계인 열이다. $\{a_n\}$이 증가 열인 것을 보이자.

$$a_n = 2+\sum_{r=2}^{n}(1-\frac{1}{n})(1-\frac{2}{n})\cdots(1-\frac{r-1}{n})\frac{1}{r!}$$
$$a_{n+1} = 2+\sum_{r=2}^{n+1}(1-\frac{1}{n+1})(1-\frac{2}{n+1})\cdots(1-\frac{r-1}{n+1})\frac{1}{r!}$$

이므로 각각의 $r=2,3,\cdots,n$에 대해서

$$(1-\frac{1}{n})(1-\frac{2}{n})\cdots(1-\frac{r-1}{n}) < (1-\frac{1}{n+1})(1-\frac{2}{n+1})\cdots(1-\frac{r-1}{n+1}).$$

따라서 $a_n < a_{n+1}$. 이렇게 해서 $\{(1+\frac{1}{n})^n\}$은 유계인 증가 열인 것이 밝혀졌다. 따라서 수렴한다. 이 열의 극한값을 e로 표시한다. 즉 $\lim_{n\to\infty}(1+\frac{1}{n})^n = e$. ■

앞에서 말한 $y'(t) = y(t)$, $y(0) = 1$ 을 만족하는 함수를 등으로 표현한다.

제 3.5 절 수렴하는 열의 성질

이 절에서는 수렴하는 열의 특징을 알아본다. 일상 생활에서 어떤 사람의 특징은 그 사람 자체와는 다르다. 때문에 어떤 사물의 특징은 그 사물인 것을 증명하는데 쓰이는 것보다 그 사물이 아닌 것을 확인하는데 더 유용하다.

정리 3.5.1 [극한값의 유일성] 거리공간 (X,d)의 열 $\{x_n\}$이 수렴한다면 그 극한값은 딱 하나이다.

증명. 실수 또는 복소수 집합도 거리공간이므로 극한값은 유일성은 실수 또는 복소수 집합에서도 성립한다.

- $p,q\in X$, $p\neq q$, 가 모두 열 $\{x_n\}$의 극한값이라 가정하자. 양수 $\varepsilon = \frac{1}{3}d(p,q)$를 생각하자.
- p가 $\{x_n\}$의 극한값이므로 이 양수 ε에 대해서 자연수 n_p가 있어서 $n\geq n_p$이면 $d(x_n,p)<\varepsilon$. 그런데 q도 $\{x_n\}$의 극한값이므로 이 양수 ε에 대해서 자연수 n_q가 있어서 $n\geq n_q$이면 $d(x_n,q)<\varepsilon$.

- 이제 $n_\varepsilon = \max\{n_p, n_q\}$로 잡자. 그러면 $n \geq n_\varepsilon$이면 $n \geq n_p$, $n \geq n_q$가 된다.
  거리함수의 삼각부등식을 생각하면

$$d(p,q) \leq d(p,x_n) + d(x_n,q) < \varepsilon + \varepsilon = 2\varepsilon = 2 \cdot \frac{1}{3} d(p,q) = \frac{2}{3} d(p,q).$$

  이것은 $p \neq q$이므로 $d(p,q) > 0$이 되어 불가능하다. ■

정리 3.5.2 거리공간 (X,d) 에서 수렴하는 열 $\{x_n\}$는 유계이다.

증명. 실수 또는 복소수 집합도 거리공간이므로, 수렴하는 열이 모두 유계인 열이라는 것은 실수 또는 복소수 집합에서도 성립한다.

- $A \subset X$가 유계라는 것은

$$A \subset \{x \in X \mid d(x,p) < M\} = B_M(p)$$

  이 되는 점 $p \in X$와 양수 $M \in \mathbb{R}$이 있는 것을 말한다.
- 여기서는 $\{a_n \mid n = 1, 2, \cdots\}$가 유계인 것을 보이면 된다. $\{x_n\}$이 X에서 $q \in X$로 수렴하는 열이라 하자. 그러면 양수 1에 대해서

$$n \geq n_1 \text{ 이면 } \qquad d(x_n,q) < 1$$

  이 성립하는 자연수 n_1이 있다.
- $M = \max\{d(x_1,p), d(x_2,p), \cdots, d(x_{n_1},p), 1\}$ 라 두자. 그러면 모든 $n = 1,2,3,\cdots$ 에 대해서 $d(x_n,q) \leq M$ 인 것을 알 수 있다. 즉 $\{x_n \mid n = 1,2,\cdots\} \subset B_M(q)$.
  따라서 $\{x_n\}$은 유계이다. ■

정의 3.5.1 [코쉬 열(Cauchy Sequence)] (X,d)의 열 $\{x_n\}$이 다음 조건을 만족시키면 이 열 $\{x_n\}$을 코쉬 열이라 한다:

- 양수 ε을 어떻게 잡더라도,
- 다음 조건을 만족시키는,이 양수 ε에 따른 자연수 n_ε이 존재한다:

$$n, m \geq n_\varepsilon \quad \text{이면} \quad d(x_n, x_m) < \varepsilon.$$

정리 3.5.3 (X,d)는 거리공간이다. X에서의 열 (x_n)이 수렴하면 (x_n)은 코쉬 열이다.

<**풀이**> $x_n \to p \in X$라 하자. 양수 ε이 주어지면 $\frac{\varepsilon}{2}$도 양수이므로, 이 양수 $\frac{\varepsilon}{2}$에 대해서 자연수 n_ε이 있어서 $k \ge n_\varepsilon$ 이면 $d(x_k, p) < \frac{\varepsilon}{2}$. 이 자연수 n_ε에 대해서 $m,n \ge n_\varepsilon$이면

$$d(x_m,x_n) \le d(x_m,p) + d(p,a_n) < \frac{\varepsilon}{2} + \frac{\varepsilon}{2} = \varepsilon. \qquad \square$$

위 **정리 3.5.3** 는 다음 보기처럼 더 친근하게 표현할 수 있다.

보기 3.5.1 복소수 열 (a_n)이 수렴하면 양수 ε을 어떻게 잡더라도 이에 따라 수 n_ε를 잘 잡아서

$$n,m \ge n_\varepsilon \text{ 이면 } |a_n - a_m| < \varepsilon$$

를 성립하게 할 수 있다.

<**풀이**> $a_n \to L \in \mathbb{C}$라 하자. 양수 ε이 주어지면 $\frac{\varepsilon}{2}$도 양수이므로 이 양수 $\frac{\varepsilon}{2}$에 대해서

$$k \ge n_\varepsilon \text{ 이면 } \quad |a_k - L| < \frac{\varepsilon}{2}$$

가 되는 자연수 n_ε이 있다. 이 자연수 n_ε에 대해서 $m,n \ge n_\varepsilon$이면

$$|a_m - a_n| = |a_m - L + L - a_m| \le |a_m - L| + |a_n - L| < \frac{\varepsilon}{2} + \frac{\varepsilon}{2} = \varepsilon. \qquad \square$$

수렴하는 열은 유계인 열인 것을 알고 있다. 또 수렴하는 열은 모두 코쉬열인 것도 알고 있다. 그러면 유계인 열은 모두 수렴하는가? 그렇지 않다. 수열

$$\{a_n\}, \quad a_n = (-1)^n$$

을 생각해보면

$$|a_n - a_m| = \begin{cases} 0, & m \equiv n \pmod 2 \\ 2, & m \equiv n+1 \pmod 2 \end{cases}$$

이므로 수열 $\{a_n\}$은 코쉬열이 될 수 없다. 따라서 수렴할 수도 없다.

코쉬 열은 모두 수렴하는가? 이것도 아니다. 수렴하지 않는 코쉬열의 보기를 위해서 실수의 부분집합 $X = (0,1) = \{r \in \mathbb{R} \mid 0 < r < 1\}$을 생각하자.

보기 3.5.2 실수의 부분집합 $X = (0,1) = \{r \in \mathbb{R} \mid 0 < r < 1\}$를 생각하자. X에서의 열 $\{\frac{1}{n}\}$을 생각하자.

1. $\{\frac{1}{n}\}$은 코쉬 열인 것을 보여라.
2. $\{\frac{1}{n}\}$은 X에서는 수렴하지 않은 것을 보여라.

<**풀이**>

1. $m,n \geq M$이면
$$|\frac{1}{n} - \frac{1}{m}| \leq \frac{1}{n} + \frac{1}{m} \leq \frac{2}{M}$$
에 주의하자. 양수 ε이 주어지면 자연수 n_ε를
$$2 < n_\varepsilon \cdot \varepsilon$$
이 되도록 잡자. 이것은 실수의 아르키메데스 성질로 가능하다. 그러면
$$\frac{1}{n_\varepsilon} \leq \frac{\varepsilon}{2}.$$
따라서 $m,n \geq n_\varepsilon$이면
$$|\frac{1}{n} - \frac{1}{m}| \leq \frac{1}{n} + \frac{1}{m} \leq \frac{2}{n_\varepsilon} \leq 2 \cdot \frac{\varepsilon}{2} = \varepsilon$$
따라서 $\{\frac{1}{n}\}$은 코쉬 열이다.
2. $\{\frac{1}{n}\}$은 X에서는 수렴하지 않는 것을 보이자.
물론 $\mathbb{R}$에서는 $\lim_{n\to\infty} \frac{1}{n} = 0$이다. 문제는 $0 \notin X$이다.

- 만일 $\{\frac{1}{n}\}$이 X에서 $p \in X$로 수렴한다 하자. $p \in X$이므로 $p > 0$이다. $\varepsilon = \frac{p}{3}$로 잡자. 가정에 따라 이 양수 ε에 대해서 자연수 n_0가 존재해서
$$|\frac{1}{n} - p| < \varepsilon, \qquad n \geq n_0. \tag{1}$$
- 그런데 두 양수 $1, \varepsilon$에 아르키메데스 성질을 적용하면
$$1 < n_1 \varepsilon \tag{2}$$
이 되는 자연수 n_1가 있다. 따라서 $n \geq n_1$이면 $0 < \frac{1}{n} \leq \frac{1}{n_1} < \varepsilon$.
- 이제 $n_2 = \max\{n_0, n_1\}$라 하자. 그러면 $n \geq n_2$일 때 두 식 (1), (2)가 동시에 성립해야 한다. 그러나 식 (2)가 성립한다면
$$|\frac{1}{n} - p| \geq |p| - |\frac{1}{n}| = p - \frac{1}{n} > p - \varepsilon = p - \frac{p}{3} = \frac{2p}{3} = 2\varepsilon.$$

즉 식 (1)이 성립할 수 없다. 그러므로 $\lim_{n\to\infty}\frac{1}{n}=p$가 되는 $p\in X$는 없다. 따라서 $\{\frac{1}{n}\}$은 X에서는 수렴하지 않는다. □

정리 3.5.4 (X,d)는 거리공간이다. X의 열 $\{x_n\}$이 코쉬 열이면 $\{x_n\}$은 유계인 열이다.

증명. $\{x_n\}$이 코쉬 열이면 양수 1에 대해서도 자연수 n_1이 존재해서

$$n,m\geq 1 \quad \text{이면} \quad d(x_n,x_m)<1.$$

점 $p=x_{n_1}\in X$를 생각하자. 자연수 n_1은

$$n\geq n_1 \quad \text{이면} \quad d(x_n,p)<1$$

이 되도록 잡았다. 나머지 $x_1,x_1,\ldots,x_{n_1-1}$에 대해서는

$$M=\max\{d(x_1,p),d(x_2,p),\cdots,d(x_{n_1-1},p)\}$$

를 생각하면, 모든 자연수 $n=1,2,3,\cdots$에 대해서 $d(x_n,p)\leq M+1$ 따라서

$$\{x_n\mid n=1,2,3,\cdots\}\subset B_{M+1}(p).$$

이것으로 $\{x_n\}$인 유계인 열인 것이 증명되었다. ■

실수집합, 복소수집합은 모두 거리공간이지만, 다른 거리공간과 다른 점은 $\mathbb{R},\mathbb{C}$는 벡터공간이고, 또 사칙연산이 있는 체이다. 때문에 실수 또는 복소집합의 열은 다른 거리공간에서 정의된 열이 갖지 못하는 특별한 성질이 있다. 이것은 덧셈과 곱셈에 관계된 것이다. 이런 점에서 실수 또는 복소수 열의 수렴성이 열의 덧셈, 뺄셈, 곱셈, 나눗셈에 의해 보존되는 지를 아는 것은 중요하다.

정리 3.5.5 수렴하는 $\{a_n\}$, $\{b_n\}$을 생각하자. $\lim_{n\to\infty}a_n=A$, $\lim_{n\to\infty}b_n=B$라 두면 다음이 성립한다.

1. $\lim_{n\to\infty}(a_n\pm b_n)=A\pm B$.
2. $\lim_{n\to\infty}a_nb_n=AB$.
3. $\lim_{n\to\infty}\frac{a_n}{b_n}=\frac{A}{B}$.

위 식은 A,B가 $\infty,-\infty$인 경우에도 성립한다. 이 경우

$$\infty+\infty=\infty, \qquad a-\infty=-\infty, a\in\mathbb{R},$$
$$-\infty-\infty=-\infty \qquad a\cdot\infty=\infty\cdot a=\infty, a>0,$$
$$\infty\cdot\infty=\infty,$$
$$\infty\cdot(-\infty)=(-\infty)\cdot\infty=-\infty, \qquad a\cdot\infty=\infty\cdot a=-\infty, a<0$$
$$a+\infty=\infty, a\in\mathbb{R}, \qquad a\cdot\infty=\infty\cdot a=(-a)\cdot(-\infty)$$

라 약속한다. 정의하지 않는 경우는

$$\infty-\infty, \quad -\infty+\infty, \quad 0\cdot\infty, \quad \frac{\infty}{\infty}, \quad \frac{0}{0}$$

꼴이다. 이 경우에는 다른 방법으로 극한값의 존재를 알아봐야 한다.

증명. 모든 경우가 쉽게 증명된다. 여기서는 2.) 만 증명하기로 한다.

- A, B가 택할 수 있는 값이 각각 $-\infty$, 실수, ∞이므로 모두 아홉 가지 경우를 생각해야 한다. 그러나 여기서는 가장 의미있는 A, B가 모두 실수인 경우만을 증명하기로 하자.
- 양수 ε이 주어졌다 하자.

$$\begin{aligned}|a_nb_n-AB| &= |(a_n-A)b_n+A(b_n-B)| \\ &\le |(a_n-A)b_n|+|A(b_n-B)| \\ &= |a_n-A|\;|b_n|+|A|\;|b_n-B|\end{aligned}$$

  를 관찰하자.
- $b_n\to B$이므로 $\{b_n\}$은 유계인 열이다. 따라서

$$|b_n|\le M, \quad n=1,2,3,\cdots$$

  가 되는 양수 M이 있다. 따라서

$$|a_nb_n-AB|\le|a_n-A|M+(|A|+1)|b_n-B|$$

  위 식에서 $|A|$를 $|A|+1$로 만든 것은 양수를 얻기 위해서이다.
- $a_n\to A$이므로 양수 $\frac{\varepsilon}{2M}$에 대해서도 자연수 n_A가 존재해서

$$n\ge n_A \quad \text{이면} \quad |a_n-A|<\frac{\varepsilon}{2M}. \tag{1}$$

- $b_n\to B$이므로 양수 $\frac{\varepsilon}{|A|+1}$에 대해서도 자연수 n_B가 존재해서

$$n\ge n_B \quad \text{이면} \quad |b_n-B|<\frac{\varepsilon}{2(|A|+1)}. \tag{2}$$

- 자연수 $n_\varepsilon=\max\{n_A,n_B\}$를 잡자. 그러면 $n\ge n_\varepsilon$이면 두 식 (1), (2)가 동시에 성립하므로

$$\begin{aligned}|a_nb_n - AB| &\le |a_n - A|M + (|A|+1)|b_n - B| \\ &< \frac{\varepsilon}{2M}\cdot M + (|A|+1)\cdot\frac{\varepsilon}{2(|A|+1)} \\ &= \varepsilon.\end{aligned}$$

이것으로 $a_nb_n \to AB$가 증명되었다. ■

복소수열 $\{z_n\}$을 생각하자. $|z| < 1$이면 $z^n \to 0$인 것을 알고 있다. 이제 $|z| \ge 1$인 경우를 생각해보자. 예를들어 수열 $\{2^n\}$은 수렴하는가?

보기 3.5.3 복소수열 $\{z^n\}$을 생각하자.

1. $|z| = 1$인 경우는 $z = 1$인 때만 수렴하고 다른 경우는 수렴하지 않는다.
2. $|z| > 1$이면 $|z^n| = |z|^n \to \infty$가 되어 수렴하지 않는다.

<풀이>

1. $z = 1$이면 $z^n = 1, n = 1, 2, \cdots,$이므로 $z^n \equiv 1^n \to 1$은 시시하게 성립한다. 이제 $|z| = 1,\ z \ne 1,$ 인 경우를 생각하자.

$$|z^{n+1} - z^n| = |z^n(z-1)| = |z-1| > 0.$$

따라서 $\{z^n\}$은 코쉬 열이 될 수 없다. 그러므로 $\{z^n\}$은 수렴 할 수 없다.

2. $|z| > 1$인 경우

$$|z^{n+1} - z^n| = |z^n(z-1)| > |z-1|.$$

따라서 $\{z^n\}$은 코쉬 열이 될 수 없다. 그러므로 $\{z^n\}$은 수렴 할 수 없다. 이제 $|z^n| = |z|^n \to \infty$ 인 것을 보이자. 우선 $|z| > 1$에 주의하면

$$|z|^{n+1} = |z|^n \cdot |z| > |z|^n,\ n = 1, 2, 3, \cdots$$

이므로 수열 $\{|z|^n\}$은 증가수열이다. 따라서 이것이 유계가 아닌 것을 증명하면 된다. 그런데 만일 $\{|z|^n\}$이 유계인 수열이라면 $A = \{|z|^n \mid n = 1, 2, \cdots\}$ 는 유계인 집합이므로 최소상계를 갖는다. A의 최소상계를 $L \in \mathbb{R}$이라 하자. 우선 $1 < |z| \le L$로 부터 L은 양수이다. 따라서 $\frac{L}{|z|} < L$ 이 되어 $\frac{L}{|z|}$는 최소상계의 정의에 따라 A의 상계가 될 수 없다. 그러므로 $\frac{L}{|z|} < a$ 가 되는 A의 원소 a가 있다. 그런데 A의 원소는 모두 $|z|^n$ 꼴이므로 $a = |z|^k$가 되는 자연수 k가 있다. 그런데 이것은

$$\frac{L}{|z|} < a = |z|^k \iff L < |z|^{k+1}$$

이 되어 L이 A의 상계란 가정에 모순이다. 그러므로 A는 유계인 집합이 아니다. 따라서 어떠한 수 $M \in \mathbb{R}$에 대해서도 $M < |z|^{n_M}$ 이 되는 자연수 n_M이 있다. 여기서 $\{|z|^n\}$인 증가수열인 것을 생각하면

$$n \geq n_M \quad \text{이면} \quad M < |z|^n.$$

이것으로 $|z| > 1$인 경우 $|z|^n \to \infty$인 것이 증명되었다. 예를 들어 $\lim_{n\to\infty} 2^n = \infty$. □

보기 3.5.4 다음 수열의 극한값이 존재하면 구하여라.

1. $\{(1-\frac{1}{n})^n\}$ 2. $\{(1+\frac{1}{n^2})^n\}$ 3. $\{(1+\frac{1}{n})^{n^2}\}$

<**풀이**> 모두 $(1+\frac{1}{n})^n \to e$를 이용해서 계산할 수 있다.

1.

$$\begin{aligned}(1-\frac{1}{n})^n &= (\frac{n-1}{n})^n \\ &= (\frac{n-1}{n})^{n-1} \cdot \frac{n-1}{n} \\ &= (\frac{1}{1+\frac{1}{n-1}})^{n-1} \cdot \frac{n-1}{n} \\ &= \frac{1}{(1+\frac{1}{n-1})^{n-1}} \cdot \frac{n-1}{n} \\ &\to \frac{1}{e} \cdot 1 = \frac{1}{e}.\end{aligned}$$

2.

$$(1+\frac{1}{n^2})^n = \sqrt[n]{(1+\frac{1}{n^2})^{n^2}}.$$

여기서 수열 $\{(1+\frac{1}{n})^n\}$이 e로 수렴하는 증가열인 것을 생각하면

$$1 \leq (1+\frac{1}{n^2})^n = \sqrt[n]{(1+\frac{1}{n^2})^{n^2}} \leq \sqrt[n]{e}.$$

따라서 **도움정리 3.4.1** 에 따라 $(1+\frac{1}{n^2})^n \to 1$.

3.

$$(1+\frac{1}{n})^{n^2} = \left((1+\frac{1}{n})^n\right)^n.$$

여기서 수열 $\{(1+\frac{1}{n})^n\}$이 e로 수렴하는 증가열인 것을 생각하면

$$2^n \leq (1+\frac{1}{n})^{n^2} = \left((1+\frac{1}{n})^n\right)^n, \quad n \geq 1.$$

따라서 **도움정리 3.4.1** 에 따라 $(1+\frac{1}{n^2})^n \to \infty$. □

임의의 실수열로부터 증가하는 열, 감소하는 열을 얻는 확실한 방법으로 다음이 있다.

정의 3.5.2 [상극한(limsup), 하극한(liminf)] 실수 열 (x_n)이 주어졌을 때 이 열 (x_n)으로부터 다음과 같은 열 (a_n), (b_n)을 만들 수 있다.

$$a_n = \sup\{x_n, x_{n+1}, x_{n+2}, \cdots\},$$
$$b_n = \inf\{x_n, x_{n+1}, x_{n+2}, \cdots\}$$

따라서 (a_n)은 감소 열이고 (b_n)은 증가 열이다. 여기서는 $a_n = \infty$가 되거나 $b_n = -\infty$가 되는 경우도 허락한다. 또한 $b_n \le a_n$, $n = 1, 2, 3, \cdots$. 이것으로부터

$$\limsup x_n = \lim_{n\to\infty} a_n, \qquad \liminf x_n = \lim_{n\to\infty} b_n$$

으로 정의한다.

보기 3.5.5 실수 열 $\{x_n\}$이 수렴할 필요충분조건은 $\limsup x_n = \liminf x_n \ne \infty, -\infty$. 이 성립하는 것임을 보여라. 이때 $\lim_{n\to\infty} x_n = \limsup x_n = \liminf x_n$.

<**풀이**> 필요성: $\lim_{n\to\infty} x_n = r \in \mathbb{R}$이라 하자. 이 경우 양수 ε을 어떻게 잡더라도

$$n \ge n_0 \text{ 이면 } \qquad |x_n - r| < \varepsilon$$

이 되는 자연수 n_0가 있다. 즉 $n \ge n_0$이면 $r - \varepsilon < x_n < r + \varepsilon$. 따라서

$$a_n = \sup\{x_n, x_{n+1}, \cdots\} \le r + \varepsilon,$$
$$b_n = \inf\{x_n, x_{n+1}, \cdots\} \ge r - \varepsilon.$$

그러므로 $r - \varepsilon \le b_n \le a_n \le r + \varepsilon$ 이것으로부터 $n \ge n_0$이면

$$|a_n - r| < \varepsilon, \qquad |b_n - r| < \varepsilon.$$

따라서

$$\limsup x_n = \lim_{n\to\infty} a_n = r = \lim_{n\to\infty} b_n = \liminf x_n.$$

충분성: $\liminf x_n = \limsup x_n = L \in \mathbb{R}$라 하자. 정의로부터

$$n \ge n_0 \text{ 이면 } \qquad L - \varepsilon < b_n \le a_n < L + \varepsilon$$

이 되는 자연수 n_0가 있다. 이 n_0에 대해서 $n \ge n_0$이면

$$L - \varepsilon < b_n \le x_n \le a_n < L + \varepsilon.$$

따라서 $\lim_{n\to\infty} x_n = L = \limsup x_n = \liminf x_n$. □

보기 3.5.6 $\{a_n\}$이 양수 열이라 하자. 그러면

$$\liminf \frac{a_{n+1}}{a_n} \le \liminf \sqrt[n]{a_n} \le \limsup \sqrt[n]{a_n} \le \limsup \frac{a_{n+1}}{a_n}$$

인 것을 보여라.

<**풀이**> $\limsup \frac{a_{n+1}}{a_n} = \infty$인 경우 부등식

$$\limsup \sqrt[n]{a_n} \le \limsup \frac{a_{n+1}}{a_n}$$

은 시시하게 성립한다. 따라서 $\limsup \frac{a_{n+1}}{a_n} \in \mathbb{R}$인 경우를 생각하자. $\limsup \frac{a_{n+1}}{a_n} < r$인 어떠한 실수 $r \in \mathbb{R}$에 대해서도

$$\frac{a_{n+1}}{a_n} < r, \qquad n \ge n_0,$$

가 되는 자연수 n_0가 있다. 그러므로 $n \ge n_0$이면

$$a_n < ra_{n-1} < r^2 a_{n-2} < \cdots < r^{n-n_0} a_{n_0} = r^n \frac{a_{n_0}}{r^{n_0}}.$$

따라서 $n \ge n_0$이면

$$\sqrt[n]{a_n} < r\left(\frac{a_{n_0}}{r^{n_0}}\right)^{1/n}.$$

그러므로

$$\limsup \sqrt[n]{a_n} \le \limsup r\left(\frac{a_{n_0}}{r^{n_0}}\right)^{1/n} = \lim_{n\to\infty} r\left(\frac{a_{n_0}}{r^{n_0}}\right)^{1/n} = r.$$

위 식이 $\limsup \frac{a_{n+1}}{a_n} < r$인 어떠한 실수 $r \in \mathbb{R}$에 대해서도 성립하므로

$$\limsup \sqrt[n]{a_n} \le \limsup \frac{a_{n+1}}{a_n}.$$

아래 쪽 부등식도 같은 방법으로 증명된다. □

제 3.6 절 열린집합, 닫힌집합

거리공간에서 열린공(open ball)이란 용어를 사용했다. 실수 또는 복소집합도 거리공간이므로 열린공이란 개념을 그대로 쓸 수 있다. 그러나 실수 복수수의 중요성을 생각해서 다시 정의하자.

정의 3.6.1 [열린 공(open ball)] X는 실수 또는 복소수 공간이다. 점 $p \in X$를 중심으로 하고, 반지름이 $r > 0$인 열린 공(open ball)은 p까지의 거리가 r보다 작은 X의 모든 점들로 이루어진 집합을 말하고 이것을 $B_r(p)$로 표시한다:

$$B_r(p) = \{x \in X \mid |x - p| < r\}.$$

정의 3.6.2 [열린집합(open)] 실수 또는 복소수 공간 X의 부분집합 Ω가 열린집합(open set)이라는 것은

- 임의의 $p \in \Omega$에 대해 적당한
- 적당한 양수 ε_p 있어 $B_{\varepsilon_p}(p) \subset \Omega$ 가 성립하게 할 수 있는 것을 말한다.

정의로부터 $\{p\} \subset B_{\varepsilon_p}(p) \subset \Omega$이므로

$$\Omega = \bigcup_{p \in \Omega} \{p\} \subset \bigcup_{p \in \Omega} B_{\varepsilon_p}(p) \subset \Omega$$

가 되어 $\Omega = \bigcup_{p \in \Omega} B_{\varepsilon_p}(p)$ 에 주의하자. 즉 열린집합은 열린공등의 합집합으로 표현되는 것들을 말한다.

정의 3.6.3 [닫힌집합(closed)] 거리공간 X의 부분집합 C가 닫힌집합이라는 것은 C의 여집합 $X \setminus C$가 열린집합이라는 것을 말한다.

열린집합의 보기를 생각해보자. 우선 $\emptyset$과 전체공간 X는 열린집합인 것은 시시하게 알 수 있다. 다음으로

보기 3.6.1 X는 실수 또는 복소수 공간이다. X에서 열린 공은 열린집합이다.

<풀이>

- 열린 공 $B_r(p)$를 생각하자. 열린 공이 열린 집합인 것을 보이기 위해서는 임의의 점 $q \in B_r(p)$가 주어지면, 양수 δ를 잘 잡아서 $B_\delta(q) \subset B_r(p)$ 가 성립하게 할 수 있는 것을 보여야 한다.
- $q = p$이면 $\delta = r$로 잡자. 그러면 $B_\delta(q) = B_r(p) \subset B_r(p)$.
- $q \neq p$인 경우에는 $0 < |q - p| < r$인 것에 주의하여 $\delta = \min\{|q - p|, r - |q - p|)\}$ 로 잡자. 그러면 δ는 양수이다. 삼각부등식을 생각하면

$$\begin{aligned} x \in B_\delta(q) &\implies |x-q| < \delta \\ &\implies |x-p| \le |x-q| + |q-p| < \delta + |q-p| \le \big(r - |q-p|\big) + |q-p| = r \\ &\implies x \in B_r(p) \end{aligned}$$

이것으로 $B_\delta(q) \subset B_r(p)$ 가 증명되었다. □

정리 3.6.1 [열린 집합의 성질] 실수 또는 복소수 공간 X에서 열린 집합은 다음 성질을 갖는다:

1. $\emptyset$, X는 열린집합이다.
2. $\{U_\iota\}_{\iota\in A}$가 열린집합무리(family of open sets)이면 $U = \bigcup_{\iota\in A} U_\iota$ 도 열린집합이다.
3. 유한개의 열린집합 $V_1, V_2, \cdots, V_k$가 주어지면 $V = \bigcap_{i=1}^k V_i = V_1 \cap V_2 \cap \cdots \cap V_k$ 도 열린집합이다.

증명.

1. 열린집합의 정의로부터 시시하게 성립한다.
2. 임의의 점 $p \in U$를 잡자. 양수 δ를 잘 잡아서 $B_\delta(p) \subset U$ 가 성립하도록 해야 한다. $p \in U$ 이면 합집합의 정의에따라 $p \in U_i$가 되는 $i \in A$가 있다. 그런데 U_i는 가정에따라 열린집합 이므로, 이 점 p에 대해서 양수 δ를 잘 잡아서 $B_\delta(p) \subset U_i$ 가 되게 할 수 있다. 여기서

$$U_i \subset U = \bigcup_{\iota\in A} U_\iota$$

이 것에 주의하면, 바로 이 δ에 대해서 $B_\delta(p) \subset U$인 것을 알 수 있다.

3. $q \in V$를 잡자. 양수 δ를 잘 잡아서 $B_\delta(q) \subset V$ 가 성립하도록 해야 한다. 그런데 $q \in V$이면 모든 $i = 1, 2, \cdots, k$에 대해서 $q \in V_i$이다. 여기서 각각의 V_i가 열린집합인 것에 주의하면 양수 $\delta_1, \delta_2, \cdots, \delta_k$를 잘 잡아서

$$B_{\delta_i}(q) \subset V_i, \quad i = 1, 2, \cdots, k$$

가 성립하게 할 수 있다. 이제 수 $\delta = \min\{\delta_1, \delta_2, \cdots, \delta_k\}$ 를 생각하자. δ는 유한개의 양수 중에서 가장 작은 수이므로 양수이다. 더욱

$$B_\delta(q) \subset B_{\delta_i}(q) \subset V_i, \quad i = 1, 2, \cdots, k$$

이므로 $B_\delta(q) \subset V = \bigcap_{i=1}^k V_i$. 이것으로 V가 열린집합인 것이 증명되었다. ■

집합 X의 부분집합무리 $\{U_i\}_{i\in A}$가 어떻게 주어지더라도

$$X \setminus \big(\bigcap_{i\in A} U_i\big) = \bigcup_{i\in A} (X \setminus U_i), \quad X \setminus \big(\bigcup_{i\in A} U_i\big) = \bigcap_{i\in A} (X \setminus U_i)$$

인 것에 주의하면 다음 따름정리를 얻는다.

따름정리 3.6.1 [**닫힌집합의 성질**] X는 실수 또는 복소수 공간이다. X에서 닫힌집합은 다음 성질을 갖는다:

1. $\emptyset$, X는 닫힌집합이다.
2. $\{U_\iota\}_{\iota\in A}$가 닫힌집합무리(family of closed sets)이면 $U = \bigcap_{\iota\in A} U_\iota$ 도 닫힌집합이다.
3. 유한개의 닫힌집합 $V_1, V_2, \cdots, V_k$가 주어지면 $V = \bigcup_{i=1}^{k} V_i = V_1 \cup V_2 \cup \cdots \cup V_k$ 도 닫힌집합이다.

보기 3.6.2 실수 또는 복소수공간 X의 부분집합 C가 유한집합이면 C는 닫힌집합이다.

증명. C가 유한집합이면 C를 원소나열법으로 $\{p_1, p_2, \cdots, p_k\}$라 표시하자. 그러면

$$C = \{p_1\} \cup \{p_2\} \cup \cdots \cup \{p_k\}$$

이다. 따라서 C가 닫힌집합인 것을 증명하기 위해서는, 단 한 점을 원소로 하는 집합이 닫힌집합인 것을 증명하면 충분하다. 이제 X의 임의의 점 p를 잡자. $\{p\}$가 닫힌집합인 것을 보이는 것은 $X \setminus \{p\}$가 열린집합인 것을 보이는 것이다. $q \in (X \setminus \{p\}$이면 $q \neq p$이므로 $|q-p| > 0$. 따라서 $\delta = \frac{1}{2}|q-p|$로 잡으면, 거리함수의 삼각부등식으로부터, 어떠한 $x \in X$에 대해서도

$$|q-p| \le |q-x| + |x-p|$$

이므로,

$$|x-q| < \delta \implies |x-p| \ge |q-p| - |q-x| > |q-p| - \delta = |q-p| - \frac{1}{2}|q-p| = \frac{1}{2}|q-p| > 0.$$

이것을 다르게 표현하면 $B_\delta(q) \subset (X \setminus \{p\})$. 따라서 $X \setminus \{p\}$는 열린집합이고, 닫힌집합의 정의에따라 $\{p\}$는 닫힌집합이다. 따라서 $C = \{p_1\} \cup \{p_2\} \cup \cdots \cup \{p_k\}$는 유한개의 닫힌집합의 합집합이므로 닫힌집합이다. ■

유한개의 열린집합의 공통집합은 언제나 열린집합이 된다. 그러면 무한개의 열린집합의 공통집합은 어떻게 될까? 결론은 무한개의 열린집합의 공통집합은 열린집합이 되지 않는 경우도 있다.

도움정리 3.6.1 거리공간의 임의의 점 p를 잡자. 각 자연수 $n = 1, 2, \cdots$, 에 대해서 열린 공 $B_{\frac{1}{n}}(p)$를 생각하자. 그러면

$$\{p\} = \bigcap_{n=1}^{\infty} B_{\frac{1}{n}}(p).$$

증명. 열린집합의 공통집합이 닫힌집합이 된 것에 주의하자. 우선 $B_{\frac{1}{n}}(p)$는 열린집합이다. 또한 $p \in B_{\frac{1}{n}}(p)$이므로 $p \in \bigcap_{n=1}^{\infty} B_{\frac{1}{n}}(p)$. 만일 $q \neq p$이면 $d(q,p) > 0$이다. 따라서 $\frac{1}{k} < d(q,p)$가 되는 자연수 k가 있다. 이 자연수 k에 대해서 $q \notin B_{\frac{1}{k}}(p)$. 따라서 $q \notin \bigcap_{n=1}^{\infty} B_{\frac{1}{n}}(p)$. 그러므로

$$\{p\} = \bigcap_{n=1}^{\infty} B_{\frac{1}{n}}(p).$$

여기서 $\{p\}$는 거리공간 X의 닫힌부분집합인 것에 주의하자. ■

거리공간에서 닫힌집합은 다른 위상공간이 갖지 못하는 좋은 성질이 있다. 그것은 가간개의 열린집의 공통집합으로 표현되는 것이다.

도움정리 3.6.2 (X,d)가 거리공간이라 하자. A는 공집합이 아닌 X의 닫힌집합이다. 그러면 A는 가산개의 열린집합의 공통집합이다.

증명. 각각의 자연수 $n \geq 1$에 대하여 $U_n := \{x \in X \mid d(x,a) < \frac{1}{n}$ 이 성립하는 $a \in A$가 있다$\}$은 열린집합이다. 왜냐하면 $U_n = \bigcup_{a \in A} B_{\frac{1}{n}}(a)$ 정의에 따라 $A \subset U_n n = 1, 2, 3, \cdots$이고, $x \notin A$이면 A 는 닫힌집합이르로 $B_{\frac{1}{n}}(x) \cap A = \emptyset$이 되는 자연수 n이 존재한다. 따라서 $A = \bigcap_{n=1}^{\infty} U_n$. ■

보기 3.6.3 $\mathbb{R}$에서 임의의 두 실수 $a, b, a < b$,에 대해서

1. (a,b)는 열린집합이다.
2. (a,∞), $(-\infty,a)$는 열린집합이다.
3. $[a,b]$는 닫힌집합이다.
4. $[a,\infty)$, $(-\infty,a]$는 닫힌집합이다.

<풀이>

1. $p = \frac{1}{2}(a+b)$, $r = \frac{1}{2}(b-a)$를 생각하면 $(a,b) = B_r(p)$ 이므로 (a,b)는 p를 중심으로 하고 반지름이 r인 열린 공이다.

2. (a,∞)가 열린집합인 것을 보이자. 임의의 $x \in (a,\infty)$를 생각하자. $x-a>0$이다. $\delta = \frac{1}{2}(x-a)$를 잡자. 그러면

$$B_\delta(x) = (x-\delta, x+\delta) = \left(x - \frac{1}{2}(x-a), x + \frac{1}{2}(x-a)\right) = \left(\frac{1}{2}(x+a), x + \frac{1}{2}(x-a)\right)$$

여기서 $\frac{1}{2}(x+a) > \frac{1}{2}(a+a) = a$인 것에 주의하면 $B_\delta(x) \subset (a,\infty)$.
그러므로 (a,∞)는 열린집합이다.

3. $\mathbb{R} \setminus [a,b] = (-\infty,a) \cup (b,\infty)$ 이므로 $\mathbb{R} \setminus [a,b]$은 열린집합이다. 따라서 $[a,b]$는 닫힌집합이다.
4. $\mathbb{R} \setminus [a,\infty) = (-\infty,a)$ 이므로 $[a,\infty)$는 닫힌집합이다. □

보기 3.6.4 a,b는 실수이다. 닫힌집합 $[a,b]$를 열린집합의 공통집합으로 표현하여라.

<**풀이**> 자연수 $n = 1,2,\cdots,$에 대해서 $(a-\frac{1}{n}, b+\frac{1}{n})$은 열린집합이다.

$$[a,b] = \bigcap_{n=1}^{\infty} (a - \frac{1}{n}, b + \frac{1}{n})$$ □

상식적으로 말하면 점 p가 집합 A의 집적점(accumulation point)라는 것은 모든 양수 ε에 대해서 $B_\varepsilon(p)$가 점 p 말고도 A의 점을 포함하는 경우를 말한다. 이것을 더 형식적으로 정의하면 다음과 같다.

정의 3.6.4 [집적점(accumulation point) 거리공간 X의 점 p가 X의 부분집합 A의 **집적점(accumulation point)**이라는 것은,

- 임의의 양수 ε에 대해서,
- $(A \cap B_\varepsilon(p)) \setminus \{p\} \neq \emptyset$ 가 성립하는 것을 말한다.

정리 3.6.2 X는 거리공간이다.

1. $p \in X$가 X의 부분집합 A의 집적점이면 어떠한 양수 ε에 대해서도 $A \cap B_\varepsilon(p)$ 는 무한집합이다.
2. p가 A의 집적점이면 $p \in X$로 수렴하는 A의 점 열이 존재한다.

증명. 따라서 거리공간에서는 유한집합은 집적점을 한 개도 갖을 수 없다. 그러나 거리공간이 아닌 경우에는 유한집합이더라도 직접점을 갖을 수 있는 것에 주의하자.

1. 임의의 양수 ε이 주어져다 하자. $p_1 \in A \cap B_\varepsilon(p) \setminus \{p\}$ 를 잡자. ε_2를 다음과 같이 정하자. $\varepsilon_2 = \min\{\frac{\varepsilon}{2}, d(p,p_1)\}$. $p_2 \in A \cap B_{\varepsilon_2}(p) \setminus \{p\}$를 잡자. 이렇게 $p_1, p_2, \cdots, p_k$를 잡았을 때, p_{k+1}을 다음과 같이 잡는다.

$$\varepsilon_{k+1} = \min\{\frac{\varepsilon}{k+1}, d(p,p_k)\}.$$

$p_{k+1} \in A \cap B_{\varepsilon_{k+1}} \setminus \{p\}$을 잡는다. 이런 방법으로 A의, 서로 다른 점으로 이루어진, 점 열 $\{p_n\}$을 잡을 수 있다. 더욱 $p_n \in \left(A \cap B_{\varepsilon_n}(p)\right) \subset \left(A \cap B_\varepsilon(p)\right)$ 에 주의하면, $A \cap B_\varepsilon(p)$는 A의 점은 유한개가 아니다.

2. 앞에서 잡은 점 열 $\{p_n\}$에 대하여, $p_n \in A \cap B_{\varepsilon_n}(p) \implies d(p_n,p) < \varepsilon_n \leq \frac{\varepsilon}{n}$ 에 주의하면 $\lim_{n\to\infty} p_n = p$인 것을 알 수 있다. ■

집적점의 개념은 일반적인 위상공간 $(X,\mathfrak{T})$로 확장할 수 있다..

정의 3.6.5 [**도집합(drived set)** , **폐포(closure)**] 위상공간 $(X,\mathfrak{T})$의 부분집합 A가 있다.

1. $p \in X$가 A의 집적점이란 $A \cap (U \setminus \{p\}) \neq \emptyset, \quad \forall U \in \mathfrak{T}, p \in U$
2. A의 집적점 전체로 이루어진 집합을 A'으로 나타내고, A'을 A의 **도집합(derived set)**이라 한다.
3. $A \cup A'$을 A의 **폐포(closure)**라 하고, 보통 $\overline{A}$로 표시한다.

정의 3.6.6 [조밀한 부분집합(dense subset)] 위상공간 $(X,\mathfrak{T})$의 부분집합 $A \subset X$가 X의 **조밀한 부분집합(dense subset)**이라는 것은 $\overline{A} := A \cup A' = X$ 가 성립하는 것을 말한다.

도움정리 3.6.3 A가 위상공간 $(X,\mathfrak{T})$의 조밀한 부분집합일 필요충분조건은

$$A \cap U \neq \emptyset, \forall U \in \mathfrak{T}, U \neq \emptyset$$

증명. 필요성: A가 조밀한 부분집합이라 하자. 임의의 열린집합 $U, U \neq \emptyset$에 대하여 $\overline{A} = A \cup A' = X$이므로

$$U = U \cap X = U\left(A \cup A'\right) = (U \cap A) \cup (U \cap A') \neq \emptyset$$

따라서 $U \cap A \neq \emptyset$이거나 $U \cap A' \neq \emptyset$. 그런데 $U \cap A' \neq \emptyset$인 경우에는 $U \cap A' \subset A'$이므로, 임의의 $u \in U \cap A'$에 대하여 $\emptyset \neq A \cap (U \setminus \{u\}) \subset A \cap U$

충분성: 임의의 $U \in \mathfrak{T}$를 잡자. $x \in U$이면 $X = A \cup A'$이므로 $x \in A$이거나, $x \in A'$. $x \in A$인 경우에는 $x \in A \cap U$. 만일 $x \in A'$이라면 $\emptyset \neq A \cap U \setminus \{x\} \subset A \cap U$. 따라서 어떤 경우이건 $A \cap U \neq \emptyset$. ■

보기 3.6.5 실수집합 $\mathbb{R}$의 두 부분집합 $A := \{x \in \mathbb{R} \mid x\text{는 유리수}\} := \mathbb{Q}$, $B := \{x \in \mathbb{R} \mid x\text{는 무리수}\}$ 는 모두 실수집합의 조밀한 부분집합이다. 왜냐하면 임의의 두 실수 $a, b \in \mathbb{R}, a < b$ 사이에는 유리수도 있고, 무리수도 있기 때문에 $A \cap (a,b) \neq \emptyset$, $B \cap (a,b) \neq \emptyset$

제 3.7 절 완비공간(Complete space), 컴펙트 공간(Compact Space)

실수 또는 복소수공간에서 수렴하는 열은 모두 코쉬 열인 것을 알고있다. 그러나 실수의 부분집합 $X = (0,1)$의 열 $\{\frac{1}{n}\}$은 X에서의 코쉬 열이지만 X에서는 수렴하지 않는다. 따라서 일반적으로 코쉬열이라고 반드시 수렴하는 것은 아니다. 이것을 대단히 불편한 일이다. 어떤 집합에서 코쉬열이 항상 수렴하는지 알아보자

정의 3.7.1 [**부분열(subsequence)**] X의 열 $\{a_n\}$을 생각하자. 따라서 $a : \mathbb{N} \to X$이다.
순 증가함수 $n : \mathbb{N} \to \mathbb{N}$과 $a : N \to X$와의 합성함수 $a \circ n : N \to X$ 를 열 $\{a_n\}$의 부분열이라 한다. 여기서

$$(a \circ n)(k) = a\big(n(k)\big) = a(n_k) = a_{n_k}$$

에 주의하면 열 $\{a_n\}$의 부분열은 보통 $\{a_{n_k}\}$로 표시한다.
$\{a_n\}$이 $\{a_n\}$의 부분열인 것은 $n : \mathbb{N} \to \mathbb{N}$이 항등함수인 경우를 생각하면 당연하다.

보기 3.7.1 수열 $\{a_n\} = \{(-1)^n\}$의 함수 $n : \mathbb{N} \to \mathbb{N}$, $n(k) = 2k$,가 결정하는 부분열을 구하여라.

<풀이> 이 경우 $n(k) = n_k = 2k$이다. 따라서 $\{(-1)^n\}$의 부분열 $\{(-1)^{n(k)}\} = \{(-1)^{2k}\} = \{1\}$을 얻는다. 이 경우 $\{a_n\}$의 부분열 $\{a_{2k}\}$는 수렴한다. □

도움정리 3.7.1 거리공간 (X,d)의 열 $\{x_n\}$이 수렴할 필요충분조건은, 한 점 $p \in X$가 존재해서 $\{x_n\}$의 모든 부분열이 이 점 p로 수렴하는 것이다.

증명. 필요성: $\{x_n\}$이 수렴하는 열이라 하자. $p \in X$가 열 $\{x_n\}$의 극한값일 때, 임의의 부부열 $\{x_{n_k}\}$가 p로 수렴하는 것을 보이면 된다. 이를 위해 임의로 주어진 양수 ε을 생각하자. $x_n \to p$이므로, 이 양수 ε에 대해서 자연수 n_ε이 있어서

$$n \geq n_\varepsilon \quad \text{이면} \quad d(x_n, p) < \varepsilon.$$

그런데 $n : \mathbb{N} \to \mathbb{N}$은 순증가함수이므로 유계함수가 아니다. 따라서

$$n_\varepsilon \leq n_k, \quad k \geq k_\varepsilon$$

가 성립하는 자연수 k_ε인 존재한다. 그러면 $k \geq k_\varepsilon$일 때 $n_k \geq n_\varepsilon$인 것에 주의하면

$$d(x_{n_k}, p) < \varepsilon.$$

따라서 $\lim_{k\to\infty} x_{n_k} = p$. 충분성: 한 점 $q \in X$가 존재해서, $\{x_n\}$의 모든 부분열이 이 점 q로 수렴한다 하자. $\{x_n\}$ 자신이 $\{x_n\}$의 항등함수 $\mathbb{N} \to \mathbb{N}$, $n \mapsto n$,에 대응되는 부분열인 것에 주의하면 $\lim_{n\to\infty} x_n = q$. ■

예를 들어 열 $\{(-1)^n\}$은 수렴하지 않는다. $n_k = 2k$를 이용해서 얻어진 부분열은 $\{(-1)^{2k}\} = \{1\}$이 되어 1로 수렴한다. 그러나 $n_k = 2k+1$을 이용해서 얻어진 부분열 $\{(-1)^{2k+1}\} = \{-1\}$이 되어 -1로 수렴한다. $1 \neq -1$이므로 열$\{(-1)^n\}$은 서로 다른 곳으로 수렴하는 부분열을 갖지 때문에 수렴할 수 없다. 그러나 코쉬 열은 다른다. 우선 코쉬 열의 다음 성질을 주의하자. 코쉬 열은 수렴하는 부분열 이 단 한 개만 있더라도, 수렴한다.

도움정리 3.7.2 X가 거리공간이라 하자. X에서 코쉬 열 $\{x_n\}$이 수렴할 필요충분 조건은, 이 코쉬 열이 수렴하는 부분열을 갖는 것이다.

증명. 필요성: $\{x_n\}$이 수렴하는 코쉬 열이라 하자. 그러면 $\{x_n\}$ 자신이 $\{x_n\}$의 한 부분열이므로 $\{x_n\}$은 수렴하는 부분열 $\{x_n\}$을 갖는다.

충분성: $\{x_{n_k}\}$가 $\{x_n\}$의 수렴하는 부분열이라 하자. $x_{n_k} \to p$라 하자. $\{x_n\}$이 코쉬 열이면 $x_n \to p$인 것을 보이면 된다. 임의의 양수 ε에 대해서 $\frac{\varepsilon}{2}$도 양수이다. 우선 $x_{n_k} \to p$인 것에 주의하면

$$k \geq k_0 \text{ 이면} \qquad d(x_{n_k}, p) < \frac{\varepsilon}{2}$$

이 되는 자연수 k_0가 있다. 다음으로 $\{x_n\}$이 코쉬 열인 것에 주의하면

$$m, n \geq n_0 \text{ 이면} \qquad d(x_m, x_n) < \frac{\varepsilon}{2}$$

가 되는 자연수 n_0가 있다. 이제 $n_{k_1} \geq n_0$가 되는 자연수 $k_1, k_1 \geq k_0$을 잡자. 그러면 $n \geq n_{k_1}$이면 $d(x_n, p) \leq d(x_n, x_{n_{k_1}}) + d(x_{n_{k_1}}, p) < \frac{\varepsilon}{2} + \frac{\varepsilon}{2} = \varepsilon.$ ■

위 **도움정리 3.7.2**는 코쉬 열이 수렴하는 것을 증명하는 것은, 코쉬 열의 수렴하는 부분열을 하나 찾아내는 것과 같다는 것을 말한다. 아주 쉬운 경우도 있다. 예를 들어 거리공간 (X, d)의 코쉬 열 $\{x_n\}$ 중에서

$$A = \{x_n \mid n = 1, 2, 3, \cdots\}$$

가 유한집합인 경우를 생각하자. A가 유한집합 $A = \{p_1, p_2, \cdots, p_k\}$라 하고

$$S_i = \{n \in \mathbb{N} \mid x_n = p_i\}$$

라 두자. 이 식에서 $p_1, p_2, \cdots, p_k\}$는 서로 다른 수이다. 그러면

$$\mathbb{N} = S_1 \cup S_2 \cup \cdots \cup S_k, \quad S_i \cap S_j = \emptyset, i \neq j.$$

$\mathbb{N}$이 무한집합이므로 $S_1, S_2, \cdots, S_k$ 중 적어도 어느 하나가 무한집합이어야 한다. 예를 들어 S_1이 무한집합이라 하자. S_1을 원소나열 법으로 표현해서

$$S_n = \{n_1 < n_2 < n_3 < \cdots\}$$

가 되었다면, 이것을 이용한 $\{x_n\}$의 부분열 $\{x_{n_k}\}$는 S_1의 정의에 따라

$$x_{n_k} = p_1, \quad k = 1, 2, 3, \cdots$$

이므로 p_1으로 수렴한다. 따라서 수렴하는 부분열을 골라내는데 어려움이 생기는 때는

$$A = \{x_n \mid n = 1, 2, 3, \cdots\}$$

가 무한집합이 되는 경우이다. 우선 **도움정리 3.5.4**에 따라 $\{x_n\}$이 코쉬 열이면 $A = \{x_n \mid n = 1, 2, 3, \cdots\}$은 유계이다. 그런데 정리 3.6.2는 p가 A의 집적점이면 p로 수렴하는 A의 점 열이 있다는 것을 말해준다. 따라서 다음과 같은 중요한 질문을 하게된다.

> 거리공간 (X, d)에서 유계인 무한집합 A는 항상 X에서 집적점을 갖는가?

답은 집적점을 한 개도 갖지 않는 유계인 무한 집합이 있는 거리공간이 있다. 다음 보기를 살펴보자.

보기 3.7.2 거리공간 $X = (0,1) = \{r \in \mathbb{R} \mid 0 < r < 1\}$에서 $A = \{\frac{1}{n} \mid n = 1,2,\cdots\}$를 생각하자. A는 유계인 무한집합이다. 그러나 A는 X에서 집적점을 갖지 않는다.

<**풀이**> $p \in X$를 어떻게 잡더라도 $\varepsilon = \frac{1}{3}p$로 잡으면 ε은 양수이고, $B_\varepsilon(p) \subset (\frac{2}{3}p, 1)$. 그런데 $\lim_{n\to\infty} \frac{1}{n} = 0$이므로 $\frac{1}{M} < \frac{2}{3}p$ 가 되는 자연수 M이 있다. 따라서 $n \geq M$이면 $\frac{1}{n} \notin B_\varepsilon(p)$. 따라서 $A \cap B_\varepsilon(p)$ 는 유한집합이다. 그러나 $p \in X$가 A의 집적점이었다면 **정리 3.6.2**에 따라 $A \cap B_\varepsilon(p)$는 무한집합었을 것이다. 이것을 $p \in X$를 어떻게 잡더라도 p는 A의 집적점이 될 수 없는 것을 보였다. 즉 유계인 X의 무한집합 A는 X에서 집적점을 갖지 않는다. □

따라서 다음 질문을 하게된다.

유계인 무한집합이 항상 집적점을 갖는 그런 거리공간이 있는가?

이 질문의 답으로 다음 정리가 있다. 이 정리의 중요성을 생각하여 $\mathbb{R}, \mathbb{R}^2, \mathbb{R}^n$에 대하여 똑같은 방식의 증명의 반복했다.

정리 3.7.1 [볼차노-바이어슈트라스 정리] $A \subset \mathbb{R}$가 유계이고 무한집합이면, A의 집적점이 되는 $p \in \mathbb{R}$가 적어도 하나 있다.

증명. A는 유계이므로 $A \subset [-M, M]$이라 하자. 구간 $[-M, M]$을 이등분하면 $[-M, 0]$ 아니면 $[0, M]$이 A의 점을 무한히 많이 포함한다. 그 중 하나를 $[a_1, b_1]$이라 하자. 예를들어 $[-M, 0]$이 A의 점을 무한히 많이 포함하면 $a_1 = -M, b_1 = 0$가 된다. 다시 $[a_1, b_1]$을 이등분 하면 둘 중 어느 하나가 A의 점을 무한히 많이 포함한다.그 중 하나를 $[a_2, b_2]$라 하자. 이 과정을 되풀이 하면 다음과 같은 구간 $[a_n, b_n], n = 1,2,\cdots,$를 얻는다:

$$[a_1, b_1] \supset [a_2, b_2] \supset \cdots [a_n, b_n] \supset [a_{n+1}, b_{n+1}] \supset \cdots$$

여기서 다음을 알 수 있다.

- 각 구간의 길이는 $b_n - a_n = \frac{M}{2^{n-1}}$.
- 구간의 왼쪽 끝으로 얻어진 열 $\{a_n\}$은 증가 열이다.
- 구간의 오른쪽 끝으로 얻어지는 열 $\{b_n\}$은 감소 열이다.

따라서 $\{a_n\}, \{b_n\}$은 모두 수렴한다. $\lim_{n\to\infty} a_n = a$, $\lim_{n\to\infty} b_n = b$라 하자. 모든 n에 대해서

$$a_n < b_n$$

이므로 $a = \lim_{n\to\infty} \leq \lim_{n\to\infty} = b_m$. 이것으로부터 $a \leq b$. 따라서 모든 n에 대해서

$$a_n \leq a \leq b \leq b_n$$

이 되고 결국

$$0 \leq b - a \leq b_n - a_n = \frac{M}{2^{n-1}}, \ \forall n = 1, 2, \cdots$$

따라서 $a = b$이다. 이 공통된 값 $a = b$를 p라 하자. 그러면 p는 A의 집적점이다. 왜냐하면 임의의 양수 ε에 대해서 $\{a_n\}$은 증가하면서 $a = p$로 수렴하고 $\{b_n\}$은 감소하면서 $b = p$로 수렴하므로 자연수 n_0가 있어서 $n \geq n_0$이면

$$p - \varepsilon < a_n \leq p, \qquad p \leq b_n < p + \varepsilon.$$

여기서 $a_n < b_n$인 것에 주의하면

$$[a_n, b_n] \subset (p - \varepsilon, p + \varepsilon).$$

그런데 $[a_n, b_n]$은 A의 점을 무한히 많이 포함하므로, 이것은 모든 양수 ε에 대해서 p의 ε-근방 $(p - \varepsilon, p + \varepsilon)$이 A의 점을 무한히 많이 포함하는 것을 말한다.
따라서 p는 A의 집적점이다. ■

표현이 좀 복잡하지만, 꼭 같은 증명법으로 A가 $\mathbb{R}^2$의 유계이고 무한집합이면, A는 $\mathbb{R}^2$에서 집적점을 갖는다. $\mathbb{R}^2$인 경우의 증명을 $\mathbb{R}$인 경우의 증명과 비교해보자.

> **정리 3.7.2** [볼차노-바이어슈트라스 정리(Bolzano-Weierstrass)] $A \subset \mathbb{R}^2$가 유계인 집합이다. 만일 A가 무한개의 점을 포함한다면 A의 집적점이 되는 $\mathbf{p} \in \mathbb{R}^2$가 적어도 하나 있다.

증명. 풀이는 실수집합 $\mathbb{R}$의 경우와 꼭 같다. 다만 $\mathbb{R}^2$의 경우에는 구간 대신에 정사각형을 사용해야하기 때문에 표현이 복잡할 뿐이다.

- A는 유계이므로 $A \subset [-M, M] \times [-M, M]$이라 하자. 여기서

$$[-M, M] \times [-M, M] = \{(x_1, x_2) \in \mathbb{R}^2 \mid -M \leq x_1 \leq M, -M \leq x_2 \leq M\}$$

  표현을 간단하게 하기 위해서 $I_1^1 = [-M, M], I_2^1 = [-M, M]$이라 두면 $A \subset J_1 = I_1^1 \times I_2^1$. 이 표현에서 위 지수 1은 첫번째 단계를 나타낸다. 사각형 J_1의 길이는 $2M$이다.
- 구간 I_1^1을 이등분해서 각각 I_{11}^1, I_{12}^1, I_2를 이등분해서 I_{21}^1, I_{22}^1라 하면 정사각형 $I_1^1 \times I_2^1$는 2^2개의 사각형

$$I_{1,1}^1 \times I_{2,1}^1, I_{1,1}^1 \times I_{2,2}^1, I_{1,2}^1 \times I_{2,1}^1, I_{1,2}^1 \times I_{2,2}^1$$

로 분해된다. 따라서 이중 어느 하나가 A의 점을 무한히 많이 포함한다. 이것을

$$J_2 = I^1_{1,k_{11}} \times I^1_{2,k_{12}}$$

로 나타내자. 만일 $I^1_{1,2} \times I^1_{2,1}$이 A의 점을 무한히 많이 포함한다면 $k_{11} = 2, k_{12} = 1$이 되는 것이다. 다시 표현을 간단하게 하기 위해서 이렇게 얻어진 두번째 단계의 사각형을

$$J_2 = I^2_1 \times I^2_2$$

로 표시하자. 지금의 경우는 물론

$$I^2_1 = I^1_{1,k_{11}}, \qquad I^2_2 = I^1_{2,k_{12}}.$$

이 정사각형 J_2의 한 변의 길이는 $M = \frac{2M}{2^1}$ 이다.

- 이 과정을 되풀이 하면 다음과 같은 사각형 열 $\{J_n\}$을 얻는다.

$$J_1 \supset J_2 \supset \cdots J_n \supset J_{n+1} \supset \cdots$$

여기서 $J_n = I^n_1 \times I^n_2$이고

$$I^1_1 \supset I^2_1 \supset \cdots \supset I^n_1 \supset I^{n+1}_1 \supset \cdots,$$
$$I^1_2 \supset I^2_2 \supset \cdots \supset I^n_2 \supset I^{n+1}_2 \supset \cdots$$

또한 한 단계에서 다음 단계로 넘어갈 때에는 각 구간을 이등분하는 것이기 때문에 사각형 $J_n, n \geq 2,$의 변의 길이는 $\frac{2M}{2^{n-1}}$ 이다.

- 구간 I^n_1을 $[a_n, b_n]$으로 나타내고 I^n_2를 $[c_n, d_n]$으로 나타내면 $\{a_n\}$은 증가 열, $\{b_n\}$은 감소 열이다. $\{c_n\}$은 증가 열 $\{d_n\}$은 감소 열이다. 또한 정사각형 $J_n = I^n_1 \times I^n_2$의 한 변의 길이는 $b_n - a_n = d_n - c_n$이므로

$$b_n - a_n = d_n - c_n = \frac{2M}{2^{n-1}}.$$

- 따라서 $\mathbb{R}$의 경우를 이용하면 다음 조건은 만족시키는 두 수 $x, y \in \mathbb{R}$이 존재한다:
  - $\{a_n\}$은 증가하면서 x로 수렴하고 $\{b_n\}$은 감소하면서 x로 수렴한다.
  - $\{c_n\}$은 증가하면서 y로 수렴하고 $\{d_n\}$은 감소하면서 y로 수렴한다.

$\mathbf{p} = (x, y) \in \mathbb{R}^2$를 생각하자.

- $\mathbf{p} = (x, y)$는 A의 집적점인 것을 보이자. 임의의 양수 ε에 대해서 $\mathbf{p}$의 ε-근방

$$B_\varepsilon(\mathbf{p}) = \{\mathbf{q} \in \mathbb{R}^2 \mid \|\mathbf{q} - \mathbf{p}\| < \varepsilon\}$$

을 생각하자. $\frac{\varepsilon}{2}$도 양수이다. 여기서 $a_n < b_n, a_n \to x, b_n \to x$이고 , $c_n < d_n, c_n \to y, d_n \to y$인 것에 주의하면 다음 조건을 만족시키는 자연수 n_0가 있다.

$$x - \frac{\varepsilon}{2} < a_n \leq x \leq b_n < x + \frac{\varepsilon}{2},\ y - \frac{\varepsilon}{2} < c_n \leq y \leq d_n < y + \frac{\varepsilon}{2},\ n \geq n_0.$$

따라서

$$J_n = [a_n, b_n] \times [c_n, d_n] \subset B_\varepsilon(\mathbf{p}).$$

J_n은 A의 점을 무한히 많이 포함하므로 임의의 양수 ε에 대해서 $\mathbf{p} = (x,y)$의 ε-근방 $B_\varepsilon(\mathbf{p})$도 A의 점을 무한히 많이 포함한다. 따라서 $\mathbf{p} = (x,y)$는 A의 집적점이다. ■

이제 $\mathbb{R}^n$의 경우의 증명을 반복해보자.

정리 3.7.3 [볼차노-바이어슈트라스 정리] $A \subset \mathbb{R}^n$가 유계인 집합이다. 만일 A가 무한개의 점을 포함한다면 A의 집적점이 되는 $\mathbf{p} \in \mathbb{R}^n$가 적어도 하나 있다.

증명. 풀이는 실수집합 $\mathbb{R}$의 경우와 꼭 같다. 다만 $\mathbb{R}^n$의 경우에는 표현이 복잡할 뿐이다. 다음 풀이에서는 n은 $\mathbb{R}^n$의 n을 나타내는 고정된 수이다.

- A는 유계이므로 $A \subset \overbrace{I \times I \times \cdots \times I}^{n}$ 인 되는 구간 $I = [-M, M]$이 있다. 여기서

  $$\overbrace{I \times I \times \cdots \times I}^{n} = \{(x_1, x_2, \cdots, x_n) \in \mathbb{R}^n \mid -M \le x_1 \le M, -M \le x_2 \le M, \cdots, -M \le x_n \le M\}$$

  표현을 간단하게 하기 위해서 $I_1^1 = [-M, M], I_2^1 = [-M, M], \cdots, I_n^1 = [-M, M]$이라 두면 $A \subset J_1 = I_1^1 \times I_2^1 \cdots \times I_n^1$. 이 표현에서 위 지수 1은 첫번째 단계를 나타낸다. 이 n-차원 사각형 J_1의 한변의 길이는 $2M$이다.
- 각각의 구간 $I_j^1, j = 1, 2, \cdots, n,$을 이등분해서 각각 I_{j1}^1, I_{j2}^1라 하면 n-차원 정사각형 $J_1 = I_1^1 \times I_2^1 \cdots \times I_n^1$는 2^n개의 n-차원 사각형

  $$I_{1,k_1}^1 \times I_{2,k_2}^1 \times \cdots \times I_{n,k_n}^1, k_i \in \{1, 2\}, i = 1, 2, \cdots, n.$$

  로 분해된다. 따라서 이중 어느 하나가 A의 점을 무한히 많이 포함한다. 이것을

  $$J_2 = I_1^2 \times I^2 \times \cdots \times I_n^2$$

  로 나타내자. 이 n-차원 정각형 J_2의 한 변의 길이는 $M = \frac{2M}{2^1}$ 이다.
- 이 과정을 되풀이 하면 다음과 같은 n-차원 사각형 열 $\{J_m\}$을 얻는다.

  $$J_1 \supset J_2 \supset \cdots J_m \supset J_{m+1} \supset \cdots$$

  여기서 $J_m = I_1^m \times I_2^m \times \cdots \times I_n^m$이고

$$\begin{aligned} &I_1^1 \supset I_1^2 \supset \cdots \supset I_1^m \supset I_1^{m+1} \supset \cdots, \\ &I_2^1 \supset I_2^2 \supset \cdots \supset I_2^m \supset I_2^{m+1} \supset \cdots \\ &\vdots \\ &I_n^1 \supset I_n^2 \supset \cdots \supset I_n^m \supset I_n^{m+1} \supset \cdots \end{aligned}$$

또한 한 단계에서 다음 단계로 넘어갈 때에는 각 구간을 이등분하는 것이기 때무에 n-차원 정사각형 $J_m, m \geq 2,$의 변의 길이는 $\frac{2M}{2^{n-1}}$ 이다.

- 구간 I_j^m을 $[x_{jm}, y_{jm}]$로 나타내자. 그러면 $\{x_{jm}\}_m$은 증가 열, $\{y_{jm}\}_m$은 감소 열이다. 또한 n-차원 정사각형 $J_m = I_1^m \times I_2^m \times \cdots \times I_n^m$의 한 변의 길이는 $y_{jm} - x_{im}$이므로

$$y_{jm} - x_{jm} = \frac{2M}{2^{n-1}}.$$

- 따라서 $\mathbb{R}$의 경우를 이용하면 다음 조건을 만족시키는 실수 $t_1, t_2, \cdots, t_n$이 존재한다:
  - 각각의 j에 대해서 $\{x_{jm}\}_m$은 증가하면서 t_j로 수렴하고 $\{y_{jm}\}_m$은 감소하면서 t_j로 수렴한다.

  $\mathbf{p} = (t_1, t_2, \cdots, t_n) \in \mathbb{R}^n$를 생각하자.
- $\mathbf{p} = (t_1, t_2, \cdots, t_n)$는 A의 집적점인 것을 보이자. 임의의 양수 ε에 대해서 $\mathbf{p}$의 ε-근방

$$B_\varepsilon(\mathbf{p}) = \{\mathbf{q} \in \mathbb{R}^n \mid \|\mathbf{q} - \mathbf{p}\| < \varepsilon\}$$

을 생각하자. $\frac{\varepsilon}{n}$도 양수이다. 여기서 $x_{jm} < y_{jm}, x_{jm} \to t_j, y_{jm} \to t_j$ 인 것에 주의하면 다음 조건을 만족시키는 자연수 n_0가 있다.

$$t_j - \frac{\varepsilon}{n} < x_{jm} \leq t_j \leq y_{jm} < t_j + \frac{\varepsilon}{n}, \ \forall j = 1, 2, \cdots, n.$$

따라서

$$J_m = [x_{1m}, y_{1m}] \times [x_{2m}, y_{2m}] \times \cdots \times [x_{nm}, y_{nm}] \subset B_\varepsilon(\mathbf{p}).$$

J_m은 A의 점을 무한히 많이 포함하므로 임의의 양수 ε에 대해서 $\mathbf{p} = (t_1, t_2, \cdots, t_n)$의 ε-근방 $B_\varepsilon(\mathbf{p})$도 A의 점을 무한히 많이 포함한다. 따라서 $\mathbf{p} = (t_1, t_2, \cdots, t_n)$는 A의 집적점이다. ■

이렇게 해서 거리공간 $\mathbb{R}^n$에서는 유계인 무한집합이 집적점을 갖는 것을 알았다. 이것은 $\mathbb{R}^n$에서는 코쉬 열이 주어지면, 언제나 수렴하는 부분열을 찾아낼 수 있다는 말이다. 따라서 $\mathbb{R}^n$에서는 코쉬 열은 언제나 수렴한다. 즉 $\mathbb{R}^n$에서는 어떤 열이 수렴할 필요충분조건은 그 열이 코쉬 열인 것이다. 다음 정리를 살펴보자.

정리 3.7.4 위상공간 $\mathbb{R}^n$ 에서는 어떤 열이 수렴할 필요충분조건은 그 열이 코쉬 열인 것이다.

증명. 필요성: $\{\mathbf{p}_n\}$이 $\mathbb{R}^n$의 수렴하는 열이라 하자. 거리공간에서 수렴하는 열은 코쉬 열인 것은 이미 알고 있다.

충분성: $\{\mathbf{p}_n\}$이 $\mathbb{R}^n$에서의 코쉬 열이라 하자. $\{\mathbf{p}_n\}$이 수렴하는 것을 증명하면 된다. 이를 위해서는 $\{\mathbf{p}_n\}$의 수렴하는 부분열을 하나만 찾으면 된다. 집합 $A = \{\mathbf{p}_1, \mathbf{p}_2, \cdots\}$을 생각하자.

- A가 유한집합인 경우는 수렴하는 부분열을 쉽게 찾을 수있는 것을 알고 있다.
- A가 무한집합인 경우는 $\{\mathbf{p}_n\}$이 코쉬 열인 것을 생각하면 A는 유계이므로, A는 유계인 무한집합이 된다. 따라서 볼차노-바이어슈트라스 정리에 따라 A는 $\mathbb{R}^n$에서 집적점을 갖는다. 따라서 이 집적점으로 수렴하는 $\{\mathbf{p}_n\}$의 부분열를 찾을 수 있다.

따라서 $\{\mathbf{p}_n\}$가 $\mathbb{R}^n$의 코쉬 열이면,
$\{\mathbf{p}_n\}$는 수렴하는 부분열을 갖고, 따라서 수렴한다. ■

정의 3.7.2 [완비거리공간(complete metric space)] 거리공간 X에 있는 모든 코쉬 열이 수렴하면 이 거리공간을 완비거리공간이라 한다.

정리 3.7.4에 따라 $\mathbb{R}^n$은 완비거리공간이다. 이제 거리공간 $\mathbb{R}^n$ 이외의 다른 완비거리공간이 있는지를 살펴보자. 다음 정리는 이것을 알아보는데 쓸모가 있다.

도움정리 3.7.3 (X,d)는 거리공간이다. $A \subset X$가 닫힌집합이다.
(a_n)의 A의 열이고 $\lim_{n\to\infty} a_n = p \in X$라면 $p \in A$.

증명. $p \in A$이거나 $p \notin A$이다. $p \notin A$는 아닌 것을 보이면 된다. 만일 $p \notin A$가 성립한다면 $p \in (X \setminus A)$이다. 그러면,가정에서 A가 닫힌집합이므로, $X \setminus A$는 열린집합이다. 따라서 이 점 p에 대해서 양수 ε를 잘 잡아서 $B_\varepsilon(p) \subset (X \setminus A)$ 가 되게 할 수 있다. 즉 $B_\varepsilon(p) \cap A = \emptyset$. 그런데 이것은 A의 열 (a_n)이 p로 수렴한다는 가정과 함께 할 수 없다. 왜냐하면 $\lim_{n\to\infty} a_n = p \in X$라면, 이 양수 ε에 대해서도, 자연수 n_ε이 존재해서 $n \geq n_\varepsilon$이면

$$x_n \in A,\ d(x_n, p) < \varepsilon \iff x_n \in B_\varepsilon(p) \cap A$$

이 성립하는데, 이것은 $n \geq n_\varepsilon$이면 $x_n \in B_\varepsilon(p) \cap A = \emptyset$ 이 되어 모순이기 때문이다. ■

도움정리 3.7.4 거리공간 X의 부분집합 $A \subset X$가 닫힌집합일 필요충분조건은 $A' \subset A$인 것이다.

증명. 필요성: 만일 p가 A의 원소가 아닌 A의 집적점이라 하자. 즉 $A' \not\subset A$라 가정하자. 이것은 A가 닫힌집합이라는 가정과 함께 할 수 없다. 왜냐하면 $p \notin A$라는 것은 $p \in (X \setminus A)$를 말하고, A가 닫힌집합이라는 것은 $X \setminus A$가 열린집합인 것을 말한다. 따라서 이 점 $p \in (X \setminus A)$에 대해서 양수 ε를 잘 잡아서 $B_\varepsilon(p) \subset (X \setminus A)$ 가 되게 할 수 있다. 이 식은 특히 $B_\varepsilon(p) \cap A = \emptyset$을 의미하므로 p가 A의 집적점이라는 가정에 모순이다. 이것으로 A가 닫힌집합이면 $A' \subset A$를 증명했다.

충분성: $A' \subset A$이면 A는 닫힌집합인 것을 보이자. 즉 $X \setminus A$가 열린집합인 것을 보이자. 만일 $X \setminus A$가 열린집합이 아니면 다음과 같은 점 $p \in (X \setminus A)$가 있다:

$$B_\varepsilon(p) \not\subset (X \setminus A), \quad \forall \varepsilon > 0.$$

이것은 $B_\varepsilon(p) \cap A \neq \emptyset$, $\forall \varepsilon > 0$ 을 의미하고 $p \in (X \setminus A)$이므로 $p \notin A$인 것을 생각하면

$$B_\varepsilon(p) \cap A \setminus \{p\} \neq \emptyset, \ \forall \varepsilon > 0$$

따라서 p는 A의 집적점이다. 정의에 따라 $p \in A'$. 그러나 이것은 $p \in A' \subset A$가 되어 $p \in (X \setminus A)$에 모순이다. ■

다음 두 정리는 완비거리공간의 부분공간이 다시 완비거리공간이 될 필요충분조건은 그것이 닫힌집합인 것임을 보인다.

도움정리 3.7.5 완비거리공간의 닫힌 부분집합은 모두 완비거리공간이다.

증명. (X,d)를 완비거리공간이라 하자. $A \subset X$는 닫힌 부분집합이다.

- $\{a_n\}$이 A의 코쉬 열이라 하자. 따라서 임의의 양수 ε에 대해서 자연수 n_0가 있어서

$$n, m \geq n_0 \implies d(a_n, a_m) < \varepsilon.$$

그런데 $A \subset X$이므로 $\{a_n\}$은 X에서의 열로 보았을 때도 코쉬열이다.

- X는 완비거리공간이므로 $\{a_n\}$은 X에서 $p \in X$로 수렴한다.
- 이 $p \in X$가 사실 A의 원소인 것을 보이면 충분하다.
- 만일 $p \notin A$라 하자. 그러면 $p \in X \setminus A$이고, A는 닫힌집합이므로 양수 δ를 잘 잡으면 p의 δ-이웃 $B_\delta(p) \cap A = \emptyset$이 되게 할 수 있다.

- 그런데 X에서 $a_n \to p$이므로 이 δ에 대해서 자연수 n_1이 있어서 $n \geq n_1$이면 $d(a_n, p) < \delta$. 즉 $a_n \in B_\delta(p)$. 따라서 $n \geq n_1$이면 $a_n \in B_\delta(p) \cap A = \emptyset$이 되어 모순이다.
- 따라서 $p \in A$. ■

도움정리 3.7.6 거리공간 X의 부분집합 A에 대해서, $(A, A|_d)$가 완비거리공간이면 A는 X의 닫힌집합이다.

증명. A가 유한집합이라 하자. 예를 들어 $A = \{a_1, a_2, \cdots, a_k\}$라 하자.
$p \notin A$이면 $p \neq a_j, j = 1, 2, \cdots k$, 이므로

$$d(p, a_j) > 0,\ j = 1, 2, \cdots, k.$$

따라서 양수 δ를 $\delta = \min\{d(p, a_1), d(p, a_2), \cdots, d(p, a_k)\}$ 로 잡으면 $B_\delta(p) \cap A = \emptyset$. 따라서 A는 닫힌집합이다.

A가 무한집합이라 하자. A가 닫힌집합이 아니면 A의 집적점이지만 A의 원소가 아닌 것이 있다. 이것을 p라 두자. 그러면 모든 $r > 0$에 대해서 $B_r(p) \cap \left(A \setminus \{p\}\right)$ 는 무한집합이다. 이것을 이용해서 $a_1 \in B_1(p) \cap \left(A \setminus \{p\}\right)$ 인 a_1을 잡자. 이렇게 해서 $a_1, a_2, \cdots, a_{k-1}$를잡았다 하자. 그러면 $B_{\frac{1}{k}}(p) \cap \left(A\ \{p\}\right)$ 가 무한집합인 것을 이용해서

$$a_k \in B_{1/k}(p) \cap \left(A\ \{p\}\right)$$

인 a_k를 잡을 수 있다. 이렇게 잡은 A의 열 $\{a_n\}$을 생각하자. 이 열 $\{a_n\}$은 $d(a_n, p) < \frac{1}{n}$ 이므로 X에서 p로 수렴한다. 따라서 X에서 코쉬 열이다. 그런데 $\{a_n\}$은 A의 열이고 A는 X의 부분공간이므로 $\{a_n\}$은 A에서도 코쉬 열이다. 가정에 따라 A는 완비거리공간이므로 $\{a_n\}$은 A에서 $q \in A$로 수렴한다. 그러므로 $\{a_n\}$은 X에서도 q로 수렴한다. 그런데 거리공간에서 극한값은 있다면 딱 하나다. 따라서 $p = q \in A$. 그러나 이것은 $p \notin A$로 잡은 것에 모순이다. 그러므로 A는 닫힌집합이다. ■

지금까지는 거리공간 (X, d)가 완비거리공간일 때 그 부분공간이 완비거리공간이 되는 경우를 살펴보았다. 따라서 거리공간 (X, d)가 완비공간이 되는 충분조건을 찾는 것은 의미가 있다. "코쉬열이 언제나 수렴하는 부분열을 갖는다" 조건은 "코쉬 열이 수렴한다"는 조건과 같기 때문에 새로운 것이 아니어서 대상에서 제외된다. 그러면 이보다 더 강한 조건

코쉬 열 뿐 아니라, 임의의 열이 수렴하는 부분열을 갖는다

라는 조건을 생각할 수 있다. 이것은 분명 코쉬 열이 수렴하는 부분열을 갖는다는 조건과는 다른 조건이다. 사실 이 조건은 코쉬 열이 수렴한다는 것보다 강한 조건이다. 아는 것처럼 거리공간 $X = (0,1)$은 이런 성질을 갖지 않는다. 왜냐하면 $\{\frac{1}{n}\}$은 수렴하는 부분열을 한 개도 갖지 않기 때문이다. 이 조건을 만족하는 공간을 다음과 같이 정의하자.

정의 3.7.3 [수열컴팩트 (sequentially compact)] 공간 X가 수열컴펙트라는 것은 X의 모든 열이, 수렴하는 부분열을 갖는 것을 말한다.

이 정의에 따르면 다음 정리를 얻는다.

정리 3.7.5 거리공간 (X,d)가 수열컴펙트라이면 (X,d)는 완비거리공간이다.

보는 것처럼 완비공간이 되기 위한 충분조건으로 수열컴펙트라는 조건보다 좀 더 의미 있는 조건은 다음과 같은 것을 생각할 수 있다.

X의 유계인 무한집합은 항상 X에서 집적점을 갖는다

거리공간 $\mathbb{R}^n$이 위 조건을 만족시킨다는 것이 **정리 3.7.3 볼차노-바이어슈트라스 정리 (Bolzano-Weierstrass Theorem)**이다. 또한 거리공간에서 코쉬 열은 언제나 유계인 열이므로, 위 조건은 코쉬 열은 언제나 수렴하는 부분열을 갖는다는 것을 의미한다. 따라서 위 조건은 코쉬 열이 수렴한다는 것을 보장한다. 이 조건을 다음과 같이 정의하자.

정의 3.7.4 [집적컴팩트(limit point compact)] 공간 X가 집적컴팩트라는 것은, X의 모든 무한 부분집합이 X에서 적어도 하나의 집적점을 갖는 것을 말한다.

이 정의에 따르면 다음 정리를 얻는다.

정리 3.7.6 거리공간 (X,d)가 집적점컴펙트이면 X는 완비거리공간이다.

거리공간 $\mathbb{R}^n$은 집적점컴펙트는 아니지만 완비거리공간인 것에 주의하자. 그러면 수열컴펙트와 집적점컴펙트 사이에는 어떤 관계가 있는가? 거리공간에서는 수열컴펙트와 집적점컴펙트는 동치이다.

정리 3.7.7 거리공간 X가 집적컴팩트이면 수열컴팩트이다.

증명. 수학적 귀납법을 쓰자.

- $A = \{x_n : n = 1, 2, 3, \cdots\}$라 두자.
- 만일 A가 유한집합이면 무한히 많은 n에 대해서 $x_n = a$가 되는 $a \in A$가 있다. 따라서 이 경우 $x_{n_k} = a, k = 1, 2, 3, \cdots$가 되는 $\{x_n\}$의 부분열 $\{x_{n_k}\}$를 잡을 수 있다.
- 만일 A가 무한집합이면 X는 가정에 따라 집적 컴팩트이므로 A는 집적점을 갖는다. p를 A의 집적점이라 하자. X는 또한 거리공간인 경우이므로 모든 $r > 0$에 대해서

$$B_r(p) \cap (A \setminus \{p\})$$

는 무한집합이다. 이것을 이용해서 $a_{n_1} \in B_1(p)$ 인 n_1을 잡자. 이런 방식으로 $n_1, n_2, \cdots, n_{k-1}$ 를잡았다 하자. 그러면

$$B_{\frac{1}{k}}(p) \cap (A \ \{p\})$$

가 무한집합인 것을 이용해서 $x_{n_k} \in B_{1/k}(p)$ 인 n_k를 잡을 수 있다. 수학적 귀납법에 따라 이렇게 잡은 부분열 $\{x_{n_k}\}$는
p로 수렴하는 $\{x_n\}$의 부분열이다. ■

정리 3.7.8 거리공간 X가 수열컴팩트이면 집적점컴팩트이다.

증명. $A \subset X$가 무한집합이라 하자. 다음과 같이 A의 점을 잡는다.

- $A \neq \emptyset$이므로 $a_1 \in A$을 잡다.
- A는 무한집합이므로 $A \setminus \{a_1\} \neq \emptyset$이다. $a_2 \in A \setminus \{a_1\}$ 을 잡자.
- 이런 방법으로 A의 서로다른 점 $a_1, a_2, \cdots, a_k$를잡았다면 a_{k+1}을같은 방법으로잡는다. 즉 A는 무한집합이므로 $A \setminus \{a_1, a_2, \cdots, a_k\} \neq \emptyset$을 이용해서

$$a_{k+1} \in A \setminus \{a_1, a_2, \cdots, a_k\}.$$

이렇게 얻어진 A의 서로 다른 점으로 이루어진 열 $\{a_n\}$은 가정에따라 X가 수열컴펙트이므로 수렴하는 부분열을 갖는다. 예를 들어 $\{a_{n_k}\}$가 $p \in X$로 수렴한다 하자.
그러면 이 점 p가 A의 한 집적점이다. ■

이제 수열컴펙트나 집적점컴펙트보다 더 추상적인 조건을 생각해보자. 거리공간 (X,d)의 부분집합 A가 무한집합이라 하자. 더욱 이 A가 X에서 집적점을 한 개도 갖지 않는다 하자. 이때는 다음과 같이 특별하게 A를 열린 공으로 덮을 수 있다. 여기서 " A를 덮는다"는 말을 분명히 하자.

정의 3.7.5 [덮개(covering), 열린덮개(open covering)]

1. $\{U_\iota\}_{\iota\in I}$가 집합 A를 덮는다는 것은 U_ι, $\iota \in I$,들의 합집합이 A를 포함하는 것을 말한다. 즉 $A \subset \bigcup_{\iota\in I} U_\iota$.. $\{U_i\}_{\in i}$를 A의 **덮개(covering** 라 한다.
2. 특히 U_ι, $\iota \in I$,가 모두 열린집합이면 $\{U_\iota\}_{\iota\in I}$를 A의 **열린덮개(open covering**)라 한다.

보기 3.7.3 $U_n = [\frac{1}{n},\infty) = \{x \in \mathbb{R} \mid \frac{1}{n} \le\}$, $n = 1,2,\cdots$를 생각하자. $\{U_n\}$은 $A = (0,1)$의 덮개인 것을 보여라.

<**풀이**> $a \in A$를 잡으면 $0 < a$이다. 그런데 $\{\frac{1}{n}\}$은 0으로 수렴하므로 $\frac{1}{n_a} < a$ 가 되는 자연수 n_a를 잡을 수 있다. 그러면 $a \in U_{n_a}$. 따라서

$$A = (0,1) = \bigcup_{n=1}^{\infty} U_n. \qquad \square$$

정리 3.7.9 거리공간 (X,d)의 부분집합 A가 닫힌집합이 아니면 다음 조건을 만족시키는 A의 열린덮개가 있다: 이 덮개의 원소를 유한 개를 골라서 A의 덮개를 만들 수 없다

증명. 거리공간에서는 닫힌집합이 아니면 컴펙트 공간이 될 수 없는 것을 말한다.

- A는 닫힌집합이 아니므로 A의 원소가 아닌 A의 집적점 $p \in X$가 있다.
- 각 자연수 $n = 1,2,\cdots,$에 대해서 다음과 같이 정의된 여린집합 U_n을 생각하자.

$$U_n = \{x \in X \mid d(x,p) > \frac{1}{n}\}.$$

- 그러면 $p \notin A$에 주의하면, $\bigcup_{n=1}^{\infty} U_n = \{x \in X \mid d(x,p) > 0\} = \big(X \setminus \{p\}\big) \supset A$. 따라서 $\{U_n\}$은 A의 열린덮개이다.
- 그러나 $U_1 \subset U_2 \subset U_3 \subset \cdots$ 에 주의하면, 이 덮개에서 유 한개의 $U_{n_1}, U_{n_2}, \cdots, U_{n_k}$를 어떻게 고르더라도, $M = \max\{n_1,n_2,\cdots,n_k\}$라 두면 $\bigcup_{i=1}^{k} U_{n_i} = U_M$.

- 그런데 $X \setminus U_M = \{x \in X \mid d(p,x) \le \frac{1}{M}\}$이고, p는 A의 집적점이므로 $A \cap \left(X \setminus U_M\right) \neq \emptyset$. 그러므로 $\{U_{n_1}, U_{n_2}, \cdots, U_{n_k}\}$은 A의 덮개가 될 수 없다. ■

거리공간 (X,d)의 부분집합 A가 무한집합인 경우를 더 생각해보자. 만일 A가 X에 집적점을 한 개도 갖지 않는다면 다음과 같은 A의 열린 덮개를 생각할 수 있다.

> 임의의 $p \in X$가 주어지면 p는 A의 집적점이 아니므로 양수 ε_p를 잘 잡아서 $A \cap B_{\varepsilon_p}(p)$ 가 유한집합이 되게 할 수 있다.

유한집합을 유한 개 합집을 하면 다시 유한 집합을 얻는다. 따라서 이렇게 잡은 A의 열린덮개 $\{B_\varepsilon(p)\}_{p\in X}$ 에서도, 유한 개을 어떻게 잡더라도 A이 덮개가 될 수 없다. 이런 경우가 생기지 않도록 다음 조건을 생각하자.

> A의 임의의 열린덮개에서 유한개를 잘 잡아서 다시 A의 덮개가 되게 할 수 있다.

이 조건은 대단히 중요한 조건이다. 따라서 다음 정의를 할 필요가 있다.

> **정의 3.7.6 [컴팩트(compact)]** 공간 X가 컴팩트라는 것은 X의 임의의 열린덮개 $\{G_\alpha\}_{\alpha\in\Lambda}$에 대해서, 유한 개 $G_{\alpha_1}, G_{\alpha_2}, \cdots, G_{\alpha_n}$를 를 잘 잡아서 A의 열린덮개가 되게 할 수 있는 것을 말한다.

우선 유한집합은 모두 컴펙트인 것을 알 수 있다. 거리공간 (X,d)의 부분집합 A를 생각하자. **정리 3.7.9**는 A가 닫힌집합이 아니면 A는 절대로 컴펙트가 될 수 없다는 것을 말한다. 따라서

> **따름정리 3.7.1** 거리공간 X의 부분집합 A가 컴펙트이면 A는 닫힌집합이다.

> **정리 3.7.10** 거리공간 X의 부분집합 A가 컴펙트이면 A는 유계인 집합이다.

증명. 아무런 점 $p \in X$를 잡아 다음과 같은 열린집합을 생각하자:

$$B_n(p) = \{x \in X \mid d(x,p) < n\}, \quad n = 1, 2, \cdots.$$

어떤 점 $q \in X$를 잡더라도 $d(q,p) < n_q$가 되는 자연수 n_q가 있다. 즉

$$q \in B_{n_q}(p)$$

가 되는 자연수 n_q가 있다. 따라서 $X = \bigcup_{n=1}^{\infty} B_n$. 그런데 A는 컴팩트이므로 이 중 유한 개를 골라서 A의 열린 덮개가 되게 할 수 있다. 여기서 $B_1(p) \subset B_2 \subset \cdots$인 것을 생각하면 $A \subset B_M(p)$이 되는 자연수 M이 있다. 즉 A는 유계이다. ■

앞에서 거리공간 X의 부분공간 A가 컴팩트이면, A는 X의 유계인 닫힌집합인 것을 알았다. 그러면 이 역도 성립할까? 즉 거리공간의 유계인 닫힌집합을 모두 컴팩트인가? 그렇지 않은 경우도 있다. 예를 들어 거리공간 $X = (0,1)$을 생각하자. X의 부분집합 $A = \{\frac{1}{n} \mid n = 2, 3, \cdots\}$는 X의 닫힌부분집합이다. 물론 A는 유계인 집합이다. 즉 A는 거리공간 X의 유계인 닫힌집합이지만 컴팩트는 아니다. 그러나 거리공간 $\mathbb{R}^n$에서는 유계인 닫힌집합이란 말과 컴팩트는 같은 말이다. 이를 증명하기 위해서 다음 개념과 도움정리가 필요하다.

정의 3.7.7 [르벡크 수(**Lebesgue Number**)] $\mathcal{A} = \{\mathcal{U}_\iota\}_{\iota \in \mathcal{I}}$가 거리공간 (X,d)의 열린덮개라 하자. A가 X의 부분집합일 때, 집합 A의 직경(diameter)란 다음 수를 말한다.

$$\text{diam}(A) = \sup\{d(x,y) \mid x, y \in A\}.$$

열린덮개 $\{U_\iota\}_{\iota \in I}$의 르벡크 수(Lebesgue Number)란 다음 조건을 만족시키는 수 δ를 말한다:

$$B \subset X, \ \text{diam}(B) < \delta \implies B \subset U_B \text{ 가 되는 } U_B \in \mathcal{A} \text{ 가 있다.}$$

도움정리 3.7.7 거리공간 (X,d)가 수열컴팩트이면 X의 열린덮개는 르벡크 수(Lebesgue number)를 갖는다.

증명. $\mathcal{A}$가 X의 열린덮개라 하자. $\mathcal{A}$가 르벡크 수가 갖지 않는다면 X가 수열컴팩트가 될 수 없는 것을 보이자. $\mathcal{A}$가 르벡크 수를 갖지 않는다면, 임의의 양의정수 n에 대해서, 직경은 $\frac{1}{n}$보다 작지만, $\mathcal{A}$의 어떤 원소에도 포함되지 않는 X의 부분집합이 있다. 이런 집합 중 하나를 C_n로 표시하자. 따라서

$$C_n \subset X, \ \text{diam}(C_n) < \frac{1}{n}, \ C_n \not\subset U, \ \forall U \in \mathcal{A}.$$

당연히 $C_n \neq \emptyset$이므로 각각의 C_n에서 한 점 $x_n \in C_n$을 잡자. 이 열 $\{x_n\}$은 수렴하는 부분열을 갖을 수 없는 것을 보이면 된다. 만일 $\{x_n\}$의 어떤 부분열 $\{x_{n_k}\}$가 점 p로 수렴한다면
$p \in X = \bigcup_{\iota \in I} U_\iota$ 이므로 $p \in U$가 되는 열린집합 $U \in \mathcal{A}$가 있다. 열린집합의 정의에 따라 이 점

p에 대해서 양수 ε_p가 있어서 $B_{\varepsilon_p}(p) \subset U$ 가 되게 할 수 있다. 그런데 $\lim_{k\to\infty} x_{n_k} \to p$이므로, $k \geq k_\varepsilon$이면

$$\frac{1}{n_k} < \frac{1}{3}\varepsilon_p,\ d(x_{n_k}, p) < \frac{1}{3}\varepsilon_p$$

이 되는 자연수 k_ε을 잡으면, $k \geq k_\varepsilon$일 때, 임의의 $x \in C_{n_k}$에 대해서

$$\begin{aligned} d(x,p) \leq d(x,x_{n_k}) + d(x_{n_k},p) \leq &\ \operatorname{diam}(C_{n_k}) + \frac{1}{3}\varepsilon_p \\ &< \frac{1}{n_k} + \frac{1}{3}\varepsilon_p \\ &= \frac{1}{3}\varepsilon_p + \frac{1}{3}\varepsilon_p \\ &< \varepsilon_p. \end{aligned}$$

이것은 $k \geq k_\varepsilon$일 때, $C_{n_k} \subset B_{\varepsilon_p}(p) \subset U$, $U \in \mathcal{A}$ 가 되어 C_n의 선택에 모순이다. ■

정리하면 A가 거리공간 X에서의 컴팩트 부분집합이면 A는 유계인 닫힌집합이다. 사실 거리공간에서는 컴팩트, 수열컴팩트, 집적점컴팩트 세 개념은 서로 동치이다.

정리 3.7.11 (X,d)가 거리공간이다. 다음은 X에서 다음 세 개념은 동치이다.

1. X는 컴팩트이다.
2. X는 집적점컴팩트이다.
3. X는 수열컴팩트이다.

증명. 2.와3.이 동치인 것은 이미 살펴보았다.

- 1.이면 2.: A가 X의 부분집합이고 동시에 무한집합이라 하자. A가 X에서 집적점을 한 개도 갖지 않는다면, 임의의 점 $p \in X$에 대해서 양수 ε_p를 잘 잡아서

$$A \cap B_{\varepsilon_p}(p) \quad \text{는 유한집합} \tag{*}$$

이 되게 할 수 있다. X의 열린덮개 $\{B_{\varepsilon_p}\}_{p\in X}$를 생각하자. 이것이 X이 열린덮개인 것은 열린 공은 열린 집합이고, 임의의 $q \in X$에 대해서 $q \in B_{\varepsilon_q}(q)$이므로 당연하다. 여기서 X가 컴팩트라는 가정을 생각하면 이 열린덮개에서 유한 개

$$B_{\varepsilon_{p_1}}(p_1), B_{\varepsilon_{p_2}}(p_2), B_{\varepsilon_{p_3}}(p_3), \cdots, B_{\varepsilon_{p_k}}(p_k)$$

를 잡아서 X의 덮개가 되게 할 수 있다. 그러면

$$A = A \cap X = A \cap \Big(\bigcup_{i=1}^{k} B_{\varepsilon_{p_i}}(p_i)\Big) = \bigcup_{i=1}^{k} \big(A \cap B_{\varepsilon_{p_i}}(p_i)\big).$$

이렇게 A가 유한 개의 (*) 꼴의 유한집합의 합집합으로 표시되었기 때문에 A는 유한집합이 되어, A가 무한집합이란 가정에 모순이다.

- 3. 이면 1. 이다:
  - 먼저 임의의 양수 ε에 대해서 X를 유한개의 열린 공으로 덮을 수 있는 것을 보이자. 만일 이렇게 할 수 없다 가정하다. 어떤 양수 δ가 존재해서 X를 반지름이 δ인 유한 개의 열린 공으로 덮을 수 없다 하자. 다음과 같이 X의 점열을 잡자. x_1을 X의 점을 아무 것이나 잡는다. $B_\delta(x_1)$을 X를 덮을 수 없으므로

$$x_2 \in X \setminus B_\delta(x_1)$$

을 잡는다. 다시 $B_\delta(x_1).B_\delta(x_2)$는 X를 덮을 수 없으므로

$$x_3 \in X \setminus \left(B_\delta(x_1) \cup B_\delta(x_2)\right)$$

를 잡는다. 이렇게 $x_1, x_2, \cdots, x_n$을 잡았다면, $x_{n+1} \in X$를 같은 방법으로 잡는다. 즉 $B_\delta(x_1), B_\delta(x_2), \cdots, B_\delta(x_n)$은 X를 덮지 못하므로

$$x_{n+1} \in X \setminus \left(B_\delta(x_1) \cup B_\delta(x_2) \cup \cdots \cup B_\delta(x_n)\right).$$

이렇게 잡은 열은 $d(xn+1, x_i) \geq \delta,\ i = 1, 2, \cdots, n$이다. 따라서 어떠한 부분열도 코쉬열이 될 수 없다. 즉 수렴하는 부분열을 한 개도 갖을 수 없다. 그러나 이것은 X가 수열컴펙트인 것에 모순이다.

  - 드디어 X가 컴펙트인 것을 보일 단계가 되었다. $\mathcal{U}$를 X의 임의의 열린덮개라 하자. X가 수열컴펙트이므로 $\mathcal{U}$는 르벡크 수(Legesgue number)를 갖는다. δ를 이 열린덮개의 르벡크 수라 하자. X를 반지름이 $\frac{1}{3}\delta$인 열린 공으로 덮자. 이런 공등의 직경은 기껏해야 $\frac{2}{3}\delta$이다. 그러면 δ가 이 열린덮개의 르벡크 수이므로, X를 덮고 있는 직경이 $\frac{2}{3}\delta$인 각각의 열린 공은, 주어진 덮개 $\mathcal{U}$의 어떤 원소에 포함된다. $\mathcal{U}$에서 이것을 골라내면, 이것이 X를 덮는 $\mathcal{U}$의 유한 개의 부분덮개이다. 따라서 X는 컴펙트이다. ■

보기 3.7.4 모든 컴팩트 거리공간은 완비공간이다.

<**풀이**> X에서의 모든 코쉬 열이 수렴하는 것을 보이면 된다. X가 컴팩트거리공간이라 하자. 컴팩트공간이므로 X는 집적컴팩트이다. 즉 X는 거리공간이고 수열컴팩트이다. 따라서 $\{x_n\}$은 수렴하는 부분열을 갖는다. 따라서 $\{x_n\}$ 자신이 수렴한다. □

정리 3.7.12 거리공간 $\mathbb{R}^n$에서는 부분공간 K에 대한 다음 두 조건은 동치이다:

1. K는 컴팩트이다.
2. K는 유계인 닫힌집합이다.

증명. 1.이면 2. : 이것은 이미 살펴보았다.

2.이면 1. : K가 유한집합이면 K가 컴팩트인 것은 시시하게 성립한다. K가 무한집합인 경우를 생각하자. A가 K의 부분집합이고 무한집합이면, 볼차노-바이어슈트라스 정리에 따라 A는 $\mathbb{R}^n$에서 집적점을 갖는다. 그런데 $A \subset K$이므로, 이 집적점은 K의 집적점이다. 그런데 K가 닫힌집합이므로 , 이 집적점은 K에 포함된다. 이것으로 K의 부분집합 A가 무한집합이면 A는 K에서 집적점을 갖는 것을 보였다. 즉 K가 집적점컴팩트인 것을 보였다. 그런데 거리공간에서는 집적점컴팩트와 컴팩트는 동치이므로 K는 컴팩트이다. ■

제 3.8 절 실수집합 $\mathbb{R}$의 열린집합의 구조

실수집합 $\mathbb{R}$의 부분집합 중에서 구간의 특별한 성질을 살펴본다.

도움정리 3.8.1 U가 공집합이 아닌 실수집합 $\mathbb{R}$의 열린집합이라 하자.
임의의 $u \in U$에 대하여 다음 두 조건을 만족시키는 구간 $I_u = (a_u, b_u)$가 있다:

- $u \in I_u$
- $I_u := (a_u, b_u) \subset U$
- $u \in (a,b) \subset U$이고 $(a,b) \supset I_u$이면 $(a,b) = I_u$.

여기서 $a_u = -\infty$이거나 $b_u = \infty$가 되는 경우도 허락한다. 구간 I_u을 열린집합 U의 u를 포함하는 **연결성분(connected component)**라 한다.

증명. U가 열린집합이므로 임의의 $u \in U$에 대하여 $(-\varepsilon + u, u + \varepsilon) \subset U$가 성립하는 양수 ε이 있다. 따라서 $B_u := \{x \in \mathbb{R} \mid u \in (a,x) \subset U\}$ 는 공집합이 아니다. 또한 $t \in B_u$이면 $s \in B_u, \forall s, u < s < t$. 만일 B_u가 위로 유계인 집합이 아니면 $b_u = \infty$라 두자. B_u가 위로 유계인 집합이면 $b_u := \inf B_u \in \mathbb{R}$로 잡자. 같은 이유로 $A_u := \{y \in \mathbb{R} \mid u \in (y,b) \subset U\}$ 도 공집합이 아니다. 이 경우에도 A_u가 아래로 유계인 집합이 아니면 $a_u = -\infty$로 잡고, A_u가 아래로 유계인 집합이면 $a_u = \inf A_u \in \mathbb{R}$ 로 잡는다. 정의로부터 $u \in (a_u, b_u) := I_u \subset U$. 다음으로 $u \in (a,b)$이므로

$a \in A_u, b \in B_u$. 따라서 $a_u \le a, b \le b_u$, 따라서 $(a,b) \subset (a_u, b_u) := I_u$. 이것으로 $(a,b) = I_u$인 것이 증명되었다. ■

도움정리 3.8.1에 따라 ℝ의 공집합이 아닌 열린집합 U는

$$U = \bigcup_{u \in U} I_u$$

로 표현된다.

> **정리 3.8.1** 실수집합 ℝ의 공집합이 아닌 열린집합은 기껏해야 번호를 붙일 수 있을 만큼 많은 서로 만나지 않는 열린구간의 합집합으로 표현된다.

증명. U를 실수집합 ℝ의 공집합이 아닌 열린집합이라 하자. 우선 **도움정리 3.8.1**에 따라

$$U = \bigcup_{u \in U} I_u$$

다음으로 $I_u \cap I_v \neq \emptyset$이라 하자. 그러면 $I_u \cup I_v$는 구간이고, $I_u \subset (I_u \cup I_v), I_v \subset (I_u \cup I_v)$. 따라서 $I_u = I_u \cup I_v = I_v$. 이제 집합 $\{I_u \mid u \in U\}$에서 유리집합 ℚ로의 함수 ϕ를 다음과 같이 정하자:

$$\phi : \{I_u \mid u \in U\} \to \mathbb{Q}, \quad \phi(I_u) = I_u\text{에 있는 유리수}$$

이 함수 ϕ는 단사함수이다. 왜냐하면

$$\phi(I_u) = \phi(I_v) \implies I_v \cap I_v \neq \emptyset \implies I_u = I_v$$

따라서 $\{I_u \mid u \in U\}$는 기껏해야 가산집합이다. ■

정리 3.8.1가 말하는 것은 실수집합 ℝ의 연린집합은 기껏해야 번호를 붙일 수 있을 만큼 많은 연결성분을 갖는다는 것이다.

> **정의 3.8.1** [**연결집합(connected set)**] 실수집합 ℝ의 부분집합 A가 **연결집합**이라는 것은
>
> $$A \subset (U \cup V), \quad U \cap V = \emptyset, U \cap A \neq \emptyset, V \cap A \neq \emptyset$$
>
> 이 되는 열린집합 U, V가 없는 것을 말한다.

정의 3.8.2 위상공간 $(X,\mathfrak{T})$의 부분집합 A에 대해서

$$A \subset U \cup V, \quad U \cap V = \emptyset, \quad A \cap U \neq \emptyset, A \cap V \neq \emptyset, U, V \in \mathfrak{T}$$

가 성립하는 U,V를 A를 **분리하는 열린집합**이라 한다.

위 정의에서 $U,V \in \mathfrak{T}$이면 $A \cap U, A \cup V$는 모두 부분공간 $(A,\mathfrak{T}_A)$에서 열린집합이므로, 위상공간 X의 부분집합 $A \subset X$가 연결공간이라는 것은 부분공간 $(A,\mathfrak{T}_A)$가 연결공간이라느 말과 같다. 따라서 위상공간 X의 부분공간 A가 연결공간이라는 것은

$$A = U \cup V, \quad U \cap V = \emptyset, \quad A \cap U \neq \emptyset, A \cap V \neq \emptyset, U, V \in \mathfrak{T}_A$$

가 성립하는 부분공간 $(A,\mathfrak{T}_A)$에서 열린집합 U,V가 없는 것과 같다.

도움정리 3.8.2 실수집합 $\mathbb{R}$의 구간 $(a,b) := \{x \in \mathbb{R}, a < x < b\}$는 연결집합이다. 여기서 $a = -\infty$이거나 $b = \infty$인 경우도 허용한다.

증명. 만일 (a,b)가 연결집합이 아니라면

$$(a,b) \subset U \cup V, \quad U \cap V = \emptyset, U \cap (a,b) \neq \emptyset, V \cap (a,b) \neq \emptyset$$

가 성립하는 열린집합 U,V가 존재한다. $p \in U \cap (a,b), q \in V \cap (a,b)$라 하자. $p < q$라 가정해도 좋다. 그러면 $[p,q] \subset (a,b)$.

$$B := \{x \mid x \in U \cap (a,b)\}$$

라 두면 $p \in B$이고, 특히 B는 위로 유계인 실수의 부분집합이다. $p_* := \sup B$라 두면 $a < p < p_* \leq q < b$. 여기서 $(a,b), U$가 $\mathbb{R}$의 열린집합인 것에 주의하면

$$(-\varepsilon + p_*, p_* + \varepsilon) \subset U \cap (a,b)$$

가 성립하는 양수 ε이 있다. 그러나 이것은 특히 $(-\varepsilon + p_*, p_* + \varepsilon) \subset B$이므로 $p_* = \sup B$라 정한 것에 맞지 않는다. 따라서 $U \cap (a,b) = \emptyset$이 되어야 하는데, 이것은 최초에 U,V를 정한 것에 만지 않는다. 따라서 (a,b)는 연결집합이다. ■

따름정리 3.8.1 U가 실수집합 $\mathbb{R}$의 열린집합이고, 연결집합이라 하자. 그러면 $U = (a,b)$. 여기서 $a = -\infty$이거나 $b = \infty$인 경우도 허용한다.

증명. U는 열린집합이므로 **도움정리 3.8.1**에서 서로 만나지 않는 열린구간의 합집합으로 표현된다. 만일 서로 만나지 않는 열린구간이 2개 이상이라면,

$$U = I_u \cup \bigcup_{v \neq u} I_v, \quad I_u \neq \emptyset, \bigcup_{v \neq u} I_v \neq \emptyset$$

는 U를 분리하는 열린집합이다. 따라서 $I_u = I_v, \forall v \in U$가 되어야 한다. ■

따름정리 3.8.2 임의의 실수 $a,b,a<b$에 대하여 $[a,b),(a,b],[a,b]$는 모두 연결집합이다.

증명. $[a,b)$가 연결집합인 것만 알아보자. 만일 $[a,b)$가 연결집합이 아니라면 $[a,b)$를 분리하는 열린집합 U,V가 있다:

$$[a,b) \subset U \cup V, \quad U \cap V = \emptyset, U \cap [a,b) \neq \emptyset, V \cap [a,b) \neq \emptyset$$

그런데 $(a,b) \subset [a,b)$이므로 $(a,b) \subset U \cap V$이지만 (a,b)는 연결집합이므로 U,V는 (a,b)를 분리하지는 못한다. 따라서

$$U \cap (a,b) = \emptyset \quad \text{이거나} \quad V \cap (a,b) = \emptyset$$

예를 들어 $U \cap (a,b) = \emptyset$이라 하자. 따라서 $(a,b) \subset V$. 만일 $a \in V$라면 $[a,b) \subset V$가 되어 $U = \emptyset$이 된다. 이것은 U,V가 $[a,b)$를 분리한다는 것에 모순이다. 만일 $a \in U$라면 U는 열린집합이므로 $(-\varepsilon + a, a + \varepsilon) \subset U$가 성립하는 양수 ε 이 있다,. 그러나 이것은 $(a,b) \in V$이므로 $U \cap V = \emptyset$에 모순이다. 따라서 $[a,b)$는 연결집합이다. ■

정리하면 실수집합 $\mathbb{R}$의 연결된 부분집합은

$$\begin{aligned}
&\mathbb{R} := (-\infty,\infty),\ (-\infty,b),\ (-\infty,b],\\
&(a,b),\ [a,b),\ (a,b],\ [a,b],\\
&(a,\infty),\ [a,\infty)\\
&[a,a] = \{a\}
\end{aligned}$$

뿐이다. 위 식에서 $a,b \in \mathbb{R}, a<b$.

연속함수를의 정의를 실수집합 $\mathbb{R}$을 경우로 제한해서 생각하면 A,B가 실수의 부분집합일 때 함수 $f: A \to B$가 연속함수라는 것은 $\mathbb{R}$의 임의의 열린집합 U에 대해서

$$f^{-1}(B \cap U)$$

가 A의 열린집합이 되는 것이다. 그런데 $B \subset \mathbb{R}$이므로 $f: A \to B$를 확장한

$$F: A \to \mathbb{R},\ F(a) := f(a),\ \forall a \in A$$

를 생각하면 $\mathbb{R}$의 모든 열린집합 $U \subset \mathbb{R}$에 대하여

$$f^{-1}(B \cap U) = F^{-1}(B \cap U) = F^{-1}(B) \cap F^{-1}(U) = A \cap F^{-1}(U)$$

인 것에 주의하면 이므로 $f: A \to B$가 연속이라는 말과 $F: A \to \mathbb{R}$이 연속이라는 말은 서로 동등하다.

도움정리 3.8.3 A는 $\mathbb{R}$의 연결된 부분공간이고 $f: A \to \mathbb{R}$은 연속함수이면 $f(A) \subset \mathbb{R}$도 연결된 부분공간이다.

증명. 만일 $f(A)$가 연결된 부분공간이 아니라 하자. 그러면 $f(A)$를 분리하는 열린집합 U,V가 있다:

$$f(A) \subset U \cup V,\ U \cap V = \emptyset, f(A) \cap U \neq \emptyset,\ f(A) \cap V \neq \emptyset$$

그러나 이것은

$$A = f^{-1}(f(A)) \subset f^{-1}(U \cup V) = f^{-1}(U) \cup f^{-1}(V)$$

가 되고, 특히

$$\emptyset \neq f^{-1}(f(A) \cap U) = f^{-1}(f(A)) \cap f^{-1}(U) = A \cap f^{-1}(U)$$
$$\emptyset \neq f^{-1}(f(A) \cap V) = f^{-1}(f(A)) \cap f^{-1}(V) = A \cap f^{-1}(V)$$

그러나 이것은 $A \cap f^{-1}(U), A \cap f^{-1}(V)$가 A를 분리하는 열린집합이란 말이다. 따라서 $f(A)$는 연결공간이 되어야 한다. ■

실수집합의 연결된 부분공간은 모두 구간이므로 다음 따름정리를 얻는다.

따름정리 3.8.3 $A \subset \mathbb{R}$이고 $f: A \to \mathbb{R}$은 연속함수이고 $[a,b] \subset A$이면 $f([a,b])$도 구간이다.

따름정리 3.8.4 [중간값정리(**intermediate theorem**)] $f:[a,b]\to\mathbb{R}$이 연속함수이고, $f(a)\le v\le f(b)$ 또는 $f(a)\ge v\ge f(b)$이면 $f(c)=v$ 가 성립하는 $c\in[a,b]$가 적어도 1개 있다.

증명. 만일 이런 c가 1개도 없다 하자. 그러면 $f\big([a,b]\big)\subset(-\infty,v)\cup(v,\infty)$ 이므로 $(-\infty,v),(v,\infty)$는 $f\big([a,b]\big)$를 분리하는 열린집합이다. 그러나 이것은 $f\big([a,b]\big)$가 연결집합인 것에 모순이다. ■

$\mathbb{R}$의 부부집합 A가 컴펙트라는 것은 A가 유계인 닫힌집합인 것을 알고 있다. 증명이 더 어렵지도 않기 때문에 일반적인 위상공간을 생각하자.

도움정리 3.8.4 위상공간 $(X,\mathfrak{T})$는 컴펙트 공간이다. $f:(X,\mathfrak{T})\to(Y,\mathfrak{S})$가 연속이면 $f(X):=\{f(x)\mid x\in X\}\subset Y$ 도 컴펙트 공간이다.

증명. $\{V_i\}_{i\in I}$가 $f(X)$의 열린덮개라 하자. 따라서 $f(X)\subset\bigcup_{i\in I}V_i$, $V_i\in\mathfrak{S},\forall i\in I$. 따라서

$$X=f^{-1}\big(f(X)\big)=f^{-1}\big(\bigcup_{i\in I}V_i\big)=\bigcup_{i\in I}f^{-1}(V_i)$$

그런데 $f:X\to Y$는 연속함수이고 $V_i\in I$는 Y에서 열린집합이므로 $f^{-1}(V_i),i\in I$는 X에서 열린집합이다. 따라서 $\{f^{-1}(V_i)\}_{i\in I}$는 컴펙트 공간 X의 열린덮개이다. 컴펙트 공간의 정의에 따라 다음을 만족시키는 유한집합 $J:=\{i_1,i_2,\cdots,i_K\}\subset I$가 있다:

$$X=\bigcup_{j\in J}f^{-1}(V_j)=f^{-1}(V_{i_1})\cup f^{-1}(V_{i_2})\cup\cdots\cup f^{-1}(V_{i_K})$$

따라서

$$f(X)=f\big(\bigcup_{j\in J}f^{-1}(V_j)\big)=\bigcup_{j\in J}f\big(f^{-1}(V_j)\big)\subset\Big(\bigcup_{j\in J}V_j\Big)=V_{i_1}\cup V_{i_2}\cup\cdots\cup V_{i_K}$$

이것으로 $f(X)$가 컴펙트 공간이 것이 증명되었다. ■

정리 3.8.2 [**최대최소값 정리**] A는 컴펙트 공간이고 $f:A\to\mathbb{R}$은 연속함수이다. 그러면 f는 A에서 최대값과 최소값을 갖는다.

증명. $f(A) \subset \mathbb{R}$은 컴팩트 공간이다. 그런데 $\mathbb{R}$의 컴팩트 공간은 모두 유계인 닫힌집합이므로 $\sup_{a\in A} f(a) = \sup\{f(a) \mid a \in A\} \in f(A)$이이고, $\inf_{a\in A} f(a) = \inf\{f(a) \mid a \in A\} \in f(A)$. 따라서

$$f(a_*) = \inf_{a\in A} f(a), \quad f(a^*) = \sup_{a\in A} f(a)$$

를 만족시키는 $a_*, a^* \in A$가 있다. 즉 $f : A \to \mathbb{R}$은 최대값과 최소값을 갖는다. ■

제 3.9 절 보기 문제

3.1. $\mathbb{R}^2$에서 $\|\mathbf{x}\|_\infty := \max\{|x|,|y|\}$, $\mathbf{x} = (x,y)$ 는 노음인 것을 보여라.

<**해설**> ▷

- $\|\mathbf{x}\|_\infty \geq 0$, $\|\mathbf{x}\|_\infty = 0 \iff \mathbf{x} = (x,y) = (0,0)$
- $\|t\mathbf{x}\|_\infty = \max\{|tx|,|ty|\} = |t|\max\{|x|,|y|\} = |t|\|\mathbf{x}\|$
- 임의의 $\mathbf{p} = (p_1,p_2), \mathbf{q} = (q_1,q_2)$에 대하여

$$\begin{aligned}\|\mathbf{p}+\mathbf{q}\| &= \max\{|p_1+q_1|,|p_2+q_2|\}\\ &\leq \max\{|p_1|+|q_1|,|p_2|+|q_2|\}\\ &\leq \max\{\|\mathbf{p}\|_\infty+\|\mathbf{q}\|_\infty,\|\mathbf{p}\|_\infty+\|\mathbf{q}\|_\infty\}\\ &= \|\mathbf{p}\|_\infty+\|\mathbf{q}\|_\infty\end{aligned}$$

3.2. $\mathbb{R}^n$에서 함수 $\|\mathbf{x}\|_\infty := \max\{|x_1|,|x_2|,\cdots,|x_n|\}$ 은 노음인 것을 보여라.

<**해설**> ▷ 모든 것이 정의로부터 직접 얻어지므로 $\mathbf{x},\mathbf{y} \in \mathbb{R}^n$에 대하여

$$\|\mathbf{x}+\mathbf{y}\|_\infty \leq \|\mathbf{x}\|_\infty + \|\mathbf{y}\|_\infty$$

만 확인하자. 정의로부터

$$\begin{aligned}\|\mathbf{x}+\mathbf{y}\|_\infty &= \max\{|x_1+y_1|,|x_2+y_2|,\cdots,|x_n+y_n|\}\\ &\leq \max\{|x_1|+|y_1|,|x_2|+|y_2|,\cdots,|x_n|+|y_n|\}\\ &\leq \max\{\|\mathbf{x}\|_\infty+\|\mathbf{y}\|_\infty,\|\mathbf{x}\|_\infty+\|\mathbf{y}\|_\infty,\cdots,\|\mathbf{x}\|_\infty+\|\mathbf{y}\|_\infty\}\\ &= \|\mathbf{x}\|_\infty+\|\mathbf{y}\|_\infty\end{aligned}$$

3.3. $\mathbb{R}^n$에서 함수

$$\|\mathbf{x}\|_1 := |x_1|+|x_2|+\cdots+|x_n|$$

은 노음인 것을 보여라.

<**해설**> ▷ $\|\mathbf{x}+\mathbf{y}\|_1 \le \|\mathbf{x}\|_1 + \|\mathbf{y}\|_1$인 것만 확인하자.

$$\begin{aligned}\|\mathbf{x}+\mathbf{y}\|_1 &:= \sum_{i=1}^{n} \|x_i + y_i| \\ &\le \sum_{i=1}^{n} (|x_i| + |y_i|) \\ &= \sum_{i=1}^{n} |x_i| + \sum_{i=1}^{n} |y_i| \\ &= \|\mathbf{x}\|_1 + \|\mathbf{y}\|_1\end{aligned}$$

3.4. d_1, d_1가 모두 집합 X에서 거리함수라 하자.

$$d : X \times X \to [0,\infty), \quad d(x,y) := \max\{d_1(x,y), d_2(x,y)\}$$

도 거리함수인 것을 보여라.

<**해설**> ▷ 거리함수가 되기 위한 삼각부등식만 확인하자.

$$\begin{aligned}d(x,y) &= \max\{d_1(x,y), d_2(x,y)\} \\ &\le \max\{d_1(x,z)+d_1(z,y), d_2(x,z)+d_2(z,y)\} \\ &\le \max\{d(x,z)+d(z,y), d(x,z)+d(z,y)\} \\ &= d(x,z)+d(z,y)\end{aligned}$$

3.5. $\mathbb{R}^2$에서 $d_1(\mathbf{x},\mathbf{y}) := \|\mathbf{x}-\mathbf{y}\|_\infty$, $d_2(\mathbf{x},\mathbf{y}) := \begin{cases} 0, & \mathbf{x}=\mathbf{y} \\ 1, & \mathbf{x}\neq\mathbf{y} \end{cases}$ 에 대하여

$$d(\mathbf{x},\mathbf{y}) := \max\{d_1(\mathbf{x},\mathbf{y}), d_2(\mathbf{x},\mathbf{y})\}$$

를 생각하자. $r > 0$에 따라 $B_r(\mathbf{p})$를 xy-평면에 표시하라.

<**해설**> ▷

- $0 < r < 1$일 때 $B_r(\mathbf{p}) = \{\mathbf{p}\}$
- $r \ge 1$일 때 $B_r(\mathbf{p}) = \{(x,y) \in \mathbb{R}^2 \mid |x-p_1| \le r, |y-p_2| \le r\}, \mathbf{p} = (p_1, p_2)$.

3.6. $X = \{f : [0,1] \to \mathbb{R} \mid f$는 연속함수 $\}$를 생각하자.

1. $\|f\|_1 := \int_0^1 \left|f(x)\right| dx$ 는 X에서 노음인 것을 보여라.

2. $\|f\|_2 := \left(\int_0^1 |f(x)|^2 dx\right)^{\frac{1}{2}}$는 X에서 노음인 것을 보여라.

<**해설**> ▷

1. 삼각부등식만 조사하자.

$$\begin{aligned}\|f+g\|_1 &:= \int_0^1 |f(x)+g(x)|dx \\ &\le \int_0^1 \big(|f(x)|+|g(x)|\big)dx \\ &= \int_0^1 |f(x)|dx + \int_0^1 |g(x)|dx \\ &= \|f\|_1 + \|g\|_1\end{aligned}$$

2. 삼각부등식만 조사하자. 임의의 실수 t에 대하여

$$\big(tf(x)+g(x)\big) = t^2 f(x)^2 + 2tf(x)g(x) + g(x)^2 \ge 0$$

따라서

$$t^2\int_0^1 f(x)^2dx + 2t\int_0^1 f(x)g(x)dx + \int_0^1 g(x)^2dx \ge 0 \qquad (*)$$

이 식이 모든 실수 t에 대해서 성립하려면 $f(x) \equiv 0$이거나 식 (*)가 t에 대한 2차방정식이 되어 판별식이 양수가 아니어야 한다. 즉

$$(\int_0^1 f(x)g(x)dx)^2 \le \int_0^1 f(x)^2dx \int_0^1 g(x)^2dx$$

따라서

$$\begin{aligned}\|f+g\|_2^2 &:= \int_0^1 \big(f(x)+g(x)\big)^2dx \\ &= \int_0^1 f(x)^2dx + 2\int_0^1 f(x)g(x)dx + \int_0^1 g(x)^2dx \\ &\le \int_0^1 f(x)^2dx + 2\int_0^1 |f(x)g(x)|dx + \int_0^1 g(x)^2dx \\ &\le \int_0^1 f(x)^2dx + 2(\int_0^1 f(x)^2dx)^{\frac{1}{2}}\ (\int_0^1 g(x)^2dx)^{\frac{1}{2}} + \int_{)}^1 g(x)^2dx \\ &= \big(\|f\|_2 + \|g\|_2\big)^2\end{aligned}$$

3.7. $X := \{f : \mathbb{N} \to \mathbb{R} \mid \sum_{n=0}^{\infty} |f(n)| < \infty\}$를 생각하자. $\|f\|_1 := \sum_{n=0}^{\infty} |f(n)|$ 은 노음인 것을 보여라.

<**해설**> ▷ 삼각부등식만 조사하자. $f, g \in X$이면 $\sum |f(n)| < \infty, \sum |g(n) < \infty$이다. 따라서 $\sum(|f(n)+|g(n)|) < \infty$이고, $f_g \in X$.

$$\|f+g\|_1 := \sum_{n=0}^{\infty}|f(n)+g(n)| \le \sum_{n=0}^{\infty}(|f(n)|+|g(n)|) = \sum_{n=0}^{\infty}|f(n)|+\sum_{n=0}^{\infty}|g(n)| = \|f\|_1+\|g\|_1$$

3.8. $X := \{f:\mathbb{N}\to\mathbb{R} \mid \sum_{n=1}^{\infty}|f(n)|^2<\infty\}$를 생각하자. $\|f\|_2 := \left(\sum_{n=1}^{\infty}|f(n)|^2\right)^{\frac{1}{2}}$ 은 노음인 것을 보여라.

<**해설**> ▷ 삼각부등식만 조사하자. 임의의 두 실수 a, b에 대하여

$$2|ab| \le a^2+b^2$$

인 것에 주의하면, 모든 $f, g\in X$에 대하여 $\sum f(n)g(n)$ 는 수렴한다. 다음으로 모든 실수 $t\in\mathbb{R}$에 대하여

$$\big(tf(n)+g(n)\big)^2 = t^2f(n)^2+2tf(n)g(n)+g(n)^2 \ge 0$$

따라서

$$t^2\sum|f(n)|^2+2t\sum f(n)g(n)+\sum|g(n)|^2 \ge 0$$

이 식으로부터

$$\left(\sum|f(n)g(n)|\right)^2 \le \sum f(n)^2\ \sum g(n)^2$$

을 얻는다. 따라서

$$\begin{aligned}\|f+_g\|_2 &= \sum|f(n)+g(n)|^2\\ &= \sum f(n)^2+2\sum f(n)g(n)+\sum g(n)^2\\ &\le \sum f(n)^2+2\left(\sum f(n)^2\right)^{\frac{1}{2}}\ \left(\sum g(n)^2\right)^{\frac{1}{2}}+\sum g(n)^2\\ &= \left(\|f\|_2+\|g\|_2\right)^2\end{aligned}$$

3.9. $a, b\in\mathbb{R}$이다. 거리공간 $\mathbb{R}$에서 함수 $f:\mathbb{R}\to\mathbb{R}$, $f(x)=ax+b$는 $\mathbb{R}$에서 연속인 것을 보여라.

<**해설**> ▷ $f(x)-f(y)=(ax+b)-(ay=b)=a(x-y)$이므로

$$\big|f(x)-y(y)\big| \le (|a|+1)|x-y|,\ \forall x, y\in\mathbb{R}$$

따라서 임의의 양수 ε에 대하여 $\delta=\frac{\varepsilon}{|a|+1}$로 잡으면 $B_\delta(x)\subset f^{-1}\Big(B_\varepsilon\big(f(x)\big)\Big)$.

3.10. $X=\mathcal{C}^0[0,1] := \{f:[0,1]\to\mathbb{R} \mid f$는 연속함수$\}$에서

$$\|f\|_\infty := \max\{\big|f(x)\big| \mid x\in[0,1]\}$$

는 노음이다. 함수 $T:X\to X$, $(Tf)(x):=xf(x)$는 연속인 것을 보여라.

<**해설**> ▷ 이 노음으로부터 얻어지는 거리함수는 $d(f,g) = \|f-g\|_\infty$이다.

$$\begin{aligned}\|Tf - Tg\|_\infty &= \max\{|xf(x) - xg(x)| \mid x \in [0,1]\} \\ &\le \max\{|f(x) - g(x)| \mid x \in [0,1]\} \\ &= \|f-g\|_\infty\end{aligned}$$

따라서 임의의 양수 ε에 대해서 $\delta = \varepsilon$으로 잡으면 $B_\delta(f) \subset f^{-1}\Big(B_\varepsilon\big(Tf\big)\Big)$.

3.11. $X = \mathcal{C}^0[0,1] := \{f : [0,1] \to \mathbb{R} \mid f$는 연속함수$\}$에서

$$\|f\|_1 := \int_0^1 \big|f(x)\big| dx$$

는 노음이다. 함수 $T : X \to X,, \big(Tf\big)(x) := xf(x)$는 연속인 것을 보여라.

<**해설**> ▷ 이 노음으로부터 얻어지는 거리함수는 $d(f,g) = \|f-g\|_1$이다.

$$\begin{aligned}\|Tf - Tg\|_\infty &= \int_0^1 ||xf(x) - xg(x)|dx\} \\ &\le \int_0^1 |f(x) - g(x)|dx \\ &= \|f-g\|_1\end{aligned}$$

따라서 임의의 양수 ε에 대해서 $\delta = \varepsilon$으로 잡으면 $B_\delta(f) \subset f^{-1}\Big(B_\varepsilon\big(Tf\big)\Big)$.

3.12. $X = \{f : [0,1] \to \mathbb{R} \mid f$는 유계인 함수 $\}$이라 하자.

$$d(f,g) := \sup\{|f(x) - g(x)| \mid x \in [0,1]\}$$

은 X에서 거리함수다.

1. 함수열 $\{f_n\}_{n=1}^\infty$

$$f_n(x) = x^n$$

은 함수 $f : [0,1] \to \mathbb{R},\ f(x) = \begin{cases} 0, & 0 \le x < 1 \\ 1, & x = 1 \end{cases}$ 로 수렴하는가?

2. 함수열 $g_n(x) = n^p x(1-x)^n, 0 \le x \le 1$이 0-함수로 수렴하기 위한 p의 조건은 무엇인가?
3. 함수열 $h_n(x) = n^p x(1-x^2)^n, 0 \le x \le 1$이 0-함수로 수렴하기 위한 p의 조건은 무엇인가?

<**해설**> ▷

1. 만일 $f_n \to f$라 하면, 잉의의 양수 ε에 대하여 다음 조건을 만족시키는 자연수 M이 있다:

$$n \ge M \implies g_n \in B_\varepsilon(f)$$

그런데 $\varepsilon^{\frac{1}{n}} < p_n < 1$ 가 성립하는 $p_n \in [0,1]$에 대해서는

$$d(f_n, f) = \max\{|f_n(x) - f(x)| \mid x \in [0,1]\} \geq |f_n(p_n) - f(p)| = f_n(p_n) > \varepsilon$$

따라서 $f_n \not\to f$.

2. $g_n(x) \geq 0, x \in [0,1]$이므로 g_n의 최대값을 구해보자.

$$g_n'(x) = n^p(1-x)^{n-1}\big(1-(n+1)x\big)$$

따라서 g_n은 $x = \frac{1}{n+1}$일 때 최대값

$$g(\frac{1}{n+1}) = n^{p-1}(\frac{n}{n+1})^{n+1} = n^{p-1}(\frac{n}{n+1})\frac{1}{(1+\frac{1}{n})^n}$$

따라서 $p < 1$이면 g_n의 최대값이 0으로 수렴하므로 $d(g_n, 0) \to 0$가 되어 g_n은 0 함수로 수렴한다.

3. 같은 방식으로 h_n의 최대값을 구하면

$$h(\frac{1}{\sqrt{1+2n}}) = \frac{n^p}{\sqrt{1+2n}}(\frac{2n}{1+2n})^n$$

따라서 $p < \frac{1}{2}$이면 $d(h_n, 0) \to 0$가 되어 h_n은 0 함수로 수렴한다.

장 4
위상공간

앞 절에서 기회 있을 때마다 일반적인 위상공간을 말했다. 여기서는 이미 공부한 거리공간과 $\mathbb{R}$을 이용해서 일반적인 위상공간을 공부한다. 주요내용은 다음과 같은 것들이 있다.

- 위상공간, 위상공간의 기저
- 열린집합, 닫힌집합
- initial topology, final topology(상위상, quotient topology)
- 곱위상. 도집합, 집적점
- Hausdorff 공간, 컴팩트 공간

사람들의 모임을 생각하자. 모임의 구성원이 몇 명 인지는 모임을 특성을 판단하는데 중요한 요소이다. 예를 들어 모임 X와 모임 Y의 구성원 수가 다르다면 두 모임은 누가 봐도 다르다. 모임은 모임의 목적에 따라 구성원의 역할이 다르다. 이제 모임 X를 생각하자. 어떤 일을 하기 위해서 $A \subset X$를 선택했다. 무슨 이유로 A를 선택했는지는 외부인은 이유를 알 수 없는 경우도 있다. 예를 들어 남자 3명, 여자 3명으로 구성된 모임에서 A가 3명의 남자로 구성됐다면 A를 선택한 이유가 남자이기 때문인가? 그럴 수도 있다. 그러나 여자가 아니기 때문일 수도 있다. 아니면 남자들은 모두 구두를 신었고, 여자들은 모두 운동화를 신었기 때문에 운동화를 신지 않은 사람들을 골랐기 때문일 수도 있다. 중요한 것은 겉으로 보이는 것은 충분하고 정당한 이유가 있어 A를 고른 것이다. 만일 $B \subset X$도 골랐다면 이것도 충분하고 정당한 이유가 있다. 이렇게 충분하고 정당한 이유로 X의 부분집합들이 골라졌는지 판단하는 기준은 골라진 X의 부분집합들을 $\mathfrak{T}$로 표시했을 때

1. 한 명도 고르지 않은 경우도 허용한다. 전원을 고르는 것도 허용한다.
2. $A, B \subset X$가 골라졌다면 $A \cap B$도 고른 것도 문제지 않는다. 왜냐하면 A를 고른 조건을 c_A, B를 고른 조건을 c_B라 하면 $A \cap B$는 두 조건 c_A, c_B를 동시에 만족하는 사람들이다.

   그러나 Λ가 무한집합일 때 각각의 $\lambda \in \Lambda$에 대해서 $A_\lambda \subset X$가 있다면

$$\bigcap_{\lambda \in \Lambda} A_\lambda \subset X$$

는 고르지 않아도 따지지 않는다. 물론 고른 것도 따지지 않는다. 왜냐하면 $\bigcap_{\lambda\in\Lambda} A_\lambda$는 무한히 많은 조건을 만족시키는 사람들인데, 이런 사람들은 현실적으로 존재하지 않고, 존재한다면 단지 놀라운 일일 뿐이다.

3. 그러나 유한, 무한을 따지지 않고, $B_\mu, \mu \in M$를 골랐다면

$$\bigcup_{\mu\in M} B_\mu \subset X$$

를 고르더라도 문제되지 않는다. 왜냐하면 $\bigcup_{\mu\in M} B_\mu$에 속하는 사람들은 최소한 선택될 조건 중에서 적어도 하나는 만족시키는 사람들이기 때문이다.

제 4.1 절 거리공간의 일반화로서 위상공간

거리공간 X의 한 점 $p \in X$가 주어지면, 점 $p \in X$로 부터 일정한 거리 안에 들어오는 집합을 생각하는 것이 자연스럽다.

정의 4.1.1 [열린 공(open ball) , 닫힌 공(closed ball)] 거리공간 (X,d)가 있다.

1. **열린 공(open ball)**이란 $B_r(p) := \{x \in X \mid d(x,p) < r\}$ 을 말한다.
2. **닫힌 공(closed bal)**은 $\overline{B}_r(p) := \{x \in X \mid d(x,p) \le r\}$

거리공간의 열린 공은 어떤 성질을 갖는가?

도움정리 4.1.1 거리공간 (X,d)의 열린 공 $B_r(p)$는 다음 성질을 갖는다:

임의의 $x \in B_r(p)$에 대해서 양수 r_x이 존재해서 $B_{r_x}(x) \subset B_r(p)$

증명. $x \in B_r(p)$이므로 $d(x,p) < r$. 양수 r_x를 다음과 같이 잡자:

$$r_x := r - d(x,p)$$

그러면 임의의 $y \in B_{r_x}(x)$에 대해서

$$d(y,p) \le d(y,x) + d(x,p) < r_x + d(x,p) = \big(r - d(x,p)\big) + d(x,p) = r$$

즉 임의의 $y \in B_{r_x}(x)$ 에 대해서 $d(y,p) < r$ 이므로 $y \in B_r(p)$. 이것으로 $B_{r_x}(x) \subset B_r(p)$가 증명되었다. ■

열린공의 합집합으로 표현될 수 있는 집합을 알아보자.

- U가 열린 공들의 합집합으로 표현된다는 것은 $U = \bigcup \mathfrak{U}$ 가 되는 열린 공들의 무리 $\mathfrak{U}$가 있다는 말이다.

  네 실수 a,b,c,d가 $a < b, c < d$를 만족할 때, $\mathbb{R}^2$의 사각형

$$R = \{(x,y) \mid a < x < b, c < y < d\}$$

  를 생각해보자. 임의의 원소 $\mathbf{p} = (u,v) \in R$에 대해서, 양수 $r_{\mathbf{p}}$를 다음과 같이 정하자:

$$r_{\mathbf{p}} := \min\{b-u, u-a, d-v, v-c\}$$

  로 잡으면 $\mathbf{p} = (u,v)$를 중심으로 하는 다음 정사각형

$$\{x,y) \mid |x-u| < r_{\mathbf{p}}, |y-v| < r_{\mathbf{p}}\}$$

  은 R의 부분집합이다. 즉

$$\{x,y) \mid |x-u| < r_{\mathbf{p}}, |y-v| < r_{\mathbf{p}}\} \subset R = \{(x,y) \mid a < x < b, c < y < d\}$$

  특히 이 양수 $r_{\mathbf{p}}$에 대해서 $B_{r_{\mathbf{p}}}(\mathbf{p}) \subset R$ 따라서

$$R = \bigcup_{\mathbf{p}\in R} \{\mathbf{p}\} \subset \left(\bigcup_{\mathbf{p}\in R} B_{r_{\mathbf{p}}}(\mathbf{p})\right) \subset R$$

  즉 직사각형 $R = \{(x,y) \mid a < x < b, c < y < d\}$에 대해서, 열린 공들의 무리를

$$\mathfrak{U} := \{B_{r_{\mathbf{p}}}(\mathbf{p}) \mid \mathbf{p} \in R\}$$

  로 잡으면 $R = \{(x,y) \mid a < x < b, c < y < d\} = \bigcup \mathfrak{U}$ 이것은 $\mathbb{R}^2$의 직사각형도 열린공들의 합집합으로 표현되는 것을 보여준다.

- 공집합 $\emptyset$의 경우에는 $\mathfrak{U} = \emptyset$를 잡아서 $\emptyset = \bigcup \mathfrak{U}$로 이해한다. 따라서 공집합 $\emptyset$은 열린 공들의 합집합으로 표현된다,

정리 4.1.1 [열린 공들의 합집합으로 표현 할 수 있는 집합] 거리 공간 (X,d)의 열린 공들의 합집합으로 표현될 수 있는 X의 부분집합 전체를 $\mathfrak{T}$라 하자. 즉

$$\mathfrak{T} := \{U \mid U \subset X,\ U\text{는 열린 공들의 합집합으로 표현된다}\}$$

$\mathfrak{T}$는 다음 성질을 갖는다:

1. $\emptyset \in \mathfrak{T}$, $X \in \mathfrak{T}$.
2. $U,V \in \mathfrak{T} \implies U \bigcap V \in \mathfrak{T}$
3. $(U_\lambda)_{\lambda\in\Lambda}$가 $\mathfrak{T}$에 있는 집합들이면 $\bigcup_{\lambda\in\Lambda} U_\lambda \in \mathfrak{T}$

증명.

1. $\emptyset \in \mathfrak{T}$는 이미 설명했다. 다음로 임의의 $x \in X$에 대해서 $\{x\} \subset B_r(x) \subset X$ 이므로

$$X = \bigcup_{x\in X}\{x\} \subset \bigcup_{x\in X} B_r(x) \subset X$$

따라서 $X = \bigcup_{x\in X} B_r(x) \in \mathfrak{T}$.

2. $x \in U\cap V$, $U, V \in \mathfrak{T}$이면, 양수 r_1, r_2가 존재해서 $x \in B_{r_1}(x) \subset U$, $\quad x \in B_{r_2}(x) \subset V$ 양수 r을 r_1, r_2 중에서 작은 것으로 잡자. 즉 $r = \min\{r_1, r_2\}$으로 잡으면

$$\{x\} \subset B_r(x) \subset B_{r_1}(x) \subset U, \quad \{x\} \subset B_r(x) \subset B_{r_2}(x) \subset V$$

따라서 $\{x\} \subset B_r(x) \subset U\cap V$ 그러므로 임의의 $x \in U\cap V$에 대해, 이렇게 양수 r을 잡으면

$$U\cap V = \bigcup_{x\in U\cap V}\{x\} \subset \bigcup_{x\in U\cap V} B_r(x) \subset U\cap V$$

따라서 $U\cap V \in \mathfrak{T}$.

3. $x \in \bigcup_{\lambda\in\Lambda} U_\lambda$이면 $x \in U_{\lambda_0}$가 되는 $\lambda_0 \in \Lambda$가 최소한 하나는 있다. 그런데 $U_{\lambda_0} \in \mathfrak{T}$이므로 양수 $\varepsilon = \varepsilon(x, \lambda_0)$를 잘 잡아서 $\{x\} \subset B_\varepsilon(x) \subset U_{\lambda_0}$ 가 되게 할 수 있다. 따라서 표현을 간단하기 위해 $\Omega = \cup_{\lambda\in\Lambda} U_\lambda$라 두면

$$\{x\} \subset B_\varepsilon(x) \subset U_{\lambda_0} \subset \Omega$$

따라서 $\Omega = \bigcup_{\lambda\in\Lambda} U_\lambda = \bigcup_{x\in\Omega}\{x\} \subset \bigcup_{x\in\Omega} B_\varepsilon(x) \subset \Omega$ 그러므로 $\Omega = \bigcup_{\lambda\in\Lambda} U_\lambda \in \mathfrak{T}$. ■

위 정리의 증명을 자세히 보면 다음 정의가 자연스럽다.

> **정의 4.1.2 [열린집합(open set)]** 거리공간 (X, d)를 생각하자. $U \subset X$가 열린집합이라는 것은
>
> $x \in U$가 주어지더라도 양수 r_x를 잘 잡아서 $B_{r_x}(x) \subset U$ 가 되게 할 수 있다.
>
> 이것을 다른 말로 표현하면
>
> $U \subset X$가 열린집합이라는 것은 U가 열린 공들의 합집합으로 표현되는 것을 말한다.
>
> 특히 열린 공 $B_r(x)$는 모두 열린집합인 것을 알아채자.

거리공간이 아니더라도 거리공간이 같는 중요한 성질은 유지될 수 있다. 이것은 거리공간의 성질을 정의로 쓰는 방법이다. **정리 4.1.1**로 부터 다음 정의를 생각할 수 있다,.

정의 4.1.3 [위상(Topology),위상공간(Topological Space)] 집합 X가 있다. X의 모든 부분집합으로 이루어진 집합을 $\mathfrak{P}(X)$로 나타내자. $\mathfrak{P}(X)$의 부분집합 $\mathfrak{T}$가 다음 3가지 조건을 만족시키면, $\mathfrak{T}$를 집합 X 위에서의 **위상(Topology)**이라 한다:

1. $\emptyset, X \in \mathfrak{T}$
2. $U, V \in \mathfrak{T} \implies U \cap V \in \mathfrak{T}$
3. $(U_\iota)_{\iota \in I} \implies \bigcup_{\iota \in I} U_\iota \in \mathfrak{T}$

집합 X와, X에서의 위상 $\mathfrak{T}$를 함께 생각한 것을 $(X, \mathfrak{T})$로 표시하고, **위상공간 (Topological space)**X라 한다.

그런데 주어진 집합 X에서의 위상은 문맥에 따라 판단할 수 있기 때문에, 위상 $\mathfrak{T}$는 겉으로 쓰지않고, 간단하게 "위상공간 X"라 말한다.

정의 4.1.4 [열린집합(open set), 닫힌집합(closed set)] 위상공간 $(X, \mathfrak{T})$가 있다.

- 위상 $\mathfrak{T}$에 속하는 X의 부분집합을 **열린집합(open set)**이라 한다.
- $C \subset X$ 의 X에 대한 여집합 $X \setminus C$가 열린집합이면, C를 **닫힌집합(closed set)** 이라 한다.

보기 4.1.1 어떤 집합이 주어지더라도, 가장 간단하게 만들 수 있는 위상은

- $\mathfrak{T} = \{\emptyset, X\}$
- $\mathfrak{T} = \mathfrak{P}(X)$

여기서 위상 $\{\emptyset, X\}$를 **시시한 위상** 라 하고, X의 모든 부분집합으로 이루어지는 위상 $\mathfrak{P}(X)$를 **이산위상 (discrete topology)** 라 한다. □

보기 4.1.2 2개의 원소로 이루어진 집합 $X = \{a, b\}$를 생각하자.

$$\mathfrak{T}_1 := \{\emptyset, \{a\}, X\}, \qquad \mathfrak{T}_2 = \{\emptyset, \{b\}, X\}$$

는 모두 X의 위상이다. 이 보기에서는 같은 집합 X에 집합으로 볼 때 서로 다른 위상이 존재할 수 있는 것을 말해준다. □

보기 4.1.3 3개의 원소로 이우러진 집합 $X = \{a,b,c\}$를 생각하자.

$$\mathfrak{T} := \{\emptyset, X, \{a,b\}, \{b,c\}\}$$

는 X의 위상이 아니다. 왜냐하면 $\{a,b\}, \{b.c\} \in \mathfrak{T}$이지만

$$\{a,b\} \cap \{b,c\} = \{b\} \notin \mathfrak{T}$$

이기 때문이다. 물론 $\mathfrak{S} := \mathfrak{T} \cup \{\{b\}\} = \{\emptyset, X, \{b\}, \{a,b\}, \{b,c\}\}$는 X에서의 위상이다. □

유한집합은 집합의 연산에 안정적이다. 즉 두 유한집합의 합집합, 공통집합은 모두 유한집합이다.

보기 4.1.4 X가 무한집합이면 $\mathfrak{T} := \{X \setminus A \mid A$는 유한집합 $\} \cup \{\emptyset\}$ 은 X의 위상인 것을 보여라.

<**풀이**> $\emptyset$은 유한집합이고 $X \setminus \emptyset = X$이므로 $X \in \mathfrak{T}$. 정의로 부터 직접 $\emptyset \in \mathfrak{T}$.
$U, V \in \mathfrak{T}$라 하자. 그러면 $U = X \setminus A, V = X \setminus B$가 되는 유한집합 A, B가 있다.
그런데 $A \cup B$도 유한집합이고 $X \setminus (A \cup B) = (X \setminus A) \cap (X \setminus B) = U \cap V$ 이므로 $U \cap V \in \mathfrak{T}$.
$\{U_i\}_{i \in I}$가 $\mathfrak{T}$의 원소로 이우러진 무리라 하자. 따라서 $X \setminus U_i, i \in I$는 유한집합이다. 그런데 임의의 $i_0 \in I$에 대해서 $U_{i_0} \subset \bigcup_{i \in I} U_i$이므로 $\left(X \setminus \bigcup_{i \in I} U_i\right) \subset (X \setminus U_{i_0})$ 그런데 $X \setminus U_{i_0}$는 유한집합이고, 유한집합의 부분집합은 유한집합이므로 $\bigcup_{i \in I} U_i \in \mathfrak{T}$. □

유한집합과 달리 무한집합은 집합의 연산에 불안정하다. 예를 들어 두 무한집합의 합집합은 무한집합이지만, 두 무한집합의 공통집합은 무한집합이 아닌 경우가 있다.

보기 4.1.5 X가 무한집합이라 하자. $\mathfrak{S} := \{X \setminus A \mid A$는 무한집합 $\} \cup \{X\}$ 은 X의 위상이 아닌 것을 보여라.

증명. $U, V \in \mathfrak{S}$라 하자. 정의에 따라 $U = X \setminus A, V = X \setminus B$가 되는 무한집합 $A, B \subset X$가 있다. 그런데 $U \cup V = (X \setminus A) \cup (X \setminus B) = X \setminus (A \cap B)$ 인데, $A \cap B$는 무한집합이 되지 않는 경우가 있다. 예를 들어 $X = \mathbb{N}$를 생각하자. $U = \{2k \mid k \in \mathbb{N}\}, V = \{2k+1 \mid k \in \mathbb{N}, k \geq 1\}$ 을 잡으면 $U = X \setminus \{2k+1 \mid k \in \mathbb{N}\}, V = X \setminus (U \cup \{1\})$. 그런데

$$U \cup V = \{2k \mid k \in \mathbb{N}\} \cup \{2k+1 \mid k \in \mathbb{N}\} = \mathbb{N} \setminus \{1\}$$

따라서 $U \cup V \notin \mathfrak{S}$이다. 이런 현상은 두 무한집합 $\{2k+1 \mid k \in \mathbb{N}\}$와 $\{2k \mid k \in \mathbb{N}\} \cup \{1\}$의 공통집합 $\{2k+1 \mid k \in \mathbb{N}\} \cap \Big(\{2k \mid k \in \mathbb{N}\} \cup \{1\}\Big) = \{1\}$ 은 무한집합이 아니고, 유한집합이기 때문에 일어난다. ■

보기 4.1.6 집합 $X = \{a,b,c,d,e\}$에서의 위상

$$\mathfrak{T} := \{\emptyset, X, \{e\}, \{b,c\}, \{a,b,c\}, \{b,c,d\}, \{b,c,e\}, \{a,b,c,d\}, \{a,b,c,e\}, \{b,c,d,e\}\}$$

를 생각하자,

1. X의 열린집합을 모두 말하여라.
2. X의 닫힌집합을 모두 말하여라.
3. X의 열린집합인 동시에 닫힌집합이 있으면 다 말하여라.
4. X의 열린집합도 아니고, 닫힌 집합도 아닌 집합이 있으면 말하여라.

<풀이> 1. 열린집합은 $\mathfrak{T}$의 원소를 말한다. 따라서 열린집합은
$\emptyset, X, \{e\}, \{b,c\}, \{a,b,c\}, \{b,c,d\}, \{b,c,e\}, \{a,b,c,d\}, \{a,b,c,e\}, \{b,c,d,e\}$

2. $\mathfrak{T}$의 여집합을 다 말하면 된다

$$X, \emptyset, \{a,b,c,d\}, \{a,d,e\}, \{d,e\}, \{a,b\}, \{a,d\}, \{e\}, \{d\}, \{a\}$$

3. $\emptyset, X, \{e\}, \{a,b,c,d\}$

4. 열린집합과 닫힌집합을 모두 나열했다. 열린집합은 10개가 있고, 닫힌 집합도 10개가 있다. 열린집합이면서 동시에 닫힌집합이 4개 있기 때문에, X의 모든 부분집합의 개수가 $2^5 = 32$인 것에 주의하면, $\{a,c\}, \{a,e\}$ 처럼 열린집합도, 닫힌집합도 아닌 것은 모두 $32 - 10 - 10 + 4 = 16$개가 있다. □

정리 4.1.2 위상공간 X의 부분집합 U가 열린집합이 될 필요하고 충분한 조건은

- 임의의 $x \in U$에 대하여
- $x \in \mathcal{O}_x \subset U$

가 성립하는 열린집합 $\mathcal{O}_x$가 존재하는 것이다.

증명. 충분성: 임의의 $x \in U$에 대하여 $x \in \mathcal{O}_x \subset U$ 가 성립하는 열린집합 $\mathcal{U}$가 존재한다 하자. 그러면 $U = \bigcup_{x \in U}\{x\} \subset \bigcup_{x \in U} \mathcal{O}_x \subset U$ 따라서 $U = \bigcup_{x \in U} \mathcal{O}_x$가 되어, U는 열린집합의 합집합으로 표현된다. 그러므로 U는 열린집합이다.

필요성: U 가 열린집합이면, 임의의 $x \in U$에 대하여 $\mathcal{O}_x = U$로 잡으면 된다. ■

정의 4.1.5 [이웃(근방, neighborhood)] 위상공간 $(X,\mathfrak{T})$를 생각하자.

1. 점 $p \in X$의 **열린이웃(pen neighborhood**)이란 $p \in U$인 $U \in \mathfrak{T}$를 말한다. 즉 점 $p \in X$를 포함하는 열린집합을 p의 열린이웃이라 한다.
2. 그러나 항상 열린집합으로 제한하는 것은 불편한 경우가 많아서, $p \in A$이고 $p \in U \subset A$가 되는 $U \in \mathfrak{T}$가 있으면, A를 p 의 **이웃(neighborhood)**이라 한다.
3. $A \subset X$일 때, $A \subset U$가 되는 $U \in \mathfrak{T}$를 집합 A의 열린근방이라 한다.
4. 한 점일 때와 같은 이유로 $A \subset B$이고, $A \subset U \subset B$가 되는 $U \in \mathfrak{T}$가 있는 경우에는 B를 A의 근방이라 한다.

다음 두 정리는 이미 알고 있는 위상으로부터 새로운 위상을 만드는 방법에 대한 것이다.

정리 4.1.3 [부분공간(subspace)] 위상공간 $(X,\mathfrak{T})$의 부분집합 $A \subset X$에 대하여 $\mathfrak{T}_A := \{A \cap U \mid U \in \mathfrak{T}\}$ 는 A에서의 위상이다. $(A,\mathfrak{T}_A)$을 위상공간 $(X,\mathfrak{T})$의 **부분공간(subspace)**이라 한다.

특별한 말이 없으면 위상공간 $(X,\mathfrak{T})$의 부분집합 A 에서의 위상은 $\mathfrak{T}_A$를 말한다.

보기 4.1.7 집합 $X = \{a,b,c\}$에서의 위상 $\mathfrak{T} = \{\emptyset, X, \{b\}, \{a,b\}, \{b,c\}\}$를 생각하자. 집합 $A = \{a,c\} \subset X$로 생각의 범위를 줄이면 $\mathfrak{T}_A := \{\emptyset, A, \{a\}, \{c\}\} = \mathfrak{P}(A)$ 이다. □

보기 4.1.8 위상공간 X의 부분공간 A를 생가하자. C가 A의 닫힌집합일 필요하고 충분한 조건은 $C = \widetilde{C} \cap A$ 가 성립하는 X의 닫힌집합 $\widetilde{C}$가 존재하는 것임을 보여라.

<**풀이**> 필요성 : C가 A의 닫힌집합이라 하자. 닫힌집합의 정의에 따라 $A \setminus C$는 A의 열린집합이다. 부분공간의 정의에 따라 다음을 만족시키는 X에서의 열린집합 U가 존재한다:

$$A \setminus C = A \cap U$$

따라서 $C = A \setminus (A \setminus C) = A \setminus (A \cap U) = A \cap (X \setminus U)$ 여기서 $\widetilde{C} := X \setminus U$는 X의 닫힌집합이므로 바라는 것이 증명되었다.

충분성: $\widetilde{C}$가 X의 닫힌집합이고 $C = \widetilde{C} \cap A$라 하자. 그러면 $A \setminus C = A \setminus (\widetilde{C} \cap A) = A \cap (X \setminus \widetilde{C})$ 그런데 $X \setminus \widetilde{C}$는 X의 열린집합이므로 $A \setminus C$는 A의 열린집합이다. 따라서 C $(\subset A)$는 A의 닫힌집합이다. □

보기 4.1.9 집합 $X=\{a,b,c\}$에서의 위상 $\mathfrak{T}=\{\emptyset,X,\{b\},\{a,b\},\{b,c\}\}$를 생각하자. 다음은 X 에서의 위상의 보기이다.

1. $\{\emptyset,X,\{a\}\}$
2. $\{\emptyset,X,\{a\},\{a,b\}\}$
3. $\{\emptyset,X,\{a\},\{a,c\}\}$
4. $\{\emptyset,X,\{a\},\{b,c\}\}$
5. $\{\emptyset,X,\{a\},\{b\},\{a,b\}\}$
6. $\{\emptyset,X,\{a\},\{c\},\{a,c\}\}$
7. $\{\emptyset,X,\{a\},\{b\},\{c\},\{a,b\},\{b,c\},\{c,a\}\}$

여기서 두 위상 $\{\emptyset,X,\{a\},\{b\},\{a,b\}\}$, $\{\emptyset,X,\{a\},\{c\},\{a,c\}\}$ 의 공통집합은 $\{\ \emptyset,X,\{a\}\ \}$ 지금 경우는 X에서의 두 위상의 공통집합이 다시 X에서의 위상이 되는 것을 보여준다. 실제로 이것은 우연한 일이 아니고 일반적으로 성립하는 성질이다. □

정리 4.1.4 집합 X에서의 위상 $(\mathfrak{T}_i)_{i\in I}$를 생각하자. 그러면 $\mathfrak{T}:=\bigcap_{i\in I}\mathfrak{T}_i$ 도 X에서의 위상이다.

증명. 증명의 핵심은 집합 X 위에 정의된 위상 무리$\{\mathfrak{T}_i\}_{i\in I}$가 있을 때 $\mathfrak{T}:=\bigcap_{i\in I}\mathfrak{T}_i$ 가 위상이 되는 것을 보이는 것이다.

- (위상조건 1) $\emptyset,X\in\mathfrak{T}$
  위상의 정의에 따라 $\emptyset,X\in\mathfrak{T}_i,\forall i\in I$ 따라서 공통집합의 정의에 따라 $\emptyset,X\in\mathfrak{T}$.
- (위상조건 2) $U,V\in\mathfrak{T}$ 이면 $U\cap V\in\mathfrak{T}$.
  $U,V\in\mathfrak{T}$이면 공통집합의 정의에 따라 $U,V\in\mathfrak{T}_i,\forall i\in I$ 그런데 각각의 $\mathfrak{T}_i$는 위상이므로 $U\cap V\in\mathfrak{T}_i$. 그러므로 공통집합의 정의에 따라 $U\cap V\in\bigcap_{i\in I}\mathfrak{T}_i:=\mathfrak{T}$
- (위상조건 3) $\{U_\lambda\}_{\lambda\in\Lambda}$가 $\mathfrak{T}$의 집합 무리라 하면, $\{U_\lambda\}_{\lambda\in\Lambda}$ 는 각각의 $i\in I$에 대해서 $\mathfrak{T}_i$에 속하는 집합 무리이다. 그런데 $\mathfrak{T}_i$는 위상이므로 $\bigcup_{\lambda\in\Lambda}U_\lambda\in\mathfrak{T}_i,\forall i\in I$ 따라서 공통집합의 정의에따라 $\bigcup_{\lambda\in\Lambda}U_\lambda\in\bigcap_{i\in I}\mathfrak{T}_i:=\mathfrak{T}$

이것으로 $\mathfrak{T}=\bigcap_{i\in I}\mathfrak{T}_i$는 X 위에서의 위상인 것을 보였다. ■

보기 4.1.10 $X=\{a,b\}$에서의 위상 $\mathfrak{T}:=\{\emptyset,X,\{a\}\}$를 생각하자.

1. 점 a의 열린이웃을 모두 구하여라.
2. 점 b의 연린이웃을 모두 구하여라.
3. $U\cap V=\emptyset$이 되는 점 a의 이웃 U와 점 b의 이웃 V가 존재하는가?

<풀이> 1. $\{a\},X$ 2. X

3. b의 이웃은 X 뿐이다. 따라서 주어진 조건을 만족시키는 U,V는 없다. □

정의 4.1.6 [Hausdorff 공간] 위상공간 $(X,\mathfrak{T})$가 Hausdorff 공간이라는 것은, 임의의 서로 다른 두 점 $p,q \in X$에 대해서 $U \cap V = \emptyset$ 이 되는 p의 이웃 U와, q의 이웃 V가 존재하는 것을 말한다.

보기 4.1.11 X가 Hausdorff 공간이고 A가 X의 부분공간이면 A도 Hausdorff 공간인 것을 보여라.

<**풀이**> p,q가 A의 서로 다른 두 점이라 하자. $A \subset X$이고, X는 Hausdorff 공간이므로

$$p \in U,\ q \in V,\ U \cap V = \emptyset$$

이 성립하는 X의 열린집합 U,V가 존재한다. 부분공간의 정의에 따라 $U \cap A,\ V \cap A$ 는 모두 부분공간 A의 열린집합이고, 특히

$$p \in U \cap A,\ q \in U \cap A,\ (U \cap A) \cap (V \cap A) = (U \cap V) \cap A = \emptyset \cap A = \emptyset$$

따라서 부분공간 A는 Hausdorff 공간이다. □

보기 4.1.12 거리공간 (X,d)를 생각하자. X가 2개 이상의 원소를 갖는 경우를 생각하자. $a,b \in X$가 서로 다른 점일 때 $U \cap V = \emptyset$인 되는 점 a의 이웃 U와 점 b의 이웃 V가 존재하는 것을 보여라.

<**풀이**> $a \neq b$이므로 $d(a,b) > 0$. 따라서 $r = \frac{1}{2}d(a,b) > 0$ 인 것에 주의하여 $U = B_r(a), V = B_r(b)$를 생각하면, U는 a의 이웃, V는 b의 이웃이고 $U \cap V = \emptyset$이다. 왜냐하면 $x \in U \cap V$이면

$$d(a,b) \le d(a,x) + d(x,b) < r + r = \frac{1}{2}d(a,b) + \frac{1}{2}d(a,b) = d(a,b)$$

가 되어 모순이기 때문이다. □

보기 4.1.12에 따라 거리공간은 모두 Hausdorff 공간이다.

보기 4.1.13 $X = \{a,b\}$에서의 위상 $\mathfrak{T} := \{\emptyset, X\}$에 대해서 $(X,\mathfrak{T})$는 거리공간이 아니다.

<풀이> a은 이웃은 X 뿐이다. b 의 이웃도 X 뿐이다. 따라서 $a \in U \in \mathfrak{T}, b \in V \in \mathfrak{T}, U \cap V = \emptyset$ 을 만족시키는 $U, V \in \mathfrak{T}$는 존재하지 않는다. 따라서 $(X, \mathfrak{T})$는 Hausdorff 공간이 아니고, 따라서 거리공간도 될 수 없다. □

집합 X의 모든 부분집합을 원소로 하는 집합 $\mathfrak{P}(X)$는 시시하게 X의 위상이 된다. 더욱 임의의 $x, y \in X$에 대해서 $\{x\}, \{y\}$는 열린집합이므로 $(X, \mathfrak{P}(X))$는 Hausdorff 공간이다. 사실 $(X, \mathfrak{P}(X))$는 거리공간도 된다.

보기 4.1.14 $X \neq \emptyset$와 $\mathfrak{P}(X)$를 생각하자. 여기서 $\mathfrak{P}(X)$는 X의 모든 부분집합을 원소로 갖는 집합니다. 예를 들어 $X = \{a,b,c\}$이면 $\mathfrak{P}(X) = \{\emptyset, \{a\}, \{b\}, \{c\}, \{a,b\}, \{b,c\}, \{c,a\}, X\}$. 임의의 공집합이 아닌 집합 X에 대해서 $(X, \mathfrak{P}(X))$는 거리공간인 것을 보여라.

<풀이> $(X, \mathfrak{P}(X))$는 이산위상공간이다. 따라서 각각의 점이 열린집합이 되도록 하면 된다. 이를 위해서 $d : X \times X \to [0, \infty)$ 를 다음과 같이 정하자:

$$d(x,y) := \begin{cases} 0, & x = y \\ 1, & x \neq y \end{cases}$$

만일 이 함수 $d : X \times X \to [0, \infty)$가 거리함수이면 모든 $x \in X$에 대해서

$$B_r(x) := \{y \in X \mid d(y,x) < r\} = \{x\}, \ \forall r, 0 < r < 1$$

따라서 $(X, d) = (X, \mathfrak{P}(X))$가 되어 바라던 것이 증명된다. 이를 위해서 남은 것은 $d : X \to X \to [0, \infty)$가 거리함수인 것은 보이는 일이다.

- (거리함수 조건 1) $d(x,y) \geq 0, d(x,y) = 0 \iff x = y$.
  이것은 함수 $d : X \times X \to [0, \infty)$의 정의로부터 당연하다.
- (거리함수 조건 2) $d(x,y) = d(y,x), \forall x, y \in X$도 정의로부터 당연하다.
- (거리함수 조건 3) $d(x,y) \leq d(x,z) + d(z,y), \forall x, y, z \in X$.
  $x = y = z$이면 $d(x,y) = 0 \leq 0 + 0 = d(x,z) + d(z,y)$.
  만일 x, y, z가 똑같지 않다 하자.
  - $x \neq z$이면 $d(x,y) \leq 1 = d(x,z) \leq d(x,z) + d(z,y)$.
  - 만일 $x = z$이면 $y \neq z$이므로 $d(x,y) \leq 1 \leq d(x,z) + d(z,y)$

이것으로 $d : X \times X \to [0, \infty)$가 거리함수인 것을 증명했다.
따라서 이산위상공간 $(X, \mathfrak{P}(X))$는 거리공간이다. □

제 4.2 절 위상공간의 기저

거리공간이 일반적인 위상공간보다 다루기 편리했던 점은 거리공간에서는 누구나 공감하는 열린공이란 것이 있어 열린집합을 열린공들의 합집합으로 정의할 수 있었던 것이다. 여기서는 일반적인 위상공간에서도 열린공과 같은 역할을 할 수 있는 것을 찾으려 한다.

집합 X의 원소의 개수가 크면 X의 모든 부분집합을 원소로 하는 X의 멱집합(power set of X) $\mathfrak{P}(X)$의 원소의 개수도 크다. 따라서 X 위의 위상 $\mathfrak{T}$의 원소의 개수도 아주 큰 것이 가능하다. 위상 $\mathfrak{T}$의 원소의 개수가 크면, 열린집합을 모두 나열하는 것이 위상을 이해하는데 도움이 되지 않는다. 이런 경우에는 벡터공간의 기저처럼 위상 $\mathfrak{T}$의 부분집합 $\mathfrak{B} \subset \mathfrak{T}$를 잘 잡아서 열린집합을 모두 $\mathfrak{B}$의 합집합으로 표현할 수 있으면 아주 편리한다. 위상공간의 기저를 이해하기 위해서 먼저 주 어진 집합을 열린집합으로 하는 가장 작은 위상을 만들어보자. 예를 들어 X의 부분집합 $\mathfrak{S} = \{A_i\}_{i\in I}$을 생각하자.

- 만일 $\mathfrak{S}$를 포함하는 어떤 위상이 있다면, 이 위상은 $\mathfrak{S}$의 원소의 유한개의 공통집합을 포함해야 한다.

$$\mathfrak{B} := \{A_1 \cap A_2 \cap \cdots A_n \mid A_i \in \mathfrak{S}, i = 1,2,\cdots,n;\ n = 1,2,3,\cdots\}$$

이렇게 만든 집합 $\mathfrak{B}$의 가장 큰 특징은

$$\big(B_1, B_2 \in \mathfrak{B}\big)\big(p \in B_1 \cap B_2\big) \implies \big(\exists B_3 \in \mathfrak{B}\big)\big(p \in B_3 \subset B_1 \cap B_2\big)$$

- 당연히 $\mathfrak{S} \subset \mathfrak{B}$. 그럼에도 불구하고 $\mathfrak{B}$는 $\mathfrak{S}$의 원소들의 유한개의 공집합들을 추가한 것이기 때문에

$$\bigcup \mathfrak{B} = \bigcup \mathfrak{S}$$

따라서 $\bigcup \mathfrak{S} \subsetneq X$라 하면 $\bigcup \mathfrak{B} \subsetneq X$. 그러나 $\bigcup \emptyset = \emptyset$은 합집합의 정의로부터 이해된다. 따라서

$$\mathfrak{T}_B := \{\bigcup B_i \mid \big(B_i\big)_{i\in I}\text{는 } \mathfrak{B}\text{의 집합 무리}\}$$

라 두면 $\mathfrak{T}_B$는 $X \notin \mathfrak{T}_B$를 빼고는 위상이 되기 위한 모든 조건을 만족시킨다. 그러면 $X \in \mathfrak{T}_B$가 성립하게 하는 자연스런 조건을 무엇인가? 그것은

임의의 $x \in X$에 대해서 $x \in B \in \mathfrak{B}$가 성립하는 $B \in \mathfrak{B}$가 있다

그러나 이것보다는 $\bigcup \mathfrak{B} = X$가 좋다.

정의 4.2.1 [위상의 기저(basis of a topology)] 집합 X의 부분집합 무리$\mathfrak{B}$가 다음 두 조건을 만족시키면 $\mathfrak{B}$를 $\mathfrak{B}$가 만드는 **위상의 기저(basis of a topolgoy)**라 한다

1. $\bigcup \mathfrak{B} = X$
2. $B_1, B_2 \in \mathfrak{B}$이고, $p \in B_1 \cap B_2$이면 $p \in B_3 \subset B_1 \cap B_2$가 성립하는 $B_3 \in \mathfrak{B}$가 존재한다.

이때 $\mathfrak{T}_B := \{\bigcup B_i \mid (B_i)_{i\in I}$ 는 $\mathfrak{B}$의 집합 무리 $\}$ 는 집합 X의 위상이 된다. $\mathfrak{B}$를 찾는 것은 먼저 $\mathfrak{S}$를 찾고, 다음에 $\mathfrak{S}$의 유한개의 원소의 공통집합을 생각하는 것이 좋다.

정리 4.2.1 [위상공간의 기저(basis for a topological space)가 만드는 위상]
집합 X와 $\mathfrak{B} \subset \mathcal{P}(X)$를 생각하자. 만일

1. $\bigcup_{B\in\mathfrak{B}} B = X$
2. $B_1, B_2 \in \mathfrak{B}$이고, $x \in B_1 \cap B_2$이면 다음을 만족시키는 $B_3 \in \mathfrak{B}$가 존재한다:

$$x \in B_3 \subset (B_1 \cap B_2)$$

그러면 $\mathfrak{T} := \{U \subset X \mid U$는 $\mathfrak{B}$의 원소의 합집합으로 표현된다$\}$ 는 $\mathfrak{B}$를 포함하는 X의 가장 작은 위상이다.

증명. $\emptyset, X \in \mathfrak{T}$는 아무 어려움 없이 확인된다. 이제 $U, V \in \mathfrak{T}$라 하자. $\mathfrak{T}$의 정의로부터 $\mathfrak{B}$의 집합무리 $(B_i)_{i\in I}, (S_j)_{j\in J}$가 존재해서 $U = \bigcup_{i\in I} B_i, \quad V = \bigcup_{j\in J} S_j$. 그런데

$$U \cap V = \Big(\bigcup_{i\in I} B_i\Big) \cap \Big(\bigcup_{j\in J} S_j\Big) = \bigcup_{(i,j)\in I\times J} B_i \cap S_j$$

이제 $B_i \cap S_j$ 한 개를 보자. $\mathfrak{B}$의 성질에 따라

$$p \in B_i \cap S_j \implies \big(\exists B_{ij}^p \in \mathfrak{B}\big)\big(p \in B_{ij}^p \subset B_i \cap S_j\big)$$

따라서 $B_i \cap S_j = \bigcup_{p\in B_i\cap S_j}\{p\} \subset \bigcup_{p\in B_i\cap S_j} B_{ij}^p \subset B_i \cap S_j$. 그러므로 임의의 $(i,j) \in I \times J$에 대하여 $B_i \cap S_j = \bigcup_{p\in B_i\cap S_j} B_{ij}^p, \quad B_{ij}^p \in \mathfrak{B}$.
따라서 $U \cap V = \bigcup_{(i,j)\in I\times J} B_i \cap S_j = \bigcup_{(i,j)\in I\times J} \bigcup_{p\in B_i\cap S_j} B_{ij}^p, \quad B_{ij}^p \in \mathfrak{B}$. 표현이 복잡한 것처럼 보이지만, 내용은 U, V가 $\mathfrak{B}$의 원소의 합집합으로 표현된다면, $U \cap V$도 $\mathfrak{B}$의 원소의 합집합으로 표현된다는 말이다. 이것으로 $U \cap V \in \mathfrak{T}$가 증명되었다.

$U_\lambda \in \mathfrak{T}, \lambda \in \Lambda$가 주어지면 $\bigcup_{\lambda\in\Lambda} U_\lambda \in \mathfrak{T}$는 정의로부터 당연하다. ■

보기 4.2.1 임의의 위상공간 $(X, \mathfrak{T})$에 대하여 $\mathfrak{B} = \mathfrak{T}$로 잡으면 $\mathfrak{B}$는 언제나 $\mathfrak{T}$의 기저가 된다. 때문에 위상 $\mathfrak{T}$의 기저를 $\mathfrak{T}$로 잡는 것은 별 도움이 되지 않는다. □

보기 4.2.2 (X,d)가 거리공간이라 하자. $\mathfrak{B} := \{B_r(x) \mid x \in X, r \in \mathbb{R}, r > 0\}$ 은 거리공간의 기저인 것을 보여라. 여기서 $B_r(x) := \{y \in X \mid d(y.x) < r\}$.

<**풀이**> $\mathfrak{B}$의 정의로부터 $X = \bigcup \mathfrak{B}$는 당연하다. 문제가 되는 것은 조건

$$p \in B_{r_1}(x_1) \cap B_{r_2}(x_2) \implies \exists B_r(p) \subset \Big(B_{r_1}(x_1) \cap B_{r_2}(x_2)\Big)$$

이 성립하는 것을 확인하는 것이다. 이것은 $p \in B_{r_1}(x_1) \cap B_{r_2}(x_2)$ 라면

$$d(p,x_1) < r_1,\ d(p,x_2) < r_2$$

가 성립하기 때문에, 양수 r을 $r_1 - d(p,x_1)$, $r_2 - d(p,x_2)$ 보다 작게 잡으면, $r < r_1 - d(p,x_1)$, $r < r_2 - d(p,x_2)$. 이제 거리함수의 성질에 따라

$$d(y,p) \le r \implies d(y,x_1) \le d(y,p) + d(p,x_1) < r + d(p,x_1) < r_1 \implies y \in B_{r_1}(x_1)$$
$$d(y,p) \le r \implies d(y,x_2) \le d(y,p) + d(p,x_2) < r + d(p,x_2) < r_2 \implies y \in B_{r_2}(x_2)$$

이므로 $B_r(p) \subset B_{r_1}(x_1) \cap B_{r_2}(x_2)$ 가 성립한다. 이것으로 $\mathfrak{B}$가 거리공간 (X,d)의 기저가 되는 것을 보였다. □

보기 4.2.3 집합 X의 이산위상의 가장 쓸모있는 기저는 $\mathfrak{B} := \{ \{x\} \mid x \in X\}$이다. 딱 한 점으로 이루어진 집합 $\{x\}, x \in X$가 모두 기저의 원소이므로 X의 부분집합은 모두 이산위상공간 X의 열린집합인 것을 알 수 있다. □

보기 4.2.4 자연수 집합 $\mathbb{N} = \{1, 2, \cdots\}$에서 다음 부분집합 무리를 생각하자.

$$\mathfrak{B} := \{I_n \mid n \in \mathbb{N}\},\quad I_n := \{n, n+1, n+2, \cdots\} = \{k \in \mathbb{N} \mid k \ge n\}$$

$\mathfrak{B}$는 위상의 기저인 것을 보여라.

<풀이> 임의의 자연수 $n \in \mathbb{N}$에 대하여 $n \in= \{n, n+1, \cdots\} := I_n \in \mathfrak{B}$이므로 $\mathbb{N} = \bigcup \mathfrak{B}$. 다음으로 이의의 $I_m, I_n \in \mathfrak{N}$에 대하여

$$I_m \cap I_n = I_c, \quad c \in \min\{m, n\}$$

인 것에 주의하면 $x \in I_m \cap I_n \implies x \in I_c \subset I_m \cap I_n,\ c = \min\{m, n\}$이 성립한다. 따라서 $\mathfrak{B}$는 $\mathbb{N}$의 어떤 위상의 기저이다. □

정의 4.2.2 [근본이웃체제(fundamental system of neighborhood)] 위상공간 X를 생각하자.

1. X의 주어진 점 $p \in X$에 대하여 $\mathfrak{B}(p) := \{U \mid U$는 p의 이웃 $\}$ 을 점 $p \in X$의 **이웃체제(neighborhood system)**이라 한다. 여기서 U가 점 p의 이웃이란 U가 점 p를 포함하는 열린집합을 포함하는 것을 말한다. U 자신이 열린집합일 필요는 없다.
2. 점 p의 이웃체제 $\mathfrak{U}(p)$ 중에서 다음 성질을 만족하는 것을 점 p의 **근본이웃체제(fundamental system of neighborhoods)**라 한다:

   점 p의 임의의 이웃 V에 대하여, $U \subset V$가 되는 $U \in \mathfrak{U}(p)$가 존재한다.

보기 4.2.5 위상공간 X의 임의의 점에 다하여 p를 포함하는 열린집합 전체로 이루어진 집합 $\mathfrak{B}(p) := \{U \mid U$는 p를 포함하는 열린집합$\}$ 은 점 p의 근본이웃체제이다. □

보기 4.2.6 (X, d)가 거리공간이라 하자. 임의의 점 $p \in X$에 대하여

$$\mathfrak{B}(p) := \{B_r(p) \mid r \in \mathbb{R}, r > 0\}, \quad B_r(p) := \{y \in X \mid d(y, p) < r\}$$

은 점 p은 근본이웃체제이다. 이 경우 $\mathfrak{B}(p)$의 원소의 개수는 실수의 원소의 개수 $\mathfrak{c}$와 같다. 즉 $\mathfrak{B}(p)$는 가산집합(countable set)이 아니다. 그런데 거리공간의 경우

$$\mathfrak{U}(p) := \{B_r(p) \mid r \in \mathbb{Q}, r > 0\}$$

도 점 p의 근본이웃체제이다. 특히 $\mathfrak{U}(p)$의 원소의 개수는 유리수의 원소의 개수 $\aleph_0$과 같다. 즉 $\mathfrak{U}(p)$는 가산집합(countable set)이다. □

정의 4.2.3 [제1 가산위상공간(first countable space)] 위상공간 X의 모든 점이 가산집합이 되는 근본이웃체제를 갖으면 이 위상공간을 제일가산위산공간이라 한다.

보기 4.2.7 정의에 따라

- 유한집합 X에서 정의된 위상은 모두 제일가산위상이다.
- 거리공간은 모두 제일가산위상공간이다. □

정의 4.2.4 [제2가산위상공간(second countable space)] 위상공간 X가 **제2가산공간(second countable space)**이라는 것은 가산집합이 되는 기저를 갖는 을 말한다.

보기 4.2.8 정의에 따라 X가 유한집합이면 X의 모든 위상은 제2가산위상이다. 실수집합 $\mathbb{R}$의 보통위상은 제2가산위상이다. 왜냐하면 $\mathfrak{B} := \{B_r(p) \mid r, p \in \mathbb{Q}, r > 0\}$ 은 $\mathbb{R}$의 가산집합이 기저이기 때문이다. □

$\mathfrak{B}$가 위상공간 X의 가산이 기저이면, 임의의 $p \in X$에 대하여 $\mathfrak{U}(p) := \{U \in \mathfrak{B} \mid p \in U\}$ 는 점 p의 가산이 근본이웃체제이다. 이것은 제2가산공간은 모두 제1가산공간인 것을 말한다.

보기 4.2.9 실수집합 $\mathbb{R}$의 이산위상을 생각하자. 먼저 $\mathbb{R}$은 가산집합이 아닌 것을 기억하자. $\mathfrak{B}$가 이산위상공간 $\mathbb{R}$의 기저라 하자. $\mathfrak{B}$는 가산집합이 아닌 것을 보여라. 즉 이산위상공간 $\mathbb{R}$은 제2가산공간이 아닌 것을 보여라.

<**풀이**> 이산위상공간 $\mathbb{R}$에서는, 임의의 $p \in \mathbb{R}\}$에 대하여 $\{p\}$는 열린집합이다. 위상공간의 기저의 정의에 따라 $\{p\}$는 기저에 속하는 집합의 합집합으로 표현된다. 따라서 $\{p\} \in \mathfrak{B}$. 그런데 $\mathbb{R} \ni p \mapsto \{p\} \in \mathfrak{B}$는 단사함수므로 $|\mathfrak{B}| \geq |\mathbb{R}| = \mathfrak{c}$. 따라서 $\mathfrak{B}$는 가산집합이 아니다. 즉 이산위상공간 $\mathbb{R}$은 가산집합이 되는 기저를 갖을 수 없다. □

이산위상공간 $\mathbb{R}$의 임의의 점 $p \in \mathbb{R}$에 대해서 $\mathfrak{U}(p) := \{\ \{p\}\ \}$는 단 한 개의 원소를 갖는 점 p의 근본이웃체제이다. 따라서 이산위상공간 $\mathbb{R}$은 제1가산위상공간이다. 이 사실을 **보기 4.2.9**와 함께 생각하면 다음을 알 수 있다.

제2가산위상공간은 모두 제1가산위상공간이다.
그러나 제1가산위상공간이지만 제2가산위상공간은 아닌 위상공간이 존재한다.

보기 4.2.10 집합 $X=\{a,b,c,d,e\}$에서의 위상

$$\mathfrak{T}:=\{\emptyset,X,\{c\},\{a,b,c\},\{c,d,e\}\}$$

를 생각하자. 위상 $\mathfrak{T}$가 유한집합이므로 당연히 제2가산공간이고, 제1가산공간이다. 각각의 점의 근본이웃체제 중에서 원소의 개수가 가장 작은 것을 하나 골라보면 다음과 같다.

- a의 근본이웃체제: $\{\ \{a,b,c\}\ \}$
- b의 근본이웃체제: $\{\ \{a,b,c\}\ \}$
- c의 근본이웃체제: $\{\ \{c\}\ \}$
- d의 근본이웃체제: $\{\ \{c,d,e\}\ \}$
- e의 근본이웃체제: $\{\ \{c,d,e\}\ \}$ □

정의 4.2.5 [interior(내부), exterior(외부), boundary(경계), closure(폐포)] 위상공간 $(X,\mathfrak{T})$의 부분집합 A를 생각하자.

1. int(A)는 A의 **내부(interior)**라 읽고, 이것은 A에 포함되는 가장 큰 열린집합을 말한다.
   정의로부터

   $$\text{int}(A)=\bigcup_{\substack{U\subset A,\\ U\text{열린집합}}} U = A\text{에 포함되는 모든 열린집합들의 합집합}$$

   $$\text{int}(A)\subset A,\quad \text{int}(A)=A \iff A\text{ 는 열린집합}$$

2. ext(A)는 A의 **외부(exterior)**라 읽고, ext$(A)=$ int(A^c). 따라서 ext(A)는 A^c에 포함되는 가장 큰 열린집합이다. 정으로부터 int$(A)\cap ext(A)=\emptyset$
3. ∂A는 A의 **경계(boundary)**라 읽고, $\partial A:=\{p\in X \mid U\cap A\neq\emptyset, U\cap A^c\neq\emptyset,\ \forall U\in\mathfrak{T}\ p\in U\ \}$. 또한 $\partial A=X\setminus\left(\text{int}(A)\cup\text{ext}(A)\right)$ 이므로 ∂A는 항상 닫힌집합이다.
4. A의 **폐포(closure)**는 A를 포함하는 가장 작은 닫힌집합을 말하고, $\overline{A}$라 쓰고, A 폐포(closure)라 읽는다. 따라서 $\overline{A}=\bigcap_{\substack{K\supset A\\ K\text{ 닫힌집합}K}}$. 정으로부터 $A\subset\overline{A}$, $\overline{A}=A \iff A$ 는닫힌집합

보기 4.2.11 $X=\{a,b,c,d\}$에서 $\{\{a,b\},\{a,d\}\}$가 생성하는 위상 $\mathfrak{T}$를 생각하자.

1. 각각의 점 a,b,c,d의 열린근방을 모두 구하여라.
2. $\{b\}$의 내부, 외부, 경계를 구하여라.
3. $\mathfrak{T}$의 닫힌집합을 모두 구하여라.
4. $\{c\}$의 폐포를 구하여라.
5. $\{a\}$의 내부, 외부, 폐포를 구하여라.

<**풀이**> 여기서는 위상 $\mathfrak{T}$만 잘 구하면 쉽게 해결된다. 주어진 조건에서

$$\mathfrak{T} = \{\emptyset, X, \{a,b\}, \{a,d\}, \{a\}, \{a,b,d\}\}$$

1. • a: $X, \{a,b\}, \{a,d\}, \{a\}, \{a,b,d\}$
   • b: $X, \{a,b\}, \{a,b,d\}$
   • c; X
   • d: $X, \{a,d\}, \{a,b,d\}$
2. $A = \{b\}$라 두면

   $$\operatorname{int}(A) = \emptyset, \quad \operatorname{ext}(A) = \operatorname{int}(\{a,c,d\}) = \{a,d\}$$

   따라서

   $$\partial A = X \setminus \big(\operatorname{int}(A) \cup \operatorname{ext}(A)\big) = \{b,c\}$$

3. $X, \emptyset, \{c,d\}, \{b,c\}, \{b,c,d\}, \{c\}$
4. $\{c\}$는 닫힌집합이므로 $\{c\}$의 폐포는 자기 자신 $\{c\}$와 같다.
5. $\{a\}$를 포함하는 닫힌집합은 $X = \{a,b,c,d\}$ 뿐이다. 따라서

   $$\overline{\{a\}} = \{a,b,c,d\}$$

   또한 $\operatorname{int}\big(\{a\}\big) = \{a\}, \operatorname{ext}(\{a\}) = \operatorname{int}(\{b,c,d\}) = \emptyset, \quad \partial\big(\{a\}\big) = \{b,c,d\}$ □

정의 4.2.6 [위상공간의 기저가 만드는 X의 위상] 집합 X에 X를 위상공간으로 만들기 위한 기저 $\mathfrak{B}$가 정해졌다 하자. 그러면

$$\mathfrak{T} := \{A \subset X \mid A\text{는 } \mathfrak{B}\text{의 원소의 합집합으로 표현된다}\}$$

를 $\mathfrak{B}$가 만드는 X의 위상이라 한다.

정리 4.2.2 [위상공간을 만들기 위한 기저가 만든 위상 $\mathfrak{T}$의 성질] X를 위상공간으로 만들기 위한 기저를 $\mathfrak{B}$라 하고, $\mathfrak{B}$가 만드는 위상을 $\mathfrak{T}$라 하자. $\mathfrak{T}$는 다음 성질을 만족시킨다:

1. $\emptyset, X \in \mathfrak{T}$
2. $U_1, U_2, \cdots, U_n \in \mathfrak{T}$이면 $\bigcap_{k=1}^{n} U_k \in \mathfrak{T}$
3. $\mathfrak{T}$의 원소의 무리 $(U_\lambda)_{\lambda\in\Lambda}$가 주어지면 $\bigcup_{\lambda\in\Lambda} U_\lambda \in \mathfrak{T}$

증명. 1. 자연스럽게 이해된다.

2. 목표는 $\bigcap_{k=1}^{n} U_k$를 $\mathfrak{B}$의 원소의 합집합으로 표현하는 것이다. 이를 위해서 $p \in \bigcap_{k=1}^{n} U_k$를 잡자, 공통집합의 뜻에 따라 $p \in U_k, k = 1,2,\cdots,n$ 이므로

$$p \in B_k \subset U_k, k=1,2,\cdots,n$$

이 성립하는 $B_k \in \mathfrak{B}$가 존재한다. 그러므로 $p \in \bigcap_{k=1}^n B_k \subset \bigcap_{k=1}^n U_k$
여기서 $p \in B_1 \cap B_2$이므로 $p \in C_1 \subset B_1 \cap B_2$가 성립하는 $C_1 \in \mathfrak{B}$가 있다. 다시 $C_1, B_3 \in \mathfrak{B}$에 대해서 $p \in C_1 \cap B_3 \subset B_1 \cap B_2 \cap B_3$ 이므로, $p \in C_2 \subset C_1 \cap B_3$가 성립하는 $C_2 \in \mathfrak{B}$가 있다. 당연히

$$p \in C_2 \subset C_1 \cap B_3 = B_1 \cap B_2 \cap B_3$$

다시 $C_2, B_4 \in \mathfrak{B}$를 생각하면, $p \in C_2 \cap B_4 \subset C_1 \cap B_3 \cap B_4 \subset B_1 \cap B_2 \cap B_3 \cap B_4$ 이고, 다음이 성립하는 $C_3 \in \mathfrak{B}$가 존재한다:

$$p \in C_3 \subset C_2 \cap B_4 \subset B_1 \cap B_2 \cap B_3 \cap B_4$$

이 방식을 계속하면 다음이 성립하는 $C_{n-1} \in \mathfrak{B}$가 존재한다.

$$p \in C_{n-1} \subset C_{n-2} \cap B_n \subset \left(B_1 \cap B_2 \cap \cdots \cap B_{n-1}\right) \cap B_n = \bigcap_{k=1}^n B_k$$

이것을 다음과 같이 정리하자.

> 임의의 $p \in \bigcap_{k=1}^n U_k$에 대해서 $p \in V_p \subset \bigcap_{k=1}^n B_k \subset \bigcap_{k=1}^n U_k$ 가 성립하는 $B_1, B_2, \cdots, B_k \in \mathfrak{B}$와 $V_p \in \mathfrak{B}$가 존재한다.

따라서 $U = \bigcap_{k=1}^n U_k$라 두면,

$$U = \bigcap_{p \in U}^{n} \{p\} \subset \bigcap_{p \in U} V_p \subset \bigcap_{k=1}^{n} U_k := U$$

이것으로 $U = \bigcap_{k=1}^n U_k = \bigcap_{p \in U} V_p \in \mathfrak{T}$ 가 증명되었다.

3. 가정에 따라 각각의 $\lambda \in \Lambda$에 대해서 $U_\lambda = \bigcup \mathfrak{U}_{\lambda\kappa}$ 가 성립하는 $\mathfrak{U}_{\lambda\kappa} \subset \mathfrak{B}$가 존재한다. 따라서

$$\bigcup_{\lambda \in \Lambda} U_\lambda = \bigcup_{\lambda \in \Lambda} \left(\bigcup \mathfrak{U}_{\lambda\kappa}\right) \in \mathfrak{T} \qquad \blacksquare$$

보기 4.2.12 [Chaotic Topology] 집합 X 에서 $\mathfrak{B} := \{X\}$는 X를 위상공간으로 만들기 위한 기저인 것은 시시하게 확인된다. 이것을 기저로 하는 위상공간은 물론 $\{\emptyset, X\}$. □

임의의 집합 A에 대해서 $A = \bigcup_{a \in A} \{a\}$ 인 것을 알아두자.

보기 4.2.13 [Discrete Topology] 집합 X에서 $\mathfrak{B} = \{\{x\} \mid x \in X\}$는 X를 위상공간으로 만들기 위한 기저인가?

<**풀이**> 기저가 되기 위한 조건을 조사해보자.

1. $X = \bigcup_{x \in X}\{x\} = \bigcup \mathfrak{B}$.
2. $B_1, B_2 \in \mathfrak{B}$이면, $\mathfrak{B}$의 정의로부터 $B_1 = \{x\}, \quad B_2 = \{y\}$ 가 되는 $x, y \in X$ 가 있다. 따라서 $x = y$이면 $B_1 = B_2$이므로 $\{x\} = B_1 = B_1 \cap B_2$이므로 , $p \in B_1 \cap B_2$이면 $p = x$이고, $B = \{x\} \in \mathfrak{B}$로 잡으면 $p \in B \subset B_1 \cap B_2$ 가 성립된다. $x \neq y$인 경우는 $B_1 \cap B_2 = \emptyset$이 되어 더이상 할 일이 없다.

따라서 $\mathfrak{B}$는 위상공간의 기저이고, 임의의 부분집합 $A \subset X$에 대해서 $A = \bigcup_{a \in A}\{a\}$인 것에 주의하면 $\mathfrak{B}$로 부터 얻어지는 위상은

$$\mathfrak{P}(X) := \{A \mid A \subset X\}$$

즉 X의 부분집합 전체로 이루어진다. 즉 $\mathfrak{B}$는 이산위상공간 X의 기저이다. □

보기 4.2.14 [집합의 분할로 부터 얻어지는 위상] 집합 X에서 $\mathfrak{B}$를 집합 X의 분할 $\{X_\lambda\}_{\lambda \in \Lambda}$ 로 잡자. $\mathfrak{B}$는 X를 위상공간으로 만들기 위한 기저인가?

<**풀이**> 기저이다.

1. 집합의 분할이 되기 위한 한 가지 조건이 $\bigcup_{\lambda \in \Lambda} X_\lambda = X$. 따라서$X = \bigcup \mathfrak{B}$.
2. $B_1, B_2 \in \mathfrak{B}$이면 정의로부터 $B_1 = X_\lambda, \quad B_2 = X_\mu$ 가 되는 $\lambda, \mu \in \Lambda$가 존재한다.
   - $\lambda = \mu$이면 $B_1 = B_2 = X_\lambda$이므로 $B_\cap B_2 = B_1 = X_\lambda$이다. 따라서 임의의 $p \in B_1 \cap B_2$에 대해서 $B = X_\lambda \in \mathfrak{B}$로 잡으면 $p \in B \subset B_1 \cap B_2$
   - $\lambda \neq \mu$의 경우는 집합의 분할의 두번째 조건으로부터 $X_\lambda \cap X_\mu = \emptyset$. 따라서 $B_1 \cap B_2 = \emptyset$이 되어 더이상 할 일이 없다.

따라서 기저가 되기위한 모든 조건을 만족시키므로 기저이다. 특히 discrete topology의 경우는 $\Lambda = X, X_\lambda = \{\lambda\}$이 경우인 것을 알아채자. 예를 들어 집합 $X = \{a,b,c,d\}, \Lambda = \{1,2\}, X_1 = \{a,c,d\}, X_2 = \{b\}$로 잡으면 $\{X_i\}_{i=1}^{2}$은 집합 X의 분할이고, 이것으로부터 얻어지는 X의 위상은 $X_1 \cup X_2 = X$인 것에 주의하면 $\mathfrak{T} := \{\emptyset, X, X_1, X_2\} = \{\emptyset, \{b\}, \{a,c,d\}, \{a,b,c,d\}\}$. □

보기 4.2.15 집합 $X = \{a,b,c,d,e\}$에서 $\mathfrak{B} = \{\{a,b,c\},\{b,c,d\},\{e\}\}$ 는 X를 위상공간으로 만들기 위한 기저인가?

<**풀이**> 기저가 아니다. $\bigcup\mathfrak{B} = \{a,b,c\}\cup\{b,c,d\}\cup\{e\} = X$는 만족된다. 그러나 $B_1 = \{a,b,c\}, B_2 = \{b,c,d\}$로 잡으면 $B_1\cap B_2 = \{b,c\}$ 여기서 $b \in B_1\cap B_2$인데, $\mathfrak{B}$의 원소중 b를 포함하는 것은 다음 2개 뿐이다:

$$\{a,b,c\},\{b,c,d\}$$

이 둘 중 어느 것도 $B_1\cap B_2 = \{b,c\}$의 부분집합이 아니다. □

그러나 **보기 4.2.15**의 $\mathfrak{B}$에 X의 부분집합을 추가해서 기저로 만들 수는 있다. 예를 들어

- $\{b,c\}$를 추가하면 $\{\{a,b,c\},\{b,c,d\},\{e\},\{b,c\}$는 기저가 된다.
- $\{b\},\{c\}$ 를 추가하여 $\{\{a,b,c\},\{b,c,d\},\{e\},\{b\},\{c\}\}$를 만들어도 기저가 된다.

> **도움정리 4.2.1** 집합 X에서 $\mathfrak{B}\subset\mathfrak{P}(X)$가 X을 위상공간으로 만들기 위한 조건$X = \bigcup\mathfrak{B}$를 만족시킨다 하자. 이 때 $\tilde{\mathfrak{B}} := \{B_1\cap B_2\cap\cdots B_n \mid B_i\in\mathfrak{B}, i = 1,2,\cdots,n;\ n = 1,2,\cdots\}$ 는 기저이다. 즉 $\mathfrak{B}$ 의 원소의 유한개의 공통집합 모두를 원소로 같는 $\tilde{B}$는 X를 위상공간으로 만들기 위한 기저이다. 이 사실은 $\tilde{\mathfrak{B}}$의 정의로부터 바로 알 수 있다.

보기 4.2.16 $X = \{a,b,c,d,e\}, \mathfrak{B} = \{\{a,b,c\},\{b,c,d\},\{c,d,e\}\}$이다. $\tilde{\mathfrak{B}}$를 구하고, $\tilde{\mathfrak{B}}$가 만드는 X 위에서의 위상을 구하여라.

<**풀이**> $\mathfrak{B} = X$는 성립한다. $\tilde{\mathfrak{B}}$를 구하면 $\tilde{\mathfrak{B}} = \mathfrak{B}\cup\{\{b,c\},\{c\},\{c,d\}\}$ 따라서 $\tilde{\mathfrak{B}}$가 만드는 X 위에서의 위상은

$$\mathfrak{T} = \{\emptyset,\{c\},\{b,c\},\{c,d\},\{a,b,c\},\{b,c,d\},\{c,d,e\},\{b,c,d,e\},\{a,b,c,d,e\} = X\}$$ □

보기 4.2.17 정수집합 $\mathbb{Z}$를 생각하자. $n\mathbb{Z}$일 때 $n\mathbb{Z} := \{nk \mid k\in\mathbb{Z}\}$ 즉 $n\mathbb{Z}$는 n의 배수 전체로 이루어진 집합이다. $\mathfrak{B} = \{n\mathbb{Z} \mid n\in\mathbb{Z}\}$는 $\mathbb{Z}$를 위상공간으로 만들기 위한 기저인가?

<**풀이**> 기저이다. 우선$\mathfrak{B} = \mathbb{Z}$는 즉시 알 수 있다. 다음으로 $B_1, B_2 \in \mathfrak{B}$이면 정의에 따라

$$B_1 = n\mathbb{Z}, \quad B_2 = m\mathbb{Z}$$

가 되는 정수 m, n이 있다. 따라서 $B_1 \cap B_2 = n\mathbb{Z} \cap m\mathbb{Z} = mn\mathbb{Z}$ 이고, 특히 $mn\mathbb{Z} \in \mathfrak{B}$. 따라서 $\mathfrak{B}$는 기저이다. □

보기 4.2.18 정수집합 $\mathbb{Z}$에서 $\mathfrak{B} = \{A_0, A_1, A_2, B_0, B_1, B_2, B_3, B_4\}$. 여기서 $A_k = \{3m+k \mid m \in \mathbb{Z}\}$ 이고, $B_k = \{5n+k \mid n \in \mathbb{Z}\}$. $\tilde{\mathfrak{B}}$를 구하여라.

<**풀이**> $\mathbb{Z} = \bigcup \mathfrak{B}$를 만족시키는 것은 눈에 보인다. 그런데 $0 \in A_0 \cap B_0$이므로 $\mathfrak{B}$는 $\mathbb{Z}$의 분할은 아니다. 더욱 $A_0 \cap B_0 = \{n \in \mathbb{Z} \mid n$은 $3 \times 5 = 15$의 배수$\}$, $0 \in A_0 \cap B_0$인데, $\mathfrak{B}$의 원소 중에서 0을 포함하는 것은 다음 2개 뿐이다:

$$A_0 = \{3m \mid m \in \mathbb{Z}\}, \quad B_0 = \{5n \mid n \in \mathbb{Z}\}$$

그러나 $A_0 \not\subset \left(A_0 \cap B_0\right)$이고, $B_0 \not\subset \left(A_0 \cap B_0\right)$. 따라서 $\mathfrak{B}$는 기저는 아니다.
$\tilde{\mathfrak{B}}$를 계산해보자. 우선 $i \neq j$이면 $A_i \cap A_j = \emptyset$, $B_i \cap B_j = \emptyset$ 에 주의하자. 따라서 $A_i \cap B_j$를 계산하면 된다. 그런데 $A_i \cap B_j$는 3으로 나누면 나머지가 i이고, 5로 나누면 나머지가 j인 정수 전체로 이루어져 있다. 따라서

$$A_i \cap B_j = \{15n + 6j - 6i \mid n \in \mathbb{Z}\}$$

즉 $A_i \cap B_j$는 15의 배수 더하기 $6j - 6i$ 꼴의 정수 전체로 이루어진 집합이다. 예를 들어

$$\begin{aligned} A_2 \cap B_1 &= \{\cdots, -11, -7, -4, -1, 2, 5, 8, 11, 14, 17, \cdots\} \cap \{\cdots, -14, -9, -4, 1, 6, 11, 16, 21 \cdots\} \\ &= \{\cdots, -19, -4, 11, 26, \cdots\} \end{aligned}$$

따라서 $C_{ij} := A_i \cap B_j$라 두면 $\tilde{\mathfrak{B}} = \mathfrak{B} \cup \{C_{ij} \mid i = 0,1,2; j = 0,1,2,3,4\}$. 여기서 C_{ij}는 15의 배수 더하기 $6j - 6i$ 꼴의 정수 전체로 이루어진 집합. □

보기 4.2.19 자연수 집합 $\mathbb{N} = \{0, 1, 2, \cdots\}$에서 $\mathfrak{B} = \{\{1\}\} \cup \{[2n, 4n] \mid n \in \mathbb{N}\}$은 $\mathbb{N}$을 위상공간으로 만들기 위한 기저인가? 여기서 $[2n, 4n] := \{k \in \mathbb{N} \mid 2n \leq k \leq 4n\}$ 예를 들어 $[2,4] = \{2,3,4\}$.

<**풀이**> 기저가 아니다.

- 임의의 $m \in \mathbb{N}$에 대해서 $m = 0$이면 $0 \in [0,0]$ 이고, $m = 1$이면 $m \in \{1\}$. 이제 $m \neq 0, 1$아라면 $m \geq 2$이다. $A_m = \{i \in \mathbb{N} \mid 2i \leq m\}$ 이라 두면 $1 \in A_m$이므로 $A_m \neq \emptyset$. 또한 $\ell \geq m$이면 $\ell \notin A_m$

이므로 A_m은 유한집합이다. $m^* \in A_m$을 A_m의 최대원이라 하자. $1 \in A_m$에 주의하면 $m^* \geq 1$이고, $2m^* \leq m < 2(m^*+1)$ 그런데 $m^* \geq 1$에 주의하면,

$$4m^* = 2m^* + 2m^* \geq 2m^* + 2 = 2(m^*+1)$$

이므로 $m \in [2m^*, 4m^*]$. 이것으로 $\bigcup \mathfrak{B} = \mathbb{N}$이 증명되었다.

- 그러나 $[2,4],[4,8] \in \mathfrak{B}$에 대하여 $[2,4] \cap [4,8] = \{4\}$. 그런데 $\mathfrak{B}$의 원소 중에서 4를 포함하는 것은 $[2,4],[4,8]$ 뿐이다. 그러나 어느 것도 $\{4\}$의 부분집합이 아니므로 $\mathfrak{B}$는 기저가 아니다. □

$\mathfrak{B}$는 기저가 아닌 것을 알아보았다. 이제 $\tilde{\mathfrak{B}}$를 계산해보자. $m \leq n$이라 생각하면 충분하다.

$$[2m,4m] \cap [2n,4n] = \begin{cases} [2m,4m], & m = n \\ [2n,4m], & m < n \leq 2m \\ \emptyset, & n > 2m \end{cases}$$

따라서

$$\tilde{\mathfrak{B}} = \mathfrak{B} \cup \{[2n,4m] \mid m < n \leq 2m, m = 1,2,\cdots\}$$

예를 들어

$$\begin{aligned} m &= 1 : \{4\} \\ m &= 2 : \{6,7,8\}, \{8\} \\ m &= 3 : \{8,9,10,11,12\}, \{10,11,12\}, \{12\} \\ &\vdots \quad \vdots \qquad\qquad \vdots \end{aligned}$$

모두 새롭게 $\mathfrak{B}$에 추가되는 집합이다.

실수집합 $\mathbb{R}$ 에서 다음 $\mathfrak{B}, \mathfrak{B}_\ell, \mathfrak{B}_u$는 모두 기저다.

1. $\mathfrak{B} := \{(a,b) \mid a,b \in \mathbb{R}, a < b\}$
2. $\mathfrak{B}_\ell := \{[a,b) \mid a,b \in \mathbb{R}, a < b\}$
3. $\mathfrak{B}_u := \{(a,b] \mid a,b \in \mathbb{R}, a < b\}$

그런데 $\frac{1}{k} < b - a$가 되는 자연수 k 를 잡으면

$$(a,b) = \bigcup_{n=k} [a + \frac{1}{n}, b), \quad (a,b) = \bigcup_{n=k}^{\infty} (a, -\frac{1}{n} + b]$$

즉 $\mathfrak{B}$은 원소는 모두 $\mathfrak{B}_\ell$의 원소의 합집합으로 표시되고, $\mathfrak{B}_u$의 원소의 합집합으로 표현된다. 그러나 $\mathfrak{B}_\ell$의 원소는 $\mathfrak{B}, \mathfrak{B}_u$의 원소의 합집합으로 표현되지 않는다. $\mathfrak{B}_u$의 원소도 $\mathfrak{B}, \mathfrak{B}_\ell$ 의 원소의 합집합으로 표현되지 않는다. 따라서 $\mathfrak{B}$가 생성하는 위상을 $\mathfrak{T}$, $\mathfrak{B}_\ell$ 이 생성하는 위상을 $\mathfrak{T}_\ell$, $\mathfrak{B}_u$ 가 생성하는 위상을 $\mathfrak{T}_u$ 라 하면 다음 포함관계를 얻는다:

$$\mathfrak{T} \subset \mathfrak{T}_\ell,\ \mathfrak{T} \subset \mathfrak{T}_u, \quad \mathfrak{T}_\ell \subsetneq \mathfrak{T}, \mathfrak{T}_\ell, \quad \mathfrak{T}_u \subsetneq \mathfrak{T}, \mathfrak{T}_u$$ □

제 4.3 절 기저의 성질, 활용

위상공간이 되기 위한 기저를 잡는 것은 번거로운 일이다. 때문에 이미 만들어진 위상을 이용하여 쓸모있는 위상을 만드는 방법이 필요하다. 이것을 위한 대표적인 방법이 위상공각과 함수를 이용하는 것이다. 이미 존재하는 위상공간과 함수를 이용하여 위상공간을 만들기 위한 기저를 만드는 방법을 살펴보자.

정의 4.3.1 [강한 위상, 약한 위상] 집합 X 위에서 정의된 두 위상 $\mathfrak{T}_1, \mathfrak{T}_2$에 대해서 $\mathfrak{T}_2$가 $\mathfrak{T}_1$보다 **강한 위상**이라는 것은 $\mathfrak{T}_1 \subset \mathfrak{T}_2$ 인 것을 말한다. 이 경우 $\mathfrak{T}_1$은 $\mathfrak{T}_2$ 보다 **약한위상**이라 한다.

정의에 따라 $\{\emptyset, X\}$은 X에서 정의된 위상 중에서 가장 약한 위상이다. $\mathfrak{P}(X)$는 X에서 정의된 위상 중에서 가장 강한 위상이다.

보기 4.3.1 $X = \{a, b, c\}$에서 5개의 위상을 생각하자.

1. $\mathfrak{T}_c := \{\emptyset, X\}$
2. $\mathfrak{T}_1 := \{\emptyset, X, \{a\}\}$
3. $\mathfrak{T}_2 := \{\emptyset, X, \{b\}\}$
4. $\mathfrak{T}_3 := \{\emptyset, X, \{a\}, \{b\}, \{a, b\}\}$
5. $\mathfrak{T}_d := \mathfrak{P}(X) := \{\emptyset, X, \{a\}, \{b\}, \{c\}, \{a, b\}, \{a, c\}, \{b, c\}\}$

위상의 원소가 몇개 되지 않기 때문에 직접 비교할 수 있다.

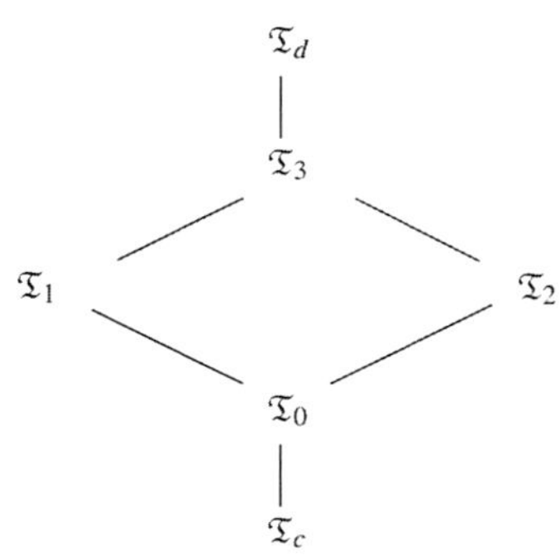

두 위상의 강, 약을 정의에 따라 직접 비교하는 것은 위상의 원소가 많은 경우는 실용적이지 못하다. 많은 경우 열린집합이 되기 위한 조건을 비교하는 것이 편리한다. 가장 표준적인 방법이 두 위상의 기저를 비교하는 것이다.

정리 4.3.1 집합 X 위에서 정의된 두 기저 $\mathfrak{B}, \mathfrak{C}$를 생각하자. 기저 $\mathfrak{B}$로 부터 만들어지는 위상을 $\mathfrak{T}$, 기저 $\mathfrak{C}$로부터 만들어지는 위상을 $\mathfrak{S}$라 하자. $\mathfrak{S}$가 $\mathfrak{T}$보다 강한 위상이기 위한 필요하고 충분한 조건은 $B \in \mathfrak{B}$ 이고, $p \in B$이면, $p \in C \subset B$가 성립하는 $C \in \mathfrak{C}$가 있는 것이다.

증명. 필요성: $\mathfrak{S}$가 $\mathfrak{T}$보다 강한 위상이라 하자. 정의에 따라 $U \in \mathfrak{T}$이면 $U \in \mathfrak{S}$이다. 특히 $\mathfrak{B} \subset \mathfrak{S}$. 따라서 기저와 그 기저가 생성하는 위상과의 관계에 따라 임의의 $B \in \mathfrak{B}$에 대하여 B는 $\mathfrak{C}$의 원소의 합집합으로 표현된다. 예를 들어

$$B = \bigcup_{i \in I} C_i, \quad \{C_i\}_{i \in I} \subset \mathfrak{C}$$

라 하자. 그러면 임의의 $p \in B$에 대하여 $p \in C_i$가 성립하는 $i \in I$가 있다. 따라서 $B = \bigcup_{i \in I} C_i$인 것에 주의하면 $p \in C_i \subset B$

충분성: 임의의 $U \in \mathfrak{T}$에 대하여, $U \in \mathfrak{S}$인 것을 보여야 한다. 기저와 그 기저가 생성하는 위상과의 관계에 따라 $U = \bigcup_{i \in I} B_i$ 가 되는 $\mathfrak{B}$의 표식이 붙은 집합무리 $(B_i)_{i \in I}$가 존재한다. 따라서 임의의 $p \in U$에 대해서 $p \in B_{i_p}$ 가 되는 $i_p \in I$가 존재한다. 이 p와 $B_{i_p} \in \mathfrak{B}$에 대하여, 가정에 따라 $p \in C_p \subset B_{i_p}$ 가 성립하는 $C_p \in \mathfrak{C}$가 존재한다. 따라서

$$U = \bigcup_{p \in U} \{p\} \subset \bigcup_{p \in U} C_p \subset \bigcup_{p \in U} B_{i_p} \subset_{i \in I} B_i \subset U$$

이것으로 $U = \bigcup_{p \in U} C_p \in \mathfrak{S}$ 가 증명되었다. ■

보기 4.3.2 실수집합 $\mathbb{R}$에서 $\mathfrak{B} = \{(a,b) \mid a,b \in \mathbb{R}, a < b\}$는 거리공간 $\mathbb{R}$의 기저가 된다. 보통위상공간 $\mathbb{R}$이라 할 때, 위상은 거리 $d(x,y) = |x-y|$로 주어지는 거리공간 $\mathbb{R}$을 말한다. 때문에 이 위상을 $\mathbb{R}$의 **보통위상(usual topology)**라 부른다. $\mathfrak{B}_\ell := \{[a,b) \mid a,b \in \mathbb{R}, a < b\}$는 $\mathbb{R}$ 위에서 또 다른 위상 $\mathfrak{T}_\ell$의 기저가 된다. $\mathbb{R}$의 보통위상과 $\mathfrak{T}_\ell$를 비교하여라.

<풀이> 참고로 $\mathfrak{B} \cap \mathfrak{B}_\ell = \emptyset$이다. 그렇지만 임의의 $B \in \mathfrak{B}$에 대하여 $p \in B$라 하자. $\mathfrak{B}$의 정의로부터 $B = (a,b)$가 되는 실수 $a, b, a < b$ 가 존재한다. 따라서 $p \in B$이면 $a < p < b$ 그러면 $[p,b) \in \mathfrak{B}_\ell$이고, $p \in [p,b) \subset (a,b)$ 따라서 $\mathfrak{B}_\ell$가 만드는 $\mathbb{R}$ 위에서의 위상 $\mathfrak{T}_\ell$는 $\mathfrak{B}$가 만느는 $\mathbb{R}$ 위에서의 보통위상보다 강하다. □

$\mathfrak{B}_u := \{(a,b] \mid a,b \in \mathbb{R}, a < b\}$도 $\mathbb{R}$에서 기저가 된다. $\mathfrak{B}_u$가 생성하는 위상을 $\mathfrak{T}_u$ 라 하면, 위 **보기 4.3.2**에서와 같은 방법으로 $\mathfrak{T}_u$도 $\mathbb{R}$의 보통위상보다 강하다.

보기 4.3.3 실수집합 $\mathbb{R}$에서 $\mathfrak{B}_\ell = \{[a,b) \mid a,b \in \mathbb{R}, a < b\}$는 $\mathbb{R}$에서 위상 $\mathfrak{T}_\ell$ 의 기저가 된다. $\mathfrak{B}_u := \{(a,b] \mid a,b \in \mathbb{R}, a < b\}$는 $\mathbb{R}$ 위에서 또 다른 위상 $\mathfrak{T}_u$의 기저가 된다. 두 위상공간 $\mathfrak{T}_\ell, \mathfrak{T}_u$를 비교하여라.

<**풀이**> 이 경우는 어느 것이 다른 것보다 강하지도 않고, 약하지도 않다. 이런 경우 두 위상은 서로 비교하지 않는다. $\mathfrak{T}_\ell$이 $\mathfrak{T}_u$보다 강하지 않은 것은 $(a,b] \in \mathfrak{T}_u$에 대해서 $b \in (a,b]$이다. 그러나 $\mathfrak{B}_\ell$의 원소 중에서 b를 포함하는 것은 모두 $[p,q)$, $p \le b < q$ 꼴 뿐이다. 그런데 이런 것들 어느 것도 $[p,q) \subset (a,b]$를 만족시키지 못한다. 즉 $b \in [p,q) \subset (a,b]$ 가 되는 $[p,q) \in \mathfrak{B}_\ell$를 찾을 수 없다. 때문에 $\mathfrak{B}_\ell$이 만드는 위상 $\mathfrak{T}_\ell$는 $\mathfrak{B}_u$가 만드는 위상 $\mathfrak{T}_u$보다 강하지 않다. 같은 방법으로 $\mathfrak{T}_u$도 $\mathfrak{T}_\ell$보다 강하지 않을 것을 알 수 있다. □

도움정리 4.3.1 [기저이기 위한 충분조건] 집합 X와 $\mathfrak{B} \subset \mathfrak{P}(X)$가 주어졌다. $X = \bigcup \mathfrak{B}$라 하자. $\mathfrak{B}$ 가 기저이기 위한 충분조건은 $B_1, B_2 \in \mathfrak{B} \implies B_1 \cap B_2 \in \mathfrak{B}$.

증명. 조건 중 조심할 것은 조건 $B_1, B_2 \in \mathfrak{B}$일 때

$$p \in B_1 \cap B_2 \implies (\exists B_3 \in \mathfrak{B})\big(p \in B_3 \in B_1 \cap B_2\big)$$

그러나 임의의 $B_1, B_2 \cap \mathfrak{B}$에 대해서 $B_1 \cap B_2 \in \mathfrak{B}$ 가 성립하면 , 임의의 $p \in \mathfrak{B}_1 \cap B_2$에 대해서 $B_3 = B_1 \cap B_2$로 잡으면 $B \in \mathfrak{B}$이고, 특히 $p \in B_3 \subset B_3 = B_1 \cap B_2$ ■

유한집합은 집합의 연산에 안정적이다. 즉 두 유한집합의 합집합도 유한집합이고, 공통집합도 유한집합이다. 유한집합의 이 성질을 이용하여 다음과 같은 기저를 생각할 수 있다.

보기 4.3.4 X가 무한집합일 때 $\mathfrak{B} := \{A \mid A^c$는 유한집합$\}$ 를 생각하자. 여기서 $A^c := \{x \in X \mid x \notin A\}$는 A의 X에 대한 여집합을 나타낸다. $\mathfrak{B}$는 X를 위상공간으로 만들기 위한 기저인 것을 보여라.

<**풀이**> 우선 임의의 $x \in X$에 대해서 $y \neq x$가 되는 $y \in X$를 잡자. 그러면 이고, $\big(X \setminus \{y\}\big)^c = \{y\}$는 유한집합이므로 $X \setminus \{y\} \in \mathfrak{B}$. 따라서 $\bigcup \mathfrak{B} = X$가 성립한다. 다음으로 이제 $B_1, B_2 \in \mathfrak{B}$를 잡고 $p \in B_1 \cap B_2$ 라 하자. 합집합과 여집합의 관계에 따라 $\big(B_1 \cap B_2\big)^c = B_1^c \cup B_2^c$

$\mathfrak{B}$의 정의에 따라 B_1^c, B_2^c는 각각 유한집합이고, 따라서 $B_1^c \cup B_2^c$도 두 유한집합의 합집합이므로 유한집합이다. 그러므로 $B_1 \cap B_2 \in \mathfrak{B}$. 이것으로 $\mathfrak{B}$가 기저인 것이 증명되었다. □

보기 4.3.5 X가 무한집합일 때 $\mathfrak{C} := \{A \mid A^c$는 무한집합$\}$ 를 생각하자. 여기서 $A^c := \{x \in X \mid x \notin A\}$는 A의 X에 대한 여집합을 나타낸다. $\mathfrak{C}$는 X를 위상공간으로 만들기 위한 기저인 것을 보여라.

<풀이> 임의의 $x \in X$에 대하여 $X \setminus \{x\}$는 무한집합이다. 따라서 $\{x\} \in \mathfrak{C}$. 따라서 $\bigcup \mathfrak{C} = X$이고, $C_1, C_2 \in \mathfrak{C}$이고, $p \in C_1 \cap C_2$라면 $C_3 = \{p\} \in \mathfrak{C}$에 대해서 $p \in C_3 \subset (C_1 \cap C_2)$ 가 성립한다.
□

유한집합과는 대조적으로 무한집합은 집합의 연산에 불안정하다. 즉 두 무한집합의 합집합은 무한집합이지만, 두 무한집합의 공통집합은 무한집합이 되지 못하는 경우가 많다.

보기 4.3.6 X는 무한집합일 때 $\mathfrak{D} := \{A \mid A$는 무한집합$\}$ 는 기저가 되지 못하는 것을 보여라.

<풀이> X가 무한집합이므로 $\mathbb{N}$에서 X로의 단사함수 $f : \mathbb{N} \to X$ 가 있다. X를 다음과 같이 분할하자: $X = \{f(n) \mid n \in N\} \cup X_0$, $X_0 := X \setminus \{f(n) \mid n \in \mathbb{N}\}$ 이제 $D_1 := \{f(0)\} \cup \{f(2k) \mid n \in \mathbb{N}, n \geq 1\}$, $D_2 := \{f(0)\} \cup \{f(2k+1) \mid k \in \mathbb{N}\}$ 는 모두 무한집합이다. 그러나 $D_1 \cap D_2 = \{f(0)\}$는 공집합이 아닌 유한집합이다. 따라서 $f(0) \in D \subset (D_1 \cap D_2)$ 가 성립하는 $D \in \mathfrak{D}$는 없다. □

일반적으로 주어진 집합 $\mathfrak{B}$가 기저인지 아닌지를 판단하는 것은 번거로운 일이다. 때문에 $\mathfrak{B}$가 기저인 것을 알았을 때 이것을 이용하여 쉽게 다른 것이 기저인 것을 판단할 수 있으면 좋겠다. 우선 집합과 함수에 대한 다음 성질을 다시 기억해두자. 함수 $f : X \to Y$에 대해서

- $f^{-1}\left(\bigcup_\lambda U_\lambda\right) = \bigcup_\lambda f^{-1}(U_\lambda)$
- $f^{-1}\left(\bigcap_\lambda U_\lambda\right) = \bigcap_\lambda f^{-1}(U_\lambda)$
- $f\left(f^{-1}(B)\right) \subset B, \quad \forall B \subset Y$
- $B_1 \subset B_2 \subset Y$이면 $f^{-1}(B_1) \subset f^{-1}(B_2)$.

정리 4.3.2 두 집합 X, Y와 함수 $f : X \to Y$가 있다. $\mathfrak{B}_Y$가 집합 Y을 위상공간으로 만들기 위한 기저라면 $f^{-1}(\mathfrak{B}_Y) := \{f^{-1}(V) \mid V \in \mathfrak{B}_Y\}$ 는 X가 위상공간이 되기 위한 기저이다.

증명. 기저의 조건으로부터 $\bigcup \mathfrak{B}_Y = Y$ 따라서 $X = f^{-1}(Y) = f^{-1}\left(\bigcup \mathfrak{B}_Y\right) = \bigcup f^{-1}(\mathfrak{B}_Y)$ 다음으로 임의의 $B_1, B_2 \in f^{-1}(\mathfrak{B}_Y)$를 잡자. 거꿀그림자(역상, inverse image)의 정의에 따라

$B_1 = f^{-1}(C_1)$, $B_2 = f^{-1}(C_2)$ 가 되는 $C_1, C_2 \in \mathfrak{B}_Y$가 존재한다. 따라서 $B_1 \cap B_2 = f^{-1}(C_1) \cap f^{-1}(C_2) = f^{-1}(C_1 \cap C_2)$ 이제 임의의 $p \in B_1 \cap B_2$에 대하여 $f(p) \in C_1 \cap C_2$이고, $\mathfrak{B}_Y$는 기저이므로 $f(p) \in C \subset C_1 \cap C_2$ 가 성립하는 $C \in \mathfrak{B}_Y$가 존재한다. 따라서

$$p \in f^{-1}(C) \subset f^{-1}(C_1 \cap C_2) = B_1 \cap B_2$$

$f^{-1}(\mathfrak{B}_Y)$의 정의에 따라 $f^{-1}(C) \in f^{-1}(\mathfrak{B}_Y)$이므로 $f^{-1}(\mathfrak{B}_Y)$는 X에서 위상의 기저이다. ■

보기 4.3.7 최대정수값함수 $[\ ] : \mathbb{R} \to \mathbb{Z}$를 생각하자. 여기서 $[x] = n$, $n \in \mathbb{Z}$, $n \leq x < n+1$. 예를 들어 $[\frac{5}{2}] = 2$, $[-\frac{2}{5}] = -3$. $\mathfrak{B} = \{\{n\} \mid n \in \mathbb{Z}\}$는 $\mathbb{Z}$의 이산위상의 기저이다. $[\ ]^{-1}(\mathfrak{B})$는 무엇인가?

<풀이> 임의의 $n \in \mathbb{Z}$에 대하여 $[\,]^{-1}(n) = \{x \in \mathbb{R} \mid [x] = n\} = \{x \in \mathbb{R} \mid n \leq x < n+1\} = [n, n+1)$. 따라서 $[\,]^{-1}(\mathfrak{B}) = \{[n, n+1) \subset \mathbb{R} \mid n \in \mathbb{Z}\}$. □

보기 4.3.8 함수 $\mathrm{pr}_x : \mathbb{R}^2 \to \mathbb{R}$, $\mathrm{pr}_x(a,b) = a$ 를 생각하자. $\mathfrak{B} = \{B_r(p) \mid p \in \mathbb{R}, r > 0\}$은 $\mathbb{R}$의 보통위상의 기저이다. $\mathrm{pr}_x^{-1}(\mathfrak{B})$를 구하여라. 이 문제에서는 (a,b)가 $\mathbb{R}^2$의 점을 의미하는지, 아니면 $\mathbb{R}$에서의 구간을 의미하는지 문맥에 따라 판단해야 한다. 예를 들어 $\mathrm{pr}_x(a,b)$에서의 (a,b)는 $\mathbb{R}^2$의 한 점을 나타낸다.

<풀이> $B_r(p) = \{x \in \mathbb{R}, |x-p| < r\} = (p-r, p+r)$. 여기서 $(p-r, p+r)$은 $\mathbb{R}$의 구간을 나타낸다. 따라서 $\mathrm{pr}_x^{-1}(B_r(p)) = \{(x,y) \in \mathbb{R}^2 \mid p-r < x < p+r\} = (p-r, p+r) \times \mathbb{R}$ 따라서 $pr_x^{-1}(\mathfrak{B}) = (a,b) \times \mathbb{R} := \{(x,y) \in \mathbb{R}^2 \mid a < x < b, a < b\}$. □

정리 4.3.3 [Initial Topology] 집합 X와 함수 $f_\lambda : X \to Y_\lambda, \lambda \in \Lambda$가 있다. 각각의 $\lambda \in \Lambda$에 대하여 $\mathfrak{T}_\lambda$를 Y_λ 위에서의 위상이라 하자. 그러면 $\mathfrak{B} := \{f_\lambda^{-1}(U_\lambda) \mid U_\lambda \in \mathfrak{T}_\lambda, \lambda \in \Lambda\}$ 로부터 얻어진 $\tilde{\mathfrak{B}} := \{B_1 \cap B_2 \cap \cdots \cap B_n \mid B_k \in \mathfrak{B}, k = 1, 2, \cdots, n;\ n = 1, 2, \cdots\}$ 는 X를 위상공간으로 만들기 위한 기저다. $\tilde{\mathfrak{B}}$로 부터 얻어진 X 위에서의 위상을 $f_\lambda : X \to Y_\lambda, \lambda \in \Lambda$가 결정하는**initial topology**라 한다.

증명. 임의의 λ에 대해서 $f_\lambda^{-1}(Y_\lambda) = X$이므로 $\bigcup \mathfrak{B} = X$. 다음으로

$$C_1, C_2, \cdots, C_m \in \tilde{\mathfrak{B}}$$

를 잡자. $\tilde{\mathfrak{B}}$의 정의에 따라 $C_k = \bigcap_{i=1}^{i_k} B_{ki}$, $B_{ki} \in \mathfrak{B}$ 따라서 $\bigcap_{k=1}^{m} C_k = \bigcap_{k=1}^{m} \left(\bigcap_{i=1}^{i_k} B_{ki}\right)$, $B_{ki} \in \mathfrak{B}$ 이것을 $\bigcap_{k=1}^{m} C_k$가 $\mathfrak{B}$의 원소 유한개를 잡아서 공통집합을 만든 것과 같다는 말이다. 따라서

$\tilde{\mathfrak{B}}$ 의 정의에 따라 $\bigcap_{k=1}^{m} C_k \in \tilde{\mathfrak{B}}$ 이것으로 $\tilde{\mathfrak{B}}$가 X를 위상공간으로 만들기 위한 기저가 되는 것을 보였다. ■

보기 4.3.9 집합 $X = \{a,b,c\}$에서 $\mathfrak{T} = \{\emptyset, \{b\}, \{c\}, \{b,c\}, \{a,b,c\}\}$는 위상이다. $X \times X$에서 X로 가는 2개의 함수 $\mathrm{pr}_1 : X \times X \ni (x,y) \mapsto x \in X$, $\mathrm{pr}_2 : X \times X \ni (x,y) \mapsto y \in X$, 두 함수 $\mathrm{pr}_1, \mathrm{pr}_2$가 만드는 $X \times X$ 위에서의 initial topology의 기저를 구하라.

<풀이>

$$\begin{aligned}\mathfrak{B} &= \{pr_i^{-1}(V) \mid V \in \mathfrak{T}, i = 1,2\} \\ &= \{\emptyset,\ \{a\} \times X,\ X \times \{a\},\ \{b\} \times X, X \times \{b\},\ \{b,c\} \times X,\ X \times \{b,c\},\ X \times X\}\end{aligned}$$

따라서

$$\begin{aligned}\tilde{\mathfrak{B}} = \mathfrak{B} \cup \{&\{(a,a)\}, \{(b,b)\}, \{(a,b)\}, \{(b,a)\}, \\ &\{a\} \times \{b,c\}, \{b,c\} \times \{a\}, \{b\} \times \{b,c\}, \{b,c\} \times \{b\}, \\ &\{b,c\} \times \{b,c\}\}\end{aligned}$$

2개의 함수 $\mathrm{pr}_1, \mathrm{pr}_2 : X \times X \to X$가 결정하는 $X \times X$ 위에서의 initial topology는 $\tilde{\mathfrak{B}}$의 원소의 합집합으로 표현할 수 있는 $X \times X$의 모든 부분집합으로 이루어져 있다. 예를 들어 $\{(a,a), (b,b)\}$는 initial topology의 원소이지만, $\{(a,a), (b,b), (c,c)\}$는 initial topology의 원소가 아니다. 왜냐하면 $(c,c) \in \{(a,a), (b,b), (c,c)\}$이지만, (c,c)를 포함하는 $\tilde{\mathfrak{B}}$의 원소는

$$\{b,c\} \times \{b,c\}, \{b,c\} \times X, X \times \{b,c\}, X \times X$$

뿐인데, 어느 것도 $\{(a,a), (b,b), (c,c)\}$의 부분집합이 아니다. 즉 $\{(a,b), (b,b), (c,c)\}$는 $\tilde{\mathfrak{B}}$의 원소의 합집합으로 표현할 수 없다. □

보기 4.3.10 집합 $X = \{a,b,c,d\}, Y = \{a,b,c,d\}$를 생각하자. 함수 $f : X \to Y$는 다음과 같다.

$$f(a) = f(b) = f(c) = c, f(d) = d$$

$\mathfrak{B}_X = \{\{a,b\}, \{c,d\}\}$는 X가 위상공간이 되기 위한 기저이다. $\mathfrak{B}_Y$를 다음과 같이 정의하자.

$$\mathfrak{B}_Y = \{B \subset Y \mid f^{-1}(B) \in \mathfrak{B}_X\}$$

$\mathfrak{B}_Y$ 는 Y가 위상공간이 되기 위한 기저인가?

<**풀이**> $\mathfrak{B}_Y$를 계산하면 $\mathfrak{B}_Y = \{\ \}$ 즉 $f^{-1}(B) \in \mathfrak{B}_X$가 되는 $B \subset Y$는 한 개도 없다. 특히 지금 경우는 $\mathfrak{B}_Y$는 $\bigcup \mathfrak{B}_Y = Y$를 만족시키지 못하므로 기저가 될 수 없다. □

정리 4.3.4 [**Final Topology**] 함수 $f : X \to Y$와 X 위에서의 위상 $\mathfrak{T}$에 대하여 $\mathfrak{S} := \{B \subset Y \mid f^{-1}(B) \in \mathfrak{T}\}$는 Y 위에서의 위상이다. 이렇게 정한 Y의 위상을 $f : X \to Y$가 결정하는 **final topology** (**상위상, quotient topology**)라 한다.

증명. 위상공간이 되기 위한 조건을 조사해보자.

- 우선 $f^{-1}(\emptyset) = \emptyset, f^{-1}(Y) = X$이므로 $\emptyset, Y \in \mathfrak{S}$.
- $V_1, V_2, \cdots, V_n \in \mathfrak{S}$라 하자. $\mathfrak{S}$의 정의에 따라 $f^{-1}(V_1), f^{-1}(V_2), \cdots, f^{-1}(V_n) \in \mathfrak{T}$. $\mathfrak{T}$는 X 위에서의 위상이므로 $f^{-1}(V_1) \cap f^{-1}(V_2) \cap \cdots \cap f^{-1}(V_n) \in \mathfrak{T}$ 여기서 함수와 함수의 그림자(image), 거꿀그림자(inverse image)의 관계에 주의하면

  $$f^{-1}(V_1) \cap f^{-1}(V_2) \cap \cdots \cap f^{-1}(V_n) = f^{-1}\left(V_1 \cap V_2 \cap \cdots \cap V_n\right)$$

  . 이것은 $\mathfrak{S}$의 정의에 따라 $V_1 \cap V_2 \cap \cdots \cap V_n \in \mathfrak{S}$ 인 것을 말한다.
- 끝으로 $\{V_\lambda\}_{\lambda \in \Lambda}$가 $\mathfrak{S}$의 표식이 있는 집합무리라 하자. $\mathfrak{S}$의 정의에 따라

  $$f^{-1}(V_\lambda) \in \mathfrak{T}, \quad \forall \lambda \in \Lambda$$

  여기서 $\mathfrak{T}$가 X 위에서의 위상인 것에 주의하면 $\bigcup_{\lambda \in \Lambda} f^{-1}(V_\lambda) \in \mathfrak{T}$ 집합,함수, 그림자, 거꿀그림자의 관계에 따라

  $$\bigcup_{\lambda \in \Lambda} f^{-1}(V_\lambda) = f^{-1}\Big(\bigcup_{\lambda \in \Lambda} V_\lambda\Big)$$

  따라서 $\mathfrak{S}$의 정의에 따라 $\bigcup_{\lambda \in \Lambda} V_\lambda \in \mathfrak{S}$. 이것으로 $\mathfrak{S}$가 위상인 것이 증명되었다. ■

보기 4.3.11 집합 $X = \{a,b,c,d\}, Y = \{a,b,c,d\}$이고 $\mathfrak{T} = \{\emptyset, \{a,b\}, \{c,d\}, X\}$는 X 위에서 위상이다. 함수 $f : X \to Y$는 다음과 같다:

$$f(a) = f(b) = f(c) = c, f(d) = d$$

이 때 $\mathfrak{S} = \{B \subset Y \mid f^{-1}(B) \in \mathfrak{T}\}$를 구하여라.

<**풀이**> $\mathfrak{S} = \{\emptyset, \{a\}, \{b\}, \{a,b\}, Y\}$ 예를 들어 $\{a\} \in \mathfrak{S}$인 것은 $f^{-1}(a) = \emptyset \in \mathfrak{T}$이기 때문이다. 보는 것처럼 $\mathfrak{S}$는 Y 위에서의 위상이다. □

보기 4.3.12 함수 $f:\mathbb{R}\to\{0,1,2\}$가 다음과 같다:

$$f(x)=\begin{cases}0, & x<-1\\ 1, & -1\le x<1\\ 2, & x\ge 1\end{cases}$$

$\mathfrak{T}$가 $\mathbb{R}$ 위에서의 보통위상(usual topology)일 때, 즉 $\mathfrak{T}$가 기저 $\mathfrak{B}=\{(a,b)\mid a,b\in\mathbb{R},a<b\}$로부터 만들어진 위상일 때, $\mathfrak{S}=\{B\subset\{0,1,2\}\mid f^{-1}(B)\in\mathfrak{T}\}$를 구하여라.

<**풀이**> 집합 $\{0,1,2\}$위 원소의 개수가 3개 밖에 되지 않기 때문에 어려운 문제가 아니다.
우선 $\emptyset,\{0,1,2\}\in\mathfrak{S}$. 함수의 정의를 보면 $f^{-1}(0)=(-\infty,-1)\in\mathfrak{T}$. $f^{-1}(1)=[-1,1)\notin\mathfrak{T}$, $f^{-1}(2)=[1,\infty)\in\mathfrak{T}$. 따라서 원소의 개수가 1개인 부분집합은 $\{0\}$ 만 $\mathfrak{S}$의 원소이다. 다음으로 원소의 개수가 2개인 부분집합을 조사하자.

$$f^{-1}(\{0,1\})=(-\infty,1)\in\mathfrak{T}, f^{-1}(\{0,2\})=(-\infty,-1)\cup[1,\infty)\notin\mathfrak{T}, f^{-1}(\{1,2\})=[-1,\infty)\notin\mathfrak{T}$$

따라서 $\{0,1\}\in\mathfrak{S}$. 그런데 원소의 개수가 3개인 집합은 전체집합이므로 조사할 것도 없다. 정리하면 $\mathfrak{S}=\{\emptyset,\{0\},\{0,1\},\{0,1,2\}\}$ □

제 4.4 절 내부, 외부, 경계, 도집합

여기에서는 앞 장의 여러 곳에서 다루었던 내부, 외부, 경계, 도집합 개념을 다시 살펴본다. 이 개념은 해석학에서 중요한 역할을 하기 때문이다.

위상공간 X의 부분집합 A가 주어졌다 하자. 그러면 A를 판단기준으로 해서 위상공간의 모든 점을 다음 셋 중 어느 한 경우로 분류할 수 있다.

- $\{p\in X\mid p$를 포함하는 열린집합 중에서 A의 부분집합이 되는 것이 있다$\}$
- $\{p\in X\mid p$를 포함하는 열린집합 중에서 A와 만나지 않는 것이 있다$\}$
- $\{p\in X\mid p$를 포함하는 열린집합은 모두 A의 점도 포함하고, A의 점이 아닌 것도 포함한다$\}$

더 나아가기 전에 설명에 자주 사용되는 용어를 살펴보자. p가 집합 A의 원소일 때, 이것을 p는 A에 포함된다, p는 A에 속한다, A는 p를 포함한다 등으로 표현한다. 두 집합 A,B에 대하여 A가 B의 부분집합이라는 것은 A의 원소가 모두 B의 원소가 되는 경우를 만한다. 이것은 $p\in A$이면 $p\in B$, 또는 A는 B에 포함된다, B는 A를 포함한다 등으로 표현하고, 기호로는 $A\subset B$로 나타낸다. 두 집합 A, B가 서로 만나지 않는다는 것은 두 집합 A, B에 동시에 속하는(포함되는) 원소가 존재하지 않는다는 것을 말한다. 이것은 $A \cap B = \emptyset$이란 말과 같다. 예를 들어 위상공간 X의 두 부분집합 A, B를 생각할 때는 사고의 범위를 제한하는 전체집합이 X이기 때문에,

$$X \setminus A := \{x \in X \mid x \notin A\} = A^c$$

로 나타내고, A^c를 A의 여집합(complement of A)이라 한다. 따라서

$$\text{두 집합 } A, B\text{가 서로 만나지 않는다} \iff A \cap B = \emptyset \iff A \subset B^c \iff B \subset A^c$$

정의 4.4.1 [내부(interior) , 외부(exterior) , 경계(boundary)]
위상공간 X의 부분집합 A에 대하여

1. $p \in X$가 A의 **내부의 점(interior point)**이란 p를 포함하는 열린집합 중에서 A에 포함되는 것이 있는 것을 말한다. A의 내부의 점 전체로 이루어진 집합을 int$A$ 또는 A°등으로 표현하고, 정의에 따라

$$\text{int}A = \{p \in X \mid p\text{는 } A\text{의 내부의 점 }\}$$

2. $p \in X$가 A의 **외부의 점(exterior point)**이란 p를 포함하는 열린집합 중에서 A와 만나지 않는 것이 있는 것을 말한다. A의 외부의 점 전체로 이루어진 집합을 ext$A$ 표현하고, 정의에 따라

$$\text{ext}A = \{p \in X \mid p\text{는 } A\text{의 외부의 점 }\}$$

3. $p \in X$가 A의 **경계점(boundary point)**이란 p를 포함하는 열린집합을 어떻게 잡더라도 항상 A와도 만나고, A^c와도 만나는 경우를 것을 말한다. A의 경계 점 전체로 이루어진 집합을 ∂A 표현하고, A의 경계라 한다. 정의에 따라

$$\partial A = \{p \in X \mid p\text{는 } A\text{의 경계점 }\}$$

경계점의 정의에 따라 A의 경계와 A^c의 경계는 같다. 즉 $\partial A = \partial A^c$

집합 X가 주어지면 집합 X를 서로 만나지 않는 부분집합의 합집합으로 표현하는 것은 중요한 일이다. 예를 들어

연속한 세 정수의 곱은 3의 배수

가 되는 것을 확인하는 방법은 정수집합 $\mathbb{Z}$를 3을 중심으로 분할하는 것이다.

$$\mathbb{Z} = A_0 \cup A_1 \cup A_2$$

위 식에서

$$A_0 := \{n \in \mathbb{Z} \mid n = 3k, \quad k \in \mathbb{Z}\} = \{\cdots, -6, -3, 0, 3, 6, \cdots\}$$
$$A_1 := \{n \in \mathbb{Z} \mid n = 3k+1, \ k \in \mathbb{Z}\} = \{\cdots, -5, -2, 1, 4, 7, \cdots\}$$
$$A_2 := \{n \in \mathbb{Z} \mid n = 3k+2, \ k \in \mathbb{Z}\} = \{\cdots, -4, -1, 2, 5, 8, \cdots\}$$

그러면 정수 n을 어떻게 잡더라도, n부터 시작하는 연속한 3개의 정수는 n 이 A_0, A_1, A_2 중 딱 어느 한 경우이므로

$$3k, 3k+1, 3k+1; \quad 3k+1, 3k+2, 3k+3; \quad 3k+2, 3k+3, 3k+4$$

중 어느 한 경우인데, 어떤 경우가 되더라도 연속한 3개의 정수는 언제나 3의 배수를 포함하는 것이 눈에 보인다.

정의 4.4.2 [집합의 분할(partition of a set)] 집합 X의 표식이 있는 A의 부분집합 무리 $(A_i)_{i\in I}$를 생각하자. $(A_i)_{i\in I}$가 **집합 X의 분할(partition of a set X)**이란,

$$X = \bigcup_{i\in I} A_i; \quad A_i \cap A_j = \emptyset, i, j \in I, i \neq j$$

분할의 의미를 생각하면 $\{A_0, A_1, A_2\}$는 정수집합 $\mathbb{Z}$의 분할이다.
$B_0 = \{n \in \mathbb{Z} \mid n = 2k, k \in \mathbb{Z}\}, B_1 = \{n \in \mathbb{Z} \mid n = 2k+1\}$라 하면 $\{B_0, B_1\}$도 정수집합 $\mathbb{Z}$의 분할이다. $A = \{x \in \mathbb{R} \mid x$는 유리수 $\}, B = \{x \in \mathbb{R} \mid x$는 무리수$\}$라 두면 $\{A, B\}$는 실수집합 $\mathbb{R}$의 분할이다. 특히 X가 위상공간이고 A가 X의 부분집합이면 $\{\mathrm{int}A, \partial A, \mathrm{ext}A\}$는 집합 X의 분할이다.

보기 4.4.1 위상공간 X의 임의의 부분집합 A에 대해서 $X = \mathtt{int}(A) \cup \partial A \cup \mathtt{ext}(A)$ 는 X의 분할(partition)인 것을 보여라.

<풀이>

- 먼저 $x \in \partial A$라는 것은 x의 임의의 근방 U에 대해서 $U \cap A \neq \emptyset$, $U \cap A^c \neq \emptyset$ 경계(boundary)의 정의로부터 $\partial(A) = \partial(A^c)$, $\mathrm{int}(A) \cap \partial A = \emptyset$, $\mathrm{ext}(A) \cap \partial A = \emptyset$
- 다음으로 $\mathrm{int}(A) \subset A, \mathrm{ext}(A) \subset A^c$이므로 $\mathrm{int}(A) \cap \mathrm{ext}(A) = \emptyset$.
- 이제 임의의 $x \in X$ 에 대해서 $x \in A$이거나 $x \notin A$. $x \in A$인 경우 $x \in U \subset X$인 열린집합 U가 존재하면 $x \in \mathrm{int}(A)$.
- $x \in A$인 경우 $x \in U \subset X$인 열린집합 U가 존재하지 않는 다은 것은 x의 근방 V를 어떻게 잡더라도 $\{x\} \in V \cap A, V \not\subset A \iff V \cap A^c \neq \emptyset$ 이란 말이므로 $x \in \partial A$.
- 같은 논리로 $x \in A^c$인 경우에는 $x \in \mathrm{ext}(A)$이거나 $x \in \partial A$.

이것으로 $X = \mathrm{int}(A) \cup \partial A \cup \mathrm{ext}(A)$가 증명되었다. □

도움정리 4.4.1 위상공간 X의 부분집합 A를 생각하자.

1. $\text{int}A$는 A에 포함되는 가장 큰 열린집합이다. 특히 A가 열린집합인 것은 $A = \text{int}A$와 같은 말이다.
2. $\text{ext}A$는 A와 만나지 않는 가장 큰 열린집합이다. 특히 A가 닫힌집합이란 말은 A^c가 열린집합이란 말이므로, $A^c = \text{ext}A$. 따라서 A가 닫힌집합인 것은 $A = \text{int}A \cup \partial A$와 같은 말이다.
3. ∂A는 닫힌집합이다.

증명.

1. $p \in \text{int}A$라 하자. 내부의 정의에 따라 p를 포함하고 A에 포함되는 열린집합 U가 존재한다. 즉 $p \in U \subset A$가 성립하는 열린집합 U가 존재한다. 그러면 열린집합과 이웃의 정의에 따라 모든 $q \in U$에 대하여 U는 q의 이웃이다. 그런데 $U \subset A$이므로 q는 A의 내부의 점이다. 즉 $U \subset \text{int}A$. 정리하면 임의의 $p \in \text{int}A$에 대하여 다음이 성립하는 열린집합 U_p가 존재한다:

$$p \in U_p \subset \text{int}A$$

따라서 $\text{int}A = \bigcup_{p\in\text{int}A}\{p\} \subset \bigcup_{p\in\text{int}A} U_p \subset \text{int}A$ 이것으로 $\text{int}A = \bigcup_{p\in\text{int}A} U_p$, U_p는 열린집합, 이므로 $\text{int}A$는 열린집합이다. 이제 $\text{int}A$가 A에 포함되는 가장 큰 열린집합인 것을 보이자. 이것은 $\mathcal{O}$가 열린집합이고 $\mathcal{O} \subset A$이면 $\mathcal{O} \subset \text{int}A$ 인 것을 보이는 것이다. 그런데 열린집합의 정의로부터 $p \in \mathcal{O}$이면 $\mathcal{O}$는 p이 이웃이고, 특히 $\mathcal{O} \subset A$이므로 $p \in \text{int}A$이다. 즉 $\mathcal{O} \subset \text{int}A$. 이것으로 $\text{int}A$는 A에 포함되는 가장 큰 열린집합인 것을 보였다.
2. $\text{ext}A$는 A의 여집합 A^c의 내부이다. 즉 $\text{ext}A = \text{int}(A^c)$. 따라서 $\text{ext}A$는 A의 여집합에 포함되는 가장 큰 열린집합이다. 즉 $\text{ext}A$는 A와 만나지 않는 가장 큰 열린집합이다.
3. $\partial A = X \setminus (\text{int}A \cup \text{ext}A)$이므로 ∂A는 닫힌집합이다. ■

정의 4.4.3 [폐포(closure)] 위상공간 X의 부분집합 A에 대하여 A의 **폐포(closure)**란 A의 내부의 원소 전체와 A의 경계의 원소 전체로 이루어진 집합을 말한다. A의 폐포는 $\overline{A}$로 표현한다. 따라서

$$\overline{A} = \text{int}A \cup \partial A$$

폐포의 정의로부터 $\overline{A} = \text{int}A \cup \partial A = X \setminus \text{ext}A$이므로 $\overline{A}$는 A를 포함하는 닫힌집합이다.

도움정리 4.4.2 위상공간 X의 부분집합 A에 대하여 A의 폐포는 A를 포함하는 가장 작은 닫힌집합이다. 즉 A의 폐포는 A을 포함하는 모든 닫힌집합들의 공통집합이다:

$$\overline{A} = \bigcap_{\substack{C \supset A, \\ C \text{ 닫힌집합}}} C$$

증명. 무엇보다 먼저 X의 분할 $X = \text{int}A \cup \partial A \cup \text{ext}A$을 생각하면 $\overline{A} = \text{int}A \cup \partial A = X \setminus \text{ext}A$이므로 $\overline{A}$는 A를 포함하는 닫힌집합이다, 다음으로 $C \supset A$이고 C가 닫힌집합이라 하자. 그러면 $C^c = X \setminus C$ 는 A와 만나지 않는 열린집합이다. 그런데 A와 만나지 않는 열린집합 중에서 가장 큰 것은 $\text{ext}A$이므로 $C^c \subset \text{ext}A$. 따라서 $C = (C^c)^c \supset \left(X \setminus \text{ext}A\right) = \overline{A}$ 즉 C가 A를 포함하는 닫힌집합이면 $C \supset \overline{A}$. 이것으로 $\overline{A}$는 A를 포함하는 닫힌집합 중에서 가장 작은 집합인 것이 보여졌다. ■

보기 4.4.2 실수집합 $\mathbb{R}$의 부분집합
$A = [0,1] := \{x \in \mathbb{R} \mid 0 \leq x \leq 1\}$ 와 $B = \{x \in \mathbb{R} \mid x = \frac{1}{n}, n = 1, 2, \cdots\}$를 생각하자.

1. $\mathfrak{B} = \{(a,b) \mid a,b \in \mathbb{R}, a < b\}$로 생성되는 $\mathbb{R}$의 보통위상을 생각하면
   - $\text{int}A = (0,1) = \{x \in \mathbb{R} \mid 0 < x < 1\}$, $\text{int}B = \emptyset$
   - $\text{ext}A = (-\infty,0) \cup (1,\infty)$, $\text{ext}B = (-\infty,0) \cup (1,\infty) \cup \bigcup_{n=1}^{\infty} (\frac{1}{n+1}, \frac{1}{n})$
   - $\partial A = \{0,1\}$, $\partial B = B \cup \{0\}$
2. $\mathfrak{B}_\ell = \{[a,b) \mid a,b \in \mathbb{R}, a < b\}$로 생성되는 $\mathbb{R}$의 위상 $\mathbb{R}_\ell$을 생각하면
   - $\text{int}A = [0,1) = \{x \in \mathbb{R} \mid 0 \leq x < 1\}$, $\text{int}B = \emptyset$
   - $\text{ext}A = (-\infty,0) \cup (1,\infty)$, $\text{ext}B = (-\infty,0) \cup (1,\infty) \cup \bigcup_{n=1}^{\infty} (\frac{1}{n+1}, \frac{1}{n})$
   - $\partial A = \{1\}$, $\partial B = B \cup \{0\}$
3. $\mathfrak{B}_u = \{(a,b] \mid a,b \in \mathbb{R}, a < b\}$로 생성되는 $\mathbb{R}$의 위상 $\mathbb{R}_u$을 생각하면
   - $\text{int}A = (0,1] = \{x \in \mathbb{R} \mid 0 < x \leq 1\}$, $\text{int}B = \emptyset$
   - $\text{ext}A = (-\infty,0) \cup (1,\infty)$, $\text{ext}B = (-\infty,0] \cup (1,\infty) \cup \bigcup_{n=1}^{\infty} (\frac{1}{n+1}, \frac{1}{n})$
   - $\partial A = \{0\}$, $\partial B = B$

보기 4.4.3 집합 $X=\{a,b,c,d\}$에서
부분기저 $\mathfrak{B}:=\{\{a,b\},\{b,c\},\{c,d\}\}$로 생성된 위상을 $\mathfrak{T}$라 하자.
X의 부분집합 $A=\{a,b,d\}$에 대하여

1. 위상공간 $(X,\mathfrak{T})$의 열린집합을 모두 구하여라.
2. 위상공간 $(X,\mathfrak{T})$의 닫힌집합을 모두 구하여라.
3. A의내부, 외부, 경계를 구하여라.
4. A의 폐포 $\overline{A}$를 구하여라.

<**풀이**> $\cup\mathfrak{B}=\{a,b,c,d\}=X$이므로 $\mathfrak{B}$는부분기저(subbasis)이다. 따라서

$$\widetilde{\mathfrak{B}}:=\{\{b\},\{c\},\{a,b\},\{b,c\},\{c,d\}\}$$

는 부분기저 $\mathfrak{B}$로 생성된 위상의 기저(basis)이다. $\widetilde{\mathfrak{B}}$는 $\mathfrak{B}$에 $\mathfrak{B}$의 원소 유한개의 공통집합을 모두 넣어서 얻어진다. 특히 $\mathfrak{T}$는 $\widetilde{\mathfrak{B}}$의 원소의 합집합으로 표현되는 집합 전체로 이루어진다.

1. $\mathfrak{T}=\{\emptyset,X,\{b\},\{c\},\{a,b\},\{b,c\},\{c,d\},\{a,b,c\},\{b,c,d\}\}$
2. $X,\emptyset,\{a,c,d\},\{a,b,d\},\{c,d\},\{a,d\},\{d\},\{a\}$
3. • $\text{int}A$는 A에 포함되는 가장 큰 열린집합이다. 지금 경우는 $\text{int}A=\{a,b\}$.
   • $\text{ext}A$는 A와 만나지 않는 가장 큰 열린집합이다. 지금 경우는 $\text{ext}A=\{c\}$
   • ∂A는 $\text{int}A$의 원소도 아니고, $\text{ext}A$의 원소도 아닌 점들 전체로 이루어진다. 지금 경우는 $\partial A=X\setminus(\text{int}A\cup\text{ext}A)=\{d\}$.
4. $\overline{A}=\text{int}A\cup\partial A$이고, 이것은 A를 포함하는 가장 작은 닫힌집합이다. 지금 경우는 A 자신이 닫힌집합이므로 $\overline{A}=A=\{a,b,d\}$ □

보기 4.4.4 위상공간 X의 임의의 부분집합 A,B에 대해서

1. $\overline{A}=\text{int}(A)\cup\partial A=A\cup\partial A$ 인 것을 보여라.
2. $\overline{A}\cap\overline{A^c}=\partial A$인 것을 보여라.
3. $\overline{A\cap B}\subset\overline{A}\cap\overline{B}$인 것을 보여라.
4. $\overline{A\cup B}=\overline{A}\cup\overline{B}$인 것을 보여라.

<**풀이**>

1.

• $\text{ext}(A)$는 열린집합이고 $A\subset\Big(X\setminus\text{ext}(A)\Big)=\text{int}(A)\cup\partial A$. 그런데 $X\setminus\text{ext}(A)$는 닫힌집합이므로 폐포(clousre)의 정의에 따라 $\overline{A}\subset\Big(\text{int}(A)\cup\partial A\Big)$

• 역으로 $x\in\Big(\text{int}(A)\cup\partial A\Big)$이면 $x\in\text{int}(A)$ 또는 $x\in\partial A$. $x\in\text{int}(A)$이면 $A\subset K$인 모든 닫힌집합 K에 대해서 $x\in K$. 따라서 $x\in\overline{A}$. $A\subset M$인 임의의 닫힌집합 M에 대해서, $X\setminus M$

는 열린집합이고, $A \cap \left(X \setminus M\right)$. 따라서 $\left(X \setminus M\right) \subset \text{ext}A \subset A^c$이고, 이에 따라 $\partial A \cap \left(X \setminus M\right) = \emptyset$. 그러므로 $\partial A \subset M$이고, 따라서 $\partial A \subset \overline{A}$.

이것으로 $\overline{A} = int(A) \cup \partial A$가 증명되었다. 다음으로 $\text{int}(A) \subset A$ 인 것에 주의하면

$$\left(\text{int}(A) \cup \partial A\right) \subset \left(A \cup \partial A\right) \subset \left(X \setminus \text{ext}(A)\right) = \text{int}(A) \cup \partial A$$

따라서 $\text{int}(A) \cup \partial A = A \cup \partial A$.

2. 정으로부터 $\partial A = \partial(A^c)$. 또한

$$\overline{A} = \text{int}(A) \cup \partial A, \quad \overline{A^c} = \text{int}(A^c) \cup \partial(A^c) = ext(A) \cup \partial A$$

따라서 $\text{int}(A) \cap \text{ext}(A) = \emptyset$인 것에 주의하면 $\overline{A} \cap \overline{A^c} = \partial A$.

3. $A \cap B \subset A$, $A \cap B \subset B$이므로 $\overline{A \cap B} \subset \overline{A}$, $\overline{A \cap B} \subset \overline{B}$. 따라서 $\overline{A \cap B} \subset \overline{A} \cap \overline{B}$. 등호는 성립하지 않는 경우가 있다. 예를 들어 $X = \mathbb{R}, A = \mathbb{Q}, B = \mathbb{R} \setminus \mathbb{Q}$인 경우를 생각해보자.

4. $A \subset (A \cup B)$, $B \subset (A \cup B)$이므로 $\overline{A} \cup \overline{B} \subset \overline{A \cup B}$. 다음으로 $\overline{A} \cup \overline{B}$는 두 닫힌집합의 합집합이므로 닫힌집합이고, 더욱 $A \cup B$를 부분집합으로 포함한다. 폐포 의 정의에 따라 $\overline{A \cup B} \subset \overline{A} \cup \overline{B}$. 이것으로 $\overline{A \cup B} = \overline{A} \cup \overline{B}$가 증명되었다. □

보기 4.4.5 위상공간 $(X, \mathfrak{T})$에서 다음을 증명하여라.

1. A 가 열린집합인 필요하고 충분한 조건은 $\text{int}(A) = A$인 것을 보여라.
2. A가 닫힌집합일 필요하고 충분한 조건은 $\overline{A} = A$

<**풀이**>

1. $\text{int}(A)$는 열린집합이다. 따라서 $\text{int}(A) = A$라면 A는 열린집합이다. 다음으로 A가 열린집합이면 A는 A에 포함되는 가장 큰 열린집합이다. 따라서 $\text{int}(A) = A$.
2. $\overline{A}$는 닫힌집합이다. 따라서 $\overline{A} = A$라면 A는 닫힌집합이다. 다음으로 A가 닫힌집합이면 A는 A를 포함하는 가장 작은 닫힌집합이다. 따라서 $\overline{A} = A$. □

도움정리 4.4.3 위상공간 $(X, \mathfrak{T})$의 부분공간 $(Y, \mathfrak{T}_Y)$를 생각하자. $A \subset Y$에 대해서

1. A의 $\mathfrak{T}_Y$에서의 폐포를 $\overline{A}_Y$라 하자. A의 $\mathfrak{T}$에서의 폐포를 $\overline{A}$라 하면 $\overline{A}_Y = \overline{A} \cap Y$ 인 것을 증명하여라.
2. A의 $\mathfrak{T}_Y$에서의 내부를 $\text{int}A_Y$라 하자. A의 $\mathfrak{T}$에서의 내부를 $\text{int}A$라 하면 $\text{int}A_Y = \left(\text{int}A\right) \cap Y$ 인 것을 증명하여라.

증명. 1. $\overline{A}_Y = \overline{A} \cap Y$.

- $\overline{A}$는 $(X, \mathfrak{T})$의 닫힌집합이다. 따라서 $\overline{A} \cap Y$는 $A(\subset Y)$를 포함하는 $(Y, \mathfrak{T}_Y)$의 닫힌집합이다. 따라서 폐포의 정의에 따라 $\overline{A}_Y \subset \left(\overline{A} \cap Y\right)$
- 다음으로 $y \in Y, y \notin \overline{A}_Y$라 하자. 폐포의 정의에 따라 $(Y, \mathfrak{T}_Y)$의 열린집합 U 중에서

$$y \in U, \quad U \cap A = \emptyset$$

이 되는 것을 찾을 수 있다. 그러면 부분공간 $(Y, \mathfrak{T}_Y)$의 정의에 따라 $(X, \mathfrak{T})$의 열린집합 $\mathcal{O}$ 중에서 $Y \cap \mathcal{O} = U$ 가 되는 것을 찾을 수 있다. 그런데 이 $\mathcal{O}$는 $A \subset Y$인 것에 주의하면 $A = A \cap Y$ 이므로,

$$A \cap \mathcal{O} = (A \cap Y) \cap \mathcal{O} = A \cap \left(Y \cap \mathcal{O}\right) = A \cap U = \emptyset$$

따라서 $y \notin \overline{A}$이고 $y \notin \overline{A} \cap Y$ 즉 $y \notin \overline{A}_Y \implies y \notin \overline{A} \cap Y$. 따라서 $\left(\overline{A} \cap Y\right) \subset \overline{A}_Y$. 이것으로 바라던 것이 증명되었다.

2. $\text{int}A_Y = \left(\text{int}A\right) \cap Y$.

- $\text{int}A$는 $(X, \mathfrak{T})$의 열린집합이다. 따라서 $\text{int}A \cap Y$는 $A(\subset Y)$에 포함되는 $(Y, \mathfrak{T}_Y)$의 열린집합이다. 따라서 내부의 정의에 따라 $\text{int}A_Y \supset \left(\text{int}A \cap Y\right)$
- 다음으로 $y \in Y, y \in \text{int}A_Y$라 하자. 내부의 정의에 따라 $(Y, \mathfrak{T}_Y)$의 열린집합 U 중에서

$$y \in U, \quad U \subset A$$

이 되는 것을 찾을 수 있다. 그러면 부분공간 $(Y, \mathfrak{T}_Y)$의 정의에 따라 $(X, \mathfrak{T})$의 열린집합 $\mathcal{O}$ 중에서 $Y \cap \mathcal{O} = U$ 가 되는 것을 찾을 수 있다. 그런데 이 $\mathcal{O}$는 $A \subset Y$인 것에 주의하면 $A = A \cap Y$이므로,

$$A \cap \mathcal{O} = (A \cap Y) \cap \mathcal{O} = A \cap \left(Y \cap \mathcal{O}\right) = A \cap U = U \subset A$$

따라서 $\mathcal{O} \subset A$이고, 특히 $y \in U = A \cap \mathcal{O}$인 것에 주의하면, $y \in \text{int}A$이고, 따라서

$$y \in \left(\text{int}A\right) \cap Y$$

즉 $y \in \text{int}A_Y \implies y \in \text{int}A \cap Y$. 이것으로 $\text{int}A_Y = \left(\text{int}A\right) \cap Y$ 가 증명되었다. ■

보기 4.4.6 위상공간 X의 두 부분집합 A, B에 대하여

1. $A \subset B$이면 $\partial A \subset \partial B$인가?
2. $\partial(A \cup B) \subset \partial A \cup \partial B$인가?
3. $\partial(A \cap B) \subset \partial A \cap \partial B$인가?

<**풀이**> 간단한 위상공간 $(X,\mathfrak{T})$를 생각하자. $X=\{a,b,c,d\}$이고 $\mathfrak{T}=\{\emptyset,X,\{a,b\},\{c,d\}\}$.

1. 그렇지 않다.
   왜냐하면 $A=\{a\},B=\{a,b\}$라 두면 $\partial A=\{a,b\}=B$이다. 그러나 $B=\{a,b\}$는 열린집합인 동시에 닫힌집합이므로 $\partial B=\emptyset$. 따라서 $A\subset B$라고 해서 $\partial A\subset\partial B$가 되는 것은 아니다.
2. 그렇다.
   $p\notin\partial A, p\notin\partial B$라 하자. 그러면 다음 4가지 중 어느 하나가 성립한다.

   - $p\in\text{int}A, p\in\text{int}B$.
     이 경우 $p\in\text{int}A\cap\text{int}B\subset A\cup B$. 따라서 $p\in\text{int}(A\cup B)$.
   - $p\in\text{int}A, p\in\text{ext}B$.
     이 경우 $p\in\text{int}A\cap\text{ext}B\subset\text{int}A\subset\text{int}(A\cup B)$.
   - $p\in\text{ext}A, p\in\text{int}B$.
     이 경우 $p\in\text{ext}A\cap\text{int}B\subset\text{int}B\subset\text{int}(A\cup B)$.
   - $p\in\text{ext}A, p\in\text{ext}B$.
     이 경우 $p\in\text{ext}A\cap\text{ext}B\subset A^c\cap B^c=(A\cup B)^c$. 따라서 $p\in\text{ext}(A\cup B)$.

   따라서 $p\notin\partial A, p\notin\partial B$이면 $p\notin\partial(A\cup B)$. 그러므로 $\partial(A\cup B)\subset(\partial A\cup\partial B)$는 성립한다.
3. 그렇지 않다.
   이 경우 $A=\{a,b,c\},B=\{b,c,d\}$를 생각하자. 그러면 $A\cap B=\{b,c\}$이고

$$\partial(A\cap B)=\partial\big(\{b,c\}\big)=\{a,b,c,d\}$$

그런데 $\partial A=\partial\big(\{a,b,c\}\big)=\{c,d\},\quad \partial B=\partial\big(\{b,c,d\}\big)=\{a,b\}$. 따라서

$$\partial(A)\cap\partial(B)=\{c,d\}\cap\{a,b\}=\emptyset$$

그러므로 이 경우는 $\partial(A\cap B)=\{a,b,c,d\}\not\subset\big(\partial A\cap\partial B\big)=\emptyset$.. □

정의 4.4.4 [집적점(accumulation point), 고립점(isolated point), 도집합(derived set)] 위상공간 X와, X의 부분집합 A를 생각하자.

1. $p\in X$가 A의 **집적점**이라는 것은 p를 포함하는 열린집합 U을 어떤 것으로 잡더라도

$$A\cap\big(U\setminus\{p\}\big)\neq\emptyset$$

   가 성립하는 것을 말한다. A의 **도집합**이란 A의 집적점 전체로 이루어진 집합을 말하고 A'으로 표현 현다:

$$A':=\{p\in X\mid p\text{ 는 }A\text{의 집적점 }\}$$

2. p가 A의 **고립점**이라는 것은 p를 포함하는 열린집합 중에서 $A\cap V=\{p\}$가 성립하는 V가 존재하는 것을 말한다. 때문에 p가 A의 고립점이라는 것은 $\{p\}$가 부분공간 A의 열린집합인 것을 말한다.

집적점의 정의로부터 즉시 알 수 있는 것은 $A' \subset \overline{A}$. 즉 A의 외부의 점은 직접점이 될 수 없다. 특히 A의 점 중에서 집적점이 아닌 것은 모두 고립점인 것에 주의하자.

보기 4.4.7 $\mathbb{R}$ 위에 3개의 위상을 생각해보자.

- $\mathfrak{B} := \{(a,b) \mid a,b \in \mathbb{R}, a < b\}$ 꼴의 집합들의 합집합으로 표현되는 $\mathbb{R}$의 열린집합으로 하는 위상공간 $\mathbb{R}$(이것을 집합 $\mathbb{R}$ 위의 보통위상이라 한다).
- $\mathfrak{B}_\ell := \{[a,b) \mid a,b \in \mathbb{R}, a < b\}$ 꼴의 집합들의 합집합으로 표현되는 $\mathbb{R}$의 부분집합을 열린집합으로 하는 $\mathbb{R}$ 위의 위상공간 $\mathbb{R}_\ell$.
- $\mathfrak{B}_u := \{(a,b] \mid a,b \in \mathbb{R}, a < b\}$ 꼴의 집합들의 합집합으로 $\mathbb{R}$의 부분집합을 열린집합으로 하는 $\mathbb{R}$ 위의 위상공간 $\mathbb{R}_u$.

집합 $\mathbb{R}$의 두 개의 부분집합 $A = [0,1] := \{x \in \mathbb{R} \mid 0 \le x \le 1\}$, $B = \{\frac{1}{n} \mid n = 1,2,3,\cdots\}$ 를 생각하자. 그러면 집합 A,B의 각각의 위상공간에서 내부, 외부, 경계, 도집합은 다음과 같다.

	A의 내부	B의 내부	A의 경계	B의 경계	A의 외부	B의 외부	A의 도집합	B의 도집합
$\mathbb{R}$	$(0,1)$	$\emptyset$	$\{0,1\}$	$\{0\} \cup B$	$(-\infty,0) \cup (1,\infty)$	$(-\infty,0) \cup (1,\infty) \cup \bigcup_{n=1}^{\infty} (\frac{1}{n+1}, \frac{1}{n})$	A	$\{0\}$
$\mathbb{R}_\ell$	$[0,1)$	$\emptyset$	$\{1\}$	$\{0\} \cup B$	$(-\infty,0) \cup (1,\infty)$	$(-\infty,0) \cup (1,\infty) \cup \bigcup_{n=1}^{\infty} (\frac{1}{n+1}, \frac{1}{n})$	$[0,1)$	$\{0\}$
$\mathbb{R}_u$	$(0,1]$	$\emptyset$	$\{0\}$	B	$(-\infty,0) \cup (1,\infty)$	$(-\infty,0] \cup (1,\infty) \cup \bigcup_{n=1}^{\infty} (\frac{1}{n+1}, \frac{1}{n})$	$[0,1)$	$\emptyset$

$\mathbb{R}^2$의 보통위상이란 $B_r(\mathbf{p}) := \{\mathbf{x} \in \mathbb{R}^2 \mid \|\mathbf{x} - \mathbf{p}\| < r\}$ 꼴의 집합들의 합집합으로 표시되는 $\mathbb{R}^2$의 부분집합들을 열린집합으로 하는 위상을 말한다. 여기서 $\mathbf{x} = (x_1, x_2), \mathbf{p} = (p_1, p_2)$로 표시하면

$$\|\mathbf{x} - \mathbf{p}\| := \sqrt{(x_1 - p_1)^2 + (x_2 - p_2)^2}$$

따라서 $B_r(\mathbf{p})$는 점 $\mathbf{p}$를 중심으로 하고, 반지름의 길이가 r인 원의 내부라고 생각하면 좋다. $\mathbb{R}^2$의 보통위상을 생각할 때, 이 위상공간은 간단히 $\mathbb{R}^2$로 표시한다.

다음으로 $[a,b) \times [c,d] := \{(x,y) \mid \mathbb{R}^2 \mid a \le x < b,\ c \le x < d\}$ 꼴의 집합들의 합집합으로 표현되는 $\mathbb{R}^2$의 부분집합 전체를 열린집합으로 하는 $\mathbb{R}^2$의 위상을 $\mathbb{R}^2_\ell$로 나타내자.

$\mathbb{R}^2$의 부분집합 $A = \{(x,y) \mid x^2 + y^2 \le 1\}$의 두 위상공간 $\mathbb{R}^2, \mathbb{R}^2_\ell$에서의 내부, 경계, 외부, 도집합은 다음과 같다.

1. 보통위상공간 $\mathbb{R}^2$에서
   - A의 내부는 $\{(x,y) \mid x^2 + y^2 < 1\}$
   - A의 경계는 $\{(x,y) \mid x^2 + y^2 = 1\}$
   - A의 외부는 $\{(x,y) \mid x^2 + y^2 > 1\}$
   - A의 도집합은 A.

2. 위상공간 $\mathbb{R}^2_\ell$에서

- A의 내부는 $\{(x,y) \mid x^2+y^2<1\} \cup \{(x,y) \mid x^2+y^2=1, x<0, y<0\}$
- A의 경계는 $\{(x,y) \mid x^2+y^2=1, x\geq 0, y\geq 0\}$
- A의 외부는 $\{(x,y) \mid x^2+y^2>1\}$
- A의 도집합은

$$\begin{aligned}\{(x,y) \mid x^2+y^2<1\} &\cup \{(x,y) \mid x^2+y^2=1, x<0, y\geq 0\}\\ &\cup \{(x,y) \mid x^2+y^2=1, y>0, x>0\}\\ &\cup \{(x,y) \mid x\geq 0, y<0\}\end{aligned}$$

제 4.5 절 보기 문제

4.1. $X=\{a,b,c,d,e\}$에서의 위상

$$\begin{aligned}\mathfrak{T} := \{&\emptyset, X, \{b\}, \{e\}, \{a,b\}, \{b,d\}, \{b,e\}, \{c,e\},\\ &\{a,b,d\}, \{a,b,e\}, \{b,c,e\}, \{b,d,e\},\\ &\{a,b,d,e\}, \{a,b,c,e\}, \{b,c,d,e\}\\ &\}\end{aligned}$$

가 있다. $A=\{a,b,c,d\}$, $Y=\{1,2,3,4,5\}$.
$f: X\to Y$는 $f(a)=f(c)=f(d)=2, f(b)=3, f(e)=4$이다.

1. $\mathrm{int}A$ 를 구하라.
2. $\mathrm{ext}A$ 를 구하라.
3. $\partial(A)$ 를 구하라.
4. A의 폐포를 구하라.
5. A의 도집합을 구하여라.

6. $f: X\to Y$에 의한 Y의 final topology를 구하라,

<**해설**> ▷

1. $\mathrm{int}A=\{a,b,d\}$
2. $\partial A=\{c\}$
3. $\mathrm{ext}A=\{e\}$
4. $\overline{A}=A\cup\partial A=A$
5. $A'=\{a,d\}$

6.

$$\begin{aligned}\{&Y, \emptyset, \{1\}, \{5\}, \{1,5\}, \{3\}, \{3,1\}, \{3,5\}, \{3,1,5\},\\ &\{4\}, \{4,1\}, \{4,5\}, \{4,1,5\}, \quad \{3,4\}, \{3,4,1\}, \{3,4,5\}, \{3,4,1,5\}\}\end{aligned}$$

4.2. 집합 $X = \{a,b,c\}$에서의 세 위상

$$\mathfrak{T}_1 := \{\emptyset, X, \{a\}\}, \quad \mathfrak{T}_2 = \{\emptyset, X, \{b\}\}, \quad \mathfrak{T}_3 := \{\emptyset, X, \{a\}, \{c\}, \{a,c\}\}$$

를 생각하자.

1. $\mathfrak{T}_1 \cap \mathfrak{T}_2$를 구하여라.
2. $\mathfrak{T}_1 \cap \mathfrak{T}_3$를 구하여라.
3. $\mathfrak{T}_1 \cup \mathfrak{T}_2$는 위상인가?
4. $\mathfrak{T}_1 \cup \mathfrak{T}_3$는 위상인가?

<**해설**> ▷

1. $\mathfrak{T}_1 \cap \mathfrak{T}_2 = \{\emptyset, X\}$는 위상이다.
2. $\mathfrak{T}_1 \subset \mathfrak{T}_3$이므로 $\mathfrak{T}_1 \cap \mathfrak{T}_3 = \{\emptyset, X, \{a\}\} = \mathfrak{T}_1$ 은 위상이다.
3. $\mathfrak{T}_1 \cup \mathfrak{T}_2 = \{\emptyset, X, \{a\}, \{b\}\}$ 이므로 지금 경우는 위상이 아니다.
4. $\mathfrak{T}_1 \subset \mathfrak{T}_3$이므로 $\mathfrak{T}_1 \cup \mathfrak{T}_3 = \mathfrak{T}_3$은 위상이다. ◁

4.3. 실수집합 $\mathbb{R}$의 보통위상을 생각하자. $\mathbb{R}$의 보통위상에서 열린집합은 모두 $(a,b) := \{x \in \mathbb{R} \mid a < x < b\}$ 꼴의 집합의 합집합으로 표현되는 집합이다. $\mathbb{R}$의 부분집합

$$A = [-1,0) \cup \{\frac{1}{n} \mid n = 1,2,3,\cdots\}$$

를 생각하자.

1. $[-1,0)$은 부분공간 A의 열린집합인가?
2. $[-1,0)$은 부분공간 A의 닫힌집합인가?
3. $\{\frac{1}{n} \mid n = 1,2,\cdots\}$은 부분공간 A의 열린집합인가?
4. $\{\frac{1}{n} \mid n = 1,2,3,\cdots\}$는 A의 닫힌집합인가?
5. $(-\frac{1}{2},0)$는 A의 열린집합인가?
6. $(-\frac{1}{2},0)$는 A의 닫힌집합인가?
7. $\mathbb{R}$의 부분집합 A의 도집합을 구하여라.
8. 부분공간 A에서 부분집합 $[-1,0)$의 도집합을 구하여라.

<**해설**> ▷

1. $[-1,0)$은 $\mathbb{R}$의 부분집합으로 보면 열린집합이 아니다. 왜냐하면 $-1 \in [-1,0)$이지만, 양수 ε을 어떻게 잡더라도 $(-1-\varepsilon, -1+\varepsilon)$은 $[-1,0)$의 부분집합이 아니기 때문이다. 그러나 분분공간 A에서 보면

$$[-1,0) = A \cap (-2,0)$$

이고 $(-2,0)$는 $\mathbb{R}$의 열린집합이므로 $[-1,0)$는 부분공간 A의 열린집합이다.

2. $[-1,0)$는 $\mathbb{R}$에서는 닫힌집합도 아니다. 그러나 $[-1,0]$는 $\mathbb{R}$의 닫힌집합이고,

$$[-1,0) = A \cap [-1,0]$$

이므로 $[-1,0)$는 A의 닫힌집합이다.

3. $\{\frac{1}{n} \mid n = 1,2,\cdots\} = \{1, \frac{1}{2}, \frac{1}{3}, \cdots\}$는 $\mathbb{R}$에서는 열린집합이 아니다. 그러나 $(0,2)$는 $\mathbb{R}$의 열린집합이고

$$\{\frac{1}{n} \mid n = 1,2,\cdots\} = A \cap (0,2)$$

이므로 $\{\frac{1}{n} \mid n = 1,2,3\cdots\}$는 A의 열린집합이다.

4. $[0,2]$는 $\mathbb{R}$의 닫힌집합이고 $[0,2] \cap A = \{1, \frac{1}{2}, \frac{1}{3}, \cdots\}$이므로 $\{\frac{1}{n} \mid n = 1,2,3,\cdots\}$는 A의 닫힌집합이다.

5. $(-\frac{1}{2},0)$는 $\mathbb{R}$의 열린집합이고, 특히 $(-\frac{1}{2},0) = A \cap (-\frac{1}{2},0)$ 이므로 $(-\frac{1}{2},0)$는 A에서도 열린집합이다.

6. $(-\frac{1}{2},0)$이 A의 닫힌집합이라면 $A \setminus (-\frac{1}{2},0) = [-1,-\frac{1}{2}] \cup \{\frac{1}{n} \mid n = 1,2,\cdots\}$ 는 A의 열린집합이어야 한다. 점 $-\frac{1}{2}$에 집중하자. $-\frac{1}{2} \in A$를 포함하는 A의 열린집합은

$$(-\frac{1}{2} - \varepsilon, -\frac{1}{2} + \varepsilon) \cap A, \ \varepsilon > 0$$

꼴이다. 그런데 양수 ε이 $\frac{1}{4}$보다 작으면

$$(-\frac{1}{2} - \varepsilon, -\frac{1}{2} + \varepsilon) \subset A$$

따라서 $[-1,-\frac{1}{2}] \cup \{\frac{1}{n} \mid n = 1,2,\cdots\}$가 열린집합이면

$$(-\frac{1}{2} - \varepsilon, -\frac{1}{2} + \varepsilon) \subset [-1, -\frac{1}{2}]$$

이 성립해야 하지만, 이것을 불가능하다. 따라서 $(-\frac{1}{2},0)$는 A의 닫힌집합이 아니다.

7. $[-1,0]$
8. $[-1,0)$

4.4. 집합 $X = \{a,b,c\}$와 $\mathfrak{T} = \{\emptyset, \{b\}, \{a,b\}, \{b,c\}, X\}$를 생각하자. $(X,\mathfrak{T})$는 위상공간이다.

1. $(X,\mathfrak{T})$는 거리공간이 아닌 것을 보여라.
2. $A = \{a\}$일 때 $\overline{A} := \{x \in X \mid x \in U, A \cap U \neq \emptyset, U \in \mathfrak{T}\}$로 정의되는 집합 $\overline{A}$를 구하여라.
3. $B = \{a,b\}$를 생각하자.

$$B' := \{x \in X \mid x \in V, B \cap \big(V \setminus \{x\}\big) \neq \emptyset, V \in \mathfrak{T}\}$$

로 정의되는 집합 B'를 구하여라.

<**해설**> ▷

1. a의 열린이웃을 모두 말하면 $\{a,b\}, X$. c의 열린이웃을 모두 말하면 $\{b,c\}, X$. 따라서 서로 다른 두 점 a,c에 대해서는 서로 만나지 않는 이웃이 존재하지 않는다. 그러므로 $(X,\mathfrak{T})$는 Hausdorff 공간이 아니고, 따라서 거리공간도 될 수 없다.
2. $\overline{A} = \{a\}$
3. $B' = \{a,c\}$

4.5. 집합 $X = \{a,b,c\}$를 생각하자. $\mathcal{S} := \{\{a,b\},\{b,c\}\}$를 생각하자.

1. $\mathcal{S}$는 위상이 아닌 것을 보여라.
2. $\mathcal{S} \subset \mathfrak{T}$가 되는 X에서의 가장 작은 위상 $\mathfrak{T}$를 구하여라.
   ($A \subset B$일 때 A는 B보다 작다고 하자.)

<**해설**> ▷

1. $\{a,b\},\{b,c\} \in \mathcal{S}$이지만 $\{a,b\} \cap \{b,c\} = \{b\} \notin \mathcal{S}$이기 때문이다.
2. $\mathcal{S}$가 생성하는 위상은, 즉 $\mathcal{S}$를 포함하는 가장 작은 위상은 $\{\emptyset, X, \{b\}, \{a,b\}, \{b,c\}\}$.

4.6. 집합 $X = \{a,b,c,d,e\}, Y = \{1,2,3,4\}$
$f : X \to Y, \quad g : Y \to X$는 다음과 같다:

$$f(a) = f(b) = 1, f(c) = f(d) = 3, f(e) = 2$$
$$g(1) = g(2) = a, g(3) = c, g(4) = d$$

X에서의 위상

$$\begin{aligned}
\mathfrak{T} := \{ & \\
& \emptyset, X, \{b\}, \{e\}, \\
& \{a,b\}, \{b,d\}, \{b,e\}, \{c,e\}, \\
& \{a,b,d\}, \{a,b,e\}, \{b,c,e\}, \{b,d,e\}, \\
& \{a,b,d,e\}, \{a,b,c,e\}, \{b,c,d,e\} \\
& \}
\end{aligned}$$

에 대하여 다음에 답하여라.

1. $A = \{a,c,d\}$일 때, $\operatorname{int}(A), \operatorname{ext}(A), \partial(A), A'$을 구하여라.
2. $a \in X$의 근본이웃체계를 하나 구하여라.
3. 위상 $\mathfrak{T}$의 원소의 수가 가장 작은 기저를 하나만 구하여라.
4. 함수 $f : X \to Y$가 결정하는 동치관계 $x\mathcal{R}y \iff f(x) = f(y)$에 의한 동치관계를 생각하자.
   $[a] := \{x \in X \mid x\mathcal{R}a\}$ 를 a가 속한 동치류라 한다. $[a],[b]$를 구하여라.

5. 함수 $f: X \to Y$가 결정하는 동치관계 $x\mathcal{R}y \iff f(x) = f(y)$에 의한 동치류집합 $X/\mathcal{R} := \{[x] \mid x \in X\}$을 구하여라.
6. 함수 $f: X \to Y$가 결정하는 동치관계 $x\mathcal{R}y \iff f(x) = f(y)$에 의한 동치관계에 따른 $\mathfrak{T}$은 속찬집합(saturated open set)을 모두 구하여라.
7. 함수 $f: X \to Y$가 결정하는 Y의 final topology를 구하여라.
8. $(X, \mathfrak{T})$는 연결공간인가?

<**해설**> ▷

1. $\text{int}A = \emptyset$, $\text{ext}A = \{b, e\}$, $\partial A = \{a, c, d\}$, $A' = \emptyset$.
2. $\{\ \{a, b\}\ \}$
3. $\{\ \{a, b\}, \{b\}, \{e\}, \{c, e\}, \{b, d\}\ \}$
4. $[a] = \{a, b\} = [b]$
5.
$$X/\mathcal{R} = \{\ \{a, b\}, \{c, d\}, \{e\}\ \}$$
6. $\{\{a, b\}, \{c, d\}, \{e\}, \{a, b, c, e\}, \{a, b, e\}, \{c, d, e\}, \{a, b, c, d, e\}\}$
7. $\emptyset, \{4\}, \{1\}, \{1, 4\}, \{2\}, \{2, 4\}, \{1, 2\}, \{1, 2, 4\}, \{1, 2, 3\}, \{1, 2, 3, 4\}\ \}$
8. 연결공간이 아니다. 왜냐하면 $X = \{a, b, d\} \cup \{c, e\}$이고, $\{a, b, d\}, \{c, e\}$는 공집합이 아니면서 서로 만나지 않는 열린집합이다. 즉 $\{a, b, d\}, \{c, e\}$는 X를 분리하는 열린집합이다.

4.7. 위상공간 $(X, \mathfrak{T})$, $X = \{a, b, c, d\}$, $\mathfrak{T} := \{\emptyset, X, \{a, b\}, \{c, d\}\}$에서 정의된 함수 $h: X \to X$

$$h(a) = b,\ h(b) = a, \quad h(c) = d, \quad h(d) = a$$

의 연속성을 조사하라.

<**해설**> ▷

- h가 연속인점: a, b
- h가 불연속인 점 c, d

4.8. $\phi: \mathbb{R} \to Z$를 $\phi(x) := [x]$로 정의하자. 즉 $\phi(x)$는 $n \le x < n+1$이 되는 정수이다.

1. $\mathbb{Z}$에 이산위상 $\mathfrak{P}(\mathbb{Z})$를 줄 때, 함수 $\phi: \mathbb{R} \to (\mathbb{Z}, \mathfrak{P}(\mathbb{Z}))$에 의한 $\mathbb{R}$ 에서의 initial topology 의 기저를 구하여라.
2. $\mathbb{R}$에 보통위상(usual topology)를 줄 때, 함수 $\phi: \mathbb{R} \to \mathbb{Z}$가 결정하는 $\mathbb{Z}$ 위에서의 final topology를 구하여라.

<**해설**> ▷

- $\{[n,n+1) \mid n \in \mathbb{Z}\}$
- $\{I_n \mid n \in \mathbb{Z}\}$, $I_n := \{k \in \mathbb{Z} \mid k \leq n\}$

4.9. $\mathbb{N} = \{0,1,2,\cdots\}$. 각각의 $n \in \mathbb{N}$에 대해서 함수

$$\delta_n : \mathbb{N} \to \{0,1\}, \delta_n(m) := \begin{cases} 1 & ,m = n \\ 0 & ,m \neq n \end{cases}$$

집합 $X = \{0,1\}$에서의 위상은 $\mathfrak{T} := \{\emptyset, X, \{0\}\}$.
함수무리 $\{\delta_n : \mathbb{N} \to X \mid n \in \mathbb{N}\}$에 의한 $\mathbb{N}$의 initial topology를 $\mathfrak{I}$라 하자.

1. $\delta_0^{-1}(1)$?
2. $\delta_3^{-1}(0) \cap \delta_4^{-1}(0)$?
3. Initial topology $\mathfrak{I}$의 기저를 구하여라.
4. $A := \{2k \mid k \in \mathbb{N}\}$는 열린집합인가? A는 닫힌집합인가?
5. $(\mathbb{N}, \mathfrak{I})$는 컴팩트 공간인가?
6. $(\mathbb{N}, \mathfrak{I})$의 부분공간 $\{0,1,2,3\}$에서 $\{0\}$은 열린집합인가?
7. 부분집합 $B := \{4,5,6,\cdots\}$의 도집합을 구하여라. B의 폐포를 구하여라.

<**해설**> ▷

1. $\{0\}$
2. $\mathbb{N} \setminus \{3,4\}$
3. $\{\mathbb{N} \setminus \{0\} \mid n \in \mathbb{N}\}$
4. A는 열린집도 아니고, 닫힌집합도 아니다.
5. 컴팩트 공간이다.
6. $\{0,1,2,3\}$의 모든 부분집합이 열린집합.
7. $B' = \mathbb{N}$. $\overline{B} = \mathbb{N}$.

4.10. 실수집합 $\mathbb{R}$에서 기저 $\mathfrak{B}_\ell := \{[a,b) \mid a,b \in \mathbb{R}, a < b\}$이 생성하는 위상을 $\mathfrak{T}_\ell$이라 하자. 곱위상 $(\mathbb{R} \times \mathbb{R}, \mathfrak{T}_\ell \times \mathfrak{T}_\ell)$를 생각하자.

1. $A := \{(x,y) \mid x^2 + y^2 \leq 1\}$에 대해서 $\operatorname{int}(A), \partial(A), \operatorname{ext}A, A'$을 구하여라.
2. $\{(1-\frac{1}{n}, 1-\frac{1}{n}) \mid n = 1,2,3,\cdots\}$의 집적점을 구하여라.
3. 곱위상의 부분공간으로서 $B := \{(x,x) \mid x \in \mathbb{R}\}$와 $C := \{(x,-x) \mid x \in \mathbb{R}\}$은 위상동형인가?
4. $(\mathbb{R} \times \mathbb{R}, \mathfrak{T}_\ell \times \mathfrak{T}_\ell)$은 연결공간인가?

<**해설**> ▷

1.

$$\begin{aligned}
\operatorname{int}A &= \{(x,y) \mid x^2+y^2 < 1\} \cup \{(x,y) \mid x^2+y^2 = 1, x<0, y<0\}\\
\partial(A) &= \{(x,y) \mid x^2+y^2 = 1, x \geq 0 \text{ 또는 } y \geq 0\}\\
\operatorname{ext}A &= \{(x,y) \mid x^2+y^2 > 1\}\\
A' &= \{(x,y) \mid x^2+x^2 \leq 1\} \setminus \{(x,y) \mid x^2+y^2 = 1, x \geq 0, y \geq 0\}
\end{aligned}$$

2. 없다
3. 아니다. B는 이산위상을 갖는다. 그러나 C는 $(\mathbb{R}, \mathfrak{T}_\ell)$과 위상동형이다.
4. 아니다. 공집합이 아닌 위상공간의 곱공간이 연결공간이란 것은 각각의 위상공간이 연결공간인 것과 같다. 그러나 $(\mathbb{R}, \mathfrak{T}_\ell)$은 연결공간이 아니다. 왜냐하면 임의의 $a \in \mathbb{R}$에 대하여 $(-\infty, a), [a, \infty)$ 는 $(\mathbb{R}, \mathfrak{T}_\ell)$의 분리하는 열린집합이다.

4.11. 위상공간 X가 Hausdorff 공간이기 위한 필요충분조건은
곱공간 $X \times X$에서 $D = \{(x,x) \mid x \in X\}$가 닫힌집합인 것을 보여라.

<**해설**> ▷

- 필요성: X가 Hausdorff 공간이라 하자. $(x,y) \notin D$ 이면 $x \neq y$이다. 따라서

$$x \in U, y \in V, U \cap V = \emptyset$$

  이 성립하는 열린집합 U, V가 존재한다. 그런데 $(x,y) \in U \times V$이고 $(U \times V) \cap D = \emptyset$. 따라서 D는 닫힌집합이다.
- 충분성: D가 닫힌집합이라 하자. 임의의 $x, y \in X, x \neq y$에 대하여 $(x,y) \notin D$. 그런데 D가 닫힌집합이면 $(X \times X) \setminus D$는 열린집합이고, 곱공간의 기저는 $U \times V$ 꼴이므로

$$(x,y) \in U \times V \subset \Big((X \times X) \setminus D\Big)$$

  가 성립하는 열린집합 U, V가 존재하고, 이런 열린집합 U, V에 대해서,
  $x \in U, y \in V, U \cap V = \emptyset$ 가 성립한다. 따라서 X는 Hausdorff 공간이다.

장 5
연속함수

벡터공간의 구조를 존중하는 함수를 선형사상(linear mapping)이라 한다. 군, 환, 체같은 대수구조를 존중하는 함수를 준동형사상(homomorphism)이라 한다. 위상구조를 존중하는 함수를 연속함수(continuous function)이라 한다. 벡터공간에서 선형사상의 의미는 $f(a\mathbf{u}+b\mathbf{v}) = af(\mathbf{u})+bf(\mathbf{v})$를 만족시키는 것이다. 군에서 준동형사상의 의미는 $f(ab) = f(a)f(b)$를 만족시키는 것이다. 벡터공간에서의 선형사상과 군에서의 준동형사상의 판단은 본질적으로 각각의 점에서 함수값을 조사하는 것이다. 그러나 거리공간에서 점 p에서 연속성의 의미는 $f(p) = q$라 할 때,

$$(\forall \varepsilon > 0)(\exists \delta > 0)\big(f\big(B_\delta(p)\big) \subset B_\varepsilon(q)\big)$$

보는 것처럼 연속성의 판단은 각각의 점에서의 함수값이 아니라, 특정한 점들이 모임인 집합에서의 함수값 전체를 보고 판단해야 한다. 이런 점에서 위상공간의 이해는 쉽지 않다. 이 장에서는 다음 개념들이 주로 다루어진다.

- 위상의 거꿀그림자 , 연속함수, 이웃체제 ,부분공간
- 위상동형함수, 위상동형 , 열린함수, 닫힌함수
- 지역적으로 닫힌 집합, 속찬집합
- initial topology, final topology, 상공간
- 위상공간의 기저가 생성하는 위상 , 곱위상
- regular 공간, normal 공간
- Urysohn Lemma

제 5.1 절 연속함수

두 위상공간 $(X,\mathfrak{S}),(Y,\mathfrak{T})$가 있을 때 함수 $f:X\to Y$ 중에서 각각의 위상공간의 구조와 어울리는 함수가 중요한 함수이다. 다음 문제를 생각해보자.

- $f(\mathfrak{S}):=\{f(U)\mid U\in\mathfrak{S}\}$는 Y의 위상인가?
- $f^{-1}(\mathfrak{T}):=\{f^{-1}(V)\mid V\in\mathfrak{T}\}$는 X의 위상인가?

구체적인 보기를 보면서 생각해보자.

보기 5.1.1 $X=\{a,b,c\},Y=\{1,2,3\}$로 잡고, $f:X\to Y$를 $f(a)=2,f(b)=3,f(c)=3$를 생각하자. $\mathfrak{S}:=\{\emptyset,X,\{a\}\}$는 X의 위상이다. 그러나 $\{f(U)\mid U\in\mathfrak{S}\}=\{f(\emptyset),f(X),f(\{a\})\}=\{\emptyset,\{2,3\},\{2\}\}$. $Y\notin f(\mathfrak{S})$이므로 $f(\mathfrak{S})$는 Y의 위상이 아니다. $\mathfrak{T}=\{\emptyset,Y,\{1\}\}$는 Y의 위상이다. 그런데

$$f^{-1}(\mathfrak{T})=\{f^{-1}(\emptyset),f^{-1}(Y),f^{-1}(\{1\})\}=\{\emptyset,X,\emptyset\}=\{\emptyset,X\}$$

따라서 $f^{-1}(\mathfrak{T})$는 X의 위상이다. □

정리 5.1.1 [위상의 거꿀 그림자] 집합 X에서 위상공간 $(Y,\mathfrak{T})$로 가는 함수 $f:X\to Y$를 생각하자. 그러면 $f^{-1}(\mathfrak{T}):=\{f^{-1}(V)\mid V\in\mathfrak{S}\}$ 는 X의 위상이다.

증명. 이것은 함수 $f:X\to Y$의 거꿀 그림자의 성질로 간단히 확인된다.

1. $\emptyset=f^{-1}(\emptyset)\in f^{-1}(\mathfrak{T})$.
2. $U_1,U_2\in f^{-1}(\mathfrak{T})$이면 정의에 따라 $U_1=f^{-1}(V_1),U_2=f^{-1}(V_2)$인 $V_1,V_2\in\mathfrak{T}$가 있다. 따라서

$$U_1\cap U_2=f^{-1}(V_1)\cap f^{-1}(V_2)=f^{-1}(V_1\cap V_2)\in f^{-1}(\mathfrak{T})$$

3. $(U_i)_{i\in I}$가 $f^{-1}(\mathfrak{T})$의 집합무리이면, 거꿀그림자의 정의에 따라 $U_i=f^{-1}(V_i),\ i\in I.$ 가 성립하는 $V_i\in\mathfrak{T},i\in I$가 존재한다. 더욱 $\mathfrak{T}$은 위상이므로 $\bigcup_{i\in I}V_i\in\mathfrak{T}$. 따라서

$$\bigcup_{i\in I}U_i=\bigcup_{i\in I}f^{-1}(V_i)=f^{-1}\Big(\bigcup_{i\in I}V_i\Big)\in f^{-1}(\mathfrak{T})$$

이것으로 $f^{-1}(\mathfrak{T})$가 X의 위상인 것이 증명되었다. ■

정의 5.1.1 [연속함수(continuous function)] 위상공간 $(X,\mathfrak{S}),(Y,\mathfrak{T})$와 함수 $f:(X,\mathfrak{S})\to(Y,\mathfrak{T})$ 를 생각하자.

1. 함수 $f:X\to Y$가 **연속함수**라는 것은 $(\forall V\in\mathfrak{T})\left(f^{-1}(V)\in\mathfrak{S}\right)$ 가 성립하는 것을 말한다. 이것은 간단하게 $f^{-1}(\mathfrak{T})\subset\mathfrak{S}$ 로 표현할 수 있다.
2. 함수 $f:X\to Y$가 **점** $a\in X$**에서 연속**이라는 것은

$$\left(\forall V\in\mathfrak{T},f(a)\in V\right)\left(\exists U\in\mathfrak{S},U\subset f^{-1}(V)\right)$$

가 성립하는 것을 말한다. 이것은 간단하게 , $f(a)=b$라 두면 , $f^{-1}\left(\mathfrak{B}_Y(b)\right)\subset\mathfrak{B}_X(a)$

위 정의에서 $\mathfrak{B}_X(a)$는 $a\in X$의 이웃체제(neighborhood system of a), $\mathfrak{B}_Y(b)$는 b의 이웃체제다. 연속의 조건 $f^{-1}(\mathfrak{T})\subset\mathfrak{S}$는 구체적으로, 임의의 $V\in\mathfrak{T}$에 대하여 $f^{-1}(V):=U\in\mathfrak{S}$라는 말이다. 간단하게 "열린집합의 거꿀그림자가 열린집합"이라 기억하면 좋다.

보기 5.1.2 두 위상공간 $(X,\mathfrak{S}),(Y,\mathfrak{T})$를 생각하자.

1. Y에서의 위상 $\mathfrak{T}$가 시시한 위상이면, 즉 $\mathfrak{T}=\{\emptyset,Y\}$이면 $\mathfrak{S}$에 관계없이 모든 함수 $f:(X,\mathfrak{S})\to(Y,\mathfrak{T})$가 연속함수이다. 왜냐하면 이 경우

$$f^{-1}(\mathfrak{T})=\{f^{-1}(\emptyset),f^{-1}(Y)\}=\{\emptyset,X\}\subset\mathfrak{S}$$

2. $(X,\mathfrak{S})$가 이산위산공간이면, 즉 $\mathfrak{S}=\mathfrak{P}(X)$이면 모든 함수 $f:(X,\mathfrak{P}(X))\to(Y,\mathfrak{S})$는 $\mathfrak{S}$에 관계없이 연속이다. 왜냐하면 $f^{-1}(\mathfrak{S}):=\{f^{-1}(U)\mid U\in\mathfrak{S}\}\subset\mathfrak{P}(X)$. □

보기 5.1.3 집합 $X=\{a,b,c,d\}$ 위에서의 위상 $\mathfrak{T}:=\{\emptyset,X,\{a,b\},\{c,d\}\}$ 를 생각하자. 함수 $f:X\to X$가 다음과 같다: $f(a)=b,\ f(b)=c,\ f(c)=d,\ f(d)=a$.
f가 연속인 점을 모두 구하여라.

<**풀이**> X의 점이 4개 밖에 되지 않는다. 따라서 차례로 조사하면 된다.

- $f(a)=b$를 포함하는 열린집합은 $\{a,b\},X$ 2개이다. 그런데 $f(X)\subset X$이므로 b의 이웃 X는 아무런 제약이 아니다. 이제 b의 이웃 $\{a,b\}$를 생각하자. $f(a)=b$이므로 a의 이웃을 조사하면 $X,\{a,b\}$, 2 개가 있다. 그런데 a의 이웃 X에 대해서는 $f(X)\not\subset\{a,b\}$인 것을 한 눈에 알 수 있다. 이제 a의 이웃 $\{a,b\}$에 대해서도 $f\left(\{a,b\}\right)=\{b,c\}\not\subset\{a,b\}$이므로 f는 a에서 연속이 아니다.
- 같은 방법으로 b,c,d에서도 $f:X\to X$ 는 불연속이다.

따라서 $f:X\to X$는 모든 점에서 불연속인 함수이다. □

보기 5.1.4 집합 $X=\{a,b,c,d\}$ 위에서의 위상 $\mathfrak{T}:=\{\emptyset,X,\{a,b\},\{c,d\}\}$ 를 생각하자. 함수 $g:X\to X$가 다음과 같다: $g(a)=b,\ \ g(b)=c,\ \ g(c)=b,\ \ g(d)=a$.
g가 연속인 점을 모두 구하여라.

<**풀이**> X의 점이 4개 밖에 되지 않는다. 따라서 차례로 조사하면 된다.

- $g(a)=b$를 포함하는 열린집합은 $\{a,b\},X$ 2개이다. 이제 a 의 이웃을 보자. a의 이웃은 $X,\{a,b\}$ 2개 이다. 그런데 a의 이웃 X는 조사할 이유가 없다. 왜냐하면 X보다 더 작은 이웃 $\{a,b\}$가 있기 때문이다. 그런데

$$g(\{a,b\})=\{g(a),g(b)\}=\{b,c\}\not\subset\{a,b\}$$

따라서 g는a에서 연속이 아니다.

- $g(b)=c$를 포함하는 열린집합은 $\{c,d\},X$ 2개 뿐이다. c의 이웃 X는 $g(X)\subset X$이므로 아무러 제약이 되지 못한다. 때문에 조사할 이유가 없다. 따라서 c의 이웃 $\{c,d\}$를 조사하면 충분하다. 이를 위해서 b의 이웃을 조사하자. b의 이웃은 $\{a,b\},X$ 2개가 있다. 그런데 X 보다 더 작은 이웃 $\{a,b\}$가 있기 때문에 X는 조사할 이유가 없다. 그런데

$$g(\{a,b\})=\{g(a),g(b)\}=\{b,c\}\not\subset\{a,b\}$$

따라서 $g:X\to X$ 는 b에서 불연속이다.

- $g(c)=b$를 포함하는 열린집합은 $\{a,b\},X$ 2개이다. 그런데 c의 이웃 $\{c,d\}$에 대하여

$$g(\{c,d\})=\{g(c),g(d)\}=\{b,a\}\subset\{a,b\}$$

따라서 $g:X\to X$는 c에서 연속이다.

- $g(d)=a$이고, a를 포함하는 열린집합은 $\{a,b\},X$ 2개이다. 그런데 d의 이웃 $\{c,d\}$에 대하여

$$g(\{c,d\})=\{g(c),g(d)\}=\{b,a\}\subset\{a,b\}$$

따라서 $g:X\to X$는 d에서 연속이다.

그러므로 $g:X\to X$는 점 c,d에서 연속이고, 점 a,b에서는 불연속인 함수이다. □

보기 5.1.5 $\mathbb{Z}$의 보통위상(usual topology)는 $\mathbb{Z}$를 거리공간 $\mathbb{R}$의 부분공간으로 이해하는 것을 말한다. $\mathbb{Z}$에서 보통위상이아닌 다른 위상 $\mathfrak{F} := \{\mathbb{Z} \setminus U \mid U\text{는 유한집합}\} \cup \{\emptyset\}$ 을 생각하자. 예를 들어 임의의 자연수 n에 대하여

$$\{\cdots, -n-1, -n, n, n+1, \cdots\} = \{m \in \mathbb{Z} \mid |m| \geq n\}$$

은 n을 포함하는 $(\mathbb{Z}, \mathfrak{F})$의 열린집합이다.

1. $id : (\mathbb{Z}, \mathfrak{F}) \to \mathbb{Z}$는 연속함수인가? 연속함수가 아니라면 불연속점을 모두 구하여라.
2. $id : \mathbb{Z} \to (\mathbb{Z}, \mathfrak{F})$는 연속함수인가? 연속함수가 아니라면 불연속점을 모두 구하여라.

<**풀이**>

1. 모든 점에서 불연속인 함수이다.
   왜냐하면 ,임의의 $n \in \mathbb{Z}$에 대해서 $\{n\}$는 $\mathbb{Z}$의 보통위상에서 열린집합이다. 그러나 $(\mathbb{Z}, \mathfrak{F})$에서 n의 이웃 U는 항상 무한히 많은 점을 포함한다. 따라서 $\mathrm{id}(U) = U \subset \{n\}$이 될 수가 없기 때문이다.
2. $\mathbb{Z}$의 보통위상에서는 모든 집합이 열린집합이다. 따라서 이 함수 뿐 아니라
   모든 함수 $f : \mathbb{Z} \to (X, \mathfrak{T})$가 연속함수가 된다. □

도움정리 5.1.1 연속함수 $f : (X, \mathfrak{S}) \to (Y, \mathfrak{T})$를 생각하자. $B = f(X)$라 두고, Y의 부분공간 $(B, \mathfrak{T}_B)$를 생각하자. 그러면

$$g : (X, \mathfrak{S}) \to (B, \mathfrak{T}_B), \quad g(x) = f(x), \forall x \in X$$

도 연속함수이다.

증명. $V \in \mathfrak{T}_B$라 하자. 부분공간의 정의에 따라 $V = B \cap \mathcal{O}$ 가 성립하는 $\mathcal{O} \in \mathfrak{T}$가 존재한다. 그런데

$$\begin{aligned} x \in g^{-1}(V) &\iff g(x) \in V \\ &\iff g(x) \in V = B \cap \mathcal{O} \\ &\iff f(x) \in B \cap \mathcal{O} \\ &\iff f(x) \in \mathcal{O} \\ &\iff x \in f^{-1}(\mathcal{O}) \end{aligned}$$

따라서 $f : (X, \mathfrak{S}) \to (Y, \mathfrak{T})$가 연속인 것에 주의하면, $g^{-1}(V) = f^{-1}(\mathcal{O}) \in \mathfrak{S}$.
이것으로 $g : (X, \mathfrak{S}) \to (B, \mathfrak{T}_B)$가 연속인 것이 증명되었다. ■

도움정리 5.1.2 연속함수 $f:(X,\mathfrak{S})\to(Y,\mathfrak{T})$를 생각하자. X의 부분공간 $(A,\mathfrak{S}_A)$를 생각하자. 그러면 $h:(A,\mathfrak{S}_A)\to(Y,\mathfrak{T}),\quad h(x)=f(x),\forall x\in X$ 도 연속함수이다.

증명. $V\in\mathfrak{T}$라 하자. 그러면 연속성에 관계 없이 언제나

$$\begin{aligned} x\in h^{-1}(V) &\iff h(x)\in V \\ &\iff f(x)\in V,\quad h(x)=f(x),\forall x\in A \\ &\iff x\in f^{-1}(V) \\ &\iff x\in A\cap f^{-1}(V) \end{aligned}$$

$f:(X,\mathfrak{S})\to(Y,\mathfrak{T})$가 연속인 것에 주의하면, $f^{-1}(V)\in\mathfrak{S}$이므로, 부분공간의 정의에 따라 $h^{-1}(V)=A\cap f^{-1}(V)\in\mathfrak{S}_A$. 이것으로 $h:(A,\mathfrak{S}_A)\to(Y,\mathfrak{T})$가 연속인 것이 증명되었다. ■

같은 논리로 연속함수 $f:(X,\mathfrak{S})\to(Y,\mathfrak{T})$가 있을 때, 임의의 $A\subset X,B\subset Y,f(A)\subset B$에 대하여 함수 $\phi:(A,\mathfrak{S}_A)\to(B,\mathfrak{T}_B),\quad \phi(x):=f(x),\ \forall x\in A$ 도 연속함수이다.

정리 5.1.2 함수 $f:(X,\mathfrak{S})\to(Y,\mathfrak{T})$를 생각하자. 이 때, $\mathfrak{T}$가 기저 $\mathfrak{C}$에 의해 생성 되었다 하자. 그러면 $f:X\to Y$가 연속인 필요하고 충분한 조건은 $f^{-1}(\mathfrak{C})\subset\mathfrak{S}$ 인 것이다.

증명. 필요성: 만일 $f:(X,\mathfrak{S})\to(Y,\mathfrak{T})$가 연속라면, $\mathfrak{C}\subset\mathfrak{T}$이므로, 연속의 정의에 따라

$$f^{-1}(\mathfrak{C})\subset f^{-1}(\mathfrak{T})\subset\mathfrak{S}$$

충분성: 이제 $f^{-1}(\mathfrak{C})\subset S$가 하자. 가정에서 $\mathfrak{C}$는 위상 $\mathfrak{T}$의 기저이므로 임의의 $V\in\mathfrak{T}$에 대하여 $V=\bigcup_{i\in I}C_i$ 가 성립하는 $C_i\in\mathfrak{C},i\in I$가 존재한다. 집합과 함수의 거꿀그림자의 관계에 따라

$$f^{-1}(V)=f^{-1}(\bigcup_{i\in I}C_i)=\bigcup_{i\in I}f^{-1}(V_i)$$

가정에서 $f^{-1}(\mathfrak{C})\subset\mathfrak{S}$이므로 $f^{-1}(V_i)\in\mathfrak{S},\ i\in I$이고, 또한 $\mathfrak{S}$는 위상이므로

$$f^{-1}(V)=\bigcup_{i\in I}f^{-1}(V_i)\in\mathfrak{S}$$

이것으로 $f:X\to Y$가 연속함수인 것이 증명되었다. ■

위 정리는 연속성을 조사할 때 치역에 있는 모든 열린집합을 조사하지 않고, 치역의 위상공간의 기저에 대해서만 조사하면 된다는 것을 말한다.

도움정리 5.1.3 함수 $f:(X,\mathfrak{S})\to(Y,\mathfrak{T})$에 대하여 함수 $f:X\to Y$가 점 $a\in X$에서 연속인 필요하고 충분한 조건은 임의의 $V\in\mathfrak{T}, f(a)\in V$에 대하여, a가 $f^{-1}(V)$의 내부의 점인 것이다.

증명. 필요성: $f:X\to Y$가 $a\in X$에서 연속이라 하자. $f(a)\in V$가 되는 임의의 $V\in\mathfrak{T}$를 잡자. 연속성의 정의에 따라 $f(U)\subset V$ 가 성립하는 $a\in U, U\in\mathfrak{S}$가 되는 $U\subset X$가 존재한다. 그런데 이것은 $a\in U\subset f^{-1}(V)$, $U\in\mathfrak{S}$ 따라서 a는 $f^{-1}(V)$의 내부의 점이다.
충분성: 임의의 $V\in\mathfrak{T}, f(a)\in V$에 대하여, $a\in X$가 $f^{-1}(V)$의 내부의 점이라 하자. 내부의 정의에 따라 $a\in U$, $U\subset f^{-1}(V)$ 가 성립하는 $U\in\mathfrak{S}$가 존재한다. 따라서 $f(U)\subset V$. 그러나 이것은 함수 $f:X\to Y$가 점 $a\in X$에서 연속란 정의 와 같다. ■

위상공간에서 $V\subset X$가 점 $a\in X$의 이웃이란 $a\in U\subset A$가 되는 열린집합 U가 존재하는 것을 말한다. 즉 a를 내부의 점으로 갖는 집합을 간단하게 A의 이웃이라 한다. **도움정리 5.1.3**의 의미는 $f:X\to Y$가 $a\in X$에서 연속이라는 것은

$$f^{-1}\Big(\mathfrak{B}_Y\left(f(a)\right)\Big)\subset\mathfrak{B}_X(a)$$

임을 말한다. 이것을 이용하여 점 a에서 함수의 연속성을 조사할 때는 $f(a)$의 이웃은 $f(a)$를 포함하는 열린집합 만을 생각하면 충분하다. 또한 함수 f가 점 a에서 연속일 때, V가 $f(a)$를 원소로 갖는 열린집합이면 $f^{-1}(V)$는 a를 포함하는 열린집합이라 말이 아니다.
단지 $a\in U\subset f^{-1}(V)$가 되는 a를 원소로 갖는 열린집합 U가 있다는 말이다.

보기 5.1.6 실수집합 $\mathbb{R}$에서 기저 $\mathfrak{B}:=\{(a,b)\mid a<b\}$로 생성된 보통위상을 $\mathfrak{T}$, 기저 $\mathfrak{B}_\ell:=\{[a,b)\mid a<b\}$로 생성된 위상을 $\mathfrak{T}_\ell$이라 하자. 항등함수

$$\mathrm{id}:(\mathbb{R},\mathfrak{T})\to(\mathbb{R},\mathfrak{T}_\ell),\quad \mathrm{id}(x)=x,\forall x\in\mathbb{R}$$

은 모든 점에서 불연속인 것을 보여라.

<**풀이**> 임의의 $a\in\mathbb{R}$ 에 대하여 $a=\mathrm{id}(a)\in[a,a+1)\in\mathfrak{B}_\ell$. 그러나

$$\mathrm{id}^{-1}\big([a,a+1)\big)=[a,a+1)$$

이므로 $a\in[a,a+1)$은 $\mathbb{R}$의 보통위상에서 $[a,a+1)$의 내부의 점이 이니다.
따라서 $\mathrm{id}:(\mathbb{R},\mathfrak{T})\to(\mathbb{R},\mathfrak{T}_\ell)$는 모든 점에서 불연속이다. □

보기 5.1.7 실수집합 $\mathbb{R}$에서 기저 $\mathfrak{B} := \{(a,b) \mid a < b\}$로 생성된 보통위상을 $\mathfrak{T}$, 기저 $\mathfrak{B}_\ell := \{[a,b) \mid a < b\}$로 생성된 위상을 $\mathfrak{T}_\ell$이라 하자. 최대정수함수

$$[\ \ ] : (\mathbb{R}, \mathfrak{T}_\ell) \to (\mathbb{R}, \mathfrak{T})$$

은 모든 점에서 연속인 것을 보여라.

<풀이> 임의의 $a \in \mathbb{R}$를 생각하자. 모든 양수 ε에 대하여 $([a]-\varepsilon, [a]+\varepsilon) \in \mathfrak{B}$. 연속성을 조사하기 위해서는 $0 < \varepsilon < 1$인 경우만 생각하면 충분하다. 그러면

$$[\ \ ]^{-1}\Big(([a]-\varepsilon, [a]+\varepsilon\Big) = \big[[a], [a]+1\big)$$

이므로 $a \in \big[[a], [a]+1\big)$이고, 특히 $\big[[a], [a]+1\big) \in \mathfrak{B}_\ell \subset \mathfrak{T}_\ell$이므로 $[\,] : (\mathbb{R}, \mathfrak{T}_\ell) \to (\mathbb{R}, \mathfrak{T})$는 모든 점 $a \in \mathbb{R}$에서 연속이다. □

보기 5.1.8 실수집합 $\mathbb{R}$ 위에서 $\mathfrak{B}_\ell := \{[a,b) \mid a,b \in \mathbb{R}, a < b\}$로 생성된 위상 $\mathfrak{T}_\ell$이라 하고, $\mathfrak{B}_u := \{(a,b] \mid a,b, \in \mathbb{R}, a < b\}$로 생성된 위상을 $\mathfrak{T}_u$라 하자. 함수 $f : (\mathbb{R}, \mathfrak{T}_\ell) \to (\mathbb{R}, \mathfrak{T}_u)$, $f(x) = -x$ 도 연속함수이고, $f^{-1} : (\mathbb{R}, \mathfrak{T}_u) \to \mathbb{R}, \mathfrak{T}_\ell)$도 연속함수인 것을 보여라.

<풀이> $f^{-1}(\mathfrak{B}_u) = \{f^{-1}((a,b]) \mid a,b \in \mathbb{R}, a < b\} = \{[-b,-a) \mid a,b \in \mathbb{R}, a < b\} = \mathfrak{B}_\ell$ 이므로 f와 f^{-1}는 모두 연속함수이다. □

보기 5.1.9 $\mathbb{R}^2 = \{(x,y) \mid x,y \in \mathbb{R}\}$에서 $\mathfrak{O} := \{(\mathbf{p},\mathbf{q}) \mid \mathbf{p},\mathbf{q} \in \mathbb{R}^2,\ \mathbf{p} < \mathbf{q}\}$ 를 생각하자. 여기서 $\mathbf{p} = (p_1,p_2), \mathbf{q} = (q_1,q_2)$일 때 $\mathbf{p} < \mathbf{q}$라는 것은 $p_1 < q_1$이거나, $p_1 = q_1, p_2 < q_2$인 것을 말한다. 또한 $(\mathbf{p},\mathbf{q}) := \{\mathbf{x} \in \mathbb{R}^2 \mid \mathbf{p} < \mathbf{x} < \mathbf{q}\}$ $\mathfrak{O}$로 생성되는 $\mathbb{R}^2$의 위상을 $\mathfrak{U}$라 하고, $\mathbb{R}$에서의 보통위상을 생각하자.

1. 함수 $\phi : \mathbb{R} \to \mathbb{R}^2$, $\phi(x) = (x,0)$는 모든 점에서 불연속인 것을 보여라.
2. 함수 $\psi : \mathbb{R} \to \mathbb{R}^2$, $\psi(x) = (0,x)$는 모둔 점에서 연속인 것을 보여라.

<풀이>

1. 임의의 $x \in \mathbb{R}$에 대해서, $\phi(x) = (x,0)$의 이웃으로 $U = \{(a,b) \in \mathbb{R}^2 \mid a = x, -1 < b < 1\}$을 생각하자. 그러면 $\phi^{-1}(U) = \{x\}$ 가 되어 $x \in \mathbb{R}$은 $\phi^{-1}(U) \subset \mathbb{R}$의 내부의 점이 아니다. 따라서 ϕ는 모든 점에서 불연속이다.

2. $\psi(x) = (0,x)$의 이웃 V를 어떻게 잡더라도, 양수 ε을 잘 잡으면 $B := \{(a,b) \in \mathbb{R}^2 \mid a = 0, x-\varepsilon < b < x+\varepsilon\} \subset V$. 따라서

$$\psi^{-1}(V) \supset \psi^{-1}(B) = (x-\varepsilon, x+\varepsilon)$$

그런데 모든 양수 ε에 대해서 $(x-\varepsilon, x+\varepsilon)$는 $\mathbb{R}$의 보통위상에서 열린집합이므로 $\psi : \mathbb{R} \to (\mathbb{R}^2, \mathfrak{U})$는 모든 $x \in \mathbb{R}$에서 연속이다. □

제 5.2 절 위상동형

함수는 집합이기만 하면 정의된다. 때무에 두 위공간 $(X, \mathfrak{S}), (Y, \mathfrak{T})$가 있다면 다음과 같은 특별한 함수들이 의미가 있다:

$$\{f : X \to Y \mid f\text{는 각각의 위상을 존중한다}\}$$

그러면 각각의 위상을 존중한다는 것은 어떤 의미인가? X에 위상이 주어지면 임의의 x에 대해서 x와 함께 할 수 있는 집합(x의 이웃)이 정해진다. 이것을

$$\mathfrak{B}(x) := \{A \subset X \mid x \in U \in \mathfrak{T}_X, U \subset A\}$$

이것을 x의 이웃체제(neighborhood system of x) 또는 x이 이웃휠터(neighborhood filter of x)라 한다. 즉 A가 x의 이웃이란 A가 x를 포함하는 열린집합을 포함한다는 것이다. A는 열린집합이 이니어도 좋다. 특히 열린집합의 이름에 따라

$$A \in \mathfrak{T}_X \iff (\forall a \in A)\big(A \in \mathfrak{B}(a)\big)$$

함수 $f : X \to Y$가 점 $p \in X$에서 연속이라는 것은 $f(p) \in Y$의 이웃 V가 아무리 까다롭게 정해지더라도, p에 이웃 U를 잘 골라서 $f(U) \subset V$가 성립하게 할 수 있는 것을 말한다. 즉 이웃과 함께 갈 수 있도록 하는 함수가 연속함수이다. 이것을 기호로 표현하면

$$f : X \to Y\text{는 } p \in X\text{에서 연속} \iff (\forall V \in \mathfrak{B}\big(f(a)\big)\big(\exists U \in \mathfrak{B}(a)\big)\big(f(U) \subset V\big)$$

또는 $f(U) \subset V \iff U \subset f^{-1}(V)$인 것에 주의하면

$$f : X \to Y\text{는 } p \in X\text{에서 연속} \iff f^{-1}\Big(\mathfrak{B}\big(f(a)\big)\Big) \subset \mathfrak{B}(a)$$

$f : X \to Y$가 X의 모든 점에서 연속이면 f를 X에서 연속인함수라 한다. 이것은 다음과 같이 표현한다.

$$f : X \to Y \text{ 가 연속함수} \iff f^{-1}(\mathfrak{T}) \subset \mathfrak{S}$$

그런데 연속함수가 이웃과 함께 갈 수 있도록 하는 함수라면 왜 연속함수의 정의를

$$U \in \mathfrak{B}(a) \quad \text{이면} \quad f(U) \in \mathfrak{B}\big(f(a)\big)$$

라 정의하지 않는가? $f(U) \in \mathfrak{B}\big(f(a)\big)$를 요구하는 것은 $f(a) \in V \subset f(U)$ 가 성립하는 $V \in \mathfrak{T}_Y$ 가 있을 것을 요구하는 것이다. 특히 V의 모든 원소는 U에 있는 어떤 원소의 함수값이다. 따라서 $f\big(U \cap f^{-1}(V)\big) = V$ 그런데 이것은 함수 $f : X \to Y$의 정의역을 $U \cap f^{-1}(V)$로 제한하면

$$f|_{U \cap f^{-1}(V)} : U \cap f^{-1}(V) \to V$$

는 전사함수라는 말이다. 이 조건은 전혀 자연스럽지 않다. 예를 들어 $\phi : \mathbb{R} \to \mathbb{R}^2$가 연속함수가 되려면 함수 ϕ의 그래프가 공간을 채워야 하는데, 이런 공간을 채우는 함수(space filling curve)만 연속함수가 될 수 있다면 연속함수라는 것은 거의 쓸모가 없는 것이 된다. 그런데 $f : X \to Y$가 전단사함수인 경우 $f : X \to Y$ 도 연속함수이고, $f^{-1} : Y \to X$도 연속인 아주 특별한 경우가 있을 수 있다. 이렇게 되면 두 위상공간은 서로 동등하다.

정의 5.2.1 [위상동형(homeomorphic)] 두 위상공간 $(X, \mathfrak{S}), (Y, \mathfrak{T})$가 있다. 두 위상공간 $(X, \mathfrak{S}), (Y, \mathfrak{T})$가 **위상동형(homeomorphic)** 이라는 것은

$$f : (X, \mathfrak{S}) \to (Y, \mathfrak{T}), \qquad f^{-1} : (Y, \mathfrak{T}) \to (X, \mathfrak{S})$$

가 동시에 연속인 전단사함수 $f : X \to Y$가 존재하는 것을 말한다.

다시 말해서 f와 f^{-1}가 동시에 연속인 전단사함수 $f : X \to Y$를 **위상동형함수(homeomorphism)**이라 한다. 정의에 따라 $f : (X, \mathfrak{S}) \to (Y, \mathfrak{T})$가 위상동형함수이면

$$f^{-1}\big(\mathfrak{T}\big) = \mathfrak{S}, \quad \mathfrak{T} = f\big(\mathfrak{S}\big)$$

정의로부터 두 위상공간이 위상동형이 필요조건은 두 집합 사이에 전단함수가 존재하는 것이다.

보기 5.2.1 집합 $X = \{a, b, c\}$ 위의 두 위상 $\mathfrak{S} := \{\emptyset, X, \{a\}\}, \mathfrak{T} := \{\emptyset, X, \{b\}\}$를 생각하면, $(X, \mathfrak{S})$와 $(X, \mathfrak{T})$는 위상동형이다. 왜냐하면 위상동형함수

$$\phi : (X, \mathfrak{S}) \to (X, \mathfrak{T}), \quad \phi(a) = b, \phi(b) = a, \phi(c) = c$$

가 존재하기 때문이다. 이 함수 ϕ가 전단사함수인 것은 한 눈에 알 수 있고, 특히

$$\phi^{-1}(\mathfrak{T}) := \{\phi^{-1}(U) \mid U \in \mathfrak{T}\} = \{\emptyset, X, \{a\}\} = \mathfrak{S}$$

보기 5.2.2

1. $X = \{a,b,c\}, Y = \{a,b,c,d\}$라 하자. 그러면 $(X, \mathfrak{P}(X))$와 $(Y, \mathfrak{P}(Y))$ 위상동형이 아니다. 왜냐하면 X와 Y는 원소의 개수가 다르기 때문이다.
2. 정수 집합 $\mathbb{Z}$ 위에서의 위상 $\mathfrak{F}_{\mathbb{Z}} := \{U \subset \mathbb{Z} \mid \mathbb{Z} \setminus U\text{가 유한집합}\} \cup \{\emptyset\}$, $\mathbb{Q}$ 위에서의 위상 $\mathfrak{F}_{\mathbb{Q}} := \{U \subset \mathbb{Q} \mid \mathbb{Q} \setminus U\text{가 유한집합}\} \cup \{\emptyset\}$ 에 대해서 위상공간 $(\mathbb{Z}, \mathfrak{F}_{\mathbb{Z}})$와 위상공간 $(\mathbb{Q}, \mathfrak{F}_{\mathbb{Q}})$는 위상동형이다. 이 경우 $\mathbb{Z}$에서 $\mathbb{Q}$로의 모든 전단사함수가 위상동형함수이다. 왜냐하면 임의의 전단사함수 $f : \mathbb{Z} \to \mathbb{Q}$와, 임의의 $V \in \mathfrak{F}_{\mathbb{Q}}$에 대하여

$$\begin{aligned} n \in \mathbb{Z} \setminus f^{-1}(V) &\iff n \notin f^{-1}(V) \\ &\iff f(n) \notin V \\ &\iff f(n) \in \left(\mathbb{Q} \setminus V\right) \\ &\iff n \in f^{-1}(\mathbb{Q} \setminus V) \end{aligned}$$

이것으로 $\mathbb{Z} \setminus f^{-1}(V) = f^{-1}(\mathbb{Q} \setminus V)$인 것을 알았다. 이것은 $\mathbb{Q} \setminus V$가 유한집합이면 $\mathbb{Z} \setminus f^{-1}(V)$도 유한집합인 것을 말한다. 여기에 $f^{-1}(\emptyset) = \emptyset, f^{-1}(\mathbb{Q}) = \mathbb{Z}$인 것을 당연하므로, 임의의 $V \in \mathfrak{F}_{\mathbb{Q}}$에 대하여 $f^{-1}(V) \in \mathfrak{F}_{\mathbb{Z}}$인 것을 보였다. $f : (\mathbb{Z}, \mathfrak{F}_{\mathbb{Z}} \to (\mathbb{Q}, \mathfrak{F}_{\mathbb{Q}})$가 연속함수인 것을 보였다. 같은 논리로 $f^{-1} : (\mathbb{Q}, \mathfrak{F}_{\mathbb{Q}}) \to (\mathbb{Z}, \mathfrak{F}_{\mathbb{Z}})$ 도 연속함수인 것을 보일 수 있고, 따라서 위상공간 $(\mathbb{Z}, \mathfrak{F}_{\mathbb{Z}})$와 위상공간 $(\mathbb{Q}, \mathfrak{F}_{\mathbb{Q}})$는 위상동형이다.
3. $\mathbb{Z}$와 $\mathbb{Q}$를 모두 거리공간 $\mathbb{R}$의 부분공간으로 보자. $|\mathbb{Z}| = |\mathbb{Q}|$이므로 $\mathbb{Z}$에서 $\mathbb{Q}$로의 전단함수는 존재한다. $\phi : \mathbb{Z} \to \mathbb{Q}$를 아무런 전단사함수라 하자. 임의의 정수 $n \in \mathbb{Z}$에 대해서 $\{n\}$는 $\mathbb{Z}$의 열린집합이지만 $\phi(\{n\}) = \{\phi(n)\}$는 $\mathbb{Q}$에서 열린집합이 아니다. 따라서 $\mathbb{Z}$에서 $\mathbb{Q}$로의 어떠한 전단사함수도 연속함수가 될 수 없다. 따라서 $\mathbb{Z}$와 $\mathbb{Q}$는 거리공간 $\mathbb{R}$의 부분공간으로서는 위상동형이 아니다.
4. 그러나 이산위상공간을 정의역으로 하는 모든 함수는 연속이기 때문에, $(\mathbb{Q}, \mathfrak{P}(\mathbb{Q}))$와 $(\mathbb{Z}, \mathfrak{P}(\mathbb{Z}))$는 위상동형이다. □

보기 5.2.3 실수집합 $\mathbb{R}$ 위에서 $\mathfrak{B}_\ell := \{[a,b) \mid a < b\}$로 생성된 기저를 $\mathfrak{T}_\ell$, $\mathfrak{B}_u := \{(a,b] \mid a < b\}$로 생선된 위상을 $\mathfrak{T}_u$라 하자. 이 때, 두 위상공간 $(\mathbb{R}, \mathfrak{T}_\ell)$과 $(\mathbb{R}, \mathfrak{T}_u)$는 위상동형인 것을 보여라.

<**풀이**> 함수 $\phi : (\mathbb{R}, \mathfrak{T}_\ell) \to (\mathbb{R}, \mathfrak{T}_u)$를 $\phi(x) = -x$로 정의하자. 그러면 $\phi : \mathbb{R} \to \mathbb{R}$이 전단사함수다. 더구나 임의의 $(a,b] \in \mathfrak{B}_u$, $[c,d) \in \mathfrak{B}_\ell$에 대해서

$$\phi^{-1}\left((a,b]\right) = [-b,-a) \in \mathfrak{B}_\ell, \quad \phi\left([c,d)\right) = (-d,-c] \in \mathfrak{B}_u$$

이므로, $\phi : (\mathbb{R}, \mathfrak{T}_\ell) \to (\mathbb{R}, \mathfrak{T}_u)$는 위상동형사상이다. □

도움정리 5.2.1 $(X,\mathfrak{S}),(Y,\mathfrak{T})$가 위상동형이고, $(Y,\mathfrak{T}),(Z,\mathfrak{U})$가 위상동형이면 $(X,\mathfrak{S}),(Z,\mathfrak{U})$도 위상동형이다.

증명. $(X,\mathfrak{S}),(Y,\mathfrak{T})$가 위상동형이므로 위상동형함수 $\phi:(X,\mathfrak{S})\to(Y,\mathfrak{T})$가 있다. $(X,\mathfrak{S}),(Z,\mathfrak{U})$도 위상동형이므로 위상동형함수 $\psi:(Y,\mathfrak{T})\to(Z,\mathfrak{U})$가 있다. ϕ,ψ는 모두 전단사함수이므로 $\psi\circ\phi:X\to Z$는 전단사함수이다. 또한

$$\left(\psi\circ\phi\right)^{-1}(\mathfrak{U})=\phi^{-1}\left(\psi^{-1}(\mathfrak{U})\right)=\phi^{-1}(\mathfrak{T})=\mathfrak{S}$$

이므로 $\psi\circ\phi:(X,\mathfrak{S})\to(Z,\mathfrak{U})$도 위상동형함수이다. ■

$\mathbb{R}$의 보통위상을 생각하자. 임의의 두 실수 $a,b,a<b$ 에 대하여 부분공간 (a,b)와 $\mathbb{R}$은 위상동형이다. 예를 들어 $f:\mathbb{R}\to(-1,1),\quad f(x):=\frac{x}{1+|x|}$ 는 위상동형 함수이다. 그런데

$$\alpha:(a,b)\to(-1,1),\quad \alpha(x):=2\frac{x-\frac{a+b}{2}}{b-a}=\frac{2x-a-b}{b-a}$$

도 위상동형함수이므로 $\alpha\circ f:\mathbb{R}\to(a,b)$ 는 위상동형함수이다. 따라서 임의의 $a,b\in\mathbb{R},a<b$ 에 대하여 $\mathbb{R}$의 부분공간
$(a,b):=\{x\in\mathbb{R}\mid a<x<b\}$는 $\mathbb{R}$과 위상동형이다.

$\mathbb{R}$의 부분공간으로서

$$[0,1]:=\{x\in\mathbb{R}\mid 0\le x\le 1\}\text{ 와 }0,1):=\{x\in\mathbb{R}\mid 0<x<1\}$$

은 위상동형이 아니다. 우선 $[0,1]$와 $(0,1)$이 위상동형이 아닌 것은 원소의 개수가 다르기 때문이 아니다. 왜냐하면 $(0,1)\ni x\mapsto x\in[0,1]$는 단사함수이고, $[0,1]\ni x\mapsto\frac{1}{2}+\frac{1}{4}x\in(0,1)$ 도 단사함수이기 때문에, **정리1.3.1**에 따라 $[0,1]$에서 $(0,1)$로의 전단사함수가 존재한다. 즉 $[0,1]$과 $(0,1)$은 원소의 개수는 같다. 그러나 만일 $\phi:[0,1]\to(0,1)$이 위상동형사상이라면 $(0,1]$과 $(0,1)\setminus\phi(0)=\left(0,\phi(0)\right)\cup\left(\phi(0),1\right)$도 서로 위상동형이다,. 그러나 $(0,1]$은 연결집합이지만, $\left(0,\phi(0)\right)\cup\left(\phi(0),1\right)$는 서로 만나지 않는 구간의 합집합이므로 연결집합이 아니다. 따라서 $[0,1]$과 $(0,1)$는 위상동형일 수 없다.

$f:X\to Y$가 위상동형사상은 아니지만, 연속성의 정의를 착각한 것처럼

$$f(\mathfrak{S})\subset\mathfrak{T}$$

를 만족시키는 함수들이 있다. 즉 U가 X의 열린집합이면 $f(U)$는 Y의 열린집합이 되는 함수들이 있다. 이런 함수를 열린함수(open mapping)이라 한다.

정의 5.2.2 [열린함수(open mapping)] 위상공간 $(X,\mathfrak{S}),(Y,\mathfrak{T})$에 대하여 함수 $f:(X,\mathfrak{S})\to(Y,\mathfrak{T})$ 가 열린함수(open mapping)라는 것은 $f(\mathfrak{S})\subset\mathfrak{T}$ 인 것을 말한다. 즉 U가 X의 열린집합이면 $f(U)$는 Y의 열린집합이란 말이다.

예를 들어 곱공간(product space) $X\times Y$에서 각각의 투사(projection) $\mathrm{pr}_X : X\times Y\to X,\ \mathrm{pr}_Y : X\times Y\to Y$는 모든 열린함수이다. 복소수집합 $\mathbb{C}$는 두 복소수 $z_1=x_1+iy_1, z_2=x_2+iy_2$ 사이의 거리를

$$|z_2-z_1|=\sqrt{(x_2-x_1)^2+(y_2-y_1)^2}$$

으로 정하면 거리공간이다. 이때 예를 들어 다항식 함수

$$f:\mathbb{C}\to\mathbb{C},\quad f(z)=a_0z^n+a_1z^{n-1}+\cdots+a_{n-1}z+a_n$$

은 모두 연속함수인 동시에 열린함수들이다. 그러나 $n=1$인 경우를 빼고는 위상동형사상은 아니다. 일반적으로 n-차 다항식은 n개의 근을 갖기 때문에 $n>1$이면 단사함수가 아니다.

정의 5.2.3 [지역적으로 닫힌집합(locally colsed set)] 위상공간 $(X,\mathfrak{T})$의 부분집합 L이 **지역적으로 닫힌집합**이라는 것은, 임의의 $a\in L$에 대하여,

$L\cap V$가 V의 닫힌집합이 되는 a의 이웃 V가 존재하는 것

을 말한다. 이 조건을 기호로 간략하게 표현하면 $(\forall a\in L)\big(\exists V\in\mathfrak{B}(a)\big)\big(L\cap V$ 는 V의 닫힌집합 $\big)$

정의에 따라서 모든 닫힌집합은 물론 지역적으로 닫힌집합이다.
또 정의에서 요구하는 $L\cap V$를 닫힌집합으로 갖는 a의 이웃 V 는 언제나 열린집합으로 잡으면 된다. 왜냐하면 조건을 만족하는 V가 존재하면 V의 내부 $\mathrm{int}V$는 a의 이웃이고, V의 부분집합인데, $L\cap V$가 V의 닫힌집합이면 $(L\cap V)\cap\mathrm{int}V=L\cap\mathrm{int}V$ 는 $\mathrm{int}V$의 닫힌집합이기 때문이다.

정리 5.2.1 위상공간 $(X,\mathfrak{T})$에서의 부분집합 $L\subset X$에 대하여 다음 3가지 조건은 서로 동등하다.

1. L의 지역적으로 닫힌집합
2. L은 X의 열린집합과 닫힌집합의 공통집합
3. L은 L의 폐포(closure) $\overline{L}$의 열린집합

증명. 1.이면 2. L이 지역적으로 닫힌집합이라 하자. 정의에 따라 임의의 $a\in L$에 대해서 $L\cap V_a$가 V_a의 닫힌집합이 되는 a를 원소로 갖는 열린집합 V_a가 존재한다. 이제 $a\in L\cap V_a$에 주의하면

$$L = \bigcup_{x \in L} \{x\} \subset \bigcup_{x \in L} (L \cap V_x) = L \cap \bigcup_{x \in L} V_x = L \cap V \subset \left(\overline{L} \cap V\right), \quad V = \bigcup_{x \in L} V_x$$

위 식에서 V는 열린집합들의 합집합이므로 열린집합이다. 그런데 임의의 $p \in \overline{L} \cap V$가 주어진면, 집합 V의 정의에 따라 $p \in \overline{L} \cap V_y$가 성리하는 $y \in L$이 존재한다. 여기서 L이 지역적으로 닫힌집합인 것을 생각하면 $L \cap V_y$는 V_y의 닫힌집합으므로, $p \in L \cap V_y$. 따라서 **보기 4.4.3**에 주의하면, $p \in L$. 이것으로 L이 지역적으로 닫힌집합이면 $L = \overline{L} \cap V$가 되는 열린집합 V가 존재하는 것을 보였다. 특히 $\overline{L}$이 닫힌집합인 것에 주의하면 지역적으로 열린집합은 닫힌집합과 열린집합의 공통집합으로 표현된다.

2.이면 3. L이 열린집합과 닫힌집합의 공통집합으로 표현된다면 $L = C \cap \mathcal{O}$가 되는 닫힌 집합 C와 열린집합 $\mathcal{O}$가 존재한다. 특히 C가 닫힌집합인 것에 주의함변 $\overline{L} \subset C$. 따라서

$$L = L \cap \overline{L} = \left(C \cap \mathcal{O}\right) \cap \overline{L} = \overline{L} \cap \mathcal{O}$$

그러므로 L은 $\overline{L}$의 열린집합이다.

3.이면 1. L이 L의 폐포 $\overline{L}$의 열린집합이면 $L = \overline{L} \cap V$가 되는 열린집합 V가 존재한다. $\overline{L}$이 닫힌집합인 것에 주의하면 $L = \overline{L} \cap V$는 V의 닫힌집합이다.
따라서 L은 지역적으로 닫힌집합이다. ■

도움정리 5.2.2 위상공간 $(X, \mathfrak{S}), (Y, \mathfrak{T}), (Z, \mathfrak{U})$와 함수 $f : X \to Y, g : Y \to Z$를 생각하자.

1. 함수 f가 $a \in X$에서 연속이고, 함수 g는 $f(a) \in Y$에서 연속이면 $g \circ f : X \to Z$도 $a \in X$에서 연속이다.
2. 함수 $f : X \to Y$가 연속이고, 함수 $g : Y \to Z$도 연속이면 $g \circ f : X \to Z$도 연속이다.

증명.

1. $b = f(a), c = g\big(f(a)\big) = g(b)$라 하자.

$$(g \circ f)^{-1}\big(\mathfrak{B}_Z(c)\big) = f^{-1}\Big(g^{-1}\big(\mathfrak{B}_Z(c)\big)\Big) \subset f^{-1}\big(\mathfrak{B}_Y(b)\big) \subset \mathfrak{B}_X(a)$$

2. $(g \circ f)^{-1}(\mathfrak{U}) = f^{-1}\Big(g^{-1}(\mathfrak{U})\Big) \subset f^{-1}(\mathfrak{T}) \subset \mathfrak{S}$. ■

정리 5.2.2 위상공간 $(X,\mathfrak{S})$ 위에서 정의된 동치관계 $\mathcal{R}$을 생각하자. X에서 동치류의 집합

$$X/\mathcal{R} := \{[x] \mid x \in X\}, \quad [x] := \{y \in X \mid y\mathcal{R}x\}$$

로의 전사함수 $\varphi : (X,\mathfrak{S}) \to X/\mathcal{R}, \quad \varphi(x) := [x]$ 를 생각하자. 그러면

1. $\mathfrak{F} := \{U \subset X/\mathcal{R} \mid \varphi^{-1}(U) \in \mathfrak{S}\}$는 $X/\mathcal{R}$ 위의 위상이다.
2. 임의의 위상공간 $(Y,\mathfrak{T})$에 대하여, 함수 $f : \left(X/\mathcal{R},\mathfrak{F}\right) \to (Y,\mathfrak{T})$가 연속함수일 필요충분조건은 $f \circ \varphi : (X,\mathfrak{S}) \to (Y,\mathfrak{T})$가 연속함수인 것이다.

증명.

1. $\mathfrak{F}$는 함수 $\varphi : (X,\mathfrak{S}) \to X/\mathcal{R}$의한 final topology다.
2. $\varphi : X \to X/\mathcal{R}$은 $X/\mathcal{R}$ 위이서의 위상의 정의에 따라 연속이다. 따라서 $f : (X/\mathcal{R}) \to (Y,\mathfrak{T})$가 연속이면 $f \circ \varphi : X \to Y$도 연속이다.
3. 역으로 $f \circ \varphi$가 연속이면 임의의 $U \in \mathfrak{T}$에 대해서 $(f \circ \varphi)^{-1}(U) = \varphi^{-1}\left(f^{-1}(U)\right) \in \mathfrak{S}$. 따라서 $X/\mathcal{R}$에서의 위상 $\mathfrak{F}$의 정의에 따라 $f^{-1}(U) \in \mathfrak{F}$. 그러나 이것이 바로 $f : (X/\mathcal{R},\mathfrak{F}) \to (Y,\mathfrak{T})$가 연속이란 말이다. ■

위상공간 $(X,\mathfrak{S}),(Y,\mathfrak{T})$와 함수 $f : X \to Y$의 표준분해로부터 얻어지는 동치관계를 다시 생각해보자.

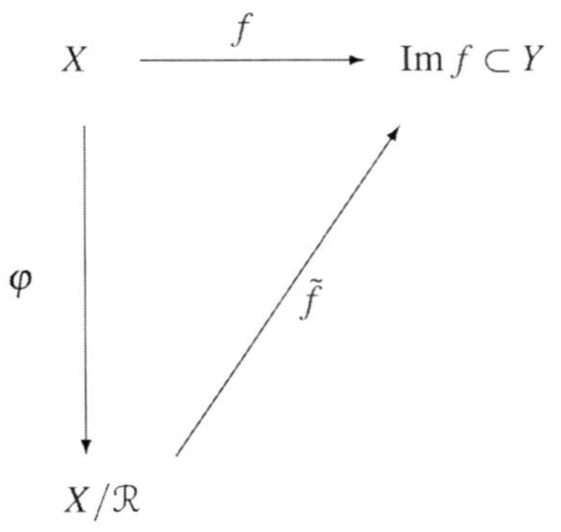

여기서 동치관계 $\mathcal{R}$은 물론 $x_1\mathcal{R}x_2 \iff f(x_1) = f(x_2)$ 이고, $x \in X$일 때

$$[x] := \{a \in X \mid f(a) = f(x)\}, \quad \varphi(x) := [x], \quad \tilde{f}([x]) := f(x)$$

여기서 함수 $\tilde{f} : X/\mathcal{R} \to \operatorname{Im} f$는 전단사함수이다. 그런데 $\tilde{f}$는 위상동형사상인가?

정의 5.2.4 [**속찬집합(saturated set)**] 집합 X에 동치관계 $\mathcal{R}$이 있다. X의 부분집합 A가**속찬집합**이란 $x \in A \implies [x] \subset A, \quad [x] := \{y \in X \mid y\mathcal{R}x\}$ 가 성립하는 것이다. 따라서 속친집합이란 동치류들의 합집합으로 표현되는 집합을 말한다.

정리 5.2.3 위상공간 $(X,\mathfrak{S}),(Y,\mathfrak{T})$와 함수 $f:X \to Y$의 표준분해로부터 얻어지는 동치관계부터 얻은 함수 $f:X \to Y$의 표준분해를 생각하자. 이때 다음 3가지는 서로 동등하다.

1. $\widetilde{f}:X/\mathcal{R} \to \operatorname{Im} f$는 위상동형사상이다.
2. 동치관계에 따라 속찬 열린집합은 함수 $f:X \to \operatorname{Im} f$ 에 의해 $\operatorname{Im} f$의 열린집합으로 보내진다. 여기서 $U \in \mathfrak{S}$가 속찬 열린집합이란 $a \in U \implies [a] := \{x \in X \mid f(x) = f(a)\} \subset U$ 가 성립하는 열린집합을 말한다.
3. 동치관계에 따라 속찬 닫힌집합은 함수 $f:X \to \operatorname{Im} f$ 에 의해 $\operatorname{Im} f$의 닫힌집합으로 보내진다. 여기서 $C \in \mathfrak{S}$가 속찬 닫힌집합이란 $a \in C \implies [a] := \{x \in X \mid f(x) = f(a)\} \subset C$ 가 성립하는 닫힌집합을 말한다.

증명. $\widetilde{f}:X/\mathcal{R} \to \operatorname{Im} f$가 위상동형사상이라 하자. U가 X의 속찬 열린집합이라 하자. 속찬 열린집합의 정의에 따라 $a \in U \implies [a] := \{x \in X \mid f(x) = f(a)\} \subset U$ 그러나 이것은 $U = \varphi^{-1}(\varphi(U))$ 인 것을 말하고, 따라서 $\varphi(U)$는 $X/\mathcal{R}$의 열린집합이다. 그러므로 $\widetilde{f}:X/\mathcal{R} \to \operatorname{Im} f$가 위상동형사상이면 $\widetilde{f}(\varphi(U)) = f(U)$ 는 $\operatorname{Im} f$의 열린집합이다. 같은 방법으로 $\widetilde{f}$가 위상동형사상이며 f는 속찬 닫힌집합을 $\operatorname{Im} f$의 닫힌집합으로 보내는 것을 알 수 있다. 역으로 f가 속찬 열린집합을 $\operatorname{Im} f$의 열린집합으로 보낸다 하자. 그러나 이것은 전단사함수 $\widetilde{f}:X/\mathcal{R} \to \operatorname{Im} f$가 열린함수(open mapping)이라는 것과 같다. 따라서 $\widetilde{f}^{-1}:\operatorname{Im} f \to X/\mathcal{R}$은 연속함수이다. 또한 $\widetilde{f} \circ \varphi = f$인 것에 주의하면, $\widetilde{f}$도 연속함수이다. (**정리 5.2.2** 참고) 따라서 $\widetilde{f}:X/\mathcal{R}\ \operatorname{Im} f$는 위상동형사상이다. 같은 방법으로 f가 속찬 닫힌 집합을 $\operatorname{Im} f$의 닫힌집합으로 보내도 $\widetilde{f}$가 위상동형사상인 것을 알 수 있다. ■

$f:(X,\mathfrak{S}) \to (Y,\mathfrak{T})$가 연속함수일 필요하고 충분한 조건은

$$\text{임의의 부분집합 } A \subset X\text{에 대해서 } f(\overline{A}) \subset \overline{f(A)}$$

인 것을 알고있다. 그러면 항상 $f(\overline{A}) = \overline{f(A)}$가 성립하는 때는 언제일까?

정리 5.2.4 함수 $f:(X,\mathfrak{S}) \to (Y,\mathfrak{T})$가 $(\forall A \subset X)\big(f(\overline{A}) = \overline{f(A)}\big)$ 가 성립할 필요하고 충분한 조건은 $f:X \to Y$가 연속이고, 닫힌함수인 것이다.

증명. $f : X \to Y$가 연속이고, 닫힌함수라 하자. 임의의 $A \subset X$에 대해서 $\overline{A}$는 닫힌집합이므로 $f(\overline{A})$도 닫힌집합이다. 그런데 $f(A) \subset f(\overline{A})$는 당연하므로

$$\overline{f(A)} \subset f(\overline{A})$$

를 얻는다. 다음으로 f는 연속함수이므로 $f(\overline{A}) \subset \overline{f(A)}$. 이렇게 해서 $f : X \to Y$가 연속이고, 닫힌함수이면 모든 $A \subset X$에 대해서 $f(\overline{A}) = \overline{f(A)}$를 얻는다.
다음으로 모든 $B \subset X$에 대해서

$$f(\overline{B}) = \overline{f(B)}$$

이면 $f(\overline{B}) = \overline{f(B)} \subset \overline{f(B)}$ 가 시시하게 성립하므로 f는 연속함수이다. 특히 B를 닫힌집합으로 잡으면 $B = \overline{B}$이므로

$$f(B) = f(\overline{B}) = \overline{f(B)}$$

가 되어 f는 닫힌함수인 것을 알 수 있다. ■

제 5.3 절 Initial Topology, Final Topology

이미 존재하는 위상으로부터 새로운 위상을 만드는 일은 효과적일 뿐이라 중요한 방법이다. 때문에 일찍부터 이런 개념을 도입했다. 여기서는 어떻게 이미 존재하는 위상과 함수로 위상의 기저가 만들어지는 지를, 연속성과 관련지어 살펴본다.

도움정리 5.3.1 집합 X 위에 위상무리 $\{\mathfrak{T}_\lambda\}_{\lambda\in\Lambda}$가 주어졌다. 이 무리에 속하는 모든 위상 $\mathfrak{T}_\lambda$ 보다 약한 위상 중에서 가장 강한 것은

$$\mathfrak{T} := \bigcap_{\lambda\in\Lambda} \mathfrak{T}_\lambda$$

증명. 무엇보다도 먼저 $\mathfrak{T}$가 X 위에서의 위상인 것은 보이자.

- 위상의 정의에 따라 $\emptyset, X \in \mathfrak{T}_\lambda, \forall\lambda \in \Lambda$. 따라서 $\emptyset, X \in \bigcap_{\lambda\in\Lambda} \mathfrak{T}_\lambda := \mathfrak{T}$
- 임의의 두 집합 $U_1, U_2 \in \mathfrak{T}$를 잡으면, 공통집합의 뜻에 따라 $U_1, U_2 \in \mathfrak{T}_\lambda, \forall\lambda \in \Lambda$. 그런데 $\mathfrak{T}_\lambda$는 위상이므로 $U_1 \cap U_2 \in \mathfrak{T}_\lambda$. 따라서 공통집합의 뜻에 따라 $U_1 \cap U_2 \in \bigcap_{\lambda\in\Lambda} \mathfrak{T}_\lambda := \mathfrak{T}$
- 끝으로 $\{U_i\}_{i\in I}$가 표식이 붙은 $\mathfrak{T}$의 집합무리라 하자. 공통의 집합의 정의에 따라 $\{U_i\}_{i\in I}$는 각각의 $\lambda \in \Lambda$에 대해서 X에서의 위상 $\mathfrak{T}_\lambda$의 표식이 붙은 집합무리이다. 위상의 정의에 따라 $\bigcup_{i\in I} U_i \in \mathfrak{T}_\lambda, \quad \forall\lambda \in \Lambda$ 이것과 공통집합의 뜻에 따라 $\bigcup_{i\in I} U_i \in \mathfrak{T}$

이것으로 $\mathfrak{T} = \bigcap_{\lambda\in\Lambda} \mathfrak{T}_\lambda$가 X에서 위상인 것이 증명되었다.

다음으로 $\mathfrak{T}$가 모든 $\mathfrak{T}_\lambda$, $\lambda \in \Lambda$보다 약한 위상 중에서는 가장 강한 위상인 것을 보이자. 우선 공통집합의 뜻에 따라

$$\bigcap_{\lambda \in \Lambda} \mathfrak{T}_\lambda := \mathfrak{T} \subset \mathfrak{T}_\mu, \ \forall \mu \in \Lambda$$

따라서 $\mathfrak{T}$는 무리에 속하는 모든 위상 $\mathfrak{T}_\mu, \mu \in \Lambda$보다 약하다. 이제 $\mathfrak{S}$가 무리에 속하는 모든 위상 $\mathfrak{T}_\lambda, \lambda \in \Lambda$보다 약하다고 하자. 그러면 위상의 강.약의 정의에 따라

$$\mathfrak{S} \subset \mathfrak{T}_\lambda, \ \forall \lambda \in \Lambda$$

따라서 $\mathfrak{S} \subset \mathfrak{T} := \bigcap_{\lambda \in \Lambda} \mathfrak{T}_\lambda$. 즉 $\mathfrak{T}$는 $\mathfrak{S}$보다 강하다. ■

두 위상공간 $(X,\mathfrak{S}),(Y,\mathfrak{T})$와 함수 $f:(X,\mathfrak{S}) \to (Y,\mathfrak{T})$가 주어졌을 때 이 함수 $f:X \to Y$가 연속이라는 것은 모든 $V \in \mathfrak{T}$에 대하여 $f^{-1}(V) \in \mathfrak{S}$ 가 성립하는 것을 말한다. 이런 연속함수 판별법을 통과하는 것은 일반적으로 $\mathfrak{T}$의 원소가 많을 수로 어렵고, $\mathfrak{S}$의 원소가 많을 수록 쉽다. 특히 $f:(X,\mathfrak{S}) \to (Y,\mathfrak{T})$가 연속함수이면

- 임의의 위상 $(Y,\mathfrak{T}_w), \mathfrak{T}_w \subset \mathfrak{T}$ 에 대해서 $f:(X,\mathfrak{S}) \to (Y,\mathfrak{T}_w)$는 연속함수이다.
- 임의의 위상 $(X,\mathfrak{S}_s), \mathfrak{S}_s \supset \mathfrak{S}$ 에 대해서 $f:(X.\mathfrak{S}_s) \to (Y,\mathfrak{T})$는 연속함수이다.
- 임의의 위상 $(Y,\mathfrak{T})$에 대하여 $\mathfrak{S} = \mathfrak{P}(X)$로 잡으면, 모든 함수

$$f:\big(X,\mathfrak{P}(X)\big) \to \big(Y,\mathfrak{T}\big)$$

  는 연속이다.
- $\mathfrak{T} = \{\emptyset, Y\}$로 잡으면, 임의의 위상 $(X,\mathfrak{S})$에 대하여 모든 함수

$$f:\big(X,\mathfrak{S}\big) \to \big(Y,\{\emptyset,Y\}\big)$$

  는 연속이다. 이제 집합 X에서 위상공간 $(Y,\mathfrak{T})$로 가는 임의의 함수

$$f:X \to (Y,\mathfrak{T})$$

를 생각하자. X에는 아직 위상이 정해지지 않았다. 함수 f가 연속함수되는 X의 위상 중에서 가장 강한 것은 물론 $\mathfrak{P}(X)$이다. 때문에 의미가 있는 것은 $f:(X,\mathfrak{S}) \to (Y,\mathfrak{T})$가 연속함수가 되는 X의 위상 $\mathfrak{S}$ 중에서 가장 약한 것이 의미가 있다.정의에 따라

$$\mathfrak{S}_0 := \{f^{-1}(V) \mid V \in \mathfrak{T}\}$$

를 포함해야 한다. 따라서 만일 $\mathfrak{S}_0$ 자체가 위상이 된다면, 바로 이 $\mathfrak{S}_0$가
주어진 함수 $f:X \to (Y,\mathfrak{T})$를 연속함수로 만드는 가장 약한 위상이다. 따라서 제일 먼저 확인해야 할 것은 $\mathfrak{S}_0$가 X에서 위상인가 아닌가이다.

► $\emptyset \in \mathfrak{T}, Y \in \mathfrak{T}$이고, $f^{-1}(\emptyset) = \emptyset, f^{-1}(Y) = X$이므로 $\emptyset, X \in \mathfrak{S}_0$.

► $U_1, U_2 \in \mathfrak{S}_0$라면 $\mathfrak{S}_0$의 정의에 따라 $U_1 = f^{-1}(V_1), U_2 = f^{-1}(V_2)$가 되는 $V_1, V_2 \in \mathfrak{T}$가 존재한다. 우리의 관심은 $U_1 \cap U_2 \in \mathfrak{S}_0$인가에 있다. 즉

$$U_1 \cap U_2 \in \mathfrak{S}_0$$

가 성립하는가에 관심이 있다. 그런데 집합과 함수의 일반적인 성질로부터

$$U_1 \cap U_2 = f^{-1}(V_1) \cap f^{-1}(V_2) = f^{-1}(V_1 \cap V_2)$$

위 식의 의미는 U_1의 그림자가 V_1 안에 있고, U_2의 그림자는 V_2 안에 있다면, $U_1 \cap U_2$의 그림자는 $V_1 \cap V_2$ 안에 있다는 지극히 당연한 말이다. 그런데 $V_1, V_2 \in \mathfrak{T}$이고, $\mathfrak{T}$는 위상이므로 $V_1 \cap V_2 \in \mathfrak{T}$. 따라서 $\mathfrak{S}_0$의 정의에 따라 $U_1 \cap U_2 = f^{-1}(V_1 \cap V_2) \in \mathfrak{S}_0$

► 끝으로 $(U_\iota)_{\iota \in I}$가 $\mathfrak{S}_0$에 있는 표식이 있는 집합무리 $\mathfrak{S}_0$)라 하자. 그러면 $\bigcup_{\iota \in I} U_\iota \in \mathfrak{S}_0$일까? 이 질문에 대한 대답은

$$\bigcup_{\iota \in I} U_\iota = f^{-1}(V)$$

가 성립하는 $V \in \mathfrak{T}$가 존재하는가, 존재하지 않는가에 달려있다. 우선 모든 정보는 $\mathfrak{T}$와 $f : X \to Y$로 부터 오는 것을 기억하자. 특히

$$U_\iota = f^{-1}(V_\iota),\ V_\iota \in \mathfrak{T}, \quad \forall \iota \in I$$

그런데 집합과 함수의 일반적인 성질에 따라

$$\bigcup_{\iota \in I} U_\iota = \bigcup_{\iota \in I} f^{-1}(V_\iota) = f^{-1}\Big(\bigcup_{\iota \in I} V_\iota\Big)$$

여기서 $\mathfrak{T}$는 위상이고, $V_\iota \in \mathfrak{T}, \forall \iota \in I$이므로 $\bigcup_{\iota \in I} V_\iota \in \mathfrak{T}$. 따라서 $\mathfrak{S}_0$의 정의에 따라 $\bigcup_{\iota \in I} U_\iota \in \mathfrak{S}_0$

이것으로 $\mathfrak{S}_0$가 X위에서 위상인 것을 보였다. $\mathfrak{S}_0$를 만든 방식을 보면 $\mathfrak{S}_0$는 주어진 위상공간 $(Y, \mathfrak{T})$와 함수 $f : X \to (Y, \mathfrak{T})$에 대하여 $f : (X, \mathfrak{S}) \to (Y, \mathfrak{T})$ 가 연속함수가 되는 X의 위상 $\mathfrak{S}$ 중에서 가장 약한 것이다. 다시 말해서 함수 $f : (X, \mathfrak{S}) \to (Y, \mathfrak{T})$가 연속함수라면 $\mathfrak{S}_0 \subset \mathfrak{S}$.

정의 5.3.1 [Initial Topology] 위상공간 $(Y, \mathfrak{T})$와 함수 $f : X \to Y$가 주어졌다. X에는 아직 아무런 구조도 없다. 함수 $f : X \to Y$가 연속함수가 되는 X의 위상은 적어도 한개는 있다. $\mathfrak{P}(X)$로 잡으면 된다. 따라서 $\mathfrak{S} := \bigcap \{\mathfrak{U} \mid \mathfrak{U}$는 $f : (X, \mathfrak{U}) \to (Y, \mathfrak{T})$가 연속이 되는 X의 위상 $\}$ 을 생각하면, $\mathfrak{S}$를 정한 방법에 따라 $\mathfrak{S}$는 $f : X \to Y$가 연속함수가 되는 X의 위상 중에서 가장 약한 위상이다. 이렇게 정의된 X의 위상 $\mathfrak{S}$는 함수 $f : X \to Y$에 대한 X의 **initial topology**라 한다.

정리 5.3.1 위상공간 $(Y,\mathfrak{T})$와 함수 $f:X\to(Y,\mathfrak{T})$가 주어졌을 때, 이 함수 $f:X\to(Y,\mathfrak{T})$에 의한 X의 initial topology $\mathfrak{S}$는 다음으로 정해진다:

$$\mathfrak{S}:=\bigcap\{\mathfrak{U}\mid \mathfrak{U}\text{는 } f:(X,\mathfrak{U})\to(Y,\mathfrak{T})\text{가 연속이 되는 } X\text{의 위상 }\}=\{f^{-1}(V)\mid V\in\mathfrak{T}\}$$

증명. $f:(X,\mathfrak{S})\to(Y,\mathfrak{T})$가 연속함수이면 임의의 $V\in\mathfrak{T}$에 대해서 $f^{-1}(V)\in\mathfrak{S}$. 따라서 $\{f^{-1}(V)\mid V\in\mathfrak{T}\}\subset\mathfrak{S}$. 다른 한변으로 $\mathfrak{W}:=\{f^{-1}(V)\mid V\in\mathfrak{T}\}$는 X의 위상인 것을 보이자. 우선 $f^{-1}(Y)=X$, $f^{-1}(\emptyset)=\emptyset$이므로 $X,\emptyset\in\mathfrak{W}$. 다음으로 $U_1,U_2\in\{f^{-1}(V)\mid V\in\mathfrak{T}\}$이면 $U_1=f^{-1}(V_1)$, $U_2=f^{-1}(V_2)$ 가 되는 $V_1,V_2\in\mathfrak{T}$가 존재한다. 그런데 $V_1\cap V_2\in\mathfrak{T}$이고

$$U_1\cap U_2=f^{-1}(V_1)\cap f^{-1}(V_2)=f^{-1}(V_1\cap V_2)$$

이므로 $U_1\cap U_2\in\mathfrak{W}$. 끝으로 $(U_i)_{i\in I}$가 $\mathfrak{W}$의 집합무리라 하자. 그러면 $\mathfrak{W}:=\{f^{-1}(V)\mid V\in\mathfrak{T}\}$의 정의에 따라 각각의 $i\in I$에 대해서 $U_i=f^{-1}(V_i)$ 가 되는 $V_i\in\mathfrak{T}$가 있다. 따라서

$$\bigcup_{i\in I}U_i=\bigcup_{i\in I}f^{-1}(V_i)=f^{-1}\Big(\bigcup_{i\in I}V_i\Big)\in\mathfrak{W}$$

이것으로 $\mathfrak{W}$가 X의 위상인 것이 증명되었다. $\mathfrak{W}$의 정의로부터 특히 $f:(X,\mathfrak{W})\to(Y,\mathfrak{T})$는 연속함수이다. 그러면 initial topology $\mathfrak{S}$의 정의에 따라

$$\begin{aligned}\mathfrak{S}&:=\bigcap\{\mathfrak{U}\mid \mathfrak{U}\text{는 } f:(X,\mathfrak{U})\to(Y,\mathfrak{T})\text{가 연속이 되는 } X\text{의 위상 }\}\\&\subset\mathfrak{W}:=\{f^{-1}(V)\mid V\in\mathfrak{T}\}\end{aligned}$$

이것으로 모든 것이 증명되었다. ■

보기 5.3.1 위상공간 $(X,\mathfrak{T})$의 공집합이 아닌 부분집합 $A\subset X$ 가 주어진면,

$$\mathfrak{T}_A:=\{U\cap A\mid U\in\mathfrak{T}\}$$

는 A에서의 위상인 것을 알고있다. 특히 $(A,\mathfrak{T}_A)$는 위상공간 $(X,\mathfrak{T})$의 부분공간이라 했다. 그런데 자연스럽게 나타나는 포함함수(inclusion function) $\iota:A\hookrightarrow X$, $\iota(a):=a,\forall a\in A$를 생각하면 $U\cap A=\iota^{-1}(U)$, $\forall U\in\mathfrak{T}$ 이므로 부분공간 $\mathfrak{T}_A$는 포함함수 $\iota:A\hookrightarrow X$에 대한 initial topology이다. □

보기 5.3.2 집합 $X = \{a,b,c,d,e\}, \mathfrak{T} := \{\emptyset, X, \{a\}, \{c\}, \{a,c\}, \{b,c,d,e\}\}$를 생각하자. $\mathfrak{T}$는 X 위에서 위상이다. $A = \{a,b,d,e\}$를 생각하자. $\mathfrak{T}_A := A \cap \mathfrak{T} := \{\emptyset, X, \{a\}, \{b,d,e\}\}$ 는 A 위에서 위상이다. A위 위상을 어렇게 정했을 때, $(A, \mathfrak{T}_A)$를 X의 부분공간이라 한다. $(A, \mathfrak{T}_A)$를 부분공간이라 하는 대신에 문맥에 따라 판단할 수 있으면, 간단하게 A를 X의 부분공간이라 한다. □

위상공간 $(X, \mathfrak{T})$가 주었졌을 때,

$$\mathfrak{T} = \{\bigcup_{i \in I} B_i \mid B_i \in \mathfrak{B},\ i \in I\}$$

가 성립하는 $\mathfrak{B} \subset \mathfrak{T}$를 $\mathfrak{T}$의 기저라 했다. 예를 들어 거리공간에서는 열린공들의 기저가 됐다.

정리 5.3.2 위상공간 $(X, \mathfrak{T})$의 $\mathfrak{T}$의 집합무리 $\{B_i\}_{i \in I}$가 $\mathfrak{T}$의 기저라면

1. $U \in \mathfrak{T}$이고, $x \in U$이면 $x \in B_i \subset U$ 가 되는 $i \in I$가 있다.
2. $x \in B_i \cap B_j$이면 $x \in B_\kappa \subset B_i \cap B_j$가 되는 $\kappa \in I$ 가 있다.

증명. $U \in \mathfrak{T}$이므로 기저의 뜻에 따라 $\Lambda_U \subset I$가 존재해서 $U = \bigcup_{i \in \Lambda_U} B_i$ 따라서 모든 $x \in U$에 대해서 $x \in \bigcup_{i \in \Lambda_U} B_i$이므로 합집합의 정의에 따라 $x \in B_\lambda$가 되는 $\lambda \in \Lambda_U$가 있다. 또한 임의의 $i, j \in I$에 대해서 $B_i \cap B_j \in \mathfrak{T}$. 따라서 $\Lambda_{ij} \subset I$가 존재해서 $B_i \cap B_j = \bigcup_{k \in \Lambda_{ij}} B_k$ 이므로, $x \in B_i \cap B_j$이면 $x \in \bigcup_{k \in \Lambda_{ij}} B_k$이므로 $x \in B_\kappa$가 되는 $\kappa \in \Lambda_{ij} \subset I$가 있다. 이 k에 대해서 $x \in B_k \subset \left(\bigcup_{k \in \Lambda_{ij}} B_k\right) = B_i \cap B_j$ ■

위상공간의 기저를 말할 때 먼저 위상공간 $(X, \mathfrak{T})$가 있고, $\mathfrak{T}$의 모든 원소를 $\mathfrak{B} \subset \mathfrak{T}$의 원소의 합집합으로 표현할 수 있는 $\mathfrak{B}$를 위상공간 $(X, \mathfrak{T})$의 기저라 정의했다. 이제 생각을 조금 바꾸어 아무런 구조도 없은 집합 X가 주어졌다 하자. 이떤 어떤 집합무리 $\mathfrak{B} \subset \mathfrak{P}(X)$에 대해서, $\mathfrak{B}$의 원소의 합집합으로 표현할 수 있는 X의 부분집합을 다음과 같이 다 모으면, X의 위상이 될까 하는 문제를 생각해보자.

$$\{U \subset X \mid U = \bigcup_{i \in I_U} B_i\}$$

그 답은 다음과 같이 간단하다.

정리 5.3.3 아무런 구조도 없은 집합 X가 주어졌다 하자. 집합무리 $\mathfrak{B} := \{B_i\}_{i\in I}$, $B_i \subset X, \forall i \in I$, 가 다음 두 조건을 만족시킨다 하자.

1. $x \in X$이면 $x \in B_i$ 가 되는 $i \in I$가 있다.
2. $x \in B_i \cap B_j$이면 $x \in B_{x_\kappa} \subset B_i \cap B_j$가 되는 $x_\kappa \in I$ 가 있다.

그러면 $\mathfrak{T} := \{U \subset X \mid U = \bigcup_{i\in I_U \subset I} B_i\}$ 는 X에서의 위상이고, $\mathfrak{T}$가 만들어진 방법으로부터 당연히 $\mathfrak{B}$는 $\mathfrak{T}$의 기저이다.

증명. $\mathfrak{T}$가 위상공간이 되기 위한 조건을 다 만족하는 것을 보이는 문제이다.

1. (위상조건 1) $\emptyset$는 원소가 한 개도 없기 때문에 시시하게 $\mathfrak{T}$의 원소가 된다. 또 조건 1.에 따라 $X = \bigcup \mathfrak{B}$이므로 $X \in \mathfrak{T}$.
2. (위상조건 2) $U_1, U_2 \in \mathfrak{T}$라 하자. 그러면 $\mathfrak{B}$의 집합무리 $\{B_i\}_{i\in I_U}, \{B_j\}_{j\in I_V}$ 가 존재해서

$$U_1 = \bigcup_{i\in I_U \subset I} B_i, \quad U_2 = \bigcup_{j\in I_V \subset I} B_j$$

그러면 $U_1 \cap U_2 = \left(\bigcup_{i\in I_U} B_i\right) \cap \left(\bigcup_{j\in I_V} B_j\right) = \bigcup_{(i,j)\in I_U\times I_V} B_i \cap B_j$ 따라서 임의의 $i, j \in I$에 대해서 $B_i \cap B_j \in \mathfrak{T}$인 것을 보이면 된다. 그런데 이것은 조건 2로부터

$$B_i \cap B_j = \left(\bigcup_{x\in B_i\cap B_j} \{x\}\right) \subset \left(\bigcup_{x\in B_i\cap B_j} B_{x_\kappa}\right) \subset B_i \cap B_j$$

즉 $B_i \cap B_j = \bigcup_{x\in B_i\cap B_j} B_{x_\kappa}$가 되어 성립한다.

3. (위상조건 3) 이 조건은 $\mathfrak{T}$가 만든어진 방법에 의해 당연하므로 생략한다. ■

딱 1개의 함수 $f : X \to (Y, \mathfrak{T})$로 만들어지는 initial topology 는 $\{f^{-1}(V) \mid V \in \mathfrak{T}\}$ 이미 위상이 되어 아무 어려움이 없다. 그런데 예를 들어 위상공간의 무리 $(Y, \mathfrak{T}_i), i \in I$와 함수의 무리

$$f_i : X \to (Y, \mathfrak{T}_i), \quad i \in I$$

가 주어진 경우는 어떠한가? 이 경우에는 $\{f_i^{-1}(V_i) \mid V_i \in \mathfrak{T}_i, i \in I\}$ 는 X에서 위상이 되지 못한다. 그러나 이 모든 함수 $f_i : X \to (Y, \mathfrak{T}_i)$가 연속함수가 되는 X의 가장 약한 위상 $\mathfrak{I}$ 는 존재하고

$$\mathfrak{I} := \langle\{f_i^{-1}(V_i) \mid V_i \in \mathfrak{T}_i, i \in I\}\rangle$$

즉 $\mathfrak{I}$는 $f_i^{-1}(V_i), i \in I$ 들로 생성되는 X의 위상이다. 따라서 $\mathfrak{I}$의 기저는

$$\mathfrak{B} := \{f_{i_1}^{-1}(V_{i_1}) \cap f_{i_2}^{-1}(V_{i_2}) \cap \cdots \cap f_{i_k}^{-1}(V_{i_k}) \mid k = 1, 2, \cdots; V_{i_j} \in \mathfrak{T}_{i_j}\}$$

우리는 이미 정의하지 않고 위상의 부분기저(subbasis)라는 개념을 사용했다. 그 이유은 부분기저를 생각하는 것이 너무도 자연스런 단계이기 때문이었다. 여기서는 initial topology와 관련지어 부분기저를 살펴보자.

정의 5.3.2 [**부분기저(subbasis**)] $\mathfrak{B}$가 $\mathfrak{B}$가 생성하는 위상공간 $(X,\mathfrak{T})$의 **부분기저(subbasis)**라는 것은 $\widetilde{\mathfrak{B}} := \{B_1 \cap B_2 \cap \cdots \cap B_k \mid B_i \in \mathfrak{B}, i = 1,2,\cdots,k; \quad k = 1,2,\cdots\}$ 가 $(X,\mathfrak{T})$의 기저인 것이다.

다음은 **정리5.3.1**를 다시 쓴 것이다.

정리 5.3.4 집합 X, 위상공간 무리 $(Y_i,\mathfrak{T}_i)_{i\in I}$와 함수 $f_i : X \to (Y,\mathfrak{T}_i), i \in I$가 주어졌다. 그러면 모든 $f_i : X \to (Y_i,\mathfrak{T}_i)$가 연속함수가 되기 위한 X의 가장 약한 위상은 $\{f^{-1}(V_i) \mid V_i \in \mathfrak{T}_i, i \in I\}$ 를 부분기저로 하는 위상이다. 이 위상을 함수 $f_i : X \to (Y,\mathfrak{T}_i), i \in I$에 의한 X의 initial topology라 한다.

정의 5.3.3 [**곱위상(product topology)**] 두 위상공간 $(X,\mathfrak{S}),(Y,\mathfrak{T})$을 생각하자. X,Y의 곱집합 $X \times Y := \{(x,y) \mid x \in X, y \in Y\}$ 에서 $(X,\mathfrak{S}),(Y,\mathfrak{T})$로 가는 2개의 자연스런 함수가 있다.

$$\mathrm{pr}_X : X \times Y \to (X,\mathfrak{S}), \quad (x,y) \mapsto x; \qquad \mathrm{pr}_Y : X \times Y \to (Y,\mathfrak{T}), \quad (x,y) \mapsto y$$

위 2개의 함수 pr_X, pr_Y에 의해 결정된 $X \times Y$의 initial topology를 특별히 위상공간 $(X,\mathfrak{S}),(Y,\mathfrak{T})$의 **곱위상(product topology)** 라 한다. 따라서 $X \times Y$ 위에서의 곱위상(product topology) $(X \times Y, \mathfrak{S} \times \mathfrak{T})$는 $\mathfrak{B} := \{U \times V \mid U \in \mathfrak{S}, V \in \mathfrak{T}\}$ 를 기저로 하는 위상공간이다.

만일 $\mathfrak{B}_X, \mathfrak{B}_Y$가 각각 위상공간 $(X,\mathfrak{S}),(Y,\mathfrak{T})$ 의 기저라면

$$\mathfrak{B}_X \times \mathfrak{B}_Y := \{U \times V \mid U \in \mathfrak{B}_X,\ V \in \mathfrak{B}_Y\}$$

는 곱위상 $\mathfrak{S} \times \mathfrak{T}$의 기저이다. 이것은 위상공간 $(X,\mathfrak{S}),(Y,\mathfrak{T})$의 곱위상 $(X \times Y, \mathfrak{S} \times \mathfrak{T})$ 의 기저는 $\{U \times V \mid U \in \mathfrak{S}, V \in \mathfrak{T}\}$이므로 $U \times V, \quad U \in \mathfrak{S}, V \in \mathfrak{T}$ 가 $\mathfrak{B}_{X\times Y}$의 원소의 합집합으로 표현되는 것을 보이면 충분하다. 그러나 이것은 $\mathfrak{B}_X$가 $\mathfrak{S}$의 기저이고, $\mathfrak{B}_Y$가 $\mathfrak{T}$의 기저이므로

$$U = \bigcup_{i\in I} U_i, \qquad V = \bigcup_{j\in J} V_j$$

가 되는 $\mathfrak{B}_X$의 집합무리 $\{U_i\}_{i\in I}$와, $\mathfrak{B}_Y$의 집합무리 $\{V_j\}_{j\in J}$가 존재한다. 따라서

$$U \times V = \Big(\bigcup_{i\in I} U_i\Big) \times \Big(\bigcup_{j\in J} V_j\Big) = \bigcup_{(i,j)\in I\times J} U_i \times V_j$$

이것으로 $\mathfrak{B}_{X\times Y} := \{U\times V \mid U\in\mathfrak{B}_X, V\in\mathfrak{B}_Y\}$가 $(X\times Y, \mathfrak{S}\times\mathfrak{T})$의 기저인 것을 보였다.

보기 5.3.3 $X = \{a,b,c,d\}$의 위상 $\mathfrak{T} := \{\emptyset, X, \{a\}, \{d\}, \{a,d\}, \{b,c\}, \{a,b,c\}, \{b,c,d\}\}$ 를 생각하자. $\mathfrak{T}$는 8개의 원소를 갖는다. 따라서 $(X\times X, \mathfrak{T}\times\mathfrak{T})$의 기저 $\{U\times V \mid U,V\in\mathfrak{T}\}$ 는 $8\times 8 = 64$개의 원소를 갖는다. 이것을 다 나열하는 것은 번잡한 일이다. 그런데 $\mathfrak{T}$는 기저 $\mathfrak{B} := \{\{a\},\{d\},\{b,c\}\}\subset\mathfrak{T}$를 갖는다. 더구나 $\mathfrak{B}$는 3개의 원소를 갖는다. 따라서 $(X\times X, \mathfrak{T}\times\mathfrak{T})$의 기저로

$$\begin{aligned}
&\{\\
&\quad \{(a,a)\}, \{(a,d)\}, \{(a,b),(a,c)\},\\
&\quad \{(d,a)\}, \{(d,d)\}, \{(d,b),(d,c)\},\\
&\quad \{(b,a),(c,a)\}, \{(b,d),(c,d)\}, \{(b,b),(b,c),(c,b),(c,c)\}\\
&\}
\end{aligned}$$

를 잡으면 좋다. 이 기저는 $3\times 3 = 9$개의 원소로 이루어져있다. 보기로

$$\Omega = \{(a,a)\}\cup, \{(b,b),(b,c),(c,b),(c,c)\}\subset X\times X$$

는 $(X\times X, \mathfrak{T}\times\mathfrak{T})$의 열린집합(open set)이다. 그러나 $\Omega = U\times V$ 가 되는 $U,V\in\mathfrak{T}$는 없다.

정의 5.3.4 [Final Topology] 위상공간 $(X,\mathfrak{O})$와 함수 $f:(X,\mathfrak{O})\to Y$가 주어졌을 때, f가 연속함수가 되도록 하는 Y의 위상의 보기로는 $\{\emptyset, Y\}$가 있다.

$$\mathfrak{A} := \langle\bigcup\mathfrak{V}\rangle,\qquad \mathfrak{V}\text{는 } f:(X,\mathfrak{O})\to(Y,\mathfrak{V})\text{가 연속이 되는 } Y\text{의 위상}$$

를 생각하면, $\mathfrak{A}$는 $f(X,\mathfrak{O})\to(Y,\mathfrak{A})$가 연속함수가 되는 Y의 위상 중에서 가장 강한 것이다. 이렇게 함수 $f:(X,\mathfrak{O})\to(Y,\mathfrak{A})$가 연속함수가 되는 Y의 위상 $\mathfrak{A}$ 중에서 가장 강한 위상을 함수 $f:(X,\mathfrak{O})\to Y$에 의한 Y의 **final topology** 또는 **상위상**이라 한다.

정리 5.3.5 [Final Topology] 함수 $f:(X,\mathfrak{O})\to Y$가 만드는 Y의 final topology는

$$\mathfrak{A} = \{U\subset Y \mid f^{-1}(U)\in\mathfrak{O}\}$$

증명. 첫째로 $\mathfrak{A}$가 위상이 되기 위한 3가지 조건을 조사하자.

- (위상조건 1) $f^{-1}(\emptyset) = \emptyset\in\mathfrak{O}, f^{-1}(Y) = X\in\mathfrak{O}$이므로

$$\emptyset, Y \in \mathfrak{A}$$

- (위상조건 2) $U_1, U_1 \in \mathfrak{A}$라 하자. 그러면 $f^{-1}(U_1), f^{-1}(U_2) \in \mathfrak{O}$이고, $\mathfrak{O}$는 X에서의 위상이므로 $f^{-1}(U_1) \cap f^{-1}(U_2) \in \mathfrak{O}$. 그러므로

$$f^{-1}(U_1 \cap U_2) = f^{-1}(U_1) \cap f^{-1}(U_2) \in \mathfrak{O}$$

따라서 $U_1 \cap U_2 \in \mathfrak{A}$.

- (위상조건 3) $\{U_i\}$가 $\mathfrak{A}$의 집합무리라 하자. $\mathfrak{A}$를 정한 방법에따라

$$f^{-1}(U_i) \in \mathfrak{O}, \quad \forall i \in I$$

그런데 $\mathfrak{O}$는 X의 위상이므로 $\bigcup_{i \in I} f^{-1}(U_i) \in \mathfrak{O}$. 그러므로 $f^{-1}\left(\bigcup_{i \in I} U_i\right) = \bigcup_{i \in I} f^{-1}(U_i) \in \mathfrak{O}$. 따라서 $\bigcup_{i \in I} U_i \in \mathfrak{A}$. 이것으로 $\mathfrak{A} = \{U \subset Y \mid f^{-1}(U) \in \mathfrak{O}\}$가 Y에서의 위상인 것을 보였다.

둘째로 이렇게 정한 $\mathfrak{A}$가 $f : X \to Y$가 연속함수가 되는 가장 강한 위상인 것을 보이자. 만일 $f : (X, \mathfrak{O}) \to (Y, \mathfrak{V})$가 연속이라면, 연속의 정의에따라

$$V \in \mathfrak{V} \implies f^{-1}(V) \in \mathfrak{O} \implies V \in \mathfrak{A}$$

따라서 $\mathfrak{A}$는 $f : X \to Y$가 연속함수가 되게하는 Y에서의 가장 강한 위상이다. ■

Final topology의 경우는 함수가 여러 개인 경우라도 위상이 된다. 즉 $f : (X, \mathfrak{S}_i) \to Y,\ i \in I$가 주어지면, 이 모든 함수 $f_i,\ i \in I$를 연속함수가 되게하는 Y의 가장 강한 위상은

$$\{U \subset Y \mid f_i^{-1}(U) \in \mathfrak{S}_i\ i \in I\}$$

보기 5.3.4 집합 $X = \{a, b, c, d, e\}$에서의 위상 $\mathfrak{T} := \{\emptyset, X, \{a, b\}, \{c, d, e\}\}$를 생각하자. 함수 $f : X \to Y, Y = \{1, 2, 3, 4, 5, 6\}$가 만드는 Y에서의 `final topology`를 구하여라.

<**풀이**> Final topology의 정의를 이해하는 문제다.

$$\begin{aligned}\mathfrak{A} &= \{U \subset Y \mid f^{-1}(U) \in \mathfrak{T}\} \\ &= \{\emptyset, \{3\}, \{6\}, \{3, 6\}, \\ &\quad \{1, 2, 4, 5\}, \{1, 2, 4, 5, 3\}, \{1, 2, 3, 5, 6\}, \\ &\quad \{1, 2, 4, 5, 3, 6\} = Y \qquad \square\end{aligned}$$

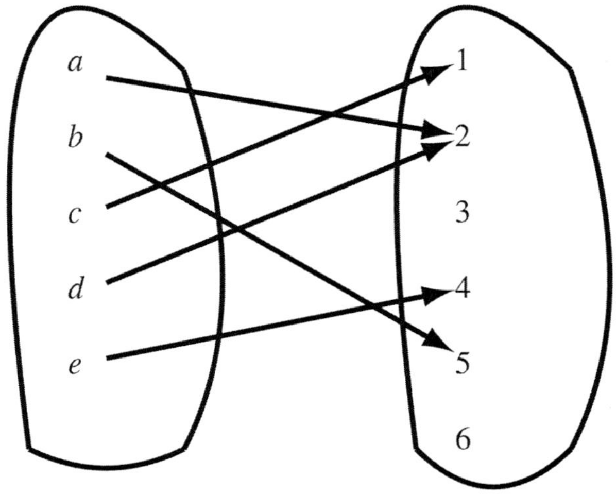

보기 5.3.5 집합 $X = \{a,b,c,d,e\}$에서의 위상 $\mathfrak{T} := \{\emptyset, X, \{a,d\}, \{b,c,e\}\}$를 생각하자. 함수 $f : X \to Y, Y = \{1,2,3,4,5,6\}$가 만드는 Y에서의 final topology를 $\mathfrak{A}$라 하자.

1. $1 \in U \in \mathfrak{A}$가 되는 U를 다 구하여라.
2. $2 \in V \in \mathfrak{A}$가 되는 V 중 가장 작은 것을 구하여라.

<**풀이**> Final topology의 정의를 이해하는 문제다. 우선 $f^{-1}(3) = f^{-1}(5) = f^{-1}(6) = \emptyset$이므로 $\{3\}, \{5\}, \{6\} \in \mathfrak{A}$ 에 주의하자.

1. $f^{-1}(1) = \{c\}$이므로 $\{c\} \subset f^{-1}(U)$. 그런데 c를 포함하는 열린집합은 $X, \{b,c,e\}$ 뿐이다. 따라서 $f^{-1}(U) = X$이거나 아니면 $f^{-1}(U) = \{b,c,e\}$가 되어야 한다.
특히 $f^{-1}(3) = f^{-1}(5) = f^{-1}(6) = \emptyset$에 주의하면 U가 될 수 있는 것은

$$\{1,4\}, \{1,4,3\}, \{1,4,5\}, \{1,4,6\}, \{1,4,3,5\}, \{1,4,3,6\}, \{1,4,5,6\}, \{1,4,3,5,6\}$$
$$\{1,2,4\}, \{1,2,4,3\}, \{1,2,4,5\}, \{1,2,4,6\},$$
$$\{1,2,4,3,5\}, \{1,2,4,3,6\}, \{1,2,4,5,6\},$$
$$= \{1,2,4,3,5,6\} = Y$$

2. 1.과 같은 생각으로 하면 된다. 다만 가장 작은 것을 구하기 때문에 3,4,5를 넣지 말아야 하는 것만 주의하면 된다. 따라서 $V = \{2\}$. 왜냐하면 $f^{-1}(2) = f^{-1}(\{2\}) = \{a,d\} \in \mathfrak{T}$. □

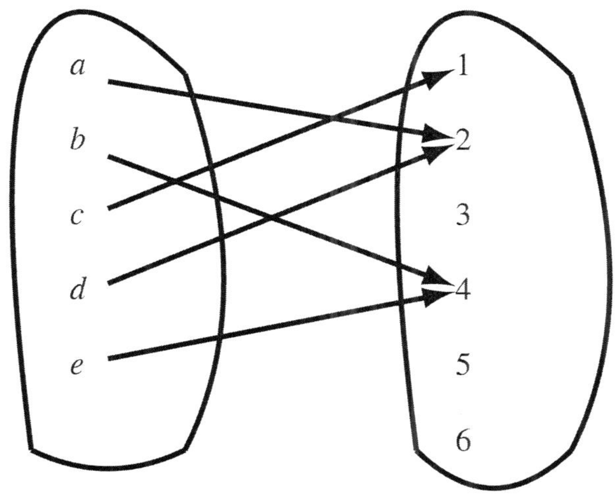

보기 5.3.6 $\mathbb{R}$에서 다음과 같은 동치관계를 생각하자: $x \iff x-y \in \mathbb{Z}$ 이 동치관계에 따른 동치류 집합을 $\mathbb{R}/\mathbb{Z}$로 나타내자. 그러면 $x \in \mathbb{R}$에 $[x] := x+\mathbb{Z}$를 대응시키는 자연스런 함수 $\phi : \mathbb{R} \to \mathbb{R}/\mathbb{Z}$ 가 존재한다. $\mathbb{R}/\mathbb{Z}$는 아직 위상이 없는 단순한 집합이다. 이제 $\mathbb{R}/\mathbb{Z}$에 함수 ϕ가 결정하는 final topology를 주자. 그러면 $\mathbb{R}/\mathbb{Z}$ $\mathbb{R}^2$의 부분공간 $S^1 := \{(x,y) \mid x^2+y^2 = 1\}$과 위상동형이다. □

Finial Topoloy를 구하는 것은 실제 상황에서는 생각처럼 쉽지 않다. 다음 보기가 도움이 된다.

보기 5.3.7 위상공간 $(X,\mathfrak{S})$에서 아직 위상이 정의되지 않은 집합 Y로 가는 함수 $f : (X,\mathfrak{S}) \to Y$ 를 생각하자. Y에 함수 $f : X \to Y$가 연속함수가 되는 가장 강한 위상 (final topology)를 주는 실용적인 방법을 알아보자.

<**풀이**> 우선 주어진 함수의 표준분해를 생각하자.
여기서 동치관계 $\mathcal{R}$ 은 물론 $x_1\mathcal{R}x_2 \iff f(x_1)=f(x_2)$ 이고, $x \in X$일 때

$$[x] := \{a \in X \mid f(a) = f(x)\}, \quad \pi(x) := [x], \quad \tilde{f}([x]) := f(x)$$

다짜고짜 $f^{-1}(V) \in \mathfrak{S}$가 되는 $V \subset Y$를 찾으려 하지 말고,

► 1. 우선 동치류 집합

$$X/\mathcal{R} := \{[x] \mid x \in X\}$$

에 함수 $\pi : X \to X/\mathfrak{R}$에 의한 final topology를 구한다. 이것은 부분집합 $\widetilde{V}$ 중에서 $\pi^{-1}(\widetilde{V}) \in \mathfrak{S}$가 되는 것을 찾는 것인데, 이것은 비교적 쉽다.

▶ 2 다음으로 $\tilde{f} : X/\mathfrak{R} \to \operatorname{Im} f$는 전단사함수인 것을 이용하여 앞 단계 ▶ 1 에서 찾은 $\widetilde{V}$의 $\tilde{f}$에 의한 그림자(image) $\tilde{f}(\widetilde{V})$를 계산한다.

▶ 3 끝으로 ▶ 2 에서 얻은 집합 전체에 $\mathfrak{P}(Y \setminus \operatorname{Im} f)$의 각각의 원소와 합집합을 한 것을 계산하면, 이것의 주어진 함수 $f : (X, \mathfrak{S}) \to Y$에 대한 Y의 final topology이다. □

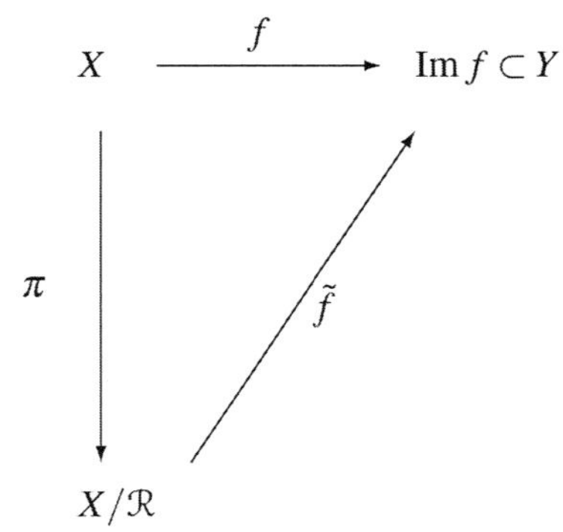

보기 5.3.8 집합 $X = \{a,b,c,d,e\}$에서의 위상 $\mathfrak{T} := \{\emptyset, X, \{a,b\}, \{c,d,e\}\}$를 생각하자. 함수 $f : X \to Y, Y = \{1,2,3,4,5,6\}$가 만드는 Y에서의 final topology를 구하여라.

<**풀이**> X 에서의 동치관계 $x_1 \mathfrak{R} x_2 \iff f(x_1) = f(x_2)$를 생각하면

$$X/\mathfrak{R} = \{[a] := \{a,d\}, \{b\}, \{c\}, \{e\}\}$$

따라서 함수 $\pi : X \to X/\mathfrak{R}$에 의한 $X/\mathfrak{R}$ 위의 final topology는 $\{\emptyset, X/\mathfrak{R}\}$. 이제 $\tilde{f} : X/\mathfrak{R} \to \operatorname{Im} f$로의 그림자를 계산하면 $\{\emptyset, \{1,2,4,5\}\}$. $Y \setminus \operatorname{Im} f = \{3,6\}$. 그러므르 구하는 위상은 다음 8개의 집합으로 구성된다.

$$\begin{aligned}
&\emptyset, \{3\}, \{6\}, \{3,6\},\\
&\{1,2,4,5\}, \{1,2,4,5,3\}, \{1,2,4,5,6\},\\
&\{1,2,4,5,3,6\} = Y
\end{aligned}$$ □

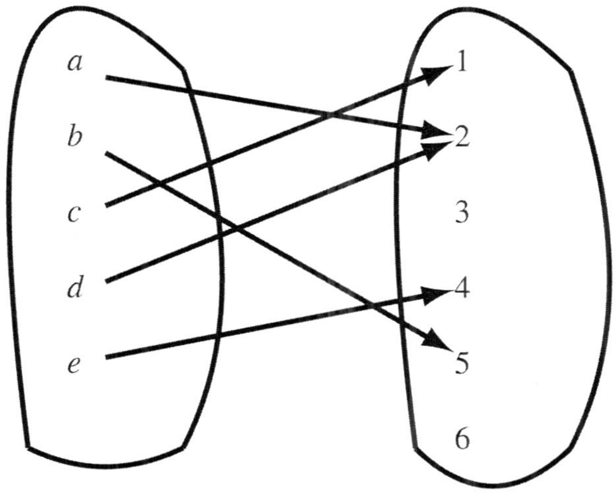

보기 5.3.9 집합 $X = \{a,b,c,d,e\}$에서의 위상 $\mathfrak{T} := \{\emptyset, X, \{a,d\}, \{b,c,e\}\}$를 생각하자. 함수 $f : X \to Y, Y = \{1,2,3,4,5,6\}$가 만드는 Y에서의 final topology를 $\mathfrak{U}$를 구하여라.

<**풀이**> 집합 X에 동치관계 $x_1 \mathcal{R} x_2 \iff f(x_1) = f(x_2)$를 생각하면 $X/\mathcal{R} = \{[a],[b],[c]\}$. 여기서 $[a] = \{a,d\}, [b] = \{b,e\}, [c] = \{c\}$. 따라서 $X/\mathcal{R}$ 위의 final topology는 $\{\emptyset, X/\mathcal{R}, \{[a]\}, \{[b],[c]\}\}$. 이것을 $\tilde{f} : X/\mathcal{R} \to \mathrm{Im}\, f$를 이용해서 $\mathrm{Im}\, f$로 보내면

$$\{\emptyset, \{1,2,4\}, \{2\}, \{1,4\}\} \tag{*}$$

이제 $Y \setminus \mathrm{Im}\, f = \{3,5,6\}$ 이고, 앞에서 구한 (*)에 $\{3,5,6\}$의 모든 부분집합과 합집합을 계산하면 된다. 예를 들어 Y에서 1을 포함하는 열린집합은 다음 16개가 있다.

$$\begin{aligned}
&\{1,4\}, \{1,4,3\}, \{1,4,5\}, \{1,4,6\},\\
&\{1,4,3,5\}, \{1,4,3,6\}, \{1,4,5,6\},\\
&\{1,4,3,5,6\}\\
&\{1,2,4\}, \{1,2,4,3\}, \{1,2,4,5\}, \{1,2,4,6\}\\
&\{1,2,4,3,5\}, \{1,2,4,3,6\}, \{1,2,4,5,6\}\\
&\{1,2,4,3,5,6\} = Y \qquad \square
\end{aligned}$$

보기 5.3.10 실수 집합 $\mathbb{R}$에서 정수집합 $\mathbb{Z}$로 가는 최대정수함수

$$[\ ]:\mathbb{R}\to\mathbb{Z},\quad [x]:= x\text{를 넘지 않는 최대정수}$$

를 생각하자. 예를 들어 $[\frac{3}{2}]=1, [-\frac{3}{2}]=-2$이다.

1. $\mathbb{Z}$에는 discrete topology $\mathfrak{P}(\mathbb{Z}):=\{A\mid A\subset\mathbb{Z}\}$를 생각하자. 함수 $[\ ]:\mathbb{R}\to(\mathbb{Z},\mathfrak{P}(\mathbb{Z}))$ 의한 $\mathbb{R}$ 위의 initial topology를 구하여라. 즉, $\mathbb{R}$의 위상으로서, 최대정수함수 $[\ ]:\mathbb{R}\to\mathbb{Z}$가 연속함수가 되는 것 중에서 가장 약한 위상을 구하여라.
2. $\mathbb{R}$에는 usual topology(보통 위상, 말하지 않으면 그것으로 생각하는 위상)을 주자. 함수 $[\ ]:\mathbb{R}\to\mathbb{Z}$의한 $\mathbb{Z}$ 위의 final topology를 구하여라. 즉, $\mathbb{Z}$의 위상으로서, 최대정수함수 $[\ ]:\mathbb{R}\to\mathbb{Z}$가 연속함수가 되는 것 중에서 가장 강한 위상을 구하여라.

<풀이>

1. 이산위상이라 모든 부분집합을 열린집합(open set)으로 받아들이는 위상이다. 따라서 이산이상에서는 모든 $\{n\}, n\in\mathbb{Z}$가 열린집합이란 말과 같다. 이제 임의의 $A\in\mathfrak{P}(\mathbb{Z})$, 즉 임의의 $A\subset\mathbb{Z}$에 대하여

$$[\ ]^{-1}(A)=[\ ]^{-1}\big(\bigcup_{a\in A}\{a\}\big)=\bigcup_{a\in A}[\ ]^{-1}(a)=\bigcup_{a\in A}[a,a+1)$$

위 식에서 $[a,a+1)=\{x\in\mathbb{R}\mid a\le x<a+1\}$.
따라서 최대정수함수 $[\ ]:\mathbb{R}\to(\mathbb{Z},\mathfrak{P}(\mathbb{Z}))$에 의한 initial topology $\mathfrak{S}$는

$$[n,n+1), n\mathbb{Z}$$

꼴의 구간의 합집합으로 표현되는 $\mathbb{R}$의 부분집합 전체로 이루어진다. 예를 들어

- $(-\infty,n)\in\mathfrak{S},\ \forall n\in\mathbb{Z}.$
- 그러나 $(-\infty,r)\notin\mathfrak{S},\forall r\notin\mathbb{Z}.$
- $[m,n)\in\mathfrak{S},\forall m\in\mathbb{Z},\forall n\in\mathbb{Z},m\le n.$
- 그러나 $[m,r)\notin\in\mathfrak{S},\forall m\in\mathbb{Z},r\notin\mathbb{Z},m\le r.$

2. 다행스럽게 최대정수함수 $[\ ]:\mathbb{R}\to\mathbb{Z}$는 전사함수이다. 또 $\mathbb{R}$의 보통위상(usual topology)라는 것은 구간 $(a,b):=\{x\in\mathbb{R}\mid a<x<b\}$ 꼴의 구간의 합집합으로 표현되는 집합 전체로 이루어진다. 이제 동치관계

$$x_1\mathfrak{R}x_2 \iff [x_1]=[x_2]$$

를 해석하면

$$[x]:=\{y\in\mathbb{R}\mid [y]=[x]\}=\{y\in\mathbb{R}\mid [x]\le y<[x]+1\}$$

다음 그림을 보자:

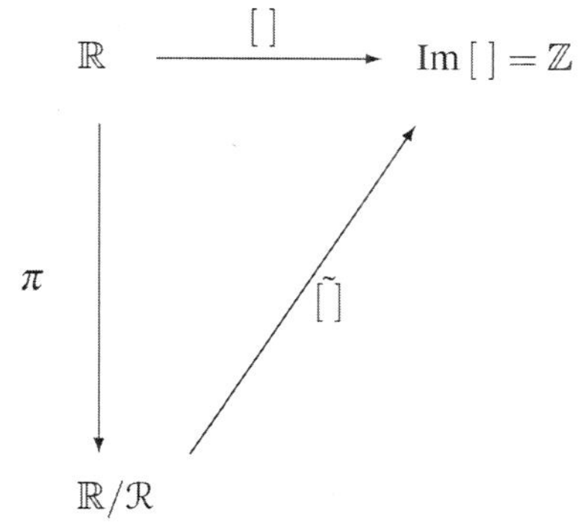

먼저 함수 $\pi : \mathbb{R} \to \mathbb{R}/\mathcal{R}$ 의한 $\mathbb{R}/\mathcal{R}$ 위의 final topology $\mathfrak{T}$를 생각하자. $\pi^{-1}([x]) = \big[[x],[x]+1\big)$에 주의하면 $A \subset \mathbb{R}/\mathcal{R}, A \in \mathfrak{T} \iff A = A_a := \{[y] \mid y \leq a, a \in \mathbb{R}\}$. 특히 이 경우 $\pi^{-1}(A) = \big(-\infty,[a]+1\big)$. 이제 $A \in \mathfrak{T}$의 함수 $\widetilde{[\,]}$에 의한 그림자(image)를 구하면

$$\widetilde{[\,]}(A) = \{\cdots,[a]-2,[a]-1,[a]\} := \{k \in \mathbb{Z} \mid k \leq [a]\}$$

따라서 $\mathbb{R}$ 위의 보통위상과, 최대정수함수 $[\,] : \mathbb{R} \to \mathbb{Z}$의한 $\mathbb{Z}$ 위의 final topology는

$$\{\{\cdots,n-2,n-1,n\} \mid n \in \mathbb{Z}\} \qquad \square$$

정의 5.3.5 [한 점에서 연속] 함수 $f : (X,\mathfrak{S}) \to (Y,\mathfrak{T})$하 점 $a \in X$에서 연속이라는 것은 $f(a)$의 임의의 이웃 V에 대해서, $f(U) \subset V$가 성립하는 a의 이웃 U가 있는 것이다.

따라서 f가 a에서 연속이라는 것은 임의의 $f(a)$의 이웃으로 찢지 않고 보낼 수 있는 a의 이웃이 있다고 이해하면 된다. f가 a에서 연속이 아니면 f는 a에서 연속이 아니다(또는 불연속)이라 한다.

보기 5.3.11 $X = \{1,2,3,4\}, Y = \{a,b,c,d\}$이고 $f : X \to Y$는 다음과 같다.

$$f(1) = f(4) = a, f(2) = c, f(3) = d$$

다음 각각의 경우 주어진 함수 $f : (X,\mathfrak{S}) \to (Y,\mathfrak{T})$ 가 연속이 되는 점을 모두 찾아라.

1. $\mathfrak{S} = \{\emptyset,X\}, \mathfrak{T} = \mathfrak{P}(Y)$
2. $\mathfrak{S} = \{\emptyset,X,\{1,2\},\{3,4\}\}, \mathfrak{T} = \{\emptyset,Y,\{a\},\{a,b\},\{a,b,c\}\}$
3. $\mathfrak{S} = \{\emptyset,X,\{1,4\},\{2,3\}\}, \mathfrak{T} = \{\emptyset,Y,\{a\},\{a,b\},\{a,b,c\}\}$
4. $\mathfrak{S} = \{\emptyset,X,\{1\},\{1,2\},\{1,2,3\}\}, \mathfrak{T} = \{\emptyset,Y,\{a\},\{a,b\},\{a,b,c\}\}$
5. $\mathfrak{S} = \{\emptyset,X\}, \mathfrak{T} = \{\emptyset,Y,\{a\},\{a,b\},\{a,b,c\}\}$
6. $\mathfrak{S} = \{\emptyset,X,\{1\},\{2\},\{4\},\{1,2\},\{1,4\},\{2,4\},\{1,2,4\}\}, \mathfrak{T} = \mathfrak{P}(Y)$

<**풀이**> 1. 임의의 $x \in X$에 대해서 $f(x)$의 이웃으로 $\{f(x)\} \in \mathfrak{P}(Y)$를 잡자. 그런데 x의 이웃은 X 뿐이고, $f(X) = \{a, b\}$이므로 $f(X) \not\subset \{f(x)\}$. 따라서 이 경우는 f는 모든 점에서 불연속이다.

2. • $1 \in X$에서 불연속이다.
1의 가장 작은 이웃은 $\{1, 2\}$이다. 그런데

$$f(\{1,2\}) = \{a, c\}, f(1) = a$$

Y에서 a의 가장 작은 이웃은 $\{a\}$가 있다. 그런데 1의 가장 작은 이웃 $\{1, 2\}$ 조차도 $f(\{1,2\}) \not\subset \{a\}$이므로 f는 1에서 불연속이다.

• $2 \in X$에서 연속이다.
X에서 2의 가장 작은 이웃은 $\{1, 2\}$. 이제 $f(2) = c$이고, Y에서 c의 가장 작은 이웃은 $\{a, b, c\}$이다. 이 경우느

$$f(\{1,2\}) = \{a, c\} \subset \{a, b, c\}$$

따라서 f는 $f(2) = c$의 가장 작은 이웃 $\{a, b, c\}$로 찢지 않고 보낼 수 있는 2의 이웃 $\{1, 2\}$가 있다. 그러므로 f는 2에서 연속이다.

• $3 \in X$에서 연속이다.
X에서 3의 가장 작은 이웃은 $\{3, 4\}$이고 $f(\{3,4\}) = \{d, a\}, f(3) = d$. 그런데 Y에서 d의 가장 작은 이웃은 Y이다. 시시하게 $f(\{3,4\}) \subset Y$가 성립한다. 따라서 f는 3에서 연속이다.

• $4 \in X$에서 불연속이다.
X에서 4의 가장 작은 이웃은 $\{3, 4\}$이고, $f(\{3,4\}\} = \{d, a\}, f(4) = a$. 그런데 Y에서 $a = f(4)$의 가장 작은 이웃은 $\{a\}$가 있고, 이 이웃에 대해서는 4의 가장 작은 이웃 $\{3, 4\}$ 조차도 $f(\{3,4\}) \not\subset \{a\}$. 따라서 f는 $4 \in X$에서 불연속이다.

3. • $1, 4 \in X$에서 연속이다. $1, 4 \in X$의 가장 작은 이웃은 $\{1, 4\}$이고 $f(\{1,4\}\} = \{a\}$. 그런데 Y에서 $a = f(1) = f(4)$에서 가장 작은 이웃은 $\{a\}$. 따라서 a의 가장 작은 이웃 $\{a\}$로 찢지 않고 보낼 수 있는 1,4의 이웃 $\{1, 4\}$가 있기 때문에 f는 1에서도, 4에서도 연속이다.

• $2 \in X$에서 불연속이다.
X에서 $2 \in X$의 가장 작은 이웃은 $\{2, 3\}$이고, $f(\{2,3\}) = \{c, d\}, f(2) = c$. 그런데 Y에서 c의 가장 작은 이웃은 $\{a, b, c\}$인데, 2의 가장 작은 이웃 $\{2, 3\}$ 조차도 $f(\{2,3\}) \not\subset \{a, b, c\}$. 따라서 f는 2에서 불연속이다.

• $3 \in X$에서 연속이다.
X에서 3의 가장 작은 이웃은 $\{2, 3\}$이고, $f(\{2,3\}) = \{c, d\}, f(3) = d$. 그런데 Y에서 d의 가장 작은 이웃은 Y이다. 그러므로 $f(\{2,3\}) \subset Y$가 시시하게 성립하고, 따라서 f는 3에서 연속이다.

4. • $1 \in X$에서 연속이다.
   X에서 1의 가장 작은 이웃은 $\{1\}$. 혼자이므로 $f(1)$의 어떠한 이웃으로도 갈 수 있다. 이렇게 혼자 이웃을 구성할 수 있는 점에서는 시시하게 연속이 된다.
   - $2 \in X$에서 불연속이다.
   X에서 2의 가장 작은 이웃은 $\{1,2\}$이고, $f(\{1,2\}) = \{a,c\}$, $f(1) = a$. 그런데 Y에서 a의 가장 작은 이웃은 $\{a\}$. 2의 가장 작은 이웃 $\{1,2\}$ 조차도 $f(\{1,2\}) = \{a,c\} \not\subset \{a\}$이므로 f는 2에서 불연속이다.
   - $3 \in X$에서 연속이다.
   X에서 3의 가장 작은 이웃은 $\{1,2,3\}$이고, $f(\{1,2,3\}) = \{a,c,d\}$, $f(3) = d$. 그런데 Y에서 $d = f(3)$의 가장 작은 이웃은 Y이므로 $f(\{1,2,3\} \subset Y$가 시시하게 성립한다. 따라서 f는 3에서 연속이다.
   - $4 \in X$에서 불연속이다. X에서 4의 가장 작은 이웃은 X이다. 그런데 $f(X) = \{a,c,d\}$, $f(4) = a$이고, Y에서 a의 가장 작은 이웃은 $\{a\}$이다. 따라서 $f(X) = \{a,c,d\} \not\subset \{a\}$. 그러므로 f는 4에서 불연속이다.

5. 정의역 X의 임의의 점 $x \in X$의 가장 작은 이웃은 X이다. 그런데 $f(X) = \{a,c,d\} \ni f(x)$이므로, $f(x) \in Y$ 의 가장 작은 이웃이 $f(X) = \{a,c,d\}$를 포함하는 그런 $x \in X$에 대해서만 연속이다. $\mathfrak{T}$에서 $\{a,c,d\}$를 포함하는 열린집합은 Y 뿐이다.

   - $1 \in X$에서는 불연속이다. 왜냐하면 $f(1) = a \in \{a\} \not\supset f(X), \{a\}\mathfrak{T}$.
   - $2 \in X$에서 불연소이다. 왜냐하면 $f(2) = c \in \{a,b,c\} \not\supset f(X), \{a,b,c\} \in \mathfrak{T}$
   - $3 \in X$에서는 연속이다. 왜냐하면 $f(3) = d$의 가장 작은 이웃은 Y이고, 시시하게 $f(X) \subset Y$
   - $4 \in X$에서는 불연속이다, 왜냐하면 $f(4) = a \in \{a\} \not\supset f(X), \{a\} \in \mathfrak{T}$.

6 임의의 $y \in Y$에 대해서 $\{y\} \in \mathfrak{T} = \mathfrak{P}(Y)$. 따라서 X의 점 중에서 함수값이 상수가 되는 이웃을 갖는 점들에서만 연속이다. 즉 연속인 점은 2, 3, 4 뿐이다. □

보기 5.3.12 $\mathbb{R}$에서 정수 $\mathbb{Z}$로 가는 최대정수값 함수 $[\ ]: \mathbb{R} \to \mathbb{Z}$는 정수가 아닌 모든 점에서 연속이고, 정수인 점에서는 불연속이다. 그런데 $\mathfrak{B}_\ell := \{[a,b) \mid a,b \in \mathbb{R}.a < b\}$로 생성되는 위상 $\mathfrak{T}_\ell$을 생각하면 $[\ ] : (\mathbb{R}, \mathfrak{T}_\ell) \to \mathbb{Z}$는 모든 점에서 연속이다. 왜냐하면 임의의 $n \in \mathbb{Z}$에 대해서 $[\ ]^{-1}(\{n\}) = [n, n+1) \in \mathfrak{B}_\ell$이기 때문이다. 그러나 $\mathfrak{B}_u := \{(a,b] \mid a,b \in \mathbb{R}, a < b\}$로 생성되는 위상을 $\mathfrak{T}_u$라 두면 $[\ ] : (\mathbb{R}, \mathfrak{T}_u) \to \mathbb{Z}$는 정수가 아닌 모든 점에서 연속이고, 정수인 점에서는 불연속이다. □

보기 5.3.13 $X = (-\frac{5}{3}, 3] := \{x \in \mathbb{R} \mid -\frac{5}{3} < x \le 3\}$에 대해서 최대정수값함수

$$[\ ] : X \to Y = \{-3, -2, -1, 0, 1, 2, 3\}$$

을 생각하자. 실수집합 $\mathbb{R}$의 위상은 다음을 생각하자.

- 기저 $\{B_r(x) \mid x \in \mathbb{R}, r > 0\}$으로 생성되는 보통위상(usual topology)
- 기저 $\{(a,b] \mid a,b \in \mathbb{R}, a < b\}$ 로 생성되는 위상 $\mathfrak{T}_u$
- 기저 $\{[a,b) \mid a,b \in \mathbb{R}, a < b\}$로 생성되는 위상 $\mathfrak{T}_\ell$
- 유한개의 원소를 제거하여 얻어지는 위상

$$\mathfrak{F} := \{\emptyset\} \cup \{\mathbb{R} \setminus A \mid A\text{는 유한집합}\}$$

- $\mathfrak{T}_d$는 Y 위에서의 이산위상(discrete topology)

1. X을 $\mathbb{R}$의 보통위상에 의한 부분공간으로 볼 때, $(Y, \mathfrak{T}_d)$에 대해서 최대정수함수 $[\ ]$가 불연속인 점들을 모두 구하여라.
2. X을 $\mathbb{R}$의 보통위상에 의한 부분공간으로 볼 때, 최대정수함수 $[\ ]$가 X에서 연속함수가 되는 Y의 final topology를 구하여라.
3. X을 $\mathbb{R}$의 $\mathfrak{T}_u$에 의한 부분공간으로 볼 때, $(Y, \mathfrak{T}_d)$에 대해서 최대정수함수 $[\ ]$가 불연속인 점들을 모두 구하여라.
4. X을 $\mathbb{R}$의 $\mathfrak{T}_u$ 의한 부분공간으로 볼 때, 최대정수함수 $[\ ]$가 X에서 연속함수가 되는 Y의 final topology를 구하여라.
5. X을 $\mathbb{R}$의 $\mathfrak{T}_\ell$ 의한 부분공간으로 볼 때, $(Y, \mathfrak{T}_d)$에 대해서 최대정수함수 $[\ ]$가 불연속인 점들을 모두 구하여라.
6. X을 $\mathbb{R}$의 $\mathfrak{T}_\ell$ 부분공간으로 볼 때, 최대정수함수 $[\ ]$가 X에서 연속함수가 되는 Y의 final topology를 구하여라.
7. X을 $\mathbb{R}$의 $\mathfrak{F}$에 의한 부분공간으로 볼 때, $(Y, \mathfrak{T}_d)$에 대해서 최대정수함수 $[\ ]$가 불연속인 점들을 모두 구하여라.
8. X을 $\mathbb{R}$의 $\mathfrak{F}$에 의한 부분공간으로 볼 때, 최대정수함수 $[\ ]$가 X에서 연속함수가 되는 Y의 final topology를 구하여라.
9. $Y = \{-3, -2, -1, 0, 1, 2, 3\}$ 대신에 $Y_1 := \{-2, -1, 0, 1, 2, 3\}$을 생각하자. 이때 함수

$$[\ ] : (X, \mathfrak{F}) \to (Y_1, \mathfrak{P}(Y_1))$$

에 의한 Y_1의 final topology를 구하여라.

<**풀이**>

1. 함수 $[\ ]$의 값이 될 수 있는 것은 $-2, -1, 0, 1, 2, 3$이다. 함수값이 -2가 되는 경우는 $-\frac{5}{3} < x < -1$. 그런데 $(-\frac{5}{3}, -1)$은 X의 열린집합이고, $\{-2\}$는 Y의 열린집합이므로 $[\ ]$는 $-\frac{5}{3} < x < -1$인 모든 x에 대해서 연속이다. 함수값이 -1이 되는 경우는 $-1 \le x < 0$이다. 이 경우 중 $(-1, 0)$은 X의 열린집합, $\{-1\}$는 Y의 열린집합, $[\ ]\big((-1,0)\big) = \{-1\}$이므로 $[\ ]$는 $-1 < x < 0$인 모든 x에 대해서 연속이다. 그러나 $x = -1$인 경우, 함수값은 $[-1] = -1$이지만, $-1 \in X$

의 아무리 작은 이웃이라도 -1보다 작은 수를 포함하기 때문에

$$[\ ](U) \subset \{-1\}$$

이 성립하는 $-1 \in X$의 이웃 U는 존재하지 않는다. 따라서 [ ]는 -1에서는 불연속이다. 같은 생각으로 분석하면 [ ]는 X의 점 $-1, 0, 1, 2, 3$에서 불연속이고, 나머지 모든 점에서는 연속이다.

2. 함수 [ ]의 값은 $-2, -1, 0, 1, 2, 3$이다. 집합 X의 원소를 함수값에 따라 분류하자.

$$X = (-\frac{5}{2}, -1) \cup [-1, 0) \cup [0, 1) \cup [1, 2) \cup [2, 3) \cup \{3\}$$

표현을 간단하게 각각의 집합을 함수값에 따라 $[-2]$, $[-1]$, $[0], [1], [2], [3]$으로 표현하자. 따라서

$$X/\mathcal{R} = \{[-2], [-1], [0], [1], [2], [3]\}$$

이제 $X/\mathcal{R}$의 부분집합 중에서 그 합집합이 X의 열린집합이 되는 경우는 다음 7개 뿐인 것을 알 수 있다.

$$\begin{aligned}
&\emptyset, X/\mathcal{R},\\
&\{[-2]\}, \{[-2], [-1]\}, \{[-2], [-1], [0]\},\\
&\{[-2], [-1], [0], [1]\}, \{[-2], [-1], [0], [1], [2]\}
\end{aligned}$$

이제 $[\ ](X) = \{-2, -1, 0, 1, 2, 3\} \subsetneq Y = \{-3, -2, -1, 0, 1, 2, 3\}$이므로 $[\ ] : X \to Y$는 전사함수가 아닌 것에 주의하자. 따라서 Y 위의 final topology는 우선 앞에서 찾는 7개의 집합의 그림자

$$\emptyset, \{-2, -1, 0, 1, 2, 3\}, \{-2\}, \{-2, -1\}, \{-2, -1, -0\}, \{-2, -1, 0, 1\}, \{-2, -1, 0, 1, 2\}$$

에 $Y \setminus \mathrm{Im}[\ ] = \{-3\}$의 모든 부분집합 $\emptyset, \{-3\}$은 넣어 생성된다. 따라서 다음과 같이 모두 14개의 집합으로 구성된다.

$$\begin{aligned}
&\emptyset, \{3\},\\
&\{-2, -1, 0, 1, 2, 3\}, \{-2, -1, 0, 1, 2, 3, -3\},\\
&\{-2\}, \{-2, -3\},\\
&\{-2, -1\}, \{-2, -1, -3\},\\
&\{-2, -1, 0\}, \{-2, -1, 0, -3\},\\
&\{-2, -1, 0, 1\}, \{-2, -1, 0, 1, -3\},\\
&\{-2, -1, 0, 1, 2\}, \{-2, -1, 0, 1, 2, -3\}
\end{aligned}$$

3. 우선 $\mathfrak{T}_u$는 $\mathbb{R}$의 보통위상보다 강하다. 때문에 보통위상으로 연속이 되는 점들은 모두 $\mathfrak{T}_u$에서도 연속이다. 따라서 조사할 점은 보통위상으로 불연속인 점들 $-1,0,1,2,3$에서 혹시 $\mathfrak{T}_u$에서는 연속이 되는지를 알아보는 것이다. 그런데 점 $x=-1,0,1,2,3$에서 함수값은 각각 $-1,0,1,2,3$이다. 예를 들어 $x=-1$인 경우를 생각하자. $[-1]=-1$의 $(Y,\mathfrak{T}_d)$에서 가장 작은 이웃은 $\{-1\}$이다. 그러나 $(X,\mathfrak{T}_u|_X)$에서 $-1\in X$의 가장 작은 이웃은 없다. 왜냐하면 임의의 양수 $\varepsilon, 0<\varepsilon<1$ 에 대해서 $(-1-\varepsilon,1]$은 $-1\in X$의 이웃이기 때문이다. 그런데 $[\,]((-1-\varepsilon,-1])=\{-2,-1\}$이므로, $[\,](U)\subset\{-1\}$ 을 만족시키는 -1의 이웃 $U\in\mathfrak{T}_u|_X$는 없다. 따라서 $x=-1$에서 함수 $[\,]:X\to Y$는 불연속이다,. 같은 이유로 점 $0,1,2,3$에서도 불연속이 된다.
4. 집합 X를 함수값에 따라 분류한 것에 앞에서와 같다:

$$X=(-\frac{5}{2},-1)\cup[-1,0)\cup[0,1)\cup[1,2)\cup[2,3)\cup\{3\}=[-2]\;\cup[-1]\;[0]\cup[1]\cup[2]\cup[3]$$

합집합의 $\mathfrak{T}_u|_X$의 기저는 열린집합은 X와 열린구간 (a,b)의 공통집합인 꼴과 X와 구간 $(a,b]$와의 공통집합 꼴이다. 따라서 $X/\mathcal{R}\;=\{[-2],\;[-1],\;[0],[1],[2],[3]\}$ 의 원소들이 합집합이 $\mathfrak{T}_u|_X$에 들어가는 것은 앞에서 계산한 7개의 집합

$$\emptyset,\{-2,-1,0,1,2,3\},\{-2\},\{-2,-1\},\{-2,-1,-0\},\{-2,-1,0,1\},\{-2,-1,0,1,2\}$$

이외에 새로 생기는 것이 없다. 따라서 final topology는 2. 에서 계산한 것과 같다.
5. X를 $(\mathbb{R},\mathfrak{T}_\ell)$의 부분공간으로 볼 때.
$\mathfrak{T}_\ell$도 $\mathbb{R}$의 보통위상보다 강한 위상이다. 따라서 1. 의 결과에 따라 일단 $x=-1,0,1,2,3$을 제외한 모든 점에서 연속이다. 그런데 $x=-1,0,1,2$일 때 $[x,x+1)\subset X$ 는 $\mathfrak{T}_\ell|_X$의 원소이다. 즉 X을 $(\mathbb{R},\mathfrak{T}_\ell)$의 부분집합을 볼 때, $[x,x+1), x=-1,0,1,2$는 모두 열린집합이다. 그러므로 $(X,\mathfrak{T}A_\ell|_X)$에서는 $x=-1,0,1,2$에서도 최대정수함수 $[\,]:X\to Y$는 연속이다. 이제 $x=3$에서 보면 임의의 $b, b>3$에 대해서, $\{3\}=X\cap[3,b)\in\mathfrak{T}_\ell|_X$이므로 $x=3$에서도 연속이다. 즉 X를 $(\mathbb{R},\mathfrak{T}_\ell|_X)$의 부분공간으로 보면 최대정수함수는 모든 곳에서 연속이다. 즉 불연속이 점이 하나도 없다.
6. 최대정수함수 $[\,]:(X,\mathfrak{T}_\ell|_X)\to(Y,\mathfrak{T}_d)$는 X의 모든 점에서 연속인 함수인 것을 보였다. 그런데 Y에서이 이산위상(discrete topology) $\mathfrak{T}_d$는 Y의 위상 중에서 가장 강한 것이다. 때문에 final topology의 뜻에 따라 최대정수함수 $[\,]:(X,\mathfrak{T}_\ell|_X)\to Y$가 결정하는 Y의 final topology는 이산위상 $\mathfrak{T}_d=\mathfrak{P}(Y)$이다.
7. X에서 유한개의 원소를 제거하여 얻은 집합을 U라면 $[\,](U)=\{-2,-1,0,1,2,3\}\subset Y$. 그런데 $(Y,\mathfrak{T}_d)$에서는 임의의 $y\in Y$에 대하여 $\{y\}$가 y의 가장 작은 이웃이다. 따라서 어떠한 열린집합 $U\in\mathfrak{F}$에 대해서도 $[\,](U)=\{-2,-1,0,1,2,3\}\subset\{y\}$는 불가능하다. 따라서 이 경우는 모든 점에서 불연속이다.
8. X를 함수값에 따라 분류하는 것은 이미 했던 것과 같다. 즉

$$X/\mathcal{R}\;=\{[-2],\;[-1],\;[0],[1],[2],[3]\}$$

그런데 이 중에서 합집합이 유한개의 원소를 제거하여 얻어지는 것은 없다. 따라서

$$X/\mathcal{R} = \{[-2], [-1], [0], [1], [2], [3]\}$$

의 원소들의 합집합이 $\mathfrak{F}$에 들어가는 것은 $\emptyset, X/\mathcal{R}$ 뿐이다. 따라서 final topology는 $\emptyset, \{-2,-1,0,1,2,3\}$ 과 $Y \setminus \mathrm{Im}[\,](X) = \{-3\}$의 모든 부분집합으로 생성된다. 따라서 final topoloy는 다음 4개의 집합으로 이루어진다.

$$\emptyset,\ \{-3\},\ \{-2,-1,0,1,2,-3\},\ \{-2,-1,0,1,2,3,-3\}$$

9. $Y = \{-3,-2,-1,0,1,2,3\}$ 대신에 $Y_1 := \{-2,-1,0,1,2,3\}$을 생각했다면 함수 $[\,] : X \to Y_1$ 은 전사함수가 된다. 따라서 $Y_1 \setminus \mathrm{Im}[\,] = \emptyset$이 되어 Y_1의 final topology는 $\{\emptyset, \{-2,-1,0,1,2,3\} = Y\}$ 가 된다. □

제 5.4 절 분리

위상공간 X의 서로 다른 두 점이 서로 만나지 않는 이웃을 갖으면 X를 Hausdorff 공간이라 한다. 따라서 Hausdorff 공간에서는 한 점으로 이루어진 집합은 닫힌집합이다. 이것을 일반화하여 다음 정의를 생각할 수 있다.

정의 5.4.1 [**Hausdorff, regular, normal**] 위상공간 X가 있다.

1. 서로 다른 두 점 $p,q \in X$가 있을 때, $p \in U, q \in V$ 이면 언제나 $U \cap V = \emptyset$, 가 성립하는 열린집합 U,V가 있으면 X를 Hausdorff 공간이라 한다.
2. 위상공간 X에서 한 점으로 이루어진 집합은 모두 닫힌집합이라 하자. 한 점 $p \in X$와 p를 포함하지 않는 닫힌집합 A가 있을 때, $p \in U, A \subset V, U \cap V = \emptyset$ 이 성립하는 열린집합 U,V가 있으면 X를 **regular 공간**이라 한다. 정의에 따라 regular 공간은 모두 Hausdorff 공간이다.
3. 위상공간 X에서 한 점으로 이루어진 집합은 모두 닫힌집합이라 하자. 서로 만나지 않는 X의 두 닫힌집합 A,B에 대하여 $A \subset U, B \subset V, U \cap V = \emptyset$ 이 성립하는 열린집합 U,V가 있으면 X를 **normal 공간**이라 한다. 정의에 따라 regular 공간은 모두 Hausdorff 공간이다. 정의에 따라 normal 공간은 모두 regular 공간이다.

도움정리 5.4.1 [집합으로부터 거리함수] 거리공간 (X,d)의 공집합이 아닌 부분집합 A에 대하여 $d_A : X \to [0,\infty) \subset \mathbb{R},\quad d_A(x) := \inf\{d(x,a) \mid a \in A\}$ 는 균등연속함수이다.

증명. 임의의 x, y에 대하여 $d(x,a) \le d(x,y) + d(y,a), \forall a \in A$. 따라서

$$d_A(x) = \inf_{a \in A} d(x,a) \le d(x,y) + \inf_{a \in A} d(y,a) = d(x,y) + d_A(y)$$

이 식으로부터 $d_A(x) - d_A(y) \le d(x,y)$를 얻는다. x, y의 역할을 바꾸어

$$\left| d_A(x) - d_A(y) \right| \le d(x,y)$$

를 얻고, 따라서 $d_A : X \to \mathbb{R}$은 균등연속함수다. ■

보기 5.4.1 거리공간은 모두 normal 공간인 것을 보여라.

<**풀이**> A, B가 거리공간 (X,d)의 서로 만나지 않는 두 닫힌집합이라 하자. **도움정리 5.4.1**에 따라 $d_A, d_B : X \to \mathbb{R}$은 모두 연속함수다. 따라서

$$U := \{x \in X \mid d_B(x) > d_A(x)\}, \quad V := \{x \in X \mid d_A(x) > d_B(x)\}$$

라 두면 U, V는 모두 X의 열린집합이다. 그런데 가정에서 A, B는 닫힌집합이고 $A \cap B = \emptyset$이기 때문에 $d_A(b) > d_B(b) = 0, \forall b \in B$, $d_B(a) > d_A(a) = 0, \forall a \in A$. 따라서 $A \subset U$, $B \subset V$. 만일 $U \cap V \neq \emptyset$이라 하면 $p \in U \cap V$에 대하여 $d_B(p) > d_A(p), d_A(p) > d_B(p)$가 동시에 성립하는 것이 되어 모순이다. 따라서 $U \cap V = \emptyset$. □

보기 5.4.2 모든 컴펙트 Hausdorff 공간은 normal 공간인 것을 보여라.

<**풀이**> A, B가 X의 서로 만나지 않는 두 닫힌집합이라 하자.

- A, B는 컴펙트 공간의 닫힌집합이므로 A도 B도 모두 컴펙트 공간이다. $p \in A$라 하자. X는 Hausdorff 공간이므로 임의의 $a \in A$에 대하여 $p \in U_a . a \in V_a$, $U_a \cap V_a = \emptyset$. 이 성립하는 열린집합 U_a, V_a가 있다. 그런데 $\{V_a\}_{a \in A}$는 컴펙트 공간 A의 열린덮개이므로 이 중에서 유한개를 골라서 A의 덮개를 만들 수 있다.

  $$\{V_{a_1}, V_{a_2}, \cdots, V_{a_M}\}$$

  이 A의 열린덮개라 하자. 그러면 $\bigcup_{i=1}^{M} U_{a_i}$, $\bigcup_{i=1}^{M} V_{a_i}$ 는 서로 만나지 않는 열린집합이고, 특히 $p \in \bigcup_{i=1}^{M} U_{a_i}$, $A \subset \bigcup_{i=1}^{M} V_{a_i}$.
- 임의의 $b \in B$에 대하여 $A \subset \mathfrak{O}_b, b \in O_b$, $\mathfrak{O}_b \cap O_b = \emptyset$ 이 성립하는 A를 포함하는 열린집합 $\mathfrak{O}_b$와 b를 포함하는 열린집합 O_b가 있다. $\{O_b\}_{b \in B}$는 B의 열린덮개이고, B는 컴펙트

공간이므로 여기에서 유한개를 골라서 다시 B의 열린덮개를 만들 수 있다. 예를 들어

$$\{O_{b_1}, O_{b_2}, \cdots, O_{b_K}\}$$

가 B의 열린덮개라 하자. 그러면

$$\bigcap_{k=1}^{K} \mathfrak{O}_{b_k}, \quad \bigcup_{k=1}^{K} O_{b_k}$$

는 서로 만나지 않는 A, B 의 열린이웃이다. □

$\Omega := \mathbb{R}^2 \setminus \{(0,0)\}$에서 정의된 함수

$$f : \Omega \to \mathbb{R}, \quad f(x,y) = \frac{y}{x}$$

는 연속함수이다. 왜냐하면 $\mathrm{pr}_x : \mathbb{R}^2 \to \mathbb{R}$, $\mathrm{pr}_x(x,y) = x$와 $\mathrm{pr}_y : \mathbb{R}^2 \to \mathbb{R}$, $\mathrm{pr}_y(x,y) = y$는 모두 연속함수이고,

$$f(x,y) = \frac{\mathrm{pr}_y(x,y)}{\mathrm{pr}_x(x,y)}$$

이기 때문이다. 다음으로 $\mathbb{R}^2 \setminus \{(x,0) \mid x \leq 0\}$의 임의의 점 $\mathbf{p} \in \mathbb{R}^2 \setminus \mathbf{O}$에 원점 $\mathbf{O}$와 점 $\mathbf{p}$를 지나는 반직선 $\{t\mathbf{p} \mid t \geq 0\}$와 원점 $\mathbf{O}$와 점 $\mathbf{E} = (1,0)$를 지나는 반직선 $\{(t,0) \mid t \geq 0\}$이 이루는 각을 대응시키는 함수

$$\theta : \mathbb{R}^2 \setminus \{(x,0) \mid x \leq 0\} \to (-\pi, \pi), \quad \theta(\mathbf{p}) := \angle\mathbf{POE}$$

도 연속함수이다. 예를 들어 $\theta(0,y) = \frac{\pi}{2}, \forall y > 0$이고, $\theta(x,0) = 0, \forall x > 0$.

도움정리 5.4.2 거리공간 X의 서로 만나지 않는 두 닫힌집합 A, B가 있다. 그러면 다음을 만족시키는 연속함수 $f : X \to [0,1]$이 있다:

$$f(A) = \{0\}, \quad f(B) = \{1\}$$

증명. 함수 $d_A(x) := \inf\{d(x,a) \mid a \in A\}$와 $d_B(x) := \inf\{d(x,b) \mid b \in B\}$는 연속함수이고, $A \cap B = \emptyset$이므로 $\phi : X \to \mathbb{R} \setminus \{(0,0)\}$, $\phi(x) := \big(d_A(x), d_B(x)\big)$ 는 연속함수이다. 거리함수는 음수가 아닌 것에 주의하면 $\phi(X) \subset \{(x,y) \mid x \geq 0, y \geq 0\} \setminus \{(0,0)\}$ 따라서 연속함수 $\psi : X \to [0,1]$, $\psi(x) := \sin\Big(\theta\big(\phi(x)\big)\Big)$ 는 주어진 조건을 만족시키는 함수이다. ■

도움정리 5.4.2의 증명에서 다음을 알 수 있다.

임의의 실수 $p \in [0,1]$에 대하여 $U_p := \{x \in X \mid \psi(x) < p\}$ 라 두면 U_p는 열린집합이고, 임의의 $p, q \in [0,1]$에 대하여

- $U_0 = \emptyset, \quad U_1 = X \setminus B$
- $0 < p < q \leq 1$이면 $A \subset U_p \subset \overline{U_p} \subset U_q \subset \overline{U_q} \subset \big(X \setminus B\big)$
- 특히 $\psi(x) = \sin\Big(\theta\big(\phi(x)\big)\Big) = \inf\{p \mid (x,y) \in U_p\}$

거리공간이 아닌 경우에도 유리수 집합의 조밀성을 이용하여 아주 유용한 열린집합 무리 $\{U_p\}$를 만들 수 있는 경우가 있다. 거리공간이 아니기 때문에 만드는 방법은 쉽지는 않다. 우선 $[0,1]$에 있는 유리수를 기약분수로 표현했을 때 분모를 기준으로 다음과 같이 나열하자.

- 분모가 1: 0, 1
- 분모가 2: $\frac{1}{2}$
- 분모가 3: $\frac{1}{3}$, $\frac{2}{3}$
- 분모가 4: $\frac{1}{4}$, $\frac{3}{4}$
- 분모가 5: $\frac{1}{5}$, $\frac{2}{5}$, $\frac{3}{5}$, $\frac{4}{5}$
- 분모가 6 : $\frac{1}{6}$, $\frac{5}{6}$
-
-
-

이제 구간 $[0,1]$에 있는 유리수를 이 순서로 나열하자:

$$\{0,1,\frac{1}{2},\frac{1}{2},\frac{2}{3},\frac{1}{4},\frac{3}{4},\frac{1}{5},\frac{2}{5},\frac{3}{5},\frac{4}{5},\frac{1}{6},\frac{5}{6},\frac{1}{7},\cdots\} = \{p_n \mid n = 0,1,2,\cdots\}$$

예를 들어 $p_0 = 0, p_1 = 1, p_2 = \frac{1}{2}$이고 $p_{15} = \frac{3}{7}$이다.

도움정리 5.4.3 X가 normal 공간이고, A,B는 서로 만나지 않는 닫힌집합이라 하자. 그러면 임의의 유리수 $p \in [0,1] \cap \mathbb{Q}$에 대하여 다음 성질을 만족시키는 열린집합 U_p를 대응시킬 수 있다.

1. $A \subset U_0, \quad X \setminus B = U_1$
2. $0 < p < q \leq 1$이면 $A \subset U_p \subset \overline{U_p} \subset U_q \subset \overline{U_q} \subset \big(X \setminus B\big)$

증명. 유리수를 기약분수로 표현할 때 얻어지는 순서를 이용하자.

- $U_1 := X \setminus B$라 두자. X는 normal 공간이고, A, B는 서로 만나지 않는 닫힌집합이므로 A와 $B = X \setminus U_1$는 서로 만나지 않는 이웃 $A \subset \mathcal{O}_A, B \subset \mathcal{O}_B$를 갖는다. 특히 $\overline{\mathcal{O}_A} \subset U_1 = X \setminus B$. $U_0 = \mathcal{O}_A$라 두자. 이렇게 해서 U_0, U_1이 정해졌다.
- 이제 $p_0, p_1, \cdots, p_n$에 대응되는 열린집합 $U_{p_k}, k = 0, 1, \cdots, n$이

$$p_i < p_j \implies \overline{U_{p_i}} \subset U_{p_j}$$

가 성립하도록 정해졌다 하자. $U_{p_{n+1}}$를 다음과 같이 정하자.

  - $p_i < p_{n+1}$이 성립하는 가장 큰 $i, i = 0, 1, \cdots, n$를 i_*라 하자.
  - $p_{n+1} < p_j$이 되는 $j = 0, 1, \cdots, n$을 i^*라 두자.
  - 그러면 $p_{i_*} < p_{n+1} < p_{i^*}$이고 구간 (i_*, i^*)에는 $p_i, i = 0, 1, 2, \cdots, n$은 없다.

그러면 $\overline{U_{i_*}}$ 와 $X \setminus U_{i^*}$는 서로 만나지 않는 닫힌집합이므로

$$\overline{U_{i_*}} \subset \mathcal{O} \subset \overline{\mathcal{O}} \subset U_{i^*}$$

가 성립하는 열린집합 $\mathcal{O}$가 있다. 이중 하나를 $U_{p_{n+1}}$이라 정하면 된다.
- 수학적 귀납법에 따라 모든 유리수 $p \in [0,1] \cap \mathbb{Q}$에 대하여 주어진 조건을 만족시키는 열린집합 무리 $\{U_p\}_{p \in [0,1] \cap \mathbb{Q}}$가 존재한다. ■

정리 5.4.1 [Urysohn Lemma] X가 normal 공간이다. A, B는 X의 공집합이 아닌 서로 만나지 않는 닫힌집합이다. 그러면 다음 조건을 만족시키는 연속함수 $f : X \to [0,1]$가 있다:

$$f(A) = \{0\}, \quad f(B) = \{1\}$$

증명. **도움정리 5.4.3** 을 이용하자.

- 모든 유리수 $p \in [0,1] \cap \mathbb{Q}$에 대하여 다음 조건을 만족시키는 열린집합 무리 $\{U_p\}_{p \in [0,1] \cap \mathbb{Q}}$가 있다: 임의의 유리수 $p, q, 0 < p < q < 1$에 대하여

$$A \subset U_0 \subset \overline{U_0} \subset U_p \subset \overline{U_p} \subset U_q \subset \overline{U_q} \subset U_1$$

여기에 $p > 1$인 모든 유리수에 대하여 $U_p = X$라 정의하자. 이렇게 해서 열린집합 무리

$$\{U_p \mid p \in \mathbb{Q}, p \geq 0\}$$

를 얻는다.
- 함수 $f : X \to [0,1]$을 다음과 같이 정의하자:

$$f(x) := \inf\{p \mid x \in U_p\}$$

- $0 \le f(x) \le 1, \forall x \in X$는 정의로부터 즉시 알 수 있다.
- $a \in A$이면 $a \in U_p, p \in [0,\infty) \cap \mathbb{Q}$이므로 $f(A) = \{0\}$가 성립한다.
- $b \in B$이면 $b \notin U_p, p \in [0,1] \cap \mathbb{Q}$이므로 $f(B) = \{1\}$이 성립한다.

• 이제 남을 것은 이렇게 정의된 함수 $f : X \to [0,1]$이 연속인 것을 보이는 일이다. 포함관계

$$\overline{U_p} \subset Q_q,\ p < q$$

에 주의하자.

- 우선 $x \in \overline{U_p}$이면 $f(x) = \inf\{p \mid x \in U_p\} \le p$
- $x \notin U_p$이면 $f(x) = \inf\{p \mid x \in U_p\} \ge p.$
- $f(x) = p, 0 < p < 1$인 경우, 점 p의 이웃 $(-\varepsilon + p, p + \varepsilon) \subset [0,1]$을 생각하자. 그러면

$$f^{-1}(-\varepsilon + p, p + \varepsilon) := \{x \in X \mid -\varepsilon + p < f(x) < p + \varepsilon\} = U_{p+\varepsilon} \setminus \overline{U_{p-\varepsilon}}$$

  는 X의 열린집합이다.
- $x \in f^{-1}([0,\varepsilon])$이면 임의의 $\delta, f(x) < \delta < \varepsilon$에 대하여 $x \in U_\delta$이므로 $f^{-1}([0,\varepsilon))$ 는 열린집합이다. 같은 생각으로 $f^{-1}(1-\varepsilon, 1])$도 열린집합이다. ■

제 5.5 절 보기 문제;

5.1. X가 Hausdorff 공간일 필요충분조건은 임의의 점 $p \in X$에 대하여

$$\bigcap \overline{\mathfrak{B}}(p) = \{p\}$$

인 것을 보여라. 여기서 $\overline{\mathfrak{B}}(p)$는 점 p의 모든 닫힌이웃으로 이루어진 집합이다.

<**해설**> ▷

• 필요성: 임의의 점 $p \in X$를 잡자. X가 Hausdorff 공간이면 $q \in X, q \neq p$에 대하여

$$p \in U,\ q \in V, U \cap V = \emptyset$$

이 성립하는 p의 열린이웃 U와 q의 열린이웃 V가 있다.
따라서 $q \notin \overline{U}$이고 $\overline{U} \in \overline{\mathfrak{B}}(p)$이므로 $q \notin \bigcap \overline{\mathfrak{B}}(p)$.

• 충분성: 임의의 $p \in X$에 대해서 $\bigcap \overline{\mathfrak{B}}(p) = \{p\}$라 하자. $p, q \in X, p \neq q$이면 가정에 따라 $\overline{\mathfrak{B}}(p) = \{p\}, \overline{\mathfrak{B}}(q) = \{q\}$. 따라서 $q \notin U, p \notin V$가 성립하는 p의 닫힌이웃 U가 있다. 이제 $q \in \text{ext}U$이고 U가 닫힌집합이므로 $\text{ext}U$는 열린집합인 것에 주의하면 $\text{ext}U$는 q의 열린이웃이다. 또한 $\text{int}U$는 p의 열린이웃이다. $(\text{int}U) \cap (\text{ext}U) = \emptyset$인 것에 주의하면 X가 Hausdorff 공간인 것이 증명되었다.

5.2. X가 normal 공간일 필요충분조건은 임의의 공집합이 아니고 만나지 않는 닫힌집합 A,B에 대해서

$$\left|f(x)\right| \le 1,\ f(A) = \{0\},\ f(B) = \{1\}$$

을 만족시키는 연속함수 $f : X \to [0,1]$이 존재하는 것임을 보여라.

<**해설**> ▷
필요성: Urysohn Lemma **정리 ??** .
충분성: 공집합이 아닌 서로 만나지 않는 닫힌집합 A,B에 대하여 주어진 조건을 만족시키는 함수를 $f_{AB} : X \to [0,1]$ 이라 하자. $U := \{x \in X \mid f_{AB}(x) < \frac{1}{2}\}, V := \{x \in X \mid f(x) > \frac{1}{2}\}$ 는 normal 공간이 되기 위한 조건을 만족시키는 열린집합이다.

5.3. 자연수 집합 $\mathbb{N} = \{0,1,2,3,\cdots\}$에서 자연수 집합 $\mathbb{N}$으로의 함수가 다음과 같다.

$$f(n) = \begin{cases} 0, & n = 0,1,2,3 \\ 3, & n = 4,5,6 \\ 0, & n = 7,8, \\ 3, & n \ge 9 \end{cases}$$

$\mathbb{N}$에 두 개의 위상

$$\mathfrak{F} := \{\emptyset\} \cup \{\mathbb{N} \setminus F \mid F\ (\subset \mathbb{N})\text{는 유한집합}\}$$
$$\mathfrak{D} := \mathfrak{P}(\mathbb{N}),\ \ \text{이산위상}$$

을 생각하자.

1. $(\mathbb{N},\mathfrak{F})$는 연결공간인가? 컴펙트 공간인가?
2. 함수 $f : (\mathbb{N},\mathfrak{F}) \to (\mathbb{N},\mathfrak{D})$의 연속성을 조사하라.
3. 함수 $f : \mathbb{N} \to (\mathbb{N},\mathfrak{D})$가 연속이 되는 initial topology를 구하여라.
4. 함수 $f : (\mathbb{N},\mathfrak{F}) \to \mathbb{N}$인 연속이 되는 final topology를 구하여라.

<**해설**> ▷

1.

- 연결공간이다. 왜냐하면 $U \ne \mathbb{N},\emptyset$가 열린집합이면 $\mathbb{N} \setminus U$는 공집합이 아닌 유한집합이다. 따라서 열린집합이 될 수 없다.
- 컴펙트 공간이다. 왜냐하면 $U \ne \mathbb{N},\emptyset$가 열린집합이면 $\mathbb{N} \setminus U$는 공집합이 아닌 유한집합이다. 따라서 $\mathbb{N}$의 열린덮개가 어떻게 주어지더라도 , 이 덮개에서 유한개를 골라서 다시 $\mathbb{N}$의 덮개를 만들 수 있다.

2. • f가 연속인 점: $\{4,5,6\}\cup\{n \mid n\geq 9\}$
   • f가 불연속인 점: $\{0,1,2,3,7,8\}$
3. $\{\emptyset, \mathbb{N}.\{1,2,3,7,8\}, \{4,5,9\}\cup\{n \mid n\geq 9\}$
4. f 의 함수 값은 $0,3$ 뿐이다. 그런데 $\mathbb{N}$의 함수 $f:\mathbb{N}\to\mathbb{N}$에 의한 동치류 집합은

$$\{0,1,2,3,7,8\}, \quad \{4,5,6\}\cup\{n \mid n\geq 9\}$$

이 둘은 모두 속찬집합이다. 따라서 속찬 열린집합은

$$\{4,5,6\}\cup\{n \mid n\geq 9\}, \quad \mathbb{N}$$

2개 뿐이다. 따라서 함수 $f:(\mathbb{N},\mathfrak{F})\to\mathbb{N}$에 의한 final topology는 $\{0,3\}$에서 위상

$$\{\emptyset, \{3\}, \{0,3\}\}$$

의 각각의 원소를 f의 함수값이 되지 못하는 $\mathbb{N}\setminus\{0,3\}$의 모든 부분집합과 합집합을 만들어 얻은 것이다. 즉 $\mathcal{P}:=\mathfrak{P}(\mathbb{N}\setminus\{0,3\})$라 두면

$$\mathcal{P}\cup\{U\cup\{3\} \mid U\in\mathcal{P}\}\cup\{U\cup\{0,3\} \mid U\in\mathcal{P}\}$$

예를 들어 $\{1,2,3,4,\}=\{3\}\cup\{1,2,4\}$은 final topology 의 원소이다. 왜냐하면

$$\begin{aligned} f^{-1}(\{1,2,3,4\}) &= f^{-1}(\{3\})\cup f^{-1}(\{1,2,4\}) \\ &= \Big(\{4,5,6\}\cup\{n \mid n\geq 9\}\Big)\cup\emptyset \\ &= \Big(\{4,5,6\}\cup\{n \mid n\geq 9\}\Big)\in\mathfrak{F} \end{aligned}$$

5.4. $X=\{a,b,c,d\}$에서 $\{\{a,b\},\{a,d\}\}$가 생성하는 위상 $\mathfrak{T}$를 생각하자.

1. 각각의 점 a,b,c,d의 열린근방을 모두 구하여라.
2. $\{b\}$의내부, 외부, 경계를 구하여라.
3. $\mathfrak{T}$의닫힌집합을 모두 구하여라.
4. $\{c\}$의 폐포(closure) 를 구하여라.
5. $\{a\}$의 내부, 외부, 폐포를 구하여라.

<**해설**> ▷ 여기서는 위상 $\mathfrak{T}$만 잘 구하면 쉽게 해결된다. 우선 $\{\{a,b\},\{a,d\}\}$는 기저가 아닌 것에 주의하자. 이것을 기저로 확장하여 생성하는 위상을 구하면

$$\mathfrak{T}=\{\emptyset, X, \{a,b\}, \{a,d\}, \{a\}, \{a,b,d\}\}$$

1. • a의 열린근방: $X, \{a,b\}, \{a,d\}, \{a\}, \{a,b,d\}$
   • b의 열린근방: $X, \{a,b\}, \{a,b,d\}$

- c의 열린근방: X
- d의 열린근방: $X, \{a,d\}, \{a,b,d\}$

2. $A = \{b\}$라 두면

$$int(A) = \emptyset, \quad ext(A) = int(\{a,c,d\}) = \{a,d\}$$

따라서

$$\partial A = X \setminus \big(int(A) \cup ext(A)\big) = \{b,c\}$$

3. $X, \emptyset, \{c,d\}, \{b,c\}, \{b,c,d\}, \{c\}$
4. $\{c\}$는 닫힌집합이므로 $\{c\}$의 폐포는 자기 자신 $\{c\}$와 같다.
5. $\{a\}$를 포함하는 닫힌집합은 $X = \{a,b,c,d\}$ 뿐이다. 따라서

$$\overline{\{a\}} = \{a,b,c,d\}$$

또한

$$int\big(\{a\}\big) = \{a\}, ext(\{a\}) = int(\{b,c,d\}) = \emptyset, \quad \partial\big(\{a\}\big) = \{b,c,d\}$$

5.5. 위상공간 X의 공집합이 아닌 부분집합 A를 생각하자. $S \subset A$ 이면 $S \subset X$이다. S를 위상공간 X의 부분집합으로 볼 때의 S의 내부를 $\mathrm{int}S$라 하자. S를 X의 부분공간 A의 부분집합으로 볼 때의 S의 내부를 $\mathrm{int}_A S$라 하자. $A \cap \mathrm{int}S \subset \mathrm{int}_A S$인 것을 보여라.

<**해설**> ▷ 우선 $\mathrm{int}S$는 X의 열린집합이고, $\mathrm{int}S \subset S \subset A$.
따라서 $A \cap \mathrm{int}S$는 A의 열린집합이고

$$A \cap \mathrm{int}S = S \cap \mathrm{int}S = \mathrm{int}S \subset S \subset A$$

따라서 $A \cap \mathrm{int}S \subset \mathrm{int}_A S$. 그러나 $A\mathrm{int}S \neq \mathrm{int}_A S$가 될 수 있는 것에 주의하자.

5.6. 실수집합에서 보통위상공간 $\mathbb{R}$을 생각하자. $\mathbb{R}$의 부분공간

$$A = \{-2\} \cup [-1,0) \cup \{\frac{1}{n} \mid n = 1,2,\cdots\}$$

를 생각하자. S가 A의 부분집합이면 당연히 S는 $\mathbb{R}$의 부분집합이다. S를 $\mathbb{R}$의 부분집합으로 볼 때 S의 내부를 $\mathrm{int}S$로 나타내고, S를 분분공간 A의 부분집합으로 볼 때 S의 부분공간 A에서의 내부를 $\mathrm{int}_A S$로 나타내자.

1. 집합 $\{-2\}$는 $\mathbb{R}$의 부분집합으로 보면 닫힌집합이지만, 부분공간 A의 부분집합으로 보면 닫힌집합인 동시에 열린집합인 것을 보여라.
2. $S = [-1,0)$는 부분공간 A의 열린집합인 것을 보여라. S의 $\mathbb{R}$에서의 내부를 $\mathrm{int}S$라하고, $S \subset A$의 부분공간 A에서의 내부를 $\mathrm{int}_A S$라 하면 $\mathrm{int}_A S = A \cap \mathrm{int}S$가 성립하는가?
3. $\{\frac{1}{n} \mid n = 1,2,3\cdots\} \subset A$는 부분공간 A의 열린집합인가?
4. 부분집합 A의 $\mathbb{R}$에서의 폐포를 구하여라.

<**해설**> ▷

1. . 거리공간은 모두 Hausdorff 공간이다. 따라서 유한개의 점으로 이루어진 집합은 모두 닫힌집합이다. 이제 $\{-2\} \subset A$를 부분공간 A의 부분집합으로 보면 $\{-2\} = \{-2\} \cap A$이므로 $\{-2\}$는 부분공간 A의 닫힌집합이다, 또한 $\{-2\} = (-\infty, -1) \cap A$이고 $(-\infty, -1)$은 $\mathbb{R}$의 열린집합이므로 $\{-2\}$는 부분공간 A의 닫힌집합이다. 따라서 $\mathrm{int}\{-2\} = \emptyset$이지만, $\mathrm{int}_A\{-2\} = \{-2\} \neq \emptyset$인 것을 알 수 있다.
2. $S = [-1,0) = A \cap (-\frac{3}{2}, 0)$ 이므로 S는 A의 열린집합이다. 따라서 $\mathrm{int}_A S = S = [-1,0)$. 그러나 S을 $\mathbb{R}$에서 보면 S는 $\mathbb{R}$에서 열린집합이 아니다. 실제로 $\mathrm{int} S = (-1,0) \subsetneq S$. 따라서

$$A \cap \mathrm{int} S = A \cap (-1,0) = (-1,0) \subsetneq [-1,0) = \mathrm{int}_A S$$

이것으로부터 $A \cap \mathrm{int} S \subset \mathrm{int}_A S$이지만, $A \cap \mathrm{int} S \neq \mathrm{int}_A S$이다.
3. $\{\frac{1}{n} \mid n = 1, 2, \cdots\} = (0, \infty) \cap A$이므로 부분공간 A의 열린집합이다.
4. $\overline{A} = A \cup \{0\}$ ◁

5.7. 위상공간 $\mathbb{R}$과 그 부분공간 $\mathbb{Q}$를 생각하자.
$x \in \mathbb{R}$에 x를 넘지 않는 최대정수를 대응시키는 함수

$$[\,] : \mathbb{R} \to \mathbb{Z} \subset \mathbb{R}, \quad [x] := n, \quad n \le x < n+1$$

를 생각하자. 함수 $[\,] : \mathbb{R} \to (\mathbb{R}, d)$에 의한 $\mathbb{R}$에서의 initial topology를 $\mathfrak{I}$라 하자.

1. $[\,]^{-1}\big((1,2)\big)$를 구하여라.
2. $[\,]^{-1}\big((4,7)\big)$을 구하여라.
3. $[\,](\mathbb{R})$을 구하여라.
4. 함수 $[\,] : (\mathbb{R}, d) \to (\mathbb{R}, d), \quad [x] := n, n \le x < n+1, n \in \mathbb{Z}$의 연속성을 조사하여라.
5. 함수 $[\,] : \mathbb{R} \to (\mathbb{R}, d)$에 의한 $\mathbb{R}$에서의 initial topology를 $\mathfrak{I}$라 하자.
6. $(0,1)$은 $\mathfrak{I}$의 열린집합인가?
7. $\mathfrak{I}$ 에서 $[1,4] := \{x \in \mathbb{R} \mid 1 \le x \le 4\}$를 생각하자. $int([1,4]), ext([1,4]), \partial([1,4])$를 구하여라.
8. $(\mathbb{R}, \mathfrak{I})$는 Hausdorff 공간인가?
9. $(\mathbb{R}, \mathfrak{I})$는 연결공간인가?
10. $(\mathbb{R}, \mathfrak{I})$는 컴팩터 공간인가?

<**해설**> ▷

1. $[\,]^{-1}\big((1,2)\big) = \{x \in \mathbb{R} \mid [x] \in (1,2)\} = \emptyset$.
2. $[\,]^{-1}\big((4,7)\big) = \{x \in \mathbb{R} \mid [x] \in (4,7)\} = \{5,6\}$
3. $[\,](\mathbb{R}) = \{[x] \mid x \in \mathbb{R}\} = \mathbb{Z}$.
4. $\mathbb{R}$의 일상적인 위상에서 생각하는 문제이다. 함수 $[\,] : \mathbb{R} \to \mathbb{R}$의 그래프를 생각하면 불연속점이 다 보인다. 여기서는 해석적으로 접근해보자.

- x가 정수가 아니면 x에 대해서 $n_x < x < n_x + 1$인 정수 n_x가 유일하게 존재한다. 더욱 $[x] = n_x$. U가 n_x 임의의 근방이면
$(n_x - \varepsilon, n_x + \varepsilon) \subset U$가 되는 양수 $\varepsilon < \frac{1}{2}$를 잡을 수 있다. 그러면 x의 근방 $(n_x, n_x + 1)$을 잡으면

$$[\,]\big((n_x, n_x + 1)\big) = \{[y] \mid n_x < y < n_x + 1\} = \{n_x\} \subset (n_x - \varepsilon, n_x + \varepsilon) \subset U$$

이것으로 함수 $[\,] : \mathbb{R} \to \mathbb{R}$는 정수가 아닌 모든 $x \in \mathbb{R}$에서 연속이다.
- 다음으로 x가 정수인 경우를 생각하자. x가 정수이면 $x \leq x < x + 1$이므로 $n_x = x$가 되는 경우이다. 임의의 양수 $\varepsilon < \frac{1}{2}$에 대해서

$$[\,]^{-1}\big((n_x - \varepsilon, n_x + \varepsilon)\big) = \{x \in \mathbb{R} \mid [x] \in (n_x - \varepsilon, n_x + \varepsilon)\} = [x, x + 1)$$

그러나 $[x, x + 1)$은 $\mathbb{R}$의 일상적인 위상에서 x를 포함하는 열린집합을 포함하지 못한다. 왜냐하면 양수 δ를 어떻게 잡더라도

$$(x - \delta, x + \delta) \setminus [x, x + 1) \neq \emptyset$$

이것을 $[\,] : \mathbb{R} \to \mathbb{R}$이 모든 정수에서 불연속인 것을 말한다.

5. 딱 한 개의 함수에 의한 initial topology이다. 그런데 임의의 $(a, b) \in \mathbb{R}$에 대해서

$$[\,]^{-1}\big((a, b)\big) := \{x \in \mathbb{R} \mid [x] \in (a, b)\} = \{x \in \mathbb{R} \mid n_a \leq x < n_b)\} = [n_a, n_b)$$

위 식에서 n_a, n_b는 다음 조건을 만족시키는 유일한 정수이다:

$$n_a \leq a < n_a + 1, \quad n_b \leq b < n_b + 1$$

물론 $a = \frac{2}{5}, b = \frac{4}{5}$처럼 a와 b 사이에 정수가 존재하지 않아 $n_a = n_b$가 되는 경우는 $[n_a, n_b) = \emptyset$이다. 따라서

$$\mathfrak{I} = \{[m, n) \mid m, n \in \mathbb{Z}\} \cup \{\mathbb{R}\}$$

즉 $\mathfrak{I}$의 전형적인 원소는 $[4, 7) := \{x \in \mathbb{R} \mid 4 \leq x < 7\}$과 같은 구간이다.
6. $(0, 1)$은 $\mathfrak{I}$의 원소가 아니다.
즉 $[\,] : \mathbb{R} \to \big(, d\big)$가 결정하는 initial topology에서는 열린집합이 아니다. 왜냐하면 $(0, 1)$은 $[m, n), m, n \in \mathbb{Z}$ 꼴의 집합의 합집합으로 표시되지 않는다.
7.

- $\text{int}\,([1, 4]) = [1, 4)$. 이것이 $[1, 4]$에 들어있는 가장 큰 열린집합은 것을 한 눈에 알 수 있다.
- $\text{ext}\,([1, 4]) = int\big((-\infty, 1) \cup (4, \infty)\big)$ 그런데

$$(-\infty, 1) = \bigcup_{n=0}^{\infty} [-n, 1)$$

이므로 $(-\infty,1)$는 열린집합이다. 즉 $\mathfrak{I}$의 원소이다. 다음로$x, 4 \le x < 5$ 를 포함하는 열린 집합은 모두 $[4,5)$를 포함해야 한다. 그런데 $[4,5) \not\subset (4,\infty)$. 따라서

$$[5,\infty) = \bigcup_{n=5}^{\infty} [n,n+1)$$

가 $(4,\infty)$에 포함되는 가장 큰 열린집합이다. 정리하면

$$\text{ext}([1,4]) = (-\infty,1) \cup [5,\infty)$$

- $\partial([1,4]) = (4,5) = \{x \in \mathbb{R} \mid 4 < x < 5\}$

8. Hausdorff 공간이아니다.
왜냐하면 두 점 $\frac{1}{2}, \frac{2}{3}$를 생각하자. $\mathfrak{I}$의 원소는 $[m,n), m,n \in \mathbb{Z}$ 꼴이므로
$\frac{1}{2} \in [m,n) \iff \frac{2}{3} \in [m,n)$. 따라서 서로 다른 두 원소 $\frac{1}{2}, \frac{2}{3}$는 서로 만나지 않는 근방을 갖을 수 없기 때문이다.
9. 연결공간이 아니다.
왜냐하면 임의의 정수 n에 대해서

$$(-\infty,n) = \bigcup_{m<n} [m,m+1)$$
$$[n,\infty) = \bigcup_{k \ge n} [k,,k+1)$$

이므로 $(-\infty,n), [n,\infty)$는 initial topology에서 열린집합이고 , 공집합도 아니고, 전체 집합 $\mathbb{R}$도 아니고,

$$\mathbb{R} = (-\infty,n) \cup [n,\infty)$$

따라서 $(\mathbb{R},\mathfrak{I})$는 연결공간이 아니다.
10. 컴펙트 공간이 아니다.
$\mathbb{R}$의 열린덮개 $\{[n,n+1)\}_{n\in\mathbb{Z}}$를 잡으면, 여기에서는 유한개를 골라내서 $\mathbb{R}$의 덮개로 만들 수 없기 때문이다. ◁

5.8. $\mathbb{R}$인 연결공간인 것을 알고 있다. 이것을 이용하여 $\mathbb{R}^n, n \ge$는 모두 연결공간인 것을 보여라.

<**해설**> ▷ 임의의 $\mathbf{x} \in \mathbb{R}^n$에 대하여 함수

$$f_{\mathbf{x}} : \mathbb{R} \to \mathbb{R}^n, \quad f_{\mathbf{x}}(t) := t\mathbf{x}$$

는 연속함수이다. 왜냐하면 $f_{\mathbf{x}}$의 각각의 성분함수 $t \mapsto x_k, k = 1,2,\cdots n$은 1차함수 이기 때문이다. 따라서 $L_{\mathbf{x}} := \{f_{\mathbf{x}}(t) \mid t \in \mathbb{R}\}$은 연결공간다(**도움정리 3.8.3**) 그런데

$$t\mathbb{R}^n = \bigcup_{\mathbf{x}\in\mathbb{R}^n} L_{\mathbf{x}}, \quad \mathbf{0} \in L_{\mathbf{x}}$$

이므로 , $\mathbb{R}^n$ 은 공통원소 $\mathbf{0}$를 갖는 연결집합 $L_{\mathbf{x}}$ 들의 합집합으로 표시된다. 그런데 뒤에 있지만 순서에 관계 없이 이해할 수 있는 **정리 6.1.3** 에서 공통부분을 갖는 연결집합의 합집합은 연결공간인 것을 알 수 있기 때문에 $\mathbb{R}^n$도 연결공간이다.

5.9. $\mathbb{R}$에서 $\mathfrak{B}_\ell := \{[a,b) \mid a,b \in \mathbb{R}, a < b\}$가 생성하는 위상공간을 $\mathbb{R}_\ell$, $\mathfrak{B}_u := \{(a,b] \mid a,b \in \mathbb{R}, a < b\}$가 생상하는 위상공간을 $\mathbb{R}_u$라 하자. $\mathbb{R}_\ell$과 $\mathbb{R}_u$는 위상동형인 것을 보여라.

<**해설**> ▷ 함수 $\phi : \mathbb{R}_\ell \to \mathbb{R}_u$

$$\phi(x) := -x$$

는 전단사함수이고 $\phi^{-1}(\mathfrak{B}_u) = \mathfrak{B}_\ell$이다. 따라서 위상동형함수이다.

5.10. $\mathbb{R}$과 $\mathbb{R}^n, n \geq 2$는 위상동형이 아닌 것을 보여라.

<**해설**> ▷

- 우선 $S^{\cdot} = \{\mathbf{x} \in \mathbb{R}^{n+1} \mid \|\mathbf{x}\| = 1\}$이 연결공간인 것을 보이다. 한 점 $\mathbf{p} \in S^n$을 고정시키자. $\mathbf{q} \in S^n, \mathbf{q} \neq \mathbf{p}$이면 함수

$$f_{\mathbf{pq}} : [0,1] \to S^n, \quad f_{\mathbf{pq}}(t) := \frac{(1-t)\mathbf{p} + t\mathbf{q}}{\|(1-t)\mathbf{p} + t\mathbf{q}\|}$$

는 연속함수다. 따라서

$$S^n \setminus \{-\mathbf{p}\} = \bigcup_{\mathbf{q} \in S^n, \mathbf{q} \neq \mathbf{p}} f_{\mathbf{pq}}([0,1])$$

은 연결집합이다. 같은 생각으로 $S^n \setminus \{\mathbf{p}\}$도 연결집합이다. 따라서

$$S^n = \left(S^n \setminus \{\mathbf{p}\}\right) \cup \left(S^n \setminus \{-\mathbf{p}\}\right)$$

도 연결집합이다.

- 만일 $\mathbb{R}$과 $\mathbb{R}^n, n \geq 2$가 위상동형이라고 가정해보자. 그러면 위상동형함수 $\phi : \mathbb{R}^n \to \mathbb{R}$이 존재한다. 그런데 $\mathbb{R} \setminus \{\phi(\mathbf{0})\}$은 연결집합이 아니기 때문에 $\mathbb{R}^n \setminus \{\mathbf{0}\}$도 연결집합이 아니어야 한다. 그런데 $M_{\mathbf{x}} := \{t\mathbf{x} \mid t > 0\}$이라 두면 $M_{\mathbf{x}}$는 연속함수 $t \mapsto t\mathbf{x}$에 의한 연결집합 $(0,\infty)$의 그림자이므로 연결집합이다. 더욱 $\mathbf{x} \neq \mathbf{0}$이면

$$M_{\mathbf{x}} \cap S^n = \{\frac{\mathbf{x}}{\|\mathbf{x}\|}\}$$

이므로

$$\mathbb{R}^n \setminus \{\mathbf{0}\} = \bigcup_{\mathbf{x} \neq 0} \left(M_{\mathbf{x}} \cup S^n\right)$$

도 연결집합이 된다, 따라서 $\mathbb{R}$과 $\mathbb{R}^n, n \geq 2$는 위상동형이 아니다.

5.11. 위상공간 무리 $\{X_i\}_{i \in I}$를 생각하자.

1. $A_i \subset X_i, i \in I$에 대하여 $\overline{\prod_{i \in I} A_i} = \prod_{i \in I} \overline{A_i}$ 인 것을 보여라,

2. I가 유한집합이면 $\operatorname{int}\overline{\prod_{i\in I} A_i} = \prod_{i\in I}(\operatorname{int} A_i)$ 인 것을 보여라.

<해설> ▷ 1. 임의의 $i \in I$에 대하여 $\pi_j : \prod_{i\in I} X_i \to X_j$는 연속함수이므로

$$\operatorname{pr}_j(\overline{\prod_{i\in I} A_i}) \subset \overline{\operatorname{pr}_j(\prod_{i\in I} A_i)} = \overline{A_j},\ j \in I$$

따라서 $\overline{\prod_{i\in I} A_i} \subset \prod_{i\in I} \overline{A_i}$.

다음으로 임의의 $a = (a_i)_{i\in I} \in \prod_{i\in I} \overline{A_i}$를 잡자. $\prod_{i\in I} \mathcal{O}_i$가 a의 이웃이라 하자. 곱위상의 정의에 따라 유한집합 $J = \{j_1, j_2, \cdots, j_M\} \subset I$가 있어 $i \notin J$이면 $\mathcal{O}_i = X_i$. $j \in J$에 대해서 $a_j \in \mathcal{O}_j$이고, $a_j \in \overline{A_j}$이므로 $A_j \cap \mathcal{O}_j \neq \emptyset$. 따라서 $\left(\prod_{i\in I} \mathcal{O}_i\right) \cap \left(\prod_{i\in I} A_i\right) \neq \emptyset$

2. I가 유한집합이면 곱위상의 정의에 따라 $\prod_{i\in I}(\operatorname{int} A_i)$는 $\prod_{i\in I} A_i$에 포함되는 열린집합이다. 따라서

$$\prod_{i\in I}(\operatorname{int} A_i) \subset \operatorname{int}\left(\prod_{i\in I} A_i\right)$$

다음으로 $a = (a_i)_{i\in I} \in \operatorname{int}\left(\prod_{i\in I} A_i\right)$를 잡자. 그러면 $a \in \prod_{i\in I} U_i$ 가 성립하는 a_i를 포함하는 열린집합 U_i가 있다. 특히 $U_i \subset \operatorname{int} A_i$인 것에 주의하면 $a \in \prod_{i\in I} U_i \subset \prod_{i\in I}(\operatorname{int} A_i)$. ◁

5.12. 두 위상공간 A, B의 곱공간 $X \times Y$를 생각하자. $A \subset X, B \subset Y$에 대하여

$$\partial(A \times B) = \left((\partial A) \times \overline{B}\right) \cup \left(\overline{A} \times (\partial B)\right)$$

인 것을 보여라.

<해설> ▷ $\operatorname{int}(A \times B) = \operatorname{int}(A) \times \operatorname{int}(B)$, $\overline{A \times B} = \overline{A} \times \overline{B}$ 그런데 임의의 위상공간 Z와 그 부분공간 $C \subset Z$에 대해서 $Z = \operatorname{int} C \cup \partial C \cup \operatorname{ext} C$, $\overline{C} = \operatorname{int} C \cup \partial C$ 인 것에 주의하면 바라던 결과를 얻는다.

장 6

연결공간, 컴팩트 공간, 완비거리공간

연결공간과 컴팩트 공간은 주용한 위상공간이기 때문에 일찍부터 이 개념을 소개하고 간단한 문제를 풀어보았다. 이 장에서는 연결공간과 컴팩트 공간을 다시 생각한다. 다음 개념들이 다뤄진다.

- 연결공간, 연결성분(connected component)
- 위상동형과 연결성, 연속함수와 연결 , Winding Number (감김수)
- 연결공간의 합집합, 공통집합 , 연결공간의 곱위상
- 철저하게 연결이 아닌 공간(totally disconnected space)
- 지역적으로 연결공간(locally connected space)
- 휠터, 휠터의 수렴, 극한, 극대휠터, 컴팩트 공간 ,상대적으로 컴팩트 공간
- Tychonoff 정리
- 진동(oscillation), 한쪽으로 연속함수
- G_δ 집합, 제2가산공간, 볼록함수
- Baire 정리

제 6.1 절 연결공간

정의 6.1.1 위상공간 $(X,\mathfrak{T})$가 있다.

1. **연결공간**이라는 것은 $X = U \cup V$, $U \cap V = \emptyset$, $U \neq \emptyset$, $V \neq \emptyset$ 이 성립하는 $U,V \in \mathfrak{T}$가 존재하지 않은 것을 말한다.
2. X의 **부분공간 A가 연결공간**이라는 것은 위상공간 $(A,\mathfrak{T}_A)$가 연결공간이라는 것이다.

위상공간 X의 부분공간이 연결공간이라는 것은

$$A \subset U \cup V,\ U \cap V = \emptyset,\ A \cap U \neq \emptyset,\ A \cap V \neq \emptyset$$

이 성립하는 X의 열린집합 U,V가 없다는 것이다. 그런데

- $A = A \cap (U \cup V) = (A \cap U) \cup (A \cap V)$
- $A \cap U, A \cap V$는 A의 열린집합

인 것에 주의하면, 부분공간 A가 열결공간인 것은 직접적으로

$$A = U \cup V, \quad U \cap V = \emptyset, \quad U \neq \emptyset,\ V \neq \emptyset$$

가 성립하는 A의 열린집합 U,V가 없다는 말과 같다.

보기 6.1.1 실수집합 $\mathbb{R}$의 부분집합 $A \subset \mathbb{R}$인 연결공간인 것은 A가 다음 중 어느 한 경인 것을 말한다: 임의의 실수 $a,b,a<b$에 대하여

$$\mathbb{R},\ (-\infty,b),\ (-\infty,b],\ (a,b),\ [a,b),\ (a,b],\ [a,b],\ (a,\infty),\ [a,\infty),\ \{a\}$$

정의 6.1.2 위상공간 $(X,\mathfrak{T})$가 있다. 점 $a \in X$의 **연결성분(connected component)**란 a를 포함하는 가장 큰 연결집합을 말한다. X의 부분공간 A의 연결성분이란 $(A,\mathfrak{T}_A)$의 연결성분을 말한다.

연결성이 중요한 이유 중의 하나는 연결성이 위상적 성질이기 때문이다. 위상적 성질이란 위상동형사상(homeomorphism)의 의해 유지되는 성질을 말한다.

정리 6.1.1 $(X,\mathfrak{S})$, $(Y,\mathfrak{T})$가 위상동형이라 하자. 그러면 $(X,\mathfrak{S})$가 연결공간일 필요하고 충분한 조건은 $(Y,\mathfrak{T})$가 연결공간인 것이다.

증명. 필요성: $(X,\mathfrak{S})$가 연결공간이라 하자. 만일 $(Y,\mathfrak{T})$가 연결공간이 아니라면

$$Y=V_1\cup V_2,\quad V_1\cap V_2=\emptyset,\quad V_1\neq\emptyset, V_2\neq\emptyset$$

이 성립하는 $V_1,V_2\in\mathfrak{T}$가 존재한다. 그런데 $(X,\mathfrak{S})$와 $(Y,\mathfrak{T})$는 위상동형이므로 위상동형사상 $\phi:(X,\mathfrak{S})\to(Y,\mathfrak{T})$ 가 존대한다. $\phi:X\to Y$는 위상동형사상이므로 $\phi^{-1}(\mathfrak{T})=\mathfrak{S}$이고, 특히 $X=\phi^{-1}(Y)=\phi^{-1}(V_1)\cup\phi^{-1}(V_2)$. 더구나 $V_i\neq\emptyset \iff \phi^{-1}(V_i), i=1,2$이고, $\phi^{-1}(V_i)\in\mathfrak{S},\ i=1,2$ 이고,

$$\phi^{-1}(V_1)\cap\phi^{-1}(V_2)=\phi^{-1}(V_1\cap V_2)=\phi^{-1}(\emptyset)=\emptyset$$

인 것에 주의하면 이것을 $(X,\mathfrak{S})$가 연결공간이 아닌 것을 말하므로 $(Y,\mathfrak{T})$가 연결공간이 아니다는 것은 참이 아니다.

충분성: $(Y,\mathfrak{T})$가 연결공간이라 하자. $(Y,\mathfrak{T})$와 $(X,\mathfrak{S})$가 위상동형이기 때문에 위상동형함수 $\psi:(Y,\mathfrak{T})\to(X,\mathfrak{S})$를 이용하여 필요성을 증명할 때 사용했던 논리른 그래도 사용하면 $(X,\mathfrak{S})$가 연결공간일 것을 알 수 있다. ■

연결성이 위상정 성질인 것은 두 위상공간이 서로 위상동형이 아닌 것을 밝히는데 편리한 경우가 많다.

보기 6.1.2 위상적 성질을 이용하여 간단한 문제를 해결해보자.

1. 보통위상공간 $\mathbb{R}$의 부분공간으로서 $A=[0,1):=\{x\in\mathbb{R}\mid 0\le x<1\}$과 $B=(0,1):=\{x\in\mathbb{R}\mid 0<x<1\}$ 은 위상동형이 아니다. 왜냐하면 A에서 한 점 $0\in A$를 빼도 $A\setminus\{1\}$은 연결공간이다. 그러나 B에서 한 점 $b\in B$를 빼면 $B\setminus\{b\}=(0,b)\cup(b,1)$이 되어 연결공간이 되지 않든다. 따라서 $A=[0,1)$와 $B=(0,1)$은 위상동형이 될 수 없다.
2. $\mathbb{R}$과 $\mathbb{R}^2$는 위상동형일 수 없다. 왜냐하면 $\mathbb{R}$에서 한 점 $p\in\mathbb{R}$을 빼면 $\mathbb{R}=(-\infty,p)\cup(p,\infty)$가 되어 연결공간이 아니다. 그러나 $\mathbb{R}^2$에서는 한 점을 빼내도 연결공간이기 때문이다.
3. $\mathbb{R}$의 부분공간으로서 $\mathbb{Q}$와 $\mathbb{Z}$는 위상동형이 될 수 없다.
   $|\mathbb{Q}|=\aleph_0=|\mathbb{Z}|$이고, 두 위상공간 $\mathbb{Q}$와 $\mathbb{Z}$는 모두 연결공간은 아니다. 예를 들어 $\mathbb{Q}$의 연결부분집합은 원소의 개수가 1개인 것 밖에 없다. $\mathbb{Z}$의 연결부분집합도 원소의 개수가 1개인 것 밖에 없다. 그렇지만 $\mathbb{Q}$에서는 임의의 원소 $p\in\mathbb{Q}$가 $\mathbb{Q}$의 집적점이다. 그러나 $\mathbb{Z}$에서는 모든 $n\in\mathbb{Z}$가 집적점이 아니다. 따라서 $\mathbb{Q}$ 와 $\mathbb{Z}$는 위상동형일 수 없다.

위상동형함수가 아니더라도 연결성은 연속함수와도 어울린다.

도움정리 6.1.1 $(X,\mathfrak{S})$가 연결공간이다. 임의의 위상공간 $(Y,\mathfrak{T})$에 대하여 $f:(X,\mathfrak{S})\to(Y,\mathfrak{T})$ 가 연속함수이면 $f(X):=\{f(x)\in Y\mid x\in X\}$ 는 $(Y,\mathfrak{T})$의 부분공간으로서 연결공간이다.

증명. 만일 $f(X)$가 연결공간이 아니라면

$$f(X) = V_1 \cup V_2,\ V_1 \cap V_2 = \emptyset,\ V_1 \neq \emptyset, V_2 \neq \emptyset$$

이 성립하는 $f(X)$의 열린집합 V_1, V_2가 존재한다. 그러면 부분공간의 정의에 따라

$$V_1 = f(X) \cap \mathcal{O}_1, \quad V_2 = f(X) \cap \mathcal{O}_2$$

가 성립하는 $\mathcal{O}_1, \mathcal{O}_2 \in \mathfrak{T}$가 존재한다. 특히

$$f(X) = V_1 \cup V_2 = \big(f(X) \cap \mathcal{O}_1\big) \cup \big(f(X) \cap \mathcal{O}_1\big) = f(X) \cap \big(\mathcal{O}_1 \cup \mathcal{O}_2\big)$$

따라서 $f(X) \subset \big(\mathcal{O}_1 \cup \mathcal{O}_2\big)$. 이제 함수 $f : X \to Y$를 생각하면

$$X = f^{-1}\Big(f(X)\Big) = f^{-1}\Big(\mathcal{O}_1 \cup \mathcal{O}_2\Big) = f^{-1}(\mathcal{O}_1) \cup f^{-1}(\mathcal{O}_2), f^{-1}(\mathcal{O}_1) \neq \emptyset, f^{-1}(\mathcal{O}_2) \neq \emptyset$$

그런데 $f : X \to Y$는 연속함수이므로 $f^{-1}(\mathcal{O}_1), f^{-1}(\mathcal{O}_2) \in \mathfrak{S}$이다. 여기에

$$\begin{aligned} f^{-1}(\mathcal{O}_1) \cap f^{-1}(\mathcal{O}_2) &= f^{-1}\big(\mathcal{O}_1 \cap \mathcal{O}_2\big) \\ &= f^{-1}\Big(f(X) \cap \mathcal{O}_1 \cap \mathcal{O}_2\Big) \\ &= f^{-1}\Big(\big(f(X) \cap \mathcal{O}_1\big) \cap \big(f(X) \cap \mathcal{O}_2\big)\Big) \\ &= f^{-1}\big(V_1 \cap V_2\big) \\ &= f^{-1}(\emptyset) \\ &= \emptyset \end{aligned}$$

그러나 이것은 $(X, \mathfrak{S})$가 연결공간이 아니라는 것이어서 $f(X)$가 연결공간이 아니라는 것은 참일 수 없다. ■

보기 6.1.3 연결공간 $(X, \mathfrak{T})$에서 보통위상공간 $\mathbb{R}$의 부분공간으로서 $\mathbb{Q}$ 또는 $\mathbb{Z}$로 가는 연속함수는 모두 상수함수이다. 왜냐하면 $f(X)$는 연결공간이 되어야 하는데, $\mathbb{Q}$ 또는 $\mathbb{Z}$의 유일한 연결집합은 원소가 1개인 집합이기 때문이다. □

보기 6.1.4 보통위상을 갖는 복소수집합 $\mathbb{C}$를 생각하자. 도함수가 연속인 함수 $\alpha:[a,b]\to\mathbb{C}$가 $\alpha'(t)\neq 0, t\in(a,b)$를 만족시키면 α는 정칙곡선(regular curve)을 표현한다고 말한다. 예를 들어 $\alpha(t)=t^2+ti$는 $\alpha'(t)=2t+i\neq 0, t\in\mathbb{R}$이므로 임의의 구간 $[a,b]$에서 정칙곡선을 표현한다. 구간 $[a,b]$에서 정의된 함수 $\alpha:[a,b]\to\mathbb{C}$가 구간 $[a,b]$의 분할 $\{a=t_0<t_1<t_2<\cdots<t_{n-1}<t_n=b\}$의 각각의 부분구간 $[t_{k-1},t_k]$에서 정칙곡선을 표현하면, $\alpha:[a,b]\to\mathbb{C}$는 구간별로 정칙곡선을 표현한다고 말한다. $C\subset\mathbb{C}$가 정칙곡선이라는 것은 $C=\{\alpha(t)\mid t\in[a,b]\}$가 성립하는 정칙곡선 $\alpha:[a,b]\to\mathbb{C}$가 존재하는 것을 말한다. $\mathbb{C}\setminus C$에서 정의된 함수

$$\nu(\cdot,C):\mathbb{C}\setminus C\to\mathbb{C},\quad \nu(\zeta,C):=\frac{1}{2\pi i}\int_C\frac{1}{z-\zeta}dz$$

를 생각하자. $\nu(\cdot,C)$는 $\mathbb{C}\setminus C$는 각각의 연결성분에서 상수함수인 것을 보여라.

곡선 C에 대한 정수값 $\nu(\zeta,C)$를 점 ζ의 곡선 C에 대한 **Winding Number(감김수)**라 한다.

<풀이>

- $\nu(\cdot,C)$는 연속함수다.

임의의 두 점 $\zeta_1,\zeta_2\in\mathbb{C}\setminus C$에 대해서

$$\left|\frac{1}{z-\zeta_1}-\frac{1}{z-\zeta_2}\right|=\frac{|\zeta_2-\zeta_1|}{|(z-\zeta_1)(z-\zeta_2)|}$$

$\mathbb{C}$의 공집합이 아닌 집합 A에 대하여, 함수 $d_A:\mathbb{C}\to[0,\infty)$를

$$d_A(z):=\inf\{|z-a|\mid a\in A\}$$

라 정의하자. 이 함수 d_A는 연속함수이다. 왜냐하면 임의의 $z_1,z_2\in\mathbb{C}$에 대해서

$$|z_1-z_2|=|z_1-a|-|a-z_2|\geq d_A(z_1)-|a-z_2|,\ \forall a\in A$$

따라서 $d_A(z_1)-|z_1-z_2|\leq|a-z_2|,\ \forall a\in A$. 이 식으로부터

$$d_A(z_1)-|z_1-z_2|\leq\inf\{|a-z_2|\mid a\in A\}:=d_A(z_2)$$

정리하면 $-|z_1-z_2|\leq d_A(z_2)-d_A(z_1)$. 위 식이 모든 z_1,z_2에 대해서 성립하므로

$$\left|d_A(z_1)-d_A(z_2)\right|\leq|z_1-z_2|$$

가 성립하고, 이것은 $d_A:\mathbb{C}\to[0,\infty)$가 연속함수인 것을 말한다. 이제 $A=\{\zeta_1,\zeta_2\}$인 경우를 생각하면 $\zeta_1,\zeta_2\notin C$이므로 d_A는 C에서 양수값을 갖는다. 그런데 C는 컴팩트 집합이므로 d_A는 C에서 최소값 $m>0$을 갖는다. 따라서

$$\left|\nu(\zeta_1,C)-\nu(\zeta_2,C)\right|=\frac{1}{2\pi}\int_C\left|\frac{1}{z-\zeta_1}-\frac{1}{z-\zeta_2}\right||dz|\leq\frac{L}{2\pi m}|z_1-z_2|$$

이것으로 $\nu(\cdot,C):\mathbb{C}\setminus C\to\mathbb{R}$인 연속함수인 것이 증명되었다.

- $\nu(\cdot,C)$는 정수값을 갖는다.
  $\zeta\notin C$이므로 C를 표현하는 구간별로 정칙곡선 $\alpha:[a,b]\to\mathbb{C}$에 대하여

$$e^{\phi(t)}=\alpha(t)-\zeta$$

가 성립하는 구간별로 미분가능한 함수 $\phi(t)$가 있다. 특히 $\phi'(t)e^{\phi(t)}=\alpha'(t)$ 인 것에 주의하면

$$\begin{aligned}\nu(\zeta,C)&:=\frac{1}{2\pi i}\int_{t=a}^{b}\frac{\alpha'(t)}{\alpha(t)-\zeta}dt\\&=\frac{1}{2\pi i}\int_{t=a}^{b}\phi'(t)dt\\&=\frac{1}{2\pi i}\Big(\phi(b)-\phi(a)\Big)\end{aligned}$$

그런데 C는 닫힌곡선이므로 $\alpha(a)=\alpha(b)$이고, 따라서

$$e^{\phi(a)}=\alpha(a)-\zeta=\alpha(b)-\zeta=e^{\phi(b)}$$

이 식으로부터 $\phi(b)-\phi(a)=2\pi ki,\ k\in\mathbb{Z}$를 얻고, 따라서 $\nu(\cdot,C)$는 정수값을 갖는다.

- $\nu(\cdot,C)$는 각 연결성분에서 상수함수이다.
  이것은 $\nu(\cdot,C):\mathbb{C}\setminus C\to\mathbb{Z}$가 연속함수이고, 연속함수에 의한 연결집합의 그림자는 연결집합이 되는데, $\mathbb{Z}$의 연결집합은 $\{n\},n\in\mathbb{Z}$ 꼴 뿐이기 때문이다. □

위상공간 A의 부분집합 A가 연결공간이 아닐 때 $B\subset A$이면서 B가 연결공간이 되는 그런 B는 존재하지 않을 수도 있고, 존재하더라고 여러 종류가 있을 수 있다. 즉 그때 그때 상황에 따라 판단할 일이다. 그러나 A가 연결공간이면 A의 폐포(closure)는 언제나 연결집합이다.

정리 6.1.2 위상공간 X의 부분공간 A를 생각하자. A가 연결집합이면 $A\subset B\subset\overline{A}$ 가 성립하는 모든 B는 연결집합이다.

증명. $A\subset B\subset\overline{A}$이지만 연결집합이 아닌 B가 존재한다 하자. B가 연결집합이 아니기 때문에 $B=V_1\cup V_2,\ V_1\cap V_2=\emptyset,\ V_1\neq\emptyset, V_2\neq\emptyset$. 이 성립하는 B의 열린집합 V_1,V_2가 존재한다. 부분공간의 정의에 따라 $V_1=B\cap\mathcal{O}_1,\quad V_2=B\cap\mathcal{O}_2$ 가 성립하는 X의 열린집합 $\mathcal{O}_1,\mathcal{O}_2$가 존재한다. 특히 $B=V_1\cup V_2=(B\cap\mathcal{O}_1)\cup(B\cap\mathcal{O}_2)=B\cap(\mathcal{O}_1\cup\mathcal{O}_2)$ 가 성립하기 때문에 $A\subset B\subset(\mathcal{O}_1\cup\mathcal{O}_2)$. 따라서 $A=A\cap(\mathcal{O}_1\cup\mathcal{O}_2)=(A\cap\mathcal{O}_1)\cup(A\cap\mathcal{O}_2)$. 여기서 부분공간의 정의에 따라 $A\cap\mathcal{O}_1$, $A\cap\mathcal{O}_2$는 부분공간 A의 열린집합이다. 더구나 $(A\cap\mathcal{O}_1)\cap(A\cap\mathcal{O}_2)\subset(B\cap\mathcal{O}_1)\cap(B\cap\mathcal{O}_2)=V_1\cap V_2=\emptyset$. 끝으로 $A\cap\mathcal{O}_1\neq\emptyset$이다. 왜냐하면 $V_1=B\cap\mathcal{O}_1\neq\emptyset$이고, 임의의 $v_1\in V_1\subset B\subset\overline{A}$는 A의 폐포

의 원소이고, $v_1 \in \mathcal{O}_1$이므로 $\mathcal{O}_1$는 v_1의 이웃이기 때문이다. 같은 이유로 $A \cap \mathcal{O}_2 \neq \emptyset$. 그러나 이것은 A가 연결공간이 아니라는 것이어서 B가 연결공간이 아니라는 것은 참이 아니다. ■

> **도움정리 6.1.2** A, B 가 위상공간 X의 두 연결집합이라 하자. $A \cap B \neq \emptyset$이면 $A \cup B$도 연결집합이다.

증명. $A \cup B$가 연결집합이 아니라 하자. 따라서

$$A \cup B = \Big((A \cup B) \cap \mathcal{O}_1\Big) \cup \Big((A \cup B) \cap \mathcal{O}_2\Big), \quad (A \cup B) \cap \mathcal{O}_1 \neq \emptyset,\ (A \cup B) \cap \mathcal{O}_2 \neq \emptyset$$

이면서 $(A \cup B) \cap \mathcal{O}_1 \cap \mathcal{O}_2 = \emptyset$ 이 되는 X의 열린집합 $\mathcal{O}_1, \mathcal{O}_2$가 있다. 따라서

$$(A \cap \mathcal{O}_1) \cap (A \cap \mathcal{O}_2) = A \cap \mathcal{O}_1 \cap \mathcal{O}_2 = \emptyset$$
$$(B \cap \mathcal{O}_1) \cap (B \cap \mathcal{O}_2) = B \cap \mathcal{O}_1 \cap \mathcal{O}_2 = \emptyset$$

그런데 A는 연결집합이므로 $A \cap \mathcal{O}_1 = \emptyset$이거나 $A \cap \mathcal{O}_2 = \emptyset$이 성립해야 한다.
예를 들어 $A \cap \mathcal{O}_1 = \emptyset$이라 하자. 같은 생각으로 B도 열린집합이고

$$B = B \cap (A \cup B) = (B \cap \mathcal{O}_1) \cup (B \cap \mathcal{O}_2)$$

인 것에 주의하면, $B \cap \mathcal{O}_1 = \emptyset$이거나 $B \cap \mathcal{O}_2 = \emptyset$이다. 여기서 $A \cap B \neq \emptyset$인 것에 주의하면 $A \cap \mathcal{O}_1 = \emptyset$인 성립한다면 $B \cap \mathcal{O}_1 = \emptyset$이 성립해야 한다. 그러나 이것은

$$(A \cup B) \cap \mathcal{O}_1 = (A \cap \mathcal{O}_1) \cup (B \cap \mathcal{O}_1) = \emptyset \cup \emptyset = \emptyset$$

이 되어 불가능하다. 따라서 $A \cup B$가 열린집합이 아니라는 가정은 참이 아니다. ■

수학적 귀납법을 생각하면 $A_1, A_2, \cdots, A_n$이 모두 연결공간이고 $A_1 \cap A_2 \cap \cdots \cap A_n \neq \emptyset$이면 $A_1 \cup A_2 \cup \cdots \cup A_n$도 연결집합인 것을 알 수 있다. **도움정리 6.1.2**의 증명은 표현이 좀 복잡하게 보인다. 표현을 간단하게 하기 위하여 다음 상황에 주의하자. 위상공간 $(X, \mathfrak{T})$의 부분집합 A, B가 $A \subset B$의 관계이 있다 하다. 그러면 A는 $(X, \mathfrak{T})$의 부분공간으로도 볼 수 있고, $(B, \mathfrak{T}_B)$의 부분공간으로도 볼 수 있다. 질문은 A을 $(X, \mathfrak{T})$의 부분공간으로 볼 때의 위상과 $(B, \mathfrak{T}_B)$의 부분공간으로 볼 때의 위상은 어떤 관계에 있는가이다. 답은 같다이다. 왜냐하면 A를 $(X, \mathfrak{T})$의 부분공간으로 볼 때의 위상은

$$A \cap \mathcal{O}, \quad \mathcal{O} \in \mathfrak{T}$$

꼴의 집합들로 이루어진다. 그런데 A를 X의 부분공간 $(B, \mathfrak{T}_B)$의 부분공간으로 볼 때의 열린집합은 $A \cap U, \quad U \in \mathfrak{T}_B$ 꼴의 집합들로 이루어진다. 그런데 $A \subset B$이므로 $A = A \cap B$가 되기

때문에

$$A \cap \mathcal{O} = (A \cap B) \cap \mathcal{O} = A \cap (B \cap \mathcal{O}), \quad B \cap \mathcal{O} \in \mathfrak{T}_B$$
$$A \cap U = A \cap (B \cap \mathcal{V}) = (A \cap B) \cap \mathcal{V} = A \cap \mathcal{V}, \quad U \in \mathfrak{T}_B, \mathcal{V} \in \mathfrak{T}, B \cap \mathcal{V} = U$$

가 성립하기 때문이다. 이 성질을 이용해서 다음 정리를 증명해보자.

정리 6.1.3 $\{A_\lambda\}_{\lambda \in \Lambda}$가 위상공간 X의 연결 부분공간이라 하자. 만일 $\bigcap_{\lambda \in \Lambda} A_\lambda \neq \emptyset$이면 $\bigcup_{\lambda \in \Lambda} A_\lambda$도 연결공간이다.

증명. $\bigcup_{\lambda \in \Lambda} A_\lambda$가 연결공간이 아니라 하자. 그러면

$$\bigcup_{\lambda \in \Lambda} A_\lambda = U \cup V, \quad U \cap V = \emptyset, \quad U \neq \emptyset, V \neq \emptyset$$

이 성립하는 $\bigcup_{\lambda \in \Lambda} A_\lambda$의 열린집합 U, V가 존재한다. 한 표식 $\mu \in \Lambda$에 대하여

$$A_\mu \subset \bigcup_{\lambda \in \Lambda} A_\lambda$$

인 것에 주의하면 $A_\mu = (A \cap U) \cup (A \cap V)$. 여기서 $A \cap U, A \cap V$는 모두 부분공간 A의 열린집합인 것에 주의하자. 따라서 A가 연결공간인 것을 생각하면 $A \cap U = \emptyset$이거나 $A \cap V = \emptyset$. 예를 들어 $A \cap U = \emptyset$이라 하자. 이것은 $A_\mu = A \cap V$ 가 되어 $A_\mu \subset V$인 것을 의미한다. 이제 임의의 표식 $\lambda \in \Lambda$에 대하여 똑 같은 논리로 $A_\lambda \cap U = \emptyset$이거나 $A_\lambda \cap V = \emptyset$ 이 성립한다. 그런데 $A_\lambda \cap A_\mu \neq \emptyset$인 것과, A_λ가 연결공간인 것을 생각하면 $A_\lambda \subset V, \quad \forall \lambda \in \Lambda$. 그러나 이것은

$$\bigcup_{\lambda \in \Lambda} A_\lambda \subset V$$

가 되어, $U \neq \emptyset$인 것에 모순이다. 따라서 $\bigcup_{\lambda \in \Lambda} A_\lambda$는 연결공간이다. ■

살면서 짧은 끈을 여러 개 연결하여 긴 끈을 만드는 경우가 있다. 다음 도움정리는 짧은 끈을 연결하여 긴 끈을 만드는 것으로 보면 좋다.

도움정리 6.1.3 $A_n \subset X$, $n = 0, 1, 2, 3, \cdots$가 모두 연결공간이다. 여기에 더하여 각각의 $n = 0, 1, 2, \cdots$에 대하여 $A_n \cap A_{n+1} \neq \emptyset$이라 하자. 그러면 $\bigcup_{n=0}^{\infty} A_n$도 연결공간이다.

증명. **도움정리 6.1.2**에 따라 $B_1 = A_0 \cup A_1$은 연결공간이다. $B_1 \cap A_2 \supset A_1 \cap A_2 \neq \emptyset$이므로 $B_2 = B_1 \cup A_2 = A_0 \cup A_1 \cup A_2$도 연결집합이다. 수학적 귀납법을 생각하면

$$B_n := A_0 \cup A_1 \cup \cdots \cup A_n, \quad n = 1, 2, 3, \cdots$$

은 연결집합이다. 그런데 $B_1 \subset B_2 \subset B_3 \subset \cdots$인 것에 주의하면

$$\bigcap_{n=1}^{\infty} B_n \supset B_1 \neq \emptyset$$

따라서 $\bigcup_{n=1}^{\infty} B_n = \bigcup_{n=0}^{\infty} A_n$ 은 연결집합이다. ■

보기 6.1.5

1. A가 연결집합이면 $\overline{A}$도 연결집합인 것을 알고있다. 그러면 A가 연결집합일 때 $\texttt{int}(A)$도 연결집합인가? A가 열린집합이 아니면 $\texttt{int}(A) \subsetneq A$이다. 때문에 연결집합이 아닌 경우가 많다. 예를 들어 보통위상공간 $\mathbb{R}^2$에서, $A \subset \mathbb{R}^2$를 다음과 같은 것을 생각하자.

$$A = A_0 \cup A_1, \quad A_0 := \{(x,y) \in \mathbb{R}^2 \mid (x-1)^2 + y^2 \leq 1\}, \ A_1 := \{(x,y) \in \mathbb{R}^2 \mid (x+1)^2 + y^2 \leq 1\}$$

A_0, A_1은 연결집합이고 $A_0 \cap A_1 = \{(0,0)\} \neq \emptyset$이므로 $A = A_0 \cup A_1$도 연결집합이다. 그러나

$$\texttt{int}(A) = \{(x,y) \in \mathbb{R}^2 \mid (x-1)^2 + y^2 < 1\} \cup \{(x,y) \mid \mathbb{R}^2 \mid (x+1)^2 + y^2 < 1\}$$

이므로, 지금 경우는 $\texttt{int}(A)$는 연결집합이 아니다.

2. A가 연결집합이 아니더라도 $\overline{A}$가 연결집합이 되는 경우도 많다. 예를 들어 보통위상공간 $\mathbb{R}$에서 $\mathbb{Q} \subset \mathbb{R}$을 생각하면 $\mathbb{Q}$는 연결집합이 아니다. 예를 들어

$$\mathbb{Q} = \big(\mathbb{Q} \cap (-\infty, \sqrt{2})\big) \cup \big(\mathbb{Q} \cap (\sqrt{2}, \infty)\big)$$

그러나 $\overline{Q} = \mathbb{R}$은 연결집합이다.

3. A, B가 연결공간이고 $A \cap B \neq \emptyset$이면 $A \cup B$도 연결공간인 것을 알고있다. 그런데 A, B가 연결공간이고 $A \cap B \neq \emptyset$이면 $A \cap B$는 연결공간인가? 그렇지 않은 경우가 많다. 예를 들어 보통 위상공간 $\mathbb{R}^2$의 부분집합 A, B를 다음과 같이 잡자:

$$A = \{(x,0) \in \mathbb{R}^2 \mid x \in \mathbb{R}\}, \quad B = \{(x,y) \in \mathbb{R}^2 \mid x^2 + y^2 = 1\}$$

함수 $f : \mathbb{R} \to \mathbb{R}^2, f(x) = (x,0)$는 연속함수이고 $A = f(\mathbb{R})$이다. 그런데 $\mathbb{R}$는 연결집합이므로 A는 연결집합의 그림자(image)이므로 연결집합이다. 함수 $g : \mathbb{R} \to \mathbb{R}^2, f(t) = \big(\cos t, \sin t\big)$도 연속함수이고 $B = g(\mathbb{R})$. 따라서 B도 연속함수에 의한 연결집합의 그림자가 되어 연결집합이다. 그런데

$$A \cap B = \{\ (-1,0), (1,0)\ \}$$

는 이산위상공간이 되어 연결집합이 아니다. □

보기 6.1.6 연결공간의 정의로부터 위상공간 X가 연결공간이 아니라는 것은 $U \neq \emptyset, U \neq X$ 이면서 U가 열린집합인 동시에 닫힌집합인 것이 존재하는 것이다. 예를 들어 보통위상공간 $\mathbb{R}$의 부분공간으로서 $\mathbb{Q}$를 생각하면, $U = \mathbb{Q} \cap (-\infty, \sqrt{2}) \neq \emptyset, \mathbb{Q}$ 는 $\mathbb{Q}$의 열린집합이다. 그런데 $\sqrt{2} \notin \mathbb{Q}$인 것에 주의하면 $\mathbb{Q} \setminus U = \mathbb{Q} \cap (\sqrt{2}, \infty) \neq \emptyset, \mathbb{Q}$ 이므로 $\mathbb{Q} \setminus U$도 열린집합이다. 즉 U는 닫힌집합이다. 이것으로 $\mathbb{Q}$에는 $\emptyset, \mathbb{Q}$도 아니면서 열린집합인 동시에 닫힌집합인 그런 집합이 있는 것을 보았다. □

X가 연결공간이 아니라는 것은 $\emptyset, X$가 아니면서 열린집합이면서 동시에 닫힌집합이 그런 집합이 존재한다 하자. 예를 들어 $U =\neq \emptyset, X$가 아니면서 열린집합이면서 동시에 닫힌집합이라 하자. 그러면

$$X = U \cup (X \setminus U) = U \cup V, \quad V = X \setminus U$$

여기서 U, V는 열린집합이면서 동시에 닫힌집합이다. 따라서 $V = \mathrm{ext}(U), U = \mathrm{ext}(V)$이고 U와 V는 경계점을 갖지 않는다. 정리하면 X가 연결공간이 아니면 X는 경계점을 갖지 않는 열린집합이 존재한다.

도움정리 6.1.4 X가 연결공간이라 하자. $U \subset X$가 $\emptyset, X$가 아닌 열린집합이면 U는 적어도 1개의 경계점을 갖는다.

증명. $U \subset X$가 $\emptyset, X$가 아닌 열린집합이고, 경계점을 1개도 갖지 않는다 하자. 따라서 $p \in U$이면 p는 U의 내부의 점이다. $q \notin U$이면 q는 U의 외부의 점이다. 따라서

$$X = U \cup \mathrm{ext}(U), \ U \neq \emptyset, \mathrm{ext}(U) \neq \emptyset$$

그런데 외부의 정의에 따라 $\mathrm{ext}(U)$는 열린집합이고, $U \cap \mathrm{ext}(U) = \emptyset$이다. 그러나 이것은 X가 연결공간이라는 것에 모순이다. 따라서 X가 연결공간이면 $\emptyset, X$가 아닌 열린집합은 적어도 1개의 경계점을 갖는다. ■

연속함수에 의한 연결집합의 그림자는 다시 연결집합이 되었다. 이런 상황은 final topology에서 나타난다. X는 연결공간이다. X에서 동치관계 $\mathcal{R}$를 생각하자. 동치류집합

$$X/\mathcal{R} := \{[x] \mid x \in X\}, \quad [x] := \{y \in X \mid y\mathcal{R}x$$

에 자연스런 투사함수 $\mathrm{pr} : X \to X/\mathcal{R}, \quad \mathrm{pr}(x) = [x]$ 에 따른 final topology를 주자. Final topology의 정의에 따라 $\mathrm{pr} : X \to X/\mathcal{R}$은 연속함수이고, 특히 $X/\mathcal{R} = \mathrm{pr}(X)$. 따라서 $X/\mathcal{R}$은 연결집합이다. 대표적인 initial topology는 곱위상(product topology)이다.

도움정리 6.1.5 $(X,\mathfrak{S}),(Y,\mathfrak{T})$과 연결공간이라 하자. 그러면 $(X\times Y,\mathfrak{S}\times\mathfrak{T})$도 연결공간이다. 또한 $(X\times Y,\mathfrak{S}\times\mathfrak{T})$가 연결공간이면 X, Y는 모두 연결공간이다.

증명. 먼저 $(X\times Y,\mathfrak{S}\times\mathfrak{T})$가 연결공간이라 하자. 따라서 $X\neq\emptyset, Y\neq\emptyset$. 곱위상의 정의에 따라 자연스런 투사함수

$$\mathrm{pr}_1 : X\times Y\to X,\quad \mathrm{pr}_1(x,y)=x$$
$$\mathrm{pr}_2 : X\times Y\to Y,\quad \mathrm{pr}_2(x,y)=y$$

는 모두 연속인 전사함수이다. 따라서 $X=\mathrm{pr}_1(X\times Y), Y=\mathrm{pr}_2(X\times Y)$는 모두 연결집합이다. 다음으로 X,Y가 연결공간일 때 $X\times Y$도 연결공간인 것을 알아보자. 우선 $X,\neq\emptyset, Y\neq\emptyset$이므로 $X\times Y\neq\emptyset$. 만일 $X\times Y$가 연결집합이 아니라면

$$X\times Y=U\cap V,\quad U\cap V=\emptyset,\ U\neq\emptyset, V\neq\emptyset$$

이 성립하는 $X\times Y$의 열린집합 U,V가 존재한다. 따라서 이산위상공간 $\{0,1\}$로 가는 함수

$$\phi : X\times Y\to\{0,1\},\ \phi(U)=\{0\},\ \phi(V)=\{1\}$$

은 전사인 연속함수이다. $X\times Y$ 의 한 점 $(a,b)\in U$를 잡자. 그러면 임의의 $(x,y)\in X\times Y$에 대하여 $A=\{(u,y)\mid u\in X\},\quad B=\{(a,v)\mid v\in Y\}$ 를 생각하면 $f:X\to X\times Y,\ f(u)=(u,y)$는 연속함수이고, $f(X)=A$이다. 따라서 A는 연소함수에 의한 연결집합의 그림자이므로 연결집합이다. 함수 $g:Y\to X\times Y,\ g(v)=(a,v)$ 도 연속함수이고 $g(Y)=B$. 따라서 B도 연속함수에 의한 연결집합의 그림자이므로 연결집합이다. 특히 $A\cap B=\{(a,y)\}\neq\emptyset$. 따라서 $A\cup B$도 연결집합이다. 따라서 $\phi(A\cup B)=\{0\}$이거나 $f(A\cup B)=\{1\}$. 예를 들어 $\phi(A\cup B)=\{0\}$라 하자. 이것은 $(x,y)\in A\subset A\cup B,(a,b)\in B\subset A\cup B$인 것에 주의하면 $\phi(x,y)=\phi(a,b)$인 것을 말한다. 그런데 (x,y) 는 $X\times Y$의 임의의 점이었기 때문에 $\phi(X\times Y)=\{0\}$. 그러나 이것은 $\phi:X\times Y\to\{0,1\}$가 전사함수라는 것에 모순이다. 따라서 $X\times Y$는 연결집합이다. ■

도움정리 6.1.5은 유한개의 연결집합의 경우에도 같은 생각으로 증명할 수 있다. 즉 공집합이 아닌 위상공간 $A_1,A_2,\cdots,A_n$이 주어지면 $\prod_{i=1}^{n}A_i$가 연결공간일 필요하고 충분한 조건은 각각의 $A_i, i=1,2,\cdots,n$이 연결공간인 것이다. 그런데 이 사실은 일반적이 곱공간에도 그대로 성립한다. 먼저 유한개의 위상의 곱공간을 일반적인 경우로 확장하자.

정의 6.1.3 위상공간 무리 $\{(X_\lambda, \mathfrak{T}_\lambda)\}_{\lambda\in\Lambda}$가 있다. 곱집합 $\prod_{\lambda\in\Lambda} X_\lambda$에 자연스런 투사함수

$$\mathrm{pr}_\mu : \prod_{\lambda\in\Lambda} X_\lambda \to X_\mu, \quad \mathrm{pr}(x_\lambda) = x_\mu$$

에 따른 initial topology를 $\{(X_\lambda, \mathfrak{T}_\lambda)\}_{\lambda\in\Lambda}$의 **곱위상**이라 한다.

따라서 곱공간 $\prod_{\lambda\in\Lambda} X_\lambda$는

$$\prod_{\lambda\in\Lambda} V_\lambda, \quad V_\lambda \in \mathfrak{T}_\lambda, \quad V_\lambda = X_\lambda, \lambda \notin J, \quad J \subset \Lambda \text{ 는 유한집합}$$

꼴의 부분집합을 기저로 하는 위상이다.

정리 6.1.4 공집합이 아닌 연결공간무리 $\{X_\lambda\}_{\lambda\in\Lambda}$가 있다. $\prod_{\lambda\in\Lambda} X_\lambda$가 연결공간일 필요충분 조건은 각각의 $X_\lambda, \lambda \in \Lambda$가 연결공간인 것이다.

증명. 필요성: $\prod_{\lambda\in\Lambda} X_\lambda$가 연결공간이라 하자. 임의의 $\mu \in \Lambda$에 대하여 자연스런 투사함수 $\mathrm{pr}_\mu : \prod_{\lambda\in\Lambda} X_\lambda \to X_\mu$, $\mathrm{pr}_\mu(x_\lambda) = x_u \in X_\mu$ 는 전사인 연속함수이다. 따라서 $X_\mu = \mathrm{pr}_\mu\left(\prod_{\lambda\in\Lambda} X_\lambda\right)$는 연속함수에 의한 연결공간의 그림자이므로 연결공간이다(**도움정리 6.1.1**참고).

충분성: 각각의 $X_\lambda, \lambda \in \Lambda$가 연결공간이라 하자. $\prod_{\lambda\in\Lambda} X_\lambda$가 연결공간이 아니라 하자. 따라서

$$\prod_{\lambda\in\Lambda} X_\lambda = U \cup V, \quad U \neq \emptyset, V \neq \emptyset, U \cap V = \emptyset$$

이 성립하는 열린집합 U, V가 존재한다. 따라서 이산위상공간 $\{0,1\}$로

$$\phi : \prod_{\lambda\in\Lambda} X_\lambda \to \{0,1\}, \quad \phi(U) = \{0\},\ \phi(V) = \{1\}$$

가 성립하는 연속인 전사함수 ϕ가 존재한다. U에 속하는 한 점 $(a_\lambda) \in \prod_{\lambda\in\Lambda} X_\lambda$를 잡자. Λ의 임의의 유한 부분집합 $J \subset \Lambda$에 대하여

$$A_J := \{(x_\lambda) \in \prod_{\lambda\in\Lambda} X_\lambda \mid x_j \in X_j, j \in J; \quad x_\lambda = a_\lambda, \lambda \notin J\}$$

A_J를 다른 말로 표현하면

$$A_J = \prod_{\lambda\in\Lambda} Y_\lambda, \quad Y_\lambda = \begin{cases} X_\lambda, & \lambda \in J \\ \{a_\lambda\}, & \lambda \notin J \end{cases}$$

J가 유한집합이므로 A_J는 연결집합이다. 특히 모든 유한집합 J에 대하여 $(a_\lambda) \in A_J$. ϕ는 연속함수이고 $\{0,1\}$는 이산위상공간이므로 $\phi(A_J) = \{\phi((a_\lambda))\} = \{0\}$. 그런데

$$D := \bigcup_{\substack{J \subset \Lambda \\ J \text{ 유한집합}}} J$$

는 $\prod_{\lambda \in \Lambda} X_\lambda$의 조밀한 부분집합 (dense subset)이고, ϕ는 연속함수이므로

$$\phi\Big(\prod_{\lambda \in \Lambda} X_\lambda\Big) = \phi(\overline{D}) \subset \overline{\phi(D)} = \{0\}$$

그러나 이것은 ϕ가 전사함수인 것에 모순이다. 따라서 $\prod_{\lambda \in \Lambda} X_\lambda$는 연결공간이다. ■

X가 연결공간이 아니면 X는 $\emptyset, X$가 아닌 열린집합인 동시에 닫힌집합인 그런 부분집합이 있다. 따라서 X는 열린집합인 동시에 닫힌집합들로 분해된다.

도움정리 6.1.6 위상공간 X의 관계 $\mathcal{R}$을 다음과 같이 정의하자.

$$x\mathcal{R}y \iff x\text{와 } y\text{를 동시에 포함하는 연결집합이 있다}$$

이 관계 $\mathcal{R}$은 동치관계이다.

증명. 동치관계가 되기 위한 조건을 조사하자.

- $a\mathcal{R}a$:
  임의의 $a \in X$에 대하여 $\{a\}$는 a를 포함하는 연결집합이다.
- $a\mathcal{R}b$이면 $b\mathcal{R}a$.
  $a\mathcal{R}b$이면 a, b를 동시에 포함하는 연결집합이 있다. 따라서 $b\mathcal{R}a$.
- $a\mathcal{R}b$, $b\mathcal{R}c$이면 $a\mathcal{R}c$:
  $a\mathcal{R}b$이면 a, b를 동시에 포함하는 연결집합 U가 있다. $b\mathcal{R}c$이면 b, c를 동시에 포함하는 연결집합 V가 있다. 그런데 $(U \cap V) \supset \{b\} \neq \emptyset$이므로 $U \cup V$도 연결집합이다. 또한 $a, c \in (U \cup V)$. 따라서 $a\mathcal{R}c$. ■

정의 6.1.4 위상공간 X가 **철처하게 연결공간이 아니다(totally disconected)**라는 것은 모든 연결성분이 딱 1개의 원소로 이루어진 위상공간을 말한다. 즉 $A \subset X$이고 $|A| \geq 2$이면 A는 연결공간이 아닐 때를 말한다.

모든 이산위상공간을 철처하게 연결공간이 아니다. $\mathbb{R}$의 부분공간으로서 $\mathbb{Q}$는 이산위상공간은 아니지만, 철저하게 연결공간이 아니다.

도움정리 6.1.7 위상공간 X의 임의의 점 $a \in X$의 연결성분은 닫힌집합이다.

증명. 임의의 점 $a \in X$에 대하여 U가 a의 연결성분이라 하자. 그런데 **정리6.1.2**에 따라 $\overline{U}$도 연결집합이다. $a \in U \subset \overline{U}$이므로 연결성분의 정의에 따라 $U = \overline{U}$. 따라서 U는 닫힌집합이다. ■

정리 6.1.5 위상공간 X의 동치관계

$$a\mathcal{R}b \iff a,b\text{를 동시에 포함하는 연결집합이 있다}$$

를 생각하자. 그러면 자연스런 투사함수

$$\pi : X \to X/\mathcal{R} := \{[a] \mid a \in X\}, \quad [a] := \{b \in X \mid b\mathcal{R}a\}$$

에 따란 $X/\mathcal{R}$의 final topology는 철저하게 연결공간이 아니다.

증명. F가 $X/\mathcal{R}$의 닫힌집합이고, $|F| \geq 2$라 하자. $\pi : X \to X/\mathcal{R}$은 전사인 연속함수이므로 $\pi^{-1}(F)$는 닫힌집합이고, $\pi^{-1}(F)$는 최소한 2개의 연결성분을 갖는다. 특히 $\pi^{-1}(F)$는 연결집합이 아니다. 따라서

$$\pi^{-1}(F) = U \cup V, U \cap V = \emptyset, U \neq \emptyset, V \neq \emptyset$$

가 성립하는 $\pi^{-1}(F)$의 열린집합 U,V가 있다. 동시에 U,V는 $\pi^{-1}(F)$의 닫힌집합이다. 동치관계와 동치류의 정의에 따라 $x \in U$인 것은 $[x] \subset U$와 같다. 따라서 $U = \pi^{-1}(\pi(U))$, $V = \pi^{-1}(\pi(V))$이고, final topology의 정의에 따라 $\pi(U), \pi(V)$는 F의 열린집합인 동시에 닫힌집합이다. 특히 $\pi(U) \cap \pi(V) = \emptyset$이고, $\pi : X \to X/\mathcal{R}$가 전사함수인 것을 생각하면

$$F = \pi(\pi^{-1}(F)) = \pi(U) \cup \pi(V)$$

가 되어 F는 연결집합이 아니다. 이것으로 $X/\mathcal{R}$은 철저하게 연결공간이 아니다. ■

보통위상공간 $\mathbb{R}$의 부분공간으로서 $\mathbb{Q}$와 $\mathbb{Z}$는 모두 철저하게 연결공간이 아니다. 그러나 둘은 위상적으로 서로 다르다. 임의의 $n \in \mathbb{Z}$에 대하여 n의 $\{n\}$연 연결된 이웃이다. 때문에 $\mathbb{Z}$에서는 모든 $n \in \mathbb{Z}\}$에 대하여, 단 1개의 원소로 이루어진 집합

$$\mathfrak{B}(n) = \{ \{n\} \}$$

는 n의 근본이웃체제이다. 실수집합 $\mathbb{R}$을 생각하면, 임의의 $r \in \mathbb{R}$에 대하여

$$\mathfrak{B}(r) := \{(-\frac{1}{n}+r, r+\frac{1}{n}) \mid n = 1,2,3,\cdots\}$$

는 r의 연결된 이웃으로 이루어진 r의 근본이웃체제이다.

그러나 $\mathbb{Q}$에서는 어떠한 $q \in \mathbb{Q}$에 대해서도, $\{q\}$는 열린집합이 아니다. 실제로 어떠한 $q \in \mathbb{Q}$를 잡더라도 q는 연결된 이웃을 갖지 않는다. 이렇게 생각하면 다음 정의가 의미가 있다.

정의 6.1.5 [**지역적으로 연결공간(locally connected space)**] 위상공간 X가 **지역적으로 연결공간**이라는 것은 X의 임의의 점이 연결공간으로 이루어진 근본웃체제를 갖는 것을 말한다.

대표적인 지역적으로 연결된 공간은 보통위상공간 $\mathbb{R}^n$이다. 왜냐하면 임의의 ı $\in \mathbb{R}^n$와 양의실수 r에 대하여 열린공 $B_r(\mathbf{p})$은 연결된 열린집합이기 때문이다. $B_r(\mathbf{p})$가 연결공간인 것은 다음과 같이 확인 할 수 있다. 임의의 ıı $\in B_r(\mathbf{p})$에 대하여

$$[\mathbf{p},\mathbf{q}] := \{(1-t)\mathbf{p}+t\mathbf{q} \mid 0 \le t \le 1\}$$

은 연속함수

$$f_{\mathbf{pq}} : [0,1] \to \mathbb{R}^n, \quad f_{\mathbf{pq}}(t) := (1-t)\mathbf{p}+t\mathbf{q}$$

에 의한 그림자이므로 연결공간이다. 특히 $[\mathbf{p},\mathbf{x}] \cap [\mathbf{p},\mathbf{y}] \supset \{\mathbf{p}\} \neq \emptyset$ 이고

$$B_r(\mathbf{p}) = \bigcup_{\mathbf{q} \in B_r(\mathbf{p})} [\mathbf{p},\mathbf{q}], \quad f_{\mathbf{pq}}([0,1]) = [\mathbf{p},\mathbf{q}]$$

이므로 $B_r(\mathbf{p})$는 연결집합이다.

정리 6.1.6 X가 지역적으로 연결공간일 필요하고 충분한 조건은 X의 열린집합의 연결성분이 X에서 열린집합이 것이다.

증명. 필요성: X가 지역적으로 연결공간이라 하자. 정의에 따라 X의 모든 점은 연결공간으로 이우러진 근본이웃체제를 갖는다. 이제 임의의 열린집합 $U \subset X$에 대하여 , $C \subset U$가 U이 연결성분이라 하자. $p \in C$이면 $p \in U$이고, U는 p의 이웃이므로 $p \in \mathcal{O}_p \subset U$ 가 성립하는 $p \in C$를 포함하는 연결된 열린집합 $\mathcal{O}_p$가 있다. 그런데 C는 연결성분이므로 $\mathcal{O}_p \subset C$. 따라서 C는 X의 열린집합이다.

충분성: X이 열린집합의 연결성분이 언제나 X의 열린집합이 된다 하자. 임의의 점 $p \in X$의 이웃 U에 대하여 $p \in U$를 포함하는 연결성분은 U에 포함되는 X의 열린집합이다. 따라서 X의 모든 점은 연결집합으로 이루어진 근본이웃체제를 갖는다. 따라서 X는 지역적으로 연결공간이다. ■

보기 6.1.7 $\mathbb{R}$의 부분공간으로서 $\mathbb{Q}$는 지역적으로 연결공간이 아니다. 왜냐하면 $p \in \mathbb{Q}$은 연결성분은 $\{p\}$인데, 이것은 $\mathbb{Q}$의 열린집합이 아니기 때문이다.

따름정리 6.1.1 X가 지역적으로 연결공간이라 하자. U가 X의 열린집합이고 V는 U의 연결성분이라 하자. 그러면 $\partial V \subset \partial U$. 여기서 $A \subset X$일 때 ∂A는 A의 경계를 말한다,

증명. $V \subset U$이므로 $\partial V \subset \left(V \cup \partial V\right) = \overline{V} \subset \overline{U} = U \cup \partial U$. 따라서 $\left(\partial V\right) \cap U = \emptyset$인 것을 보이면 된다. 만일 $p \in (\partial V) \cap U$라 하자. U는 열린집합이고 X는 지역적으로 연결공간이므로 p를 포함하는 열린 연결집합 $\mathcal{O}_p \subset U$가 있다. 그런데 $p \in \partial V$이므로 $V \cap \mathcal{O}_p \neq \emptyset$. 따라서 $V \cup \mathcal{O}_p \subset U$는 연결집합이고, V가 U의 연결성분인 것을 생각하면

$$V \cup \mathcal{O}_p = V$$

그러나 이것은 $\mathcal{O}_p \subset V$를 뜻하므로 p가 V의 경계점인 것에 맞지 않는다. 따라서 $(\partial V) \cap U = \emptyset$이고 $\partial V \subset \partial U$. ■

지역적으로 연결공간이 연결공간이 될 필요는 전혀 없다. 예를 들어 $\mathbb{Z}$는 지역적으로 연결공간이지만 철저하게 연결공간이 아니다.

정리 6.1.7 $(X_\lambda)_{\lambda \in \Lambda}$가 지역적으로 연결공간이라 하자. 유한집합 $J \subset \Lambda$에 있는 표시이 아니면 X_λ는 연결공간이라 하자. 다시 표현하면

- $X_\lambda, \lambda \in \Lambda$는 지역적으로 연결공간,
- $\lambda \notin J$ 이면 X_λ는 지역적으로 연결공간,연결공간

이라 하자. 그러면 $\prod_{\lambda \in \Lambda} X_\lambda$도 지역적으로 연결공간이다.

증명. 위상공간 $\prod_{\lambda \in \Lambda} X_\lambda$의 기저는 $U = \prod_{\lambda \in \Lambda} U_\lambda$ 꼴이다. 여기서 U에 대응되는 유한집합 K가 있어 $U_\lambda = X_\lambda, \quad \lambda \notin K$. 임의의 $(x_\lambda) \in \prod_{\lambda \in \Lambda} X_\lambda$를 잡자. (x_λ)의 이웃을 어떻게 잡더라도 이 이웃은 $(x_\lambda) \in U = \prod_{\lambda \in \Lambda} U_\lambda$ 꼴의 열린집합을 포함한다. U는 연결집합이 아닐 수 있다. 따라서 $\lambda \notin J \cup K$이면 $U_\lambda = X_\lambda$는 연결공간이므로 $\mu \in J \cup K$에 대응되는 U_μ를 조심하면 된다. 이 경우는 $X_\mu, \mu \in J \cup K$는 지역적으로 연결공간이므로 $x_u \in V_\mu \subset U_\mu$ 가 성립하는 X_μ의 연결된 열린집합 V_μ가 존재한다. 따라서 $\lambda \notin J \cup K$일 때 $V_\lambda = X_\lambda$라 두면

$$(x_\lambda) \in \prod_{\lambda} V_\lambda \subset \prod_{\lambda \in \Lambda} U_\lambda$$

가 성립하고 $\prod_{\lambda\in\Lambda} V_\lambda$는 연결집합이므로 $\prod_{\lambda\in\Lambda} X_\lambda$가 지역적으로 연결공간이다. ■

정리 6.1.8 위상공간의 무리 $(X_\lambda)_{\lambda\in\Lambda}$의 곱공간 $\prod_{\lambda\in\Lambda} X_\lambda$가 지역적으로 연결공간이라 하자. 그러면 유한집합 $J\subset\Lambda$가 있어 $\lambda\notin J$이면 X_λ는 연결공간이고, 모든 $\lambda\in\Lambda$에 대하여 X_λ는 지역적으로 연결공간이다.

증명. 임의의 점 $(a_\lambda)\in\prod_{\lambda\in\Lambda} X_\lambda$에 대하여 (a_λ)를 포함하는 열린집합은

$$(a_\lambda)\in U=\prod_{\lambda\in\Lambda} U_\lambda$$

을 포함한다. 여기서 곱집합의 정의에 따라 유한집합 K가 있어 $\lambda\notin K$이면 $U_\lambda=X_\lambda$.

가정에서 $\prod_{\lambda\in\Lambda} X_\lambda$는 지역적으로 연결공간이므로

$$(a_\lambda)\in V=\prod_{\lambda\in\Lambda} V_\lambda,\ V_\lambda\subset U_\lambda,\ \lambda\in\Lambda$$

가 성립하는 연결된 열린집합 V가 있다. 곱위상의 정의에 따라 유한집합 J가 있어 $\lambda\notin J$이면 $V_\lambda=X_\lambda$. 이제

$$\mathrm{pr}_\mu : V\to X_\mu,\quad \mathrm{pr}_\mu((x_\lambda))=x_\mu$$

는 연속인 전사함수이고 V는 연결집합이다. 따라서 $\mu\notin J$이면 $X_\mu=pr_\mu(V)$는 연결공간이다. 다음으로 임의의 $\mu\in\Lambda$에 대하여 X_μ의 한 점 a_μ를 잡자. (x_λ)를 $x_\mu=a_\mu$가 성립하는 $\prod_{\lambda\in\Lambda} X_\lambda$의 점 아무거나 하나 잡자. 그러면 X_μ에서 a_μ의 임의의 이웃 U에 대하여 $U\times\prod_{\lambda\neq\mu} X_\lambda$는 이렇게 잡은 (x_λ)의 이웃이다. 가정에 따라 $\prod_{\lambda\in\Lambda} X_\lambda$는 지역적으로 연결공간이므로 $(x_\lambda)\in\mathcal{O}\subset U\times\prod_{\lambda\neq\mu} X_\lambda$가 성립하는 열린 연결집합 $\mathcal{O}$가 존재한다. 그러면 $\mathrm{pr}_\mu(\mathcal{O})$는

$$a_\mu\in pr_\mu(\mathcal{O})\subset U$$

를 만족시키는 연결된 열린집합이다. 이것으로 임의의 $\mu\in\Lambda$에 대하여 X_μ가 지역적으로 연결집합인 것이 증명되었다. ■

제 6.2 절 컴펙트 공간

정의 6.2.1 [**훨터(Filter)**] 집합 X의 부분집함을 원소로 하는 다음 성질을 갖는 집합 $\mathfrak{F}$를 생각하자.

1. $A \in \mathfrak{F}$이고, $B \supset A$이면 $B \in \mathfrak{F}$이다.
2. $\mathfrak{F}$의 유한개의 원소의 공통집합은 $\mathfrak{F}$의 원소이다.
3. $\emptyset \notin \mathfrak{F}$.

위 조건을 만족시키는 대표적인 것은 X가 위상공간일 때, 임의의 점 $p \in X$에 대해서

$$\mathfrak{B}(p) := \{U \mid U\text{는 } p\text{를 포함하는 열린집합을 포함한다 }\}.$$

p를 포함하는 열린집합은 물론 p의 이웃(근방)이다. 열린집합인 것을 강조하면 p를 포함하는 열린집합을 p의 열린이웃이라 한다. 아무 말 없이 U가 p의 이웃이라 하는 것은 U가 p를 포함하는 열린집합을 포함하는 것을 말한다. 이런 이유로 위상공간에서 임의의 점 p의 이웃 전체로 이루어진 집합 $\mathfrak{B}(p)$를 점 p의 이웃 훨터(neighborhood filter of p)라 한다.

보기 6.2.1 X가 위상공간이라 하자. $A \subset X$가 공집합이 아닐 때, U가 A의 이웃이란, U가 A를 포함하는 열린집합을 포함하는 것을 말한다. 그러면 A이 이웃 전체로 이루어진 집합은 훨터다.

보기 6.2.2 X가 무한집함이라 하자. $\mathfrak{F}$를 $\mathfrak{F} := \{X \setminus A \mid A\text{는 유한집합}\}$ 라 하면 $\mathfrak{F}$는 훨터이다. 특히 $\mathbb{N}$에서 유한집합의 여집합 전체로 이루어진 집합을 **후레쉐 훨터** (**Fréchet filter**)라 한다.

훨터는 좀 거추장 스럽다, 때문에 위상공간의 기저처럼 훨터에서도 기저를 생각하는 것이 편리하다.

정의 6.2.2 집합 X가 있다. 집합 X의 부분집합으로 이루어진 집합 $\mathfrak{B}$가 다음 두 성질을 갖는다 하자.

1. $B_1, B_2 \in \mathfrak{B}$이면 $B_1 \cap B_2 \in \mathfrak{B}$
2. $\mathfrak{B} \neq \emptyset$이고, $\emptyset \notin \mathfrak{B}$

그러면 $\mathfrak{F} := \{U \subset X \mid U \supset B,\ B \in \mathfrak{B}\}$ 는 훨터가 되고, 이때 $\mathfrak{B}$를 $\mathfrak{F}$의 기저라 한다. $\mathfrak{F}$는 $\mathfrak{B}$가 생성하는 훨터라 한다.

두 개의 휠터 $\mathfrak{F}_1, \mathfrak{F}_2$가 있다 하자. $\mathfrak{F}_1 \subset \mathfrak{F}_2$가 성립하면 $\mathfrak{F}_2$는 $\mathfrak{F}_1$보다 강하다고 한다. 이것은 두 위상공간 $(X, \mathfrak{S}), (X, \mathfrak{T})$가 있을 때 $\mathfrak{S} \subset \mathfrak{T}$가 성립하면 $\mathfrak{T}$가 $\mathfrak{S}$보다 강한 위상이라 한 것과 같은 방식이다. 위상공간에서는 $\mathfrak{B}$가 위상공간 $\mathfrak{S}$의 기저이고, $\mathfrak{C}$가 위상공간 $\mathfrak{T}$의 기저이면 다음이 성립했다.

$$\mathfrak{T} \supset \mathfrak{S} \iff \text{임의의 } B \in \mathfrak{B}\text{에 대하여 } C \subset B\text{가 성립하는 } C \in \mathfrak{C}\text{가 존재한다}$$

휠터에서도 같은 성질이 성립한다. 당연한 성질이므로 증명 없이 즉시 알 수 있다.

정리 6.2.1 집합 X에서 휠터 $\mathfrak{F}$의 기저를 $\mathfrak{B}$라 하고, 휠터 $\mathfrak{F}'$의 기저를 $\mathfrak{B}'$이라 하자. 그러면 $\mathfrak{F}'$이 $\mathfrak{F}$보다 강할 필요하고 충분한 조건은 임의의 $B \in \mathfrak{B}$에 대하여 $B' \subset B$가 성립하는 $B' \in \mathfrak{B}'$이 존재 하는 것이다.

휠터 개념을 생각하는 것은 미분적분학에서 배웠던 극한 개념을 임의의 위상공간에서 위상공간으로 가는 함수의 경우에 적용하기 위해서이다. 미분적분학에서 함수 $f : \mathbb{R} \to \mathbb{R}$의 점 $a \in \mathbb{R}$에서의 극한값이 $L \in \mathbb{R}$이라는 것은 다음과 같이 ε, δ를 이용해서 정의했다.

$$\lim_{x \to a} f(x) = L \iff \begin{array}{l} \text{임의의 양수 } \varepsilon\text{에 대해서} \\ \text{양수 } \delta\text{가 존재해서} \\ 0 < |x - a| < \delta \text{ 이면 } \left|f(x) - L\right| < \varepsilon \end{array}$$

이 정의를 임의의 위상공간에 적용하려 할 때, 문제가 되는 것은 모든 위상공간이 다 거리공간인 것은 아닌 것이다. 실수집합인 경우에서 만일 $A \subset \mathbb{R}$가 공집합이 아닌 $\mathbb{R}$의 부분집합이고, $f : A \to \mathbb{R}$ 을 생각할 때, $a \in A$가 A의 고립점이면, δ를 충분히 작게 잡으면 $0 < |x - a| < \delta$를 만족시키는 $x \in A$는 존재하지 않는다. 따라서 이런 δ에 대해서는 조건 $0 < |x - a| < \delta$을 만족시키는 x가 하나도 없기 때문에 모든 $L \in \mathbb{R}$이 함수 f의 점 a에서의 극한값이 된다. 이런 경우를 빼기 위하여 미분적분학에서 극한값은 항상 집적점에서만 생각했다.

정의 6.2.3 [휠터의 수렴] X는 위상공간이다. $\mathfrak{F}$는 X 위에서의 휠터이다.

1. $a \in X$가 휠터 $\mathfrak{F}$의 극한점(limit point)라는 것은 $\mathfrak{F}$가 점 a의 이웃휠터 $\mathfrak{B}(a)$보다 강한 것을 말한다. 즉 점 a의 임의의 이웃 U에 대하여 $F \subset U$가 되는 $F \in \mathfrak{F}$가 존재하는 것을 말한다. 이런 경우 휠터 $\mathfrak{F}$는 a로 수렴하다고 말한다.
2. X 위에서의 휠터 기저 $\mathfrak{B}$가 점 $a \in X$ 로 수렴한다는 것은 $\mathfrak{B}$ 가 생성하는 휠터 $\mathfrak{F}$가 a로 수렴하는 것을 말한다.

위상공간 X의 열 (x_n)이 $a \in X$로 수렴한다는 것은 a의 임의의 이웃 U에 다하여 다음을 만족시키는 자연수 n_0가 존재하는 것으로 정의했다:

$$n \geq n_0 \text{ 인 모든 자연수 } n\text{에 대하여 } x_n \in U$$

이제 휠터기저

$$\mathfrak{B} := \{\{x_n, , x_{n+1}, \cdots\} \subset X \mid n = 0, 1, 2, \cdots\}$$

를 생각하면 , 위상공간 X의 열 (x_n)이 $a \in X$로 수렴한다는 것은 휠터기저

$$\mathfrak{B} := \{\{x_n, , x_{n+1}, \cdots\} \subset X \mid n = 0, 1, 2, \cdots\}$$

가 $a \in X$로 수렴한다는 말과 같다.

정의 6.2.4 [휠터의 집적점] 위상공간 X의 휠터기저 $\mathfrak{B}$를 생각하자. $a \in X$가 $\mathfrak{B}$의 집적점이라는 것은 $a \in \bigcap_{B \in \mathfrak{B}} \overline{B}$ 가 성립하는 것을 말한다. 휠터기저의 모든 집적점으로 이루어진 집합은 닫힌집합이다.

휠터기저의 집적점의 정으로부터 $a \in X$가 휠터기저 $\mathfrak{B}$의 집적적이면 a의 근방 U를 어떻게 잡더라도

$$U \cap B \neq \emptyset,\ \forall B \in \mathfrak{B}$$

정의 6.2.5 [함수의 극한] 위상공간 X에서 위상공간 Y로의 함수 $f : X \to Y$를 생각하자. X에서의 휠터 $\mathfrak{F}$가 주어지면 $f(\mathfrak{F}) := \{f(A) \mid A \in \mathfrak{F}\}$ 는 Y 에서의 휠터기저이다. $f(\mathfrak{F})$가 $b \in Y$로 수렴하면 $b \in Y$를 함수 $f : X \to Y$의 휠터 $\mathfrak{F}$를 따른 극한이라 한다. $b \in Y$가 휠터기저 $f(\mathfrak{F})$의 집적점인 경우는 $b \in Y$를 함수 $f : X \to Y$의 휠터 $\mathfrak{F}$를 따른 집적점이라 한다. 이것을

$$\lim_{\mathfrak{F}} f = b, \quad \lim_{a, \mathfrak{F}} f(x) = b$$

등으로 표현한다.

함수 $f : X \to Y$의 휠터에 따른 극한 중에서 연속성과 관련하여 가장 중요한 경우는 이웃휠터에 따른 극한이다. 즉 위상공간 X에서 위상공간 Y로의 함수 $f : X \to Y$의 점 $a \in X$의 이웃휠터에 따른 극한이 $b \in Y$라면 이것을 간단히

$$\lim_{x \to a} f(x) = b$$

라 표현한다. 이것의 의미는 $b \in Y$의 임의의 이웃 V에 대하여

$$f(U) \subset V$$

가 되는 a의 이웃 U가 존재하는 것과 같다. 따라서 다음 정리가 성립한다.

정리 6.2.2 위상공간 X에서 위상공간 Y로 가는 함수 $f : X \to Y$가 점 $a \in X$에서 연속일 필요충분조건은 $\lim_{x \to a} f(x) = f(a)$.

X 와 Y가 위상공간이고, A는 X의 부분집합이다. $a \in X$가 집합 A의 폐포(closure)에 있는 점이라 하자. 따라서 $a \in A$일 필요는 없다. 그러면 X에서 a의 이웃휠터 $\mathfrak{B}(a)$의 모든 원소는 A와 만난다. 특히

$$\mathfrak{F} := \{B \cap A \mid B \in \mathfrak{B}(a)\}$$

는 부분집합 A에서의 휠터이다. 이 때, 함수 $f : A \to Y$에 대하여, $\lim_{\mathfrak{F}} f(x) = b$를 간단히

$$b = \lim_{x \to a, a \in A} f(x)$$

로 표시한다.

정의 6.2.6 위상공간 X에서 위상공간 Y로의 함수 $f : X \to Y$를 생각하자. $a \in X$가 X의 고립점(isolated point)이 아닐 때 X에서 점 $a \in X$의 이웃휠터 $\mathfrak{B}(a)$의 모든 원소는 $X \setminus \{a\}$와 만난다. 따라서

$$\mathfrak{F} := \{B \cap (X \setminus \{a\}) \mid B \in \mathfrak{B}(a)\}$$

는 $X \setminus \{a\}$ 에서의 휠터이다. 이때 $\lim_{\mathfrak{F}} f(x) = b$ 가 되었다면, 간단하게 $\lim_{x \to a, x \neq a} f(x) = b$ 로 표시한다.

a가 위상공간 X의 고립점이면 a 이웃휠터 $\mathfrak{B}(a)$를 $X \setminus \{a\}$로 제한한 것 $\mathfrak{F} := \{B \cap (X \setminus \{a\}) \mid B \in \mathfrak{B}(a)\}$는 휠터가 되지 않는다. 왜냐하면 a가 고립점이므로 a의 이웃 중에서

$$X \cap U = \{a\}$$

가 되는 것이 있다. 그런데 $U \in \mathfrak{B}(a)$이고 $U \cap (X \setminus \{a\}) = \emptyset \in \mathfrak{F}$이기 때문이다. 따라서 극한값 $\lim_{x \to a, x \neq a} f(x)$를 생각할 때는 a는 함수 f의 정의역의 집적점이어야 한다. 위상공간 X에서 위상공간 Y로의 함수 $f : X \to Y$의 연속성을 생각할 때 문제가 되는 점은 집접접에서의 성질이다. 왜냐하면 $a \in X$가 X의 고립점이면 $f(a) \in Y$를 아무렇게 잡더라도 $f : X \to Y$는 a에서 연속이다. 그러나 $a \in X$가 X의 집적점이면, $f(a)$의 값을 잘 잡아서 f가 a에서도 연속함수가 되는 것이 가능한 경우도 있고, 가능하지 않은 경우도 있다. 다음 보기를 보자.

보기 6.2.3 실수집합 $\mathbb{R}$의 부분집합 $A=(0,1]:=\{x\in\mathbb{R}\mid 0<x\leq 1\}$에서 정의된 함수 $f:A\to\mathbb{R}$를 생각하자.

1. $f(x)=x$인 경우에는 0에서의 함수값을 0라 정의하여 $f:A\to\mathbb{R}$를 연속함수 $\tilde{f}:\overline{A}\to\mathbb{R}$로 확장할 수 있다.

$$\tilde{f}(x):=\begin{cases} f(x), & x\in A \\ 0, & x=0 \end{cases}$$

2. 그러나 $f(x)=\frac{1}{x}$인 경우에는 $0\in\overline{A}$에서의 값을 정해서 $\overline{A}$에서 연속인 함수로 확장하는 것이 불가능하다.

보기 6.2.4 실수집합 $\mathbb{R}$의 보통위상(usual topology)를 생각하자. 함수 $f:S\to\mathbb{R}$이 다음과 같다.

$$f(x):=\begin{cases} 7, & x=-2, \\ 1+x, & -1\leq x<0 \\ 0, & x=0 \\ 1-x, & x>0 \end{cases}$$

정의를 보면 $S=\{-2\}\cup[-1,\infty)$이고, 0는 f의 정의역 S의 고립점이다.

1. 이 함수 f는 $x=0$에서 불연속인 함수이다. 미분적분학에서는 $\lim_{x\to 0}f(x)=1$이다. 특히 $\lim_{x\to 0}f(x)=1\neq 0=f(0)$이므로 f는 $x=0$에서 연속함수가 아니다고 한다. 이렇게 되는 이유는 $\lim_{x\to a}f(x)=L\in\mathbb{R}$의 정의가, 임의의 양수 ε에 대하여 $x\neq a, |x-a|<\delta$ 이면 $|f(x)-L|<\varepsilon$이 되는 양수 δ가 존재하는 것으로 정의했기 때문이다. 즉 $\lim_{x\to a}f(x)=L$ 의 정의에 $x\neq a$라는 조건을 숨겨두었기 때문이다. 그런데 이렇게 중요한 조건 $x\neq a$라는 것을 겉으로 들어나지 않게 숨겨두는 것이 극한의 이해에 많은 오해를 일으켰다. 솔직하게

$$\lim_{x\neq 0, x\to 0}f(x)=1$$

이 더 오해가 없는 표현이라 생각된다. 그러나 지금 이 책에서는 $\lim_{x\to 0}f(x) \equiv \lim_{\mathfrak{B}(0)}f(x)$라 정의했다. 이 정의에 따르면 $\lim_{x\to 0}f(x) = \lim_{\mathfrak{B}(0)}f(x)$는 존재하지 않는다. 왜냐하면 이 정의는 $x = 0$에서의 함수값 $f(0)$가 정의 속에 포함되기 때문이다. □

이제 $A=S\setminus\{0\}$로 함수 $f:\mathbb{R}\to\mathbb{R}$로 제한한 함수를 기호 $f|_A:A\to\mathbb{R}$ 대신에 그냥 f로 써도 오해가 없다. 당연히 $0\notin A$이고, $0\in\overline{A}$. 특히 0는 A의 집적점이다. 따라서 $\mathbb{R}$의 0의 이웃휠터 $\mathfrak{B}(0)$를 A로 제한한 $\mathfrak{F}:=\{B\cap A\mid B\in\mathfrak{B}(0)\}$ 는 A 위에서 휠터이다. 더구나 $\lim_{\mathfrak{F}}f(x)=1$. 이 책에서는 이것을 $\lim_{x\neq 0,x\to 0}f(x)=\lim_{\mathfrak{F}}f(x)=1$ 로 표현했다. 즉 0가 A의 원소가 아니기 때문에 0에서의 극한을 생각할 때 $x\neq 0$인 곳에서의 함수값만 생각해야 하는 것을 강조했

다. 따라서 $p \in A$가 집합 A의 집적점인 경우, 미분적분학에서의 $\lim_{x\to p} f(x)$는 이 책에서의 $\lim_{x\neq a, x\to p} f(x)$와 같다. 미분적분학에서는 고립점에서의 극한은 생각하지 않는다. 왜냐하면 p가 함수 f의 정의역의 고립점이면 조건 $x \neq p$, $|x-p| < \delta$ 를 만족시키는 $x \in \operatorname{dom} f$는 충분히 작은 모든 양수 δ에 대하여 존재하지 않기 때문이다. 그러나 휠터 개념을 쓰면 p가 고립점일 때도 $\lim_{x\to p} = \lim_{\mathfrak{B}(p)} f(x) = f(p)$가 성립한다. 특히 고립점 p에서는 함수값 $f(p)$를 어떻게 잡더라도 관계없이 f는 항상 p에서 연속이다. 휠터개념의 하나의 이점은 위상공간 X에서 위상공간 Y로의 함수 $\phi : X \to Y$가 점 $p \in X$에서 연속일 필요하고 충분한 조건이 $\lim_{\mathfrak{B}(p)} f(x) = f(p)$인 것이 p가 고립점이건 집접점이건 성립하는 것이다. 유한집합 $X = \{a,b,c,d\}$에서의 위상 $\mathfrak{T} := \{\emptyset, X, \{b\}, \{a,b\}, \{b,c,d\}\}$ 를 생각하자. 함수 $f : X \to X$는 다음과 같다.

$$f(a) = a,\ f(b) = d,\ f(c) = b,\ f(d) = a$$

1. 함수 f의 연속정을 조사하면 f는 점 a,c,d에서 불연속이고, 점 b에서만 연속이다.
2. f가 불연속인 점 a를 생각하자. a의 이웃휠터는 $\mathfrak{B}(a) := \{\{a,b\},\{a,b,c\},\{a,b,d\}\}$. 따라서

$$f(\mathfrak{B}(a)) = \{\{a,d\},\{a,d,b\},\{a,d\}\}$$

   그러므로 휠터기저 $f(\mathfrak{B}(a))$가 생성하는 휠터는

$$\{\ \{a,d\},\{a,d,b\},\{a,d,c\},\{a,d,b,c,\}\ \}$$

   이제 a의 f의 의한 함수값은 $f(a) = a$이고, 따라서 $f(a)$의 이웃휠터는 $\mathfrak{B}(a)$이다. 그런데 $f(\mathfrak{B}(a))$가 생성하는 휠터는 $f(a)$의 이웃휠터 $\mathfrak{B}(f(a))$로 수렴하지 않는다. 왜냐하면 $\{a,b\}$는 $\mathfrak{B}(f(a)) = \mathfrak{B}(a)$의 원소이지만, $f(\mathfrak{B}(a))$의 원소 중에서 $\{a,b\}$에 들어가는 것이 없다. 따라서 $\lim_{x\to a} f(x) \neq f(a)$이므로 f는 a에서 연속이 아니다.
3. 이제 X의 부분집합 $A := \{a,b,c\}$를 생각하자. $d \notin A$이다. d의 이웃휠터는 $\mathfrak{B}(d) := \{\{b,c,d\},X\}$ 그런데 $A\cap\{b,c,d\}\setminus\{d\} = A\cap\{b,c,d\} = \{b,c\} \neq \emptyset$, $A\cap X\setminus\{d\} = A\cap X = \{a,b,c\} \neq \emptyset$. 그러므로 d는 A의 집적점이다. 이제 $A\cap\mathfrak{B}(d) = \{\ \{b,c\},A\}$는 A 위에서 휠터기저이고, $A\cap\mathfrak{B}(d)$가 생성하는 휠터기저는 $\mathfrak{F} := \{\ \{b,c\},\{a,b,c\} = A\ \}$. 또한 $f(\mathfrak{F}) = \{\ \{d,b\},\{a,d,b\}\ \}$. 휠터기저 $f(\mathfrak{F})$로 생성되는 휠터는 모든 $x \in A$에 대하여 x의 이웃휠터 $\mathfrak{B}(x)$로 수혐하지 않는다. 예를들어 $x = a$일 때 수렴하지 않는다. 왜냐하면 $\{a,b\} \in \mathfrak{B}(a)$이지만, $f(\mathfrak{F})$의 원소 중에서 $\{a,b\}$ 속으로 들어가는 것이 없다. 따라서 $\lim_{x\neq d, x\to d} f(x)$는 존재하지 않는다. 더구가 지금 경우는 d 에서의 값을 잘 정의해서 $f|_A : A \to X$를 $A\cup\{d\} = X$에서 연속인 함수로 확장할 수도 없다.

컴펙트 공간은 수렴성과 관계가 깊다. 먼저 컴펙트 공간의 의미를 다시 보자.

정의 6.2.7 위상공간 $(X,\mathfrak{T})$가 컴펙트 공간이라는 것은 X의 임의의 열린덮개 $(U_\lambda)_{\lambda\in\Lambda}$에 대하여 $(U_j)_{j\in J}$가 X의 덮개가 되는 Λ의 유한 부분집합 $J \subset \Lambda$가 있는 것이다.

정의에 따라 열린집합이 유한개인 위상공간은 모두 시시하게 컴페트공간이 된다. 위상공간 X의 유한개의 부분공간 $A_1, A_2, \cdots, A_n$이 모두 컴팩트공간이면

$$A_1 \cap A_2 \cap \cdots \cap A_n, \quad A_1 \cup A_2 \cup \cdots \cup A_n$$

도 모두 컴펙트공간이다. 거리공간의 컴펙트 부분공간에 대해서는 다음을 알고있다.

도움정리 6.2.1 X 가 거리공간이라 하자. $A \subset X$가 컴펙트공간이면 A는 유계인 닫힌집합이다.

일반적인 거리공간에서는 유계인 닫힌 집합이 모두 컴펙트공간이 되는 것은 아니다.

보기 6.2.5 보통위상공간 $\mathbb{R}$의 부분공간으로서 $\mathbb{Q}$는 거리공간이다. $\mathbb{Q}$에서는

1. $a, b \in \mathbb{Q}$이면 $[a,b] := \{x \in \mathbb{Q} \mid a \leq x \leq b\}$는 유계인 닫힌집합이고, 또 컴펙트공간이다.
2. a, b가 무리수이면 $[a,b] := \{x \in \mathbb{Q} \mid a \leq x \leq b\} = \{x \in \mathbb{Q} \mid a < x < b\} = (a,b)$가 되고, $[a,b]$는 컴펙트공간이 아니다. 물론 $[a,b]$는 $\mathbb{Q}$의 유계인 닫힌집합이다. □

그러나 보통위상공간 $\mathbb{R}^n$에 대해서는 다음 정리를 공부했다.

정리 6.2.3 보통위상공간 $\mathbb{R}^n$의 부분집합 $A \subset \mathbb{R}^n$에 컴펙트공간일 필요충분조건은 A가 유계인 닫힌집합 인 것이다.

집합 X의 부분집합으로 이루어진 집합 $\mathfrak{S}$를 생각하자. 예를 들어 $X = \{a,b,c\}$일 때

$$\mathfrak{S}_X = \{\{a\}, \{b\}, \{a,c\}\}$$

는 한 보기다. $\mathfrak{S}$의 두 원소 A, B 사이의 포함관계 $A \subset B$는 순서관계이다. 수서관계가 주어진 집합을 순서집합이라 하는데, 관계 $\subset$를 순서관계로 해서 $\mathfrak{S}$는 순서집합이다. M이 순서집합 $\mathfrak{S}$의 극대원(maximal element) 이란 $M \subset N, N \in \mathfrak{S}$이면 $M = N$인 원소를 말한다. 구체적인 보기 $\mathfrak{S}_X$에서는

- $\{b\}, \{a,c\}$는 $\mathfrak{S}_X$의 극대원이다.
- $\{a\}$는 극대원이 아니다. 왜냐하면 $\{a\}, \{a,c\} \in \mathfrak{S}_X$이지만 $\{a\} \subsetneq \{a.c\}$이기 때문이다.

정의 6.2.8 [극대휠터] 집합 X의 휠터 전체로 이루어진 집합을 생각하자. 두 휠터 $\mathfrak{F}, \mathfrak{G}$ 사이의 관계 $\mathfrak{F} \subset \mathfrak{G}$는 순서관계이다. 이 순서관계에 따른 극대원을 **극대휠터**라 한다.

극대휠터의 정의에 따라 즉시 알 수 있는 것은

- 임의의 휠터가 주어지면 그것을 포함하는 극대휠터가 적어도 1개 존재한다.
- 임의의 휠터는 그것을 포함하는 극대휠터들의 공통집합이다.
- $\mathfrak{F}$가 극대휠터이고 $A \cup B \in \mathfrak{F}$이면 $A \in \mathfrak{F}$이거나 $B \in \mathfrak{F}$이다.

간단한 집합 $X = \{a,b,c\}$를 생각하자. $\mathfrak{F} = \{\{a\},\{a,b\},\{a,c\},\{a,b,c\}\}$라 하자. $\mathfrak{F}$는 휠터이다. 그러면 $\mathfrak{F}$는 극대휠터인가? $\mathfrak{P}(X)$는 8개의 원소를 갖는다. $\mathfrak{F}$에 있지 않은 것은

$$\emptyset, \{b\}, \{c\}, \{b,c\}$$

이다. $\emptyset$는 어떠한 휠터의 원소도 될 수 없고, A, B가 주어진 휠터의 원소이면 $A \cap B$도 주어진 휠터의 원소가 되어야 하기 때문에, 지금 경우는 $\mathfrak{G} \supset \mathfrak{F}$인 휠터 $\mathfrak{G}$가 $\emptyset, \{b\}, \{c\}, \{b,c\}$ 중 어느 것도 포함할 수 없다. 따라서 $\mathfrak{F}$는 극대휠터이다. 주어진 휠터가 극대휠터인지를 판단하는 것은 휠터의 원소를 보고 판단하는 것이 아니라 휠터의 특성을 보고 판단해야 한다. 따라서 극대휠터는 이론적으로 중요하고 실제적으로 구체적으로 주어진 휠터가 극대휠터인지 아닌지를 판단하는 것은 자주 나타나는 일은 아니다.

정리 6.2.4 위상공간 X의 다음 성질은 서로 동등하다.

(C1) X는 컴펙트공간이다.

(C2) $(C_\lambda)_{\lambda \in \Lambda}$가 닫힌집합 무리(family of closed sets)이고 $\bigcap_{\lambda \in \Lambda} C_\lambda = \emptyset$이면 $\bigcap_{j \in J} C_i = \emptyset$ 이 성립하는 유한집합 $J \subset \Lambda$가 존재한다.

(C3) X의 임의의 휠터 $\mathfrak{F}$는 집적점을 갖는다.

(C4) X의 극대휠터는 모두 수렴한다.

증명. 성질 (C2)를 컴펙트 공간의 **finite intersection property**라 한다.

- (C1) $\Longrightarrow$ (C2):
  $(C_\lambda)_{\lambda \in \Lambda}$가 닫힌집합 무리이고 $\bigcap_{\lambda \in \Lambda} C_\lambda = \emptyset$이면

$$X = X \setminus \emptyset = X \setminus \bigcap_{\lambda \in \Lambda} C_\lambda = \bigcup_{\lambda \in \Lambda} (X \setminus C_\lambda)$$

  그런데 $(X \setminus C_\lambda)_{\lambda \in \Lambda}$는 X의 열린집합 무리이므로 조건 (C1)에 따라

$$X = \bigcup_{j \in J} (X \setminus C_j)$$

  가 성립하는 유한집합 $J \subset \Lambda$가 존재한다. 따라서 $\bigcap_{j \in J} C_j = X \setminus \bigcup_{j \in J} (X \setminus C_j) = X \setminus X = \emptyset$

- (C2) $\Longrightarrow$ (C1):
  $(U_\lambda)_{\lambda \in \Lambda}$가 X의 열린덮개라 하자. 따라서 $X = \bigcup_{\lambda \in \Lambda} U_\lambda$. 열린집합의 여집합은 닫힌집합인 것을 생각하면 $(X \setminus U_\lambda)_{\lambda \in \Lambda}$는 닫힌집합 무리이고, 특히

$$\emptyset = X \setminus X = X \setminus \bigcup_{\lambda\in\Lambda} U_\lambda = \bigcap_{\lambda\in\Lambda} (X \setminus U_\lambda)$$

조건 (C2)에 따라 $\bigcup_{j\in J}(X \setminus U_\lambda) = \emptyset$. 이 성립하는 유한집합 $J \subset \Lambda$가 존재한다. 따라서

$$X = X \setminus \emptyset = X \setminus \bigcap_{j\in J} (X \setminus U_j) = \bigcup_{j\in J} U_j$$

- (C3) $\Longrightarrow$ (C4):
  $\mathfrak{G}$가 극대휠터라 하자. 조건 (C3)에 따라 $\mathfrak{G}$는 집적점을 갖는다. 즉

$$\bigcap_{G\in\mathfrak{G}} \overline{G} \neq \emptyset$$

  임의의 점 $p \in \bigcup_{G\in\mathfrak{G}} \overline{G}$를 잡자. 점 p의 임의의 이웃은 G의 모든 원소와 만난다. 따라서 p의 이웃휠터와 $\mathfrak{G}$로 생성된 휠터는 $\mathfrak{F}$는 $\mathfrak{G}$보다 강하다. 그런데 G는 극대휠터이므로 $\mathfrak{F} = \mathfrak{G}$. 따라서 $\mathfrak{G}$는 p의 이웃휠터보다 강하므로 휠터의 수렴정의에 따라 $\mathfrak{G}$는 p로 수렴한다.
- (C4) $\Longrightarrow$ (C3):
  $\mathfrak{F}$가 X에서의 임의의 휠터라 하자. 휠터와 극대원의 정의에 따라 $\mathfrak{F} \subset \mathfrak{G}$가 되는 극대휠터 $\mathfrak{G}$가 존재한다. 조건 (C4)에서 이 극대휠터는 어떤 점 $p \in X$로 수렴한다. 이것을 $\mathfrak{G}$가 점 p이 이웃휠터보다 강하다는 의미이다. 즉 점 p의 모든 이웃은 $\mathfrak{G}$의 원소이다. 따라서 점 p의 임의의 이웃은 $\mathfrak{F}$이 모든 원소와 만나야 한다. 즉 $\bigcap_{F\in\mathfrak{F}} \overline{F} \ni p$. 따라서$\mathfrak{F}$는 점 p를 집적점으로 갖는다.
- (C3) $\Longrightarrow$ (C2):
  $(C_\lambda)_{\lambda\in\Lambda}$가 닫힌집합무리이고 $\bigcap_{\lambda\in\Lambda} C_\lambda = \emptyset$라 하자. 만일 모든 유한집합 $J \subset \Lambda$에 대하여 $\bigcap_{j\in J} = \emptyset$라 하자. 그러면 $\mathfrak{B} := \{\bigcap_{j\in J} C_j \mid J \subset \Lambda\text{는 유한집합}\}$. $(C_\lambda)_{\lambda\in\Lambda}$를 포함하는 휠터기저이다. 따라서 조건 (C3)에 따라 $\mathfrak{B}$가 생성하는 휠터 $\mathfrak{F}$ 는 집적점을 갖는다. 그러나 이것은

$$\emptyset = \bigcap_{\lambda\in\Lambda} C_\lambda \supset \bigcap_{F\in\mathfrak{F}} \overline{F} \neq \emptyset$$

  가 되어 모순이다. 따라서 $\bigcap_{j\in J} C_j = \emptyset$이 성립하는 유한집합 $J \subset \Lambda$가 적어도 하나 존재한다.
- (C2) $\Longrightarrow$ (C3):
  $\mathfrak{F}$가 X의 임의의 휠터라 하자. 휠터의 정의에 따라 유한갱의 $F_1, F_2, \cdots, F_n \in \mathfrak{F}$를 어떻게 잡더라도 $F_1 \cap F_2 \cap \cdots F_n \in \mathfrak{F}$. 특히 $F_1 \cap F_2 \cap \cdots \cap F_n \neq \emptyset$. 따라서 $\bigcap_{F\in\mathfrak{F}} \overline{F} \neq \emptyset$. 그러므로 $\mathfrak{F}$는 집적점을 갖는다. ■

도움정리 6.2.2 $(X, \mathfrak{T})$ 가 컴팩트 공간이라 하자. $\mathfrak{F}$는 A의 휠터이다. A가 $\mathfrak{F}$의 집적점으로 이루어진 집합이라 하자. A가 $\mathfrak{F}$의 집적점 전체로 이루어질 필요는 없다. 그러면 A의 이웃은 $\mathfrak{F}$의 모든 원소와 만난다. 즉 $A \subset U,\ U \in \mathfrak{T} \Longrightarrow U \in \mathfrak{F}$.

증명. U의 여집합 $V := X \setminus U$을 생각하자. 만일 $\mathfrak{F}$의 모든 원소가 V와 만난다 하자. 그러면

$$\mathfrak{B} := \{V\} \cup \mathfrak{F}$$

는 휠터기저이다. 이제 $\mathfrak{B}$가 생성하는 휠터를 $\mathfrak{G}$라 하자. 생성과정으로부터 당연히 $\mathfrak{F} \subset \mathfrak{G}$. 휠터기저 $\mathfrak{B}$와 휠터의 정의로부터 $U = (X \setminus V) \notin \mathfrak{G}$ 가정에서 X는 컴펙트공간이므로 $\mathfrak{G}$는 적어도 1개의 집적점을 갖는다. $p \in X$가 $\mathfrak{G}$의 집적점이라 하자. $p \in A \subset U$라면 $V \in \mathfrak{G}$이지만 $U \cap V = U \cap (X \setminus U) = \emptyset$이 되어 p가 $\mathfrak{G}$의 직적점이란 것에 맞지 않는다. 따라서 $p \notin A$. 그런데 $\mathfrak{G}$는 $\mathfrak{F}$보다 강하기 때문에 p는 $\mathfrak{F}$의 집적점도 되어야 한다. 따라서 $p \in A$가 성립해야 한다. 이것은 모순이다. 따라서 $F \cap V = F \cap (X \setminus U) = \emptyset$ 이 성립하는 $F \in \mathfrak{F}$가 존재한다. 따라서 $F \subset U$ 이고, 휠터의 정의에 따라 $U \in \mathfrak{F}$. ■

X가 컴펙트공간이면서 동시에 Hausdorff 공간이면 X의 휠터 $\mathfrak{F}$가 수렴한다는 것은 $\mathfrak{F}$의 집적점이 딱 1개 뿐이다. 왜냐하면 $p \in X$가 $\mathfrak{F}$의 집적점이면 p의 모든 이웃은 $\mathfrak{F}$의 원소가 되어야 한다. 그러데 X가 Hausdorff 공간이면 서로 다른 두 점 p, q에 대하여 서로 만나지 않는 p의 이웃 U_p, q의 이웃 U_q가 있다. 따라서 서로 다른 p, q가 모두 $\mathfrak{F}$의 집적점이면 $U_p, U_q \in \mathfrak{F}$인데, 이것은 $\emptyset = U_p \cap U_q \in \mathfrak{F}$가 되어 모순이다.

도움정리 6.2.3 X가 Hausdorff 공간이라 하자. 부분공간 A가 컴펙트공간이면 A는 닫힌집합이다.

증명. $X \setminus A$가 열린집합인 것을 보이자. $p \notin A$라 하자. 임의의 $a \in A$에 대하여 X가 Hausdorff space인 것을 생각하면 $a \in U_a, p \in V_{pa}$, $U_a \cap V_{pa} = \emptyset$ 가 되는 열린집합 U_a, V_{pa}가 있다. 가정에서 A는 컴펙트공간이므로 $A \subset U_{a_1} \cup U_{a_2} \cup \cdots \cup U_{i_n}$ 가 성립하는 $a_1, a_2, \cdots, a_n \in A$가 있다. 그러면 $V := V_{pa_1} \cap V_{pa_2} \cap \cdots \cap V_{pa_n}$ 는 p이 열린이웃이고, 특히 $(U_{a_1} \cup U_{a_2} \cup \cdots \cup U_{a_n}) \cap V = \emptyset$. 따라서 $A \cap V = \emptyset$. 이것으로 $X \setminus A$가 열린집합인 것이 증명되었다. ■

정리 6.2.5 X가 컴펙트 Hausdorff 공간이라 하자. 이것은 X가 컴펙트공간이면서 동시에 Hausdorff 공간인 것을 말한다.

1. 부분공간 A가 컴펙트공간일 필요하고 충분한 조건은 A는 닫힌집합인 것이다.
2. A, B가 X의 서로 만나지 않는 닫힌집합이면 $A \subset U$, $B \subset V$, $U \cap V = \emptyset$ 이 성립하는 열린집합 U, V가 있다.

증명. 1. A가 컴펙트 공간이면 **도움정리 6.2.3**에서 A가 닫힌집합인 것을 보았다. 다음으로 A가 닫힌집합이라 하자. A의 열린덮개 $(U_\lambda)_{\lambda \in \Lambda}$가 주어지면, 부분공간의 열린집합의 정

의에 따라

$$U_\lambda = A \cap V_\lambda, \ \lambda \in \Lambda$$

가 성립하는 X의 열린집합 V_λ가 있다. 따라서

$$A = \bigcup_{\lambda \in \Lambda} U_\lambda = \bigcup_{\lambda \in \Lambda} A \cap V_\lambda = A \cap \bigcup_{\lambda \in \Lambda} V_\lambda$$

따라서 $(V_\lambda)_{\lambda \in \Lambda}$는 A의 열린덮개이고, 따라서 $\{X \setminus A\} \cup \{V_\lambda \mid \lambda \in \Lambda\}$ 는 X의 열린덮개이다. 가정에서 X는 컴팩트공간이므로 이 중에서 유한개를 골라서 X의 덮개를 만들 수 있다. 그런데 X의 덮개는 A의 덮개이고, $X \setminus A$는 A의 원소를 한 개도 덮을 수 없기 때문에 유한집합 $J \subset \Lambda$를 찾아서 $A \subset \bigcup_{j \in J} V_j$가 되게 할 수 있다. 결국 A의 임의의 열린덮개 $(U_\lambda)_{\lambda \in \Lambda}$가 주어지면, 유한집합 $J \subset \Lambda$를 찾아

$$A = A \cap \bigcup_{j \in J} V_j = \bigcup_{j \in J} A \cap V_j = \bigcup_{j \in J} U_j$$

가 되게 할 수 있으므로 A는 컴팩트공간이다.

2. A, B는 모두 컴팩트 Hausdorff 공간의 닫힌집합이므로 A, B는 모두 컴팩트공간이다. 도움정리 6.2.3를 생각하자. $A \cap B = \emptyset$이므로 임의의 $b \in B$에 대하여

$$A \subset U_b, \ b \in V_b, \ U_b \cap V_b = \emptyset$$

가 성립하는 X의 열린집합 U_b, V_b가 있다. 그런데 $\{V_b\}_{b \in B}$는 컴팩트공간 B의 열린덮개이므로 유한개를 골라서 B의 덮개를 만들 수 있다. 예를 들어 $B \subset V := V_{b_1} \cup V_{b_2} \cup \cdots \cup V_{b_n}$. 이것에 따라 $U = \bigcap_{i=1}^{n} U_{b_i}$ 라 하자. 그러면 U는 A를 포함하는 유한개의 열린집합의 공통집합이므로 A를 포함하는 열린집합이다. 특히

$$U \cap V = \left(\bigcap_{i=1}^{n} U_{b_i} \right) \cap \left(\bigcup_{i=1}^{n} V_{b_i} \right) \subset \bigcup_{i=1}^{n} \left(U_{b_i} \cap V_{b_i} \right) = \emptyset \qquad \blacksquare$$

컴팩트 Hausdorff 공간의 서로 만나지 않는 닫힌집합 A, B가 서로 만나지 않는 열린이웃을 갖는 것은 다음과 같은 방법으로도 확일 할 수 있다.즉 A의 열린이웃 U와 B의 열린이웃 V가 항상 만난다 하자. 그러면

$$\mathfrak{B} := \{U \cap V \mid U\text{는 } A\text{의 열린이웃}, V\text{는 } B\text{의 열린이웃}\}$$

은 휠터기저이다. X는 컴팩트 Hausdorff 공간이므로 $\mathfrak{B}$가 생성하는 휠터는 적어도 1개의 집적점을 갖는다. 예를 들어 $p \in X$가 $\mathfrak{B}$가 생성하는 휠터의 집적점이라 하자. $p \in X \setminus A$라 하자. 그러면 $A \subset U_p, p \in V_p, U_p \cap V_p = \emptyset$. 이 성립하는 열린집합 U_p, V_p가 있다. 따라서 $p \in A$가 되어야 한다. 같은 이유로 $X \setminus B$의 점은 $\mathfrak{B}$가 생성하는 휠터의 집적점이 될 수 없다. 따라서 $p \in B$. 그러나 이것은 $A \cap B = \emptyset$이므로 모순이다.

정의 6.2.9 [**상대적으로 컴팩트공간**] 위상공간 X의 부분공간 A가 상대적으로 컴팩트공간이라는 것은 $A \subset K \subset X$ 가 되는 컴팩트공간 K가 있는 것이다.

정의로부터 X가 Hausdorff 공간이면 A가 상대적으로 컴팩트공간이라는 말과 A의 폐포(closure) $\overline{A}$가 컴팩트공간이라는 말은 같다.

정리 6.2.6 X가 컴팩트공간이고, $f : X \to Y$가 연속함수이면 $f(X)$는 Y의 컴팩트 부분공간이다.

증명. $f(X)$의 열린덮개 $(V_\lambda)_{\lambda \in \Lambda}$가 주어졌다 하자. 부분공간의 정의에 따라

$$V_\lambda = f(X) \cap U_\lambda,\ \lambda \in \Lambda$$

가 성립하는 Y의 열린집합 U_λ가 있다. 그런데 $f : X \to Y$는 연속함수이므로 $f^{-1}(U_\lambda),\ \lambda \in \Lambda$는 모두 X의 열린집합이다. 특히 $f(X) \subset \bigcup_{\lambda \in \Lambda} U_\lambda$ 이므로

$$X = f^{-1}\big(f(X)\big) \subset f^{-1}\Big(\bigcup_{\lambda \in \Lambda} U_\lambda\Big) = \bigcup_{\lambda \in \Lambda} f^{-1}(U_\lambda) \subset X$$

그런데 가저에서 X는 컴팩트공간이므로 $X = \bigcup_{j \in J} U_j$가 성립하는 유한집합 $J \subset \Lambda$가 있다. 따라서 $f(X) = f\Big(\bigcup_{j \in J} f^{-1}(U_j)\Big) = \bigcup_{j \in J} f\big(f^{-1}(U_j)\big) \subset \bigcup_{j \in J} U_j$.
특히 $f(X) = f(X) \cap \bigcup_{j \in J} U_j = \bigcup_{j \in J} \big(f(X) \cap U_j\big) = \bigcup_{j \in J} V_j$. 이것으로 $f(X)$가 컴팩트공간인 것이 증명되었다. ■

정의 6.2.10 [열린함수, 닫힌함수, 연속함수, 위상동형함수] 위상공간 $(X, \mathfrak{S})$에서 위상공간 $(Y, \mathfrak{T})$로의 함수 $f : X \to Y$를 생각하자.

1. $f^{-1}(\mathfrak{T}) \subset \mathfrak{S}$이면 f를 **연속함수**라 한다.
2. $f : X \to Y$가 전단사함수이고 $f^{-1}(\mathfrak{T}) = \mathfrak{S}$이면 f를 **위상동형함수**라 한다.
3. $f(\mathfrak{S}) \subset \mathfrak{T}$이면 f는 열린함수라 한다.
4. $A \subset X, X \setminus A \in \mathfrak{S}$일 때 $Y \setminus f(A) \in \mathfrak{T}$이면 f를 **닫힌함수**라 한다.

위 정의에서 $f^{-1}(\mathfrak{T}) := \{f^{-1}(V) \mid V \in \mathfrak{T}\}$, $\quad f(\mathfrak{S}) := \{f(U) \mid U \in \mathfrak{S}\}$ 따라서 $f : X \to Y$가 전단사함수일 때, 조건 $f^{-1}(\mathfrak{T}) = \mathfrak{S}$는

$$f^{-1}(\mathfrak{T}) \subset \mathfrak{S} \text{ 이고 } \quad f(\mathfrak{S}) \subset \mathfrak{T}$$

와 같다.

간단히 표혐하면 열린함수란 모든 열린집합 $U \subset X$에 대하여 $f(U) \subset Y$가 열린집합인 것을 말한다. 닫힌함수는 모든 닫힌집합 $C \subset X$에 대하여 $f(C) \subset Y$가 닫힌집합인 것을 말한다. 위상동형함수는 전단함수이면서 동시에 열린함수, 닫힌함수인 것을 말한다.

따름정리 6.2.1 X가 컴펙트공간이고 Y는 Hausdorff 공간이라 하자. 그러면

1. 모든 연속함수 $f : X \to Y$는 닫힌함수이다.
2. 특히 이 경우 $f : X \to Y$가 연속인 전단사함수이면 f는 위상동형사상이다.

증명.

1. C가 X의 닫힌집합이라 하자. X가 컴펙트공간이므로 C도 컴펙트공간이다. $f : X \to Y$가 연속함수이므로 $f|_C : C \to Y$ 도 연속함수이고, 따라서

$$f|_C(C) = f(C)$$

는 Y의 컴펙트 부분공간이다. 그런데 Y는 Hausdorff 공간이므로 $f(C)$는 닫힌집합이다.

2. 앞에서 f는 닫힌함수인 것을 보였다. 임의의 열린집합 $U \subset X$에 대해서 $X \setminus U$는 닫힌집합이다. 따라서 $f(X \setminus U)$는 Y의 닫힌집합이다. 그런데 $f : X \to Y$가 전단사함수인 것에 주의하면

$$f(U) = f\big(X \setminus (X \setminus U)\big) = f(X) \setminus f(X \setminus U) = Y \setminus (f(X \setminus U)$$

$f(X \setminus U)$가 Y의 닫힌집합이므로 $f(U)$는 Y의 열린집합이다. 이것으로 f가 위상동형함수인 것이 증명되었다. ■

정리 6.2.7 [**Tychonoff**] $(X_\lambda)_{\lambda \in \Lambda}$가 위상공간 무리라 하자. $\prod_{\lambda \in \Lambda} X_\lambda$가 컴펙트공간일 필요하고 충분한 조건은 각각의 X_λ, $\lambda \in \Lambda$가 컴펙트공간인 것이다.

증명. 필요성: $\prod_{\lambda \in \Lambda} X_\lambda$가 컴펙트공간이라 하자. 임의의 $\mu \in \Lambda$에 대하여 자연스런 투사함수

$$\mathrm{pr}_\mu : \prod_{\lambda \in \Lambda} X_\lambda \to X_\mu, \quad \mathrm{pr}_\mu(x_\lambda) = x_\mu$$

는 전사인 연속함수이다. 따라서 $X_\mu = \mathrm{pr}_\mu\left(\prod_{\lambda \in \Lambda} X_\lambda\right)$는 연속함수에 의한 컴펙트공간의 그림자이므로 컴펙트공간이다.

충분성: 이제 각각의 $X_\lambda, \lambda \in \Lambda$가 컴펙트공간이라 하자. $\mathfrak{F}$가 $\prod_{\lambda \in \Lambda} X_\lambda$의 극대휠터라 하자. 정리 6.2.4에 따라 $\mathfrak{F}$가 수렴하는 것을 보이면 된다. $\mathfrak{F}$가 $\prod_{\lambda \in \Lambda} X_\lambda$의 극대휠터이므로, 임의의 $\mu \in \Lambda$에 대하여, 자연스런 연속인 투사함수

$$\mathrm{pr}_\mu : \prod_{\lambda \in \Lambda} X_\lambda \to X_\mu$$

에 의한 $\mathfrak{F}$의 그림자

$$\mathrm{pr}_\mu(\mathfrak{F}) := \{\, \mathrm{pr}_\mu(F) \mid F \in \mathfrak{F}\}$$

는 휠터기저이고, 특히 $\mathrm{pr}_\mu(\mathfrak{F})$는 X_μ의 극대휠터기저이다. 가정에서 X_μ는 컴팩트공간이므로 $\mathrm{pr}_\mu(\mathfrak{F})$는 수렴한다. 예를 들어 $\mathrm{pr}_\mu(\mathfrak{F})$가 a_μ로 수렴한다 하자. $\prod_{\lambda\in\Lambda} X_\lambda$에서 (a_λ)의 임의의 이웃 V에 대하여 곱위상의 정의에 따라 유한집합 $J \subset \Lambda$와 $j \in J$에 대하여 $a_j \in X_j$의 열린이웃 U_j가 있어 $\bigcap_{j\in J} \mathrm{pr}_j^{-1}(U_j) \subset V$ 가 된다. 그런데 U_j는 a_j의 이웃이므로 수렴의 정의에 따라 U_j는 $\mathrm{pr}_j(\mathfrak{F})$가 생성하는 휠터의 원소이다. 따라서 $\mathrm{pr}_j^{-1}(U_j) \in \mathfrak{F}$. 여기에 더해서 J가 유한집합인 것을 생각하면 $\bigcap_{j\in J} \mathrm{pr}_j^{-1}(U_j) \in \mathfrak{F}$. 따라서 (a_λ)의 임의의 이웃 V에 대하여 $V \in \mathfrak{F}$으므로 $\mathfrak{F}$는 (a_λ)이 이웃휠터보다 강하고, 휠터의 수렴 정의에 따라 $\mathfrak{F}$는 (a_λ) 로 수렴한다. 이것으로 $\prod_{\lambda\in\Lambda} X_\lambda$가 컴팩트인 것이 증명되었다. ■

제 6.3 절 거리공간으로 가는 연속함수

집합 X에 거리함수 $d : X \times X \to [0,\infty)$ 가 주어지면 X 위에 이 거리에 따른 위상의 정해지는 것을 보았다. 이 위상은 열린공 $B_r(x) := \{y \in X \mid d(y,x) < r, \quad x \in X, r > 0$ 들의 합집합으로 표현될 수 있는 집합 전체로 이루어졌다. X에 이렇게 거리함수로 정해지는 위상이 주어지면 (X,d)를 거리공간이라 했다. A,B가 거리공간 (X,d)의 부분집합일 때

$$d(A,B) := \inf_{x\in A, y\in B} d(x,y)$$

를 두 집합 A,B 사이의 거리라 한다. 특히

$$d\big(\{x\},A\big) = \inf_{y\in A} d(x,y)$$

는 간단히 $d(x,A)$로 나타내고, 점 x에서 집합 A까지의 거리리 한다.

도움정리 6.3.1 A가 거리공간 (X,d)의 부분집합일 때, $x \in \overline{A}$일 필요하고 충분한 조건은 $d(x,A) = 0$ 인 것이다.

증명. 필요성: $x \in \overline{A}$이면 임의의 양수 ε에 대하여 $B_\varepsilon(x) \cap A \neq \emptyset$. 따라서 $d(x,a) < \varepsilon$ 이 성립하는 $a \in A$가 있다. 따라서 $d(x,A) < \varepsilon$. 이것이 모든 양수 ε에 대해서 성립하므로 $d(x,A) = \inf_{a\in A} d(x,a) = 0$.

충분성: U가 점 x의 임의의 이웃이라 하자. 그러면 $B_\varepsilon(x) \subset U$가 성립하는 양수 ε이 있다. $d(x,A) = 0$이므로, 이렇게 정해진 양수 ε에 대하여 $d(x,b) < \varepsilon$이 성립하는 $b \in A$가 있다. 특히

이 원소 $b \in A$는 $B_\varepsilon(x)$의 원소이다. 따라서

$$b \in B_\varepsilon(x) \cap A \subset U \cap A$$

이것으로 x의 임의의 이웃 U에 대해서 $U \cap A \neq \emptyset$이 증명되었다. 따라서 $x \in \overline{A}$. ■

정의 6.3.1 [직경(diameter)] 거리공간 (X,d)의 부분집합 A 에 대하여, A의 직경(diameter)이란 $\text{diam}\,(A) := \sup_{x,y\in A} d(x,y)$ 를 말한다.

정의 6.3.2 [진동(oscillation)] 위상공간 X에서 거리공간 Y로 가는 함수 $f : X \to Y$가 있다. $A \subset X$이고 $p \in \overline{A}$이면 $\omega(p;f) := \inf\{\, \text{diam}\,\big(f(A \cap U)\big) \mid U$는 p의 이웃$\}$ 을 함수 f의 점 $p \in \overline{A}$에서의 **진동(oscillation)**이라 한다. A는 문맥에 따라 판단할 수 있으므로 많은 경우 표시하지 않는다.

거리공간 (X,d_X)에서 거리공간 (Y,d_Y)로의 함수 $f : X \to Y$가 점 $a \in X$에서 연속인 것은 임의의 양수ε에 대하여 다음 조건을 만족시키는 양수 δ가 존재하는 것이다:

$$f\big(B_\delta(a)\big) \subset B_\varepsilon\big(f(a)\big)$$

이것을 직경을 이용해서 표현하면 $\text{diam}\,\Big(f\big(B_\delta(a)\big)\Big) < 2\varepsilon$. 따라서 $f : X \to Y$가 점 $a \in X$에서 연속인 것은 $\omega(a;f) = 0$와 같다.

위상공간 X에서 실수로 가는 함수 $f : X \to \mathbb{R}$가 점 $a \in X$에서 연속인 것은 임의의 양수 ε에 대하여 다음 조건을 만족시키는 a의 이웃 U_ε이 존재하는 것이다:

$$f(U_\varepsilon) \subset \big(-\varepsilon + f(a), f(a) + \varepsilon\big) = B_\varepsilon\big(f(a)\big)$$

많은 경우에 위 조건 중 어느 한쪽만 성립하는 경우가 있다. 즉

$$f(U_\varepsilon) \subset \big(-\infty, f(a) + \varepsilon\big) \quad \text{또는} \quad f(U_\varepsilon) \subset \big(-\varepsilon + f(a), \infty\big)$$

정의 6.3.3 [**한쪽으로 연속인 함수**] $f : X \to \mathbb{R}$이 있다.

1. f가 점 $a \in X$에서 **위쪽으로 연속인 함수**라는 것은 임의의 $r > f(a)$에 대하여 $f(U) \subset (-\infty, r)$ 이 성립하는 a의 이웃 U가 존재하는 것이다.
2. f가 점 $a \in X$에서 **아래 쪽으로 연속인 함수**라는 것은 임의의 $s < f(a)$에 대하여 $f(V) \subset (s, \infty)$ 이 성립하는 a의 이웃 V가 존재하는 것이다.
3. f가 점 a에서 연속인 것은 f가 점 a에서 위쪽으로 연속이면서 동시에 아래쪽으로 연속인 것이다.

도움정리 6.3.2 Y는 거리공간이다. 함수 $f : X \to Y$를 생각하자. X의 부분집합 A에 대하여, 진동 $\omega(\cdot; f) : \overline{A} \to [0, \infty)$, $x \mapsto \omega(x : f)$ 는 위쪽으로 연속인 함수(upper semi-continuous function) 이다.

증명. 임의의 점 $p \in \overline{A}$를 잡자. $\omega(p; f) < r$가 성립하는 임의의 $r \in \mathbb{R}$에 대하여 진동의 정의에 따라 다음이 성립하는 p의 열린이웃 U_r이 있다:

$$\operatorname{diam}\Big(f\big(A \cap U_r\big)\Big) < r$$

그런데 U_r은 열린집합이므로 모든 $a \in A \cap U_r$에 대하여 U_r은 a의 이웃이다. 따라서 다시 진동의 정의에 따라

$$a \in A \cap U_r \implies \omega(a; f) \leq \operatorname{diam}\Big(f\big(A \cap U_r\big)\Big) < r$$

이것으로 $\omega(\cdot; f) : \overline{A} \to [0, \infty)$는 위쪽으로 연속인 함수인 것이 증명되었다. ■

함수 $f : X \to Y$의 진동을 생각할 때 Y는 거리공간이기만 하면 되지만, 대학과정의 수학에서는 많은 경우 Y는 $\mathbb{R}^n$ 로 이해하는 것이 편하다. 특히 $\mathbb{R}^n$이나 $\mathbb{C}^n$은 완비거리공간이다.

정리 6.3.1 함수 $f : X \to Y$를 생각하자. $A \subset X$가 주어졌을 , Y가 완비거리공간면 $p \in \overline{A}$일 때, 다음 둘을 서로 동등하다:

- (C1) $\lim_{x \in A, x \to p} f(x)$ 가 존재한다.
- (C2) $\omega(p; f) = 0$

증명.

- (C1) $\implies$ (C2):

  $\lim_{x \in A, x \to p} f(x) = q \in Y$라 하자. 극한의 정의에 따라 임의의 양수 ε에 대하여, 점 p를 포함하는 X의 열린집합 U_ε이 있어

$$f\big(A \cap U_\varepsilon\big) \subset B_\varepsilon(q)$$

따라서 diam $\left(f(A\cap U_\varepsilon)\right) < 2\varepsilon$. 그러므로 $\omega(p;f) < 2\varepsilon$. 이것이 임의의 양수 ε에 대해서 성립하므로 $\omega(p;f) = 0$.

- (C2) $\Longrightarrow$ (C1):
양수 $\frac{1}{n}, n = 1,2,\cdots$를 생각하자. 진동의 정의에 따라 양수 $\frac{1}{n}$에 대하여

$$\text{diam}\left(f(A\cap V_n)\right) < \frac{1}{n}$$

이 성립하는 $p\in\overline{A}$의 이웃 V_n가 있다. 특히

$$V_1 \supset V_2 \supset \cdots \supset V_n \supset V_{n+1} \supset \cdots$$

가 되도록 잡을 수 있다. 따라서 $y_n \in f(A\cap V_n)$을 아무렇게나 잡아도 (y_n)는 Y의 코시열이다. 그런데 Y는 완비거리공간이므로 (y_n)은 Y에서 한 점 $q\in Y$로 수렴한다. 임의의 양수 ε에 대하여

$$\frac{1}{N} < \frac{\varepsilon}{2}, \quad d(y_N, q) < \frac{\varepsilon}{2}$$

가 성립하는 자연수 N을 잡자. 그러면 $n\geq N$일 때 , $y\in f(A\cap V_n)$이면

$$d(y,q) \leq d(y,y_N) + d(y_N,q) \leq \text{diam}\left(f(A\cap V_N)\right) + \frac{\varepsilon}{2} < \frac{1}{N} + \frac{\varepsilon}{2} = \varepsilon$$

이것으로 $\lim_{x\in A, x\to p} f(x)$가 존재하는 것이 증명되었다. ■

따름정리 6.3.1 위상공간 X에서 거리공간 Y로 가는 함수 $f: X\to Y$를 생각하자. $C := \{x\in X \mid f\text{는 } x\text{에서 연속}\}$ 은 기껏해야 번호를 붙일 수 있을 만큼의 열린집합의 공통집합이다.

증명. $C = \bigcap_{n=1}^{\infty}\{x\in X \mid \omega(X,f) < \frac{1}{n}\}$. ■

정의 6.3.4 [G_δ **집합**] 위상공간 X의 부분집합 A가 G_δ 집합이라는 것은 A가 기껏해야 번호를 붙을 수 있을 만큼의 여린집합의 공통집합으로 표현되는 것을 말한다.

보기 6.3.1 위상공간 X에서 거리공간 Y로 가는 함수 $f: X\to Y$에 대하여 f가 연속인 점들의 집합 $C := \{x\in X \mid f\text{는 } x\text{에서 연속}\}$는 G_δ 집합이다.

보기 6.3.2 $\mathbb{R}$에서 무리수 집합은 G_δ집합이다:

$$\text{무리수 집합} = \bigcap_{x\in\mathbb{Q}} (\mathbb{R}\setminus\{x\}) \qquad \square$$

X가 거리공간이면 임의의 점 $p\in X$에 대하여

$$\{B_{\frac{1}{n}}(p) \mid n = 1, 2, \cdots\}$$

는 가산집합이고 p의 근본이웃체제이다. 따라서 거리공간에서는 $A\subset X$가 주어지면 $p\in\overline{A}$라는 말과 $\lim_{n\to\infty} a_n = p$가 되는 A의 열 $\{a_n\}$이 있다는 말과 같다. 또한 $\{p\} = \bigcap_{n=1}^{\infty} B_{\frac{1}{n}}(p)$. 거리공간에서는 한 점으로 이루어진 집합은 모두 닫힌집합이다. 따라서 유한개의 점으로 이루어진 집합은 모두 닫힌집합이다. 더구나 닫힌집합은 모두 가산개의 열린집합들의 공통집합으로 표현된다.

도움정리 6.3.3 (X,d)는 거리공간이고 B는 공집합이 아닌 부분집합이다. 그러면 $d_B : X\to[0,\infty)$, $d_B(x) := \inf\{d(x,b) \mid b\in B\}$ 는 연속함수이다.

증명. 임의의 $x,y\in X$에 대하여 $d(x,b)\le d(x,y)+d(y,b), \forall b\in B$. 따라서

$$d(x,B) = \inf_{b\in B} d(x,b) \le \inf b\in B\Big(d(x,y)+d(y,b)\Big) = d(x,y) + \inf_{b\in B} d(y,b) = d(x,y)+d(y,B)$$

이 식에서 $\big|d(x,B)-d(y,B)\big| \le d(x,y)$ 를 얻고, 따라서 $d(\cdot,B) : X\to\mathbb{R}$은 연속함수이다. ■

보기 6.3.3 $A\subset X$는 닫힌집합이다. 그러면 $V_n := \{x\in X \mid d(x,A) < \frac{1}{n}\}$은 연속함수 $d(\cdot,A) : X\to\mathbb{R}$에 의한 열린집합 $(-\infty,\frac{1}{n})\subset\mathbb{R}$의 거꿀그림자이므로 열린집합이다. 다음으로 $x\notin A$이면 $x\notin\overline{A}=A$이므로 $d(x,A)>0$. 그러므로 $x\notin V_n$이 성립하는 자연수 n이 있다. 따라서

$$A = \bigcap_{n=1}^{\infty} V_n, \quad V_n := \{x\in X \mid d(x,A) < \frac{1}{n}\}$$

정리하면 거리공간의 닫힌 부분집합은 G_δ집합이다.

보기 6.3.4 함수 $f:\mathbb{R}\to\mathbb{R}$을 다음과 같이 정의하자.

$$f(x) := \begin{cases} 1, & x\in\mathbb{Z}, \\ \frac{1}{q}, & x\in\mathbb{Q}\setminus\mathbb{Z}, x=\frac{p}{q},\ p,q\text{는 서로 소} \\ 0, & x\text{는 무리수} \end{cases}$$

이 함수 f는 모든 무리수에서 연속인고, 모든 유리수에서 불연속인 함수이다.

<**풀이**> f는 모든 유리수에서 불연속이다:
정의로부터 $x\in\mathbb{Q}$이면 $f(x)>0$. 그런데 무리수 집합은 $\mathbb{R}$의 조밀한 부분집합이므로 x로 수렴하는 무리수 열 $\{p_n\}$이 있다. 그런데 $\lim_{n\to\infty}f(p_n)=\lim_{n\to\infty}0=0\neq f(x)$.
따라서 f는 모든 유리수 $x\in\mathbb{Q}$에서 불연속이다.

f는 모든 무리수에서 연속이다:
y를 임의로 잡은 무리수라 하자. 임의의 정한 양수 ε에 대해서

$$(-1+y,y+1)\cap\{\frac{m}{n}\mid\varepsilon\leq\frac{1}{n},m,n\in\mathbb{Z}\}$$

는 유한집합이다. 따라서 $\delta=\min\{|y-\frac{m}{n}|\mid m,n\in\mathbb{Z},\ \varepsilon\leq\frac{1}{n}\}$는 양수이고

$$|x-y|<\delta \implies \big|f(x)-f(y)\big| = \begin{cases} 0, & x\text{는 무리수} \\ <\varepsilon, & x\text{는 유리수} \end{cases}$$ □

거리공간에서 정의된 함수의 연속성은 열의 수렴으로도 판별한 수 있다.

도움정리 6.3.4 거리공간 X에서 정의된 함수 $f:X\to Y$에 대해서, f가 점 $p\in X$에서 연속인 것은 p로 수렴하는 임의의 X의 열 $\{x_n\}$ 에 대하여 $\{f(x_n)\}$은 $f(p)\in Y$로 수렴하는 것과 동등하다.

증명. 필요성: f가 점 p에서 연속이면, $f(p)$의 임의의 이웃 V에 대하여 $f\big(B_\varepsilon(p)\big)\subset V$가 되는 양수 ε이 있다, 그런데 $\{x_n\}$은 p로 수렴하므로

$$n\geq n_0 \implies x_n\in B_\varepsilon(p)$$

가 성립하는 자연수 n_0가 있다. 따라서 $n\geq n_0$이면 $f(x_n)\in V$. 이것으로 열 $\{f(x_n)\}$이 $f(p)$로 수렴하는 것이 증명되었다.

충분성: 만일 f가 p에서 연속이 아니라 하자. 그러면 자연수 n을 어떻게 잡더라도 $d(x_n,p)<\frac{1}{n}$ 이지만 $f(x_n)\notin V$ 가 성립하는 $f(p)$의 이웃 V가 존재한다. 그러나 이렇게 정해지는 X의 열

$\{x_n\}$은 $p \in X$로 수렴하지만, $\{f(x_n)\}$은 $f(p)$ 로 수렴하지 않는다. 따라서 f는 p에서 연속이다. ■

가장 중요한 위상공간 $\mathbb{R}^n$을 생각하자. $\mathbb{R}^n$은 내적이 정의된 벡터공간이다. $\mathbb{R}^n$의 내적은

$$\langle \mathbf{x}, \mathbf{y} \rangle := x_1 y_1 + \cdots + x_n y_n$$

로 정의되었다. 여기서 $\mathbf{x} = (x_1, x_2, \cdots, x_n)$은 $\mathbb{R}^n$의 일반적인 점을 나타낸다. 이 내적을 이용해서

$$\|\mathbf{x}\| := \sqrt{\langle \mathbf{x}, \mathbf{x} \rangle} = \sqrt{x_1^2 + x_2^2 + \cdots + x_n^2}$$

노음을 정의했고, $\mathbb{R}^n$은 노음공간이 되었다. 따라서 $d(\mathbf{x}, \mathbf{y}) := \|\mathbf{x} - \mathbf{y}\|$를 두 점 $\mathbf{x}, \mathbf{y}$ 사이의 거리로 하여 $\mathbb{R}^n$은 거리공간이다. 거리공간으로서 $\mathbb{R}^n$의 임의의 점 $\mathbf{p} \in \mathbb{R}^n$은 가산집합이 되는 근본이웃체제를 갖는다. 예를 들어

$$\{B_{\frac{1}{n}}(\mathbf{p}) \mid n = 1, 2, 3, \cdots\}$$

는 가산집합이 점 $\mathbf{p}$의 근본이웃체제이다. 더구나

$$\{B_r(\mathbf{p}) \mid r > 0, r \in \mathbb{Q},\ \mathbf{p} \in \mathbb{Q}^n\}$$

은 위상공간 $\mathbb{R}^n$의 가산집합인 기저이다. 이것은 중요한 성질이다.

> **정의 6.3.5** [**제2가산공간(second countable space)**] 위상공간 X가 제2가산공간이란 위상공간 X가 가산집합인 기저를 갖는 것이다.

정의에 따라 $\mathbb{R}^n$은 제2가산공간이다. 다른 한편으로 $\mathbb{R}$은
열린구간 $(0,1) := \{x \in \mathbb{R} \mid 0 < x < 1\}$와 위상동형이다. 따라서 $\mathbb{R}^n$은 $\prod_{i=1}^n (0,1)$과 위상동형이다. 또한 $\mathbb{R}^n$은 집합 $n = \{0, 1, 2, \cdots, n-1\}$에서 $\mathbb{R}$로의 함수 전체와 같은 것으로 볼 수 있다. 왜냐하면 $f : n \to \mathbb{R}$이 주어지면

$$\big(f(0), f(1), \cdots, f(n-1)\big) \in \mathbb{R}^n$$

이 대응되고, 또 $\mathbf{x} = (x_1 . x_2, \cdots, x_n) \in \mathbb{R}^n$이 주어지면, 함수

$$\mathbf{x} : n \to \mathbb{R},\ \mathbf{x}(i) = x_{i+1} \in \mathbb{R},\ i = 0, 1, 2, \cdots, n-1$$

가 대응되기 때문이다. 일반적으로 두 집합 A, B가 주어지면 A에서 B로의 함수 전체로 이루어진 집합을 B^A로 나타낸다:

$$B^A := \{f \mid f : A \to B\}$$

이 표현에 따르면 $\mathbb{R}^n$은 집합 $n = \{0,1,2,\cdots,n-1\}$ 에서 실수집합 $\mathbb{R}$로의 함수 전체로 이루어진 집합이다. 이제 닫힌구간 $[0,1]$을 $I = \{x \in \mathbb{R} \mid 0 \leq x \leq 1\}$로 나타내면

$$\prod_{i=1}^{n}(0,1) \subset I^n$$

이고 $\mathbb{R}^n$은 I^n의 부분공간과 위상동형이다.

정리 6.3.2 X가 거리공간이라 하자. 다음 조건은 서로 동등하다.

- (M1) X는 제2가산공간이다.
- (M2) X는 가산집합면서 동시에 조밀한 부분집합을 갖는다.
- (M3) X는 $I^{\mathbb{N}}$의 부분공간과 위상동형이다. 여기서

$$I = [0,1] \subset \mathbb{R}, \quad I^{\mathbb{N}} = \prod_{n=1}^{\infty} I$$

증명. 간단한 것부터 증명하자.

- (M1) $\Longrightarrow$ (M2): $\mathfrak{B} := \{B_n \mid n = 1,2,3,\cdots\}$을 X의 가산집합이 기저라 하자. 기저의 정의에 따라 X의 열린집합은 $\mathfrak{B}$의 원소의 합집합으로 표현된다. 따라서 $D := \{d_n \mid d_n \in B_n, n = 1,2,3,\cdots\}$로 잡으면 D는 가산집합고, X의 임의의 열린집합은 D와 만난다. 따라서 $\overline{D} = X$가 되어 D는 조밀한 집합이다.
- (M3) $\Longrightarrow$ (M1): $\mathbb{R}$은 제2가산공간이기 때문에 $I = [0,1]$도 제2가산공간이다. 따라서 I의 가산개의 곱위상 $I^{\mathbb{N}}$도 제2가산공간이다. 따라서 $I^{\mathbb{N}}$의 모든 부분공간은 제2가산공간이다. 그러므로 X가 $I^{\mathbb{N}}$의 부분공간과 위상동형이면 X도 제2가산공간이다.
- (M2) $\Longrightarrow$ (M3): $D = \{p_0, p_1, p_2, p_2, \cdots\}$를 X의 조밀한 집합이라 하자. 따라서 임의의 $x \in X$와 양수 ε에 대하여

$$B_\varepsilon(x) \cap D \neq \emptyset$$

함수 $\phi : X \to I^{\mathbb{N}}$을 다음과 같이 정의하자.

$$\phi(x) := \big(d(x,p_0), d(x,p_1), d(x,p_2), \cdots\cdots\big) \in I^{\mathbb{N}}, \quad \mathbb{N} = \{0,1,2,3\cdots\}$$

  - 임의의 $k \in \mathbb{N}$에 대하여 자연스런 투사함수 $\mathrm{pr}_k : I^{\mathbb{N}} \to [0,1]$를 생각하면

$$pr_k \circ \phi : X \to [0,1], \quad (\mathrm{pr}_k \circ \phi)(x) = \mathrm{pr}_k\big(\phi(x)\big) = d(x,p_k)$$

  는 연속함수이다. 따라서 $\phi : X \to I^{\mathbb{N}}$는 각각의 성분함수가 연속함수이므로 연속함수이다.
  - $\phi(x) = \phi(y)$라 하자. 함수 $\phi : X \to I^{\mathbb{N}}$의 정의에 따라

$$d(x,p_n) = d(y,p_n), \; n = 0,1,2,3,\cdots$$

만일 $x \neq y$이면 X는 거리공간이므로 $d(x,y) > 0$이다. 따라서 $\varepsilon = \frac{1}{2}d(x,y) > 0$로 잡으면 $d_k \in B_\varepsilon(x)$에 대해서

$$d(x,y) \leq d(x,p_k) + d(p_k,y) = 2d(x,p_k) < 2\varepsilon = d(x,y)$$

이것은 모순이다. 때문에 $x = y$가 되어야 하고, 함수 ϕ는 단사함수이다.

◦ 임의의 점 $p \in X$와 양수 ε에 대하여 $d(p,p_k) < \frac{1}{3}\varepsilon$이 성리하는 $p_k \in D$를 잡자. 집합

$$U := \{x \in B_\varepsilon(p) \mid \left|d(x,p_k) - d(p,p_k)\right| < \frac{1}{3}\varepsilon$$

는 p를 포함하는 열린집합이므로 p이 이웃이다. 다음으로

$$\phi(U) \supset \left(\left(-\frac{\varepsilon}{3} + d(p,p_k), d(p,p_k) + \frac{\varepsilon}{3}\right) \times \prod_{n \neq k} I\right) \cap \phi(X)$$

이것은 $\phi(U)$가 $I^{\mathbb{N}}$의 부분공간 $\phi(X)$에서 점 $\phi(p)$를 포함하는 이웃인 것을 말한다.

이것으로 $\phi : X \to \phi(X)$가 위상동형함수인 것이 증명되었다. ■

도움정리 6.3.5 $f : \mathbb{R} \to \mathbb{R}$이 증가함수라 하자. 그러면 $D := \{x \in \mathbb{R} \mid f\text{는 } x\text{에서 불연속}\}$ 는 기껏해야 번호를 붙일 수 있을 만큼 많은 원소를 갖는 집합이다.

증명. $d \in D$ 라 하자. 그러면 $A_d := \{f(x) \mid x < d\}$ 는 위로 유계인 집합이다. $f(d)$는 A_d의 상계이다. 따라서 $\sup A_d \in \mathbb{R}$는 존재하고 $\sup A_d \leq f(d)$. 같은 생각으로 $B_d := \{f(y) \mid d < y\}$ 는 아래로 유계인고, $f(d)$는 B_d의 하계이다 따라서 $f(d) \leq \inf B_d$. 따라서 f가 d에서 불연속인 것은 $\sup A_d < \inf B_d$와 동등하다. $D \neq \emptyset$이면 함수 $\phi : D \to \mathbb{Q}$를 다음과 같이 정하자:

$$\phi : D \to \mathbb{Q}, \quad \phi(d) := q_d, q_d \text{ 는 구간 } (\sup A_d, \inf B_d) \text{ 에 있는 유리수}$$

이제 ϕ 가 단사함수인 것을 보이면 충분하다. $d_1, d_2 \in D$이고 $d_1 < d_2$라 하자.
그러면 $d_1 < c_1 < c_2 < d_2$가 성립하는 임의의 c_1, c_2 에 대하여 , f가 증가함수인 것을 생각하

$$\inf B_{d_1} \leq c_1 < c_2 \leq \sup A_{d_2}$$

따라서

$$\left(\inf A_{d_1}, \inf B_{d_1}\right) \cap \left(\sup A_{d_2}, \inf B_{d_2}\right) = \emptyset$$

그런데 함수 $\phi : D \to \mathbb{Q}$의 정의에 따라

$$\phi(d_1) \in \left(\inf A_{d_1}, \inf B_{d_1}, \quad \phi(d_2) \in \left(\sup A_{d_2}, \inf B_{d_2}\right)\right.$$

이므로 ϕ는 단사함수이다. ■

정의 6.3.6 [볼록함수] 실수집합의 구간 I에서 정의된 함수 $f: I \to \mathbb{R}$가

$$f((1-\lambda)x+\lambda y) \leq (1-\lambda)f(x)+\lambda f(y), \quad x, y \in I,\ 0 \leq \lambda \leq 1$$

을 만족시키면 f를 볼록함수(convex function)이라 한다.

볼록함수의 정의는 임의의 함수가 정의된 구간에 있는 임의의 서로 다른 두 점 $x, y, x<y$ 에 대하여

- 구간 $[x,y]$ 에서 함수 f의 그래프는 두 점 $(x, f(x)), (y, f(y))$를 잇는 직선의 그래프의 아래쪽에 있고
- 구간 $[x,y]$ 밖에서는 함수 f의 그래프는 두 점 $(x, f(x)), (y, f(y))$를 잇는 직선의 그래프의 위쪽에 있다

는 말이다.

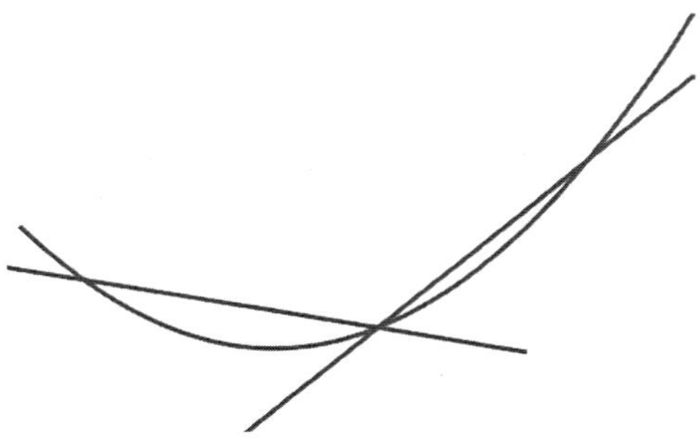

따라서

$$f(t) \leq \frac{f(y)-f(x)}{y-x}(t-x)+f(x), \quad t \in [x,t]$$
$$f(t) \geq \frac{f(y)-f(x)}{y-x}(t-x)+f(x), \quad t \notin [x,y]$$

도움정리 6.3.6 볼록함수는 모두 연속함수이다.

증명. 구간 (a,b)가 볼록함수 f의 정의역에 있다 하자. 임의의 $p \in (a,b)$에 대하여

$$a<p<q<b$$

가 성립하는 q 를 잡자. 볼록함수의 정의에 따라

$$f(t) \le \frac{f(q)-f(p)}{q-p}(t-p)+f(p),\ t \in [p,q]$$
$$f(t) \le \frac{f(q)-f(p)}{q-p}(t-p)+f(p),\ t \notin [p,q]$$

를 얻는다. 같은 생각으로 $a<r<p<b$가 성립하는 r을 잡으면

$$f(s) \le \frac{f(r)-f(p)}{r-p}(s-p)+f(p), \quad s \in [r,p]$$
$$f(s) \ge \frac{f(r)-f(p)}{r-p}(s-p)+f(p), \quad s \notin [r,p]$$

따라서

$$\begin{aligned} 0 \le \left|f(u)-f(p)\right| &\le \max\{\left|\frac{f(q)-f(p)}{q-p}\right|,\left|\frac{f(r)-f(p)}{r-p}\right|\}|u-p| \\ &= M|u-p|, \quad r<u<q \end{aligned}$$

위 식에서 $M=\max\{\left|\frac{f(q)-f(p)}{q-p}\right|,\left|\frac{f(r)-f(p)}{r-p}\right|\}$. 이제 임의의 양수 ε에 대해서 $\delta=\frac{\varepsilon}{M+1}$로 잡으면

$$u \in (a,b), |u-p|<\delta \implies \left|f(u)-f(p)\right| \le M\cdot\delta < \varepsilon \qquad \blacksquare$$

보기 6.3.4에서 모든 무리수에서 연속이지만, 모든 유리수에서 불연속인 함수가 있는 것을 보았다. 그런데

모든 무리수에서 불연속이지만, 모든 유리수에서 연속인 함수가 있는가?

이런 함수는 없다. 이것을 확인하는 것은

유리수 집합은 G_δ 집합이 아니다

는 것을 확인하면 충분하다. 왜냐하면 **따름정리 6.3.1**에서 함수가 연속인 점들로 이루어진 집합은 G_δ 집합이기 때문이다.

정리 6.3.3 [Baire] X가 완비거리공간이라 하자. 만일 X의 닫힌부분집합 열 $\{X_n\}_{n=1}^{\infty}$이

$$\text{int}X_n=\emptyset, \forall n=1,2,3,\cdots$$

이면 $\text{int}\left(\bigcup_{n=1}^{\infty}X_n\right)=\emptyset$.

증명. 이 정리는 알맹이가 없는 집합을 기껏해야 번호를 붙을 수 있을 만큼 합집합을 해도 알맹이가 생기지 않는 다는 것으로 기억하면 좋다.

- $\mathrm{int}X_n = \emptyset$이므로 임의의 열린집합 $U \neq \emptyset$에 대하여 $U \not\subset X_n$. 이것은 임의의 열린집합 $U, U \neq \emptyset$에 대해서
$$U \cap (X \setminus X_n) \neq \emptyset,\ n = 1,2,3,\cdots$$
따라서 $\mathcal{O}_n := X \setminus X_n, n = 1,2,3,\cdots$는 모두 X의 조밀한 열린집합이다. 그런데
$$\bigcap_{n=1}^{\infty} \mathcal{O}_n = \bigcap_{n=1}^{\infty} (X \setminus X_n) = X \setminus \bigcup_{n=1}^{\infty} X_n$$
이므로 $\mathrm{int}\left(\bigcup_{n=1}^{\infty} X_n\right) = \emptyset$이라는 것은 $\bigcap_{n=1}^{\infty} \mathcal{O}_n$가 X의 조밀한 집합인 것과 같다.
- $\mathcal{O} := \bigcap_{n=1}^{\infty} \mathcal{O}_n$가 x의 조밀한 부분집합인 것을 보이는 것은 X의 임의의 공집합이 아닌 열린집합 U에 대하여 $U \cap \mathcal{O} \neq \emptyset$ 인 것을 보이면 충분하다.
- U는 공집합이 아니므로 $\overline{B}_{r_0}(u_0) \subset U$ 가 성립하는 $u_0 \in U, r_0 > 0$를 잡자.
가정에서 $B_{r_0}(u_0) \cap \mathcal{O}_1 \neq \emptyset$이므로
$$\overline{B}_{r_1}(u_1) \subset \left(B_{r_0}(u_0) \cap \mathcal{O}_1\right)$$
가 성립하는 $u_1 \in B_{r_0}(u_0), 0 < r_1 < \frac{r_0}{2}$이 있다. 같은 생각으로
$$\overline{B}_{r_2}(u_2) \subset \left(B_{r_1}(u_1) \cap \mathcal{O}_2\right), \quad 0 < r_2 < \frac{r_1}{2}$$
가 성립하는 $u_2 \in B_{r_1}(u_1), 0 < r_2 < \frac{r_1}{2}$를 잡을 수 있다. 수학적 귀납법을 이용하여, 이렇게 잡은 $\{x_n\}, \{r_n\}$은 다음을 만족시키는 것을 알 수 있다:
$$\overline{B}_{r_{n+1}}(u_{n+1}) \subset \left(B_{r_n}(u_n) \cap \mathcal{O}_{n+1}\right),\ 0 < r_{n+1} < \frac{r_n}{2},\ n = 0,1,2,3,\cdots$$
- 잡은 방법으로부터 $\{u_n\}$은 코쉬 열이다. 가정에서 X는 완비거리공간이므로 $u_n \to v \in X$.
특히 $u_{n+p} \in B_{r_n}(u_n), \quad \forall n, p \geq 0$ 인 것에 주의하면 $v \in \overline{B}_{r_n}(u_n) \cap \mathcal{O}_n,\ n \geq 0$. 따라서
$$v \in \bigcap_{n=1}^{\infty} (U \cap \mathcal{O}_n) = U \cap \bigcap_{n=1}^{\infty} \mathcal{O}_n = U \cap \mathcal{O} \qquad \blacksquare$$

따름정리 6.3.2 모든 유리수 점에서 연속이고, 모든 무리수 점에서 불연속인 함수 $f : \mathbb{R} \to \mathbb{R}$은 없다.

증명. 유리수 집합이 G_δ 집합인 아닌 것을 보이면 충분하다. 만일 유리수 집합이 G_δ집합이미
$$\text{유리수 집합} = \bigcap_{n=1}^{\infty} \mathcal{O}_n$$

이 성립하는 $\mathbb{R}$의 열린집합 무리 $\{\mathcal{O}_n\}_{n=1}^{\infty}$가 존재한다. 특히 $\mathcal{O}_n$은 모든 유리수를 포함하는 열린집합이므로 $\mathrm{int}(\mathbb{R}\setminus\mathcal{O}_n)=\emptyset$. 그런데

$$\text{무리수 집합} = \mathbb{R}\setminus\setminus \text{ 유리수 집합} = \mathbb{R}\setminus\bigcap_{n=1}^{\infty}\mathcal{O}_n = \bigcup_{n=1}^{\infty}(\mathbb{R}\setminus\mathcal{O}_n)$$

따라서

$$\mathbb{R} = \text{ 무리수 집합} \cup \text{ 유리수 집합 } = \Big(\bigcup_{n=1}(\mathbb{R}\setminus\mathcal{O}_n)\Big)\cup\bigcup_{q\in\mathbb{Q}}\{q\}$$

그러나 이것은 $\mathbb{R}\setminus\mathcal{O}_n, n=1,2,\cdots$는 모두 내부가 없는 닫힌집합이고, $\{q\}, q\in\mathbb{Q}$도 내부가 없는 닫힌집합인 것에 주의하면, 기껏해야 번호를 붙일 수 있을 만큼 많은 내부가 없는 닫힌집합 무리의 합집합으로 완비거리공간 $\mathbb{R}$이 표현된 것을 의미하므로 불가능하다. ■

제 6.4 절　보기 문제

6.1. $\mathbb{N}$에서의 위상

$$\mathfrak{F} := \{\mathbb{N}\setminus F \mid F\text{는 유한집합}\}\cup\{\emptyset\}$$

을 생각하자.

1. 함수 $f:\mathbb{N}\to\mathbb{R},\ f(n)=n, \forall n\in\mathbb{N}$의 연속성을 조사하여라.
2. 함수 $f:\mathbb{N}\to\mathbb{R},\ f(n)=n, \forall n\in\mathbb{N}$의 임의의 점 $n\in\mathbb{N}$에서의 진동(oscillation) $\omega(f,n)$를 구하여라.
3. 자연수가 아닌 실수 M에 대하여, 함수 $g:\mathbb{N}\to\mathbb{R}, g(n)=n, n\le M, g(k)=M, k\ge M$을 생각하자. 함수 g의 연속성을 조사하라.
4. 자연수가 아닌 실수 M에 대하여, 함수 $g:\mathbb{N}\to\mathbb{R}, g(n)=n, n\le M, g(k)=M, k\ge M$을 생각하자. 함수 g의 임의의 점 $n\in\mathbb{N}$에서 진동을 구하여라.
5. $0\in\mathbb{N}$ 딱 한 점에서만 연속인 함수 $h:(\mathbb{N},\mathfrak{F})\to\mathbb{R}$이 존재할 수 있는가?

<**해설**> ▷

1. f는 모든 점에서 불연속이다. 왜냐하면 임의의 $n\in\mathbb{N}$에 대하여 $(-1+n,n+1)\subset\mathbb{R}$은 n을 포함하는 $\mathbb{R}$의 열린집합이다. 그런데

$$f^{-1}\big((-1+n,n+1)\big)=\{n\}$$

이지만 $\{n\}$은 $(\mathbb{N},\mathfrak{F})$의 어떠한 열린집합도 포함할 수 있다. 공집합이 아닌 $(\mathbb{N},\mathfrak{F})$의 열린집합은 모두 무한집합이다.

2. $n\in\mathbb{N}$의 임의의 이웃 U에 대하여 $f(U)=U\subset\mathbb{R}$은 유계가 아닌 무한집합이다. 따라서 $\mathrm{diam}(U)=\infty$이고, $\omega(n,f)=\infty$
3. g는 $\{n\in\mathbb{N}\mid n\le M\}$에서 불연속이고, $\{k\in\mathbb{N}\mid k\ge M\}$에서 연속이다.

4. $n \in \mathbb{N}, n \le M$이면 $\omega(g,n) = |n-M|$이고, $n \ge M$이면 $\omega(g,n) = 0$.
5. $U_n := \mathbb{N} \setminus \{n\}, n = 1,2,3,\cdots$라 두면 U_n은 모두 0을 포함하는 열린집합이다. 더욱

$$\{0\} = \bigcap_{n=1}^{\infty} U_n$$

이므로 $\{0\}$은 G_δ 집합이다. 따라서 $\{0\}$에서만 연속인 함수가 존재할 가능성이 있다. 실제로

$$h : (\mathbb{N}, \mathfrak{F}) \to \mathbb{R},\ h(n) := \begin{cases} 0, & n = 0 \\ \frac{1}{n}, & n \ge 1 \end{cases}$$

라 하면 h는 0에서는 연속이고, 0이 아닌 모든 점에서 불연속이다.

6.2. $f : [a,b] \to \mathbb{R}$인 연속인 순증가함수이다. $[a,b]$와 $f([a,b])$는 위상동형인 것을 보여라.

<**해설**> ▷

- f는 순증가함수이므로 $x, y \in [a,b], x < y$이면 $f(x) < f(y)$. 따라서 $f : [a,b] \to f([a,b])$는 전단사함수이다. 그러므로 $f : [a,b] \to f([a,])$가 닫힌함수인 것을 보이면 충분하다.
- K가 $[a,b]$의 닫힌집합이면 $[a,b]$는컴펙트 공간이므로 K도 컴펙트 공간이다. 따라서 $f(K)$도 연속함수에 의한 컴펙트 공간의 그림자이므로 컴펙트 공간이다. 따라서 $f(K)$는 $\mathbb{R}$의 닫힌집합이다.

6.3. [칸토르 집합] 실수의 구간 $I_0 = [0,1] := \{x \in \mathbb{R} \mid 0 \le x \le 1\}$ 3등분하여 가운데 토막을 버리고 양쪽 끝 두 닫힌구간은 $I_{00} := [0, \frac{1}{3}], I_{02} := [\frac{2}{3}, 1]$을 고른다. $I_1 := I_{00} \cup I_{02}$라 하자. 같은 방법으로 각각의 구간 I_{00}, I_{02}를 3등분하여, 가운데 토막을 버리고 양쪽 끝 두 구간을 택한다. 각각의 구간을 차례로

$$I_{000} = [0, \frac{1}{3^2}], I_{002} := [\frac{2}{9}, \frac{3}{9}], I_{020} := [\frac{6}{9}, \frac{7}{9}], I_{022} := [\frac{8}{9}, 1]$$

$I_2 = I_{000} \cup I_{002} \cup I_{020} \cup I_{022}$라 하자. 이제 수학적 귀납법을 써서 다음 컴펙트 집합 열을 얻는다:

$$I_0 \supset I_1 \supset I_2 \supset \cdots$$

$C = \bigcup_{n=0}^{\infty} I_n$이라 두자. 이것을 칸토를 집합이라 한다.

1. I_n은 몇 개의 서로 만나지 않는 구간으로 구성되는가? 각각의 구간의 길이는?
2. $C \ne \emptyset$인 것을 보여라.
3. $|C| = |\mathbb{R}| = \mathfrak{c}$인 것을 보여라.
4. $\text{int}\, C$와 C의 도집합을 구하여라.
5. 3. 에서 정의된 함수 $\phi : C \to 2^{\mathbb{N}}$의 역함수는 무엇인가?

<**해설**> ▷

1. 2^n 개. 각각의 구간의 길이는 $\frac{1}{3^n}$.
2. 각각의 I_n은 유계인 닫힌집합이므로 컴팩트 공간이다. 임의의 자연수 $N > 0$에 대하여 $\emptyset \neq I_N = \bigcap_{n=0}^{N} I_n = I_N$이므로 **정리 6.2.4** 에 따라 C는 공집합이 아닌 컴팩트 공간이다.
3. C의 정의에 따라 $x \in C$일 필요충분조건은 $x \in I_n, n = 0,1,2,3,\cdots$. 그런데 I_n은 0과 2로 이루어진, 서로 만나지 않는, 길이가 $n+1$인 열 $\omega^n = (\omega_0\omega_1\cdots\omega_n)$에 대응되는 2^n개의 길이가 $\frac{1}{3^n}$인 구간 I_ω의 합집합이다. 따라서 전단사함수

$$\phi : C \to \{0,2\}^{\mathbb{N}} := \{\omega : \mathbb{N} \to \{0,2\}\}$$

가 있다. 따라서 $|C| = |\{0,2\}^{\mathbb{N}}| = 2^{\aleph_0} = \mathfrak{c} = |\mathbb{R}|$.
4. C는 닫힌집합이다. 임의의 $x \in C$는 I_{ω^n}에 속한다. 여기서 $\omega^n = (\omega_0\omega_1\cdots\omega_n)$은 0과 2로 이루어진 열이다. 그런데 $\eta : \mathbb{N} \to \{0,2\}$ 가

$$\eta(k) \equiv \eta_k = \omega_k,\ 0 \le k \le n$$

를 만족시키는 모든 열 η에 대해서 $\{x \in C \mid \phi(x) = \eta\} \subset I_{\omega^n}\}$인 것과, I_{ω^2}의 길이는 $\frac{1}{3^n}$인 것에 주의하면 $C' = C$이고, $\operatorname{int} C = \emptyset$이다.
5. $\psi : \{0,2\}^{\mathbb{N}} \to C,\ \psi(\omega) := \sum_{n=1} \frac{\omega(n)}{3^n}$. 수렴의 수렴성일 생각하면 C는 $\mathbb{R}$의 부분공간으로서 컴팩트 공간 $\{0,2\}$의 곱위상 $\{0,2\}^{\mathbb{N}} = \prod_{n=0}^{\infty}\{0,2\}$와 위상동형이다. ϕ는 위상동형함수다.

6.4. [칸토를 집합]

1. 칸토르 집합 C는 G_δ집합인 것을 보여라.
2. 칸토르 집합 C의 모든 점에서 연속이고, $\mathbb{R} \setminus C$에 있는 모든 점에서 불연속인 함수 $f : \mathbb{R} \to \mathbb{R}$이 있는가?

<**해설**> ▷

1. **보기 6.3.3** 에서 거리공간의 모든 닫힌집합은 G_δ 집합인 것을 보았다. 실제로 $U_n := \{x \in \mathbb{R} \mid d(C,x) < \frac{1}{n}\}$이라 두면 $U_n, n = 1,2,3,\cdots$는 모두 열린집합이고 $C = \bigcap_{n=1}^{\infty} U_n$ 이므로 C는 G_δ집합이다.
2. C는 유계인 닫힌집합이다. 따라서**보기 6.3.3** 에 따라 $\mathbb{R} \setminus C$는 번호를 붙일 수 있을 만큼 많은 서로 만나지 않는 열린구간 $J_n := (a_n, b_n), n = 1,2,3,\cdots$들의 합집합이다:

$$\mathbb{R} \setminus C = \bigcup_{n=1}^{\infty} J_n$$

J_n 중에 $(-\infty,0)$와 $(1,\infty)$가 있다. $J_0 = (-\infty,0)$, $J_1 = (1,\infty)$라 하자.

$$\alpha : \mathbb{R} \to \mathbb{R},\ \alpha(x) := \begin{cases} x, & x\text{는 0보다 작은 유리수} \\ 0, & x\text{ 는 무리수 또는 } x \ge 0 \end{cases}$$

는 구간 $(-\infty, 0)$의 모든 점에서 불연속이다. 같은 생각으로

$$\beta : \mathbb{R} \to \mathbb{R}, \quad \beta(x) = \begin{cases} x-1, & x\text{는 1보다 큰 유리수} \\ 0, & x\text{는 무리수 또는 } x < 1 \end{cases}$$

도 구간 $(1, \infty)$의 모든 점에서 불연속이다. 이제 유계인 구간 $J_n = (a_n, b_n)$에서는

$$\gamma_n : \mathbb{R} \to \mathbb{R}, \quad \gamma_n(x) := \begin{cases} 0, & x \notin J_n \\ \left|x - \frac{a_n+b_n}{2}\right|, & x \in J_n \end{cases}$$

라 정의하면 γ_n은 J_n의 모든 점에서 불연속이다. 이제 함수

$$\alpha + \beta + \sum_{n=2}^{\infty} \gamma_n : \mathbb{R} \to \mathbb{R}$$

은 C의 모든 점에서 연속이고, $\mathbb{R} \setminus C$의 모든 점에서 불연속인 함수이다. 이 함수가 수렴성의 문제 없이 잘 정의된 함수인 것은 함수 $\alpha, \beta, \gamma_n, n = 2, 3, \cdots$ 의 0 아닌 값을 갖는 곳이 서로 겹치지 않기 때문이다.

6.5. $\mathbb{R}^2$를 다음과 같이 분할하자:

$$\mathbb{R}^2 = \bigcup_{\mathbf{x} \in D} (\mathbf{x} + \mathbb{Z}^2), \quad D := \{\mathbf{x} = (x_1, x_2) \in \mathbb{R}^2 \mid 0 \leq x_i < 1, i = 1, 2\}$$

이 분할에 따른 동치관계를 $\mathcal{R}$이라 하자,

1. $\mathbb{R}^2/\mathcal{R}$ 기하적 모형은 사각형 $R = \{(x_1, x_2) \mid 0 \leq x_1, x_2 \leq 1\}$의 마주 보는 변을 붙여서 얻어지는 튜부이다.

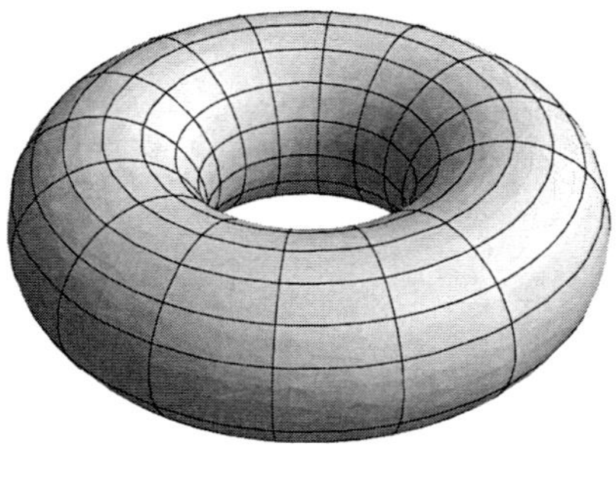

동치관계 $\mathcal{R}$을 만드는 연속함수 $f : \mathbb{R}^2 \to \mathbb{R}^3$를 만들어라.

2. $\mathbb{R}^2/\mathcal{R}$에 자연스런 투사함수

$$\psi : \mathbb{R}^2 \to \mathbb{R}^2/\mathcal{R}, \quad \psi(\mathbf{x}) := [\mathbf{x}] = \{\mathbf{y} \mid \mathbf{y} - \mathbf{x} \in \mathbb{Z}^2$$

가 연속이 되는 가장 강한 위상을 주자. 즉 함수 ψ에 따른 final topology를 주자. $\mathbb{R}^2/\mathcal{R}$는 컴팩트 공간인 것을 보여라.

3. 함수 $\phi : \mathbb{R}^2 \to \phi(\mathbb{R}^2) \subset \mathbb{R}^3$의 표준분해

$$\phi = \iota \circ \widetilde{\phi} \circ \psi : \mathbb{R}^2 \to \mathbb{R}^3$$

에서 $\widetilde{\phi} : \mathbb{R}^2/\mathcal{R} \to \phi(\mathbb{R}^2)$ 는 위상동형함수인 것을 보여라.

<**해설**> ▷

1. 먼저 사각형 $R = \{(x_1, x_2) \mid 0 \le x_1, x_2 \le 1\}$에서 함수를 정의하고, 이것을 삼각함수를 이용하여 $\mathbb{R}^2$ 전체로 확장하자.

$$\phi : R \to \mathbb{R}^3, \quad \phi(u,v) = (2+\cos(2\pi u)\cos(2\pi v), (2+\cos(2\pi u)\sin(2\pi v), \sin(2\pi u))$$

은 각 성분이 연속함수이므로 연속함수이다. 이 함수는 $\mathbb{R}^3$에 있는 원 $(x-2)^2 + z^2 = 1, y = 0$을 z-축을 회전축으로 하여 회전시켜 얻은 회전면이고, 튜부를 모형으로 한 것이다. 그런데 함수 ϕ는 삼각함수의 주기성에 따라 $\mathbb{R}^2$에서도 잘 정의된 연속함수가 되고, 특히

$$\phi(\mathbf{x}) = \phi(\mathbf{y}) \iff \mathbf{x} - \mathbf{y} \in \mathbb{Z}^2$$

2. $\psi : \mathbb{R}^2 \to \mathbb{R}^2/\mathcal{R}$ 는 연속함수이고, $\overline{R} = \{(x,y) \mid 0 \le x, y \le 1\}$은 $\mathbb{R}^2$의 컴펙트 공간이다. 따라서 컴펙트 공간의 연속함수에 의한 그림자인 $\psi(\overline{R}) = \mathbb{R}^2/\mathcal{R}$도 컴펙트 공간이다.
3. 표준분해의 뜻에 따라 $\widetilde{\phi} : \mathbb{R}^2/\mathcal{R} \to \phi(\mathbb{R}^2)$는 전단사함수이다. 또한 $\mathbb{R}^2/\mathcal{R}$은 final topology를 갖지 때문에 $\widetilde{\phi}$는 연속함수이다. 더구나 $\mathbb{R}^2/\mathcal{R}$과 $\phi(\mathbb{R}^2)$는 모드 컴페트 공간이므로 $\widetilde{\phi}$는 닫힌함수가 되어 위상동형함수이다.

참고 문헌

위상수학을 처음 공부할 때 주로 쓰는 위상구조만을 이해하는 방법은 특별한 참고문헌이 필요한 것이 아니라 오랜 시간 동안 표준화된 방법이다. 이책에서 다루지 않는 주어진 위상공간이 거리공간이 되기 위한 조건 paracompact, uniform structure등을 공부하고 싶으면 다음 책을 참고할 수 있다.

1. Alt, H. W. : Lineare Funtionalanalysis, Springer-Verlag, Berlin Heidelberg New York(2006)
2. Bourbaki, Nicolas : Elements of Mathematica, General Topology, Part 1, Hermann (1966)
3. Hewitt, E, Stromberg, K. : Real and Abstract Analysis, Springer-Verlag, Berlin Heidelberg New York(1965)
4. Munkeres : Topology, Prentice Hall, Inc.(2000)
5. Preuß, G : Allegemeine Topology, Springer-Verlag, Berlin Heidelberg New York(1975)
6. Wagschal, C. : Topologie et analyse fonctionnelle, HEMMANN ÉDITEURS(2012)

보통 대학과정 위상수학에서는 관심이 적지만, 이런 형태의 고전적인 위상수학에 대해 관심이 있다면 다음 책을 권한다.

7. Arkhangel'skii, A. V. , Ponomarev, V. I. : Fundamentals of General Topology, Problems and Exercises, Hindustan Publishing Coporation, India(1984)

찾아보기

저자소개

김 준 기

• 1977 ~ 1981
공주대학교 사범대학 수학교육과, 학사

• 1981 ~ 1988
서울대학교 자연과학대학 수학과, 석사, 박사

• 1988 ~ 2017
현 강원대학교 자연과학대학 수학과 교수

위상수학 특강

초판발행 2017년 12월 22일

지은이 김준기 / **펴낸이** 오판근
펴낸곳 (주) 교우
주　소 서울시 동대문구 약령시로 8 교우빌딩 2층 (주)교우
전　화 02-925-2861 / **팩　스** 02-925-2860, **편집부** 02-925-2825
홈페이지&북스토어 www.kyowoo.co.kr / **이메일** kyowoo@kyowoo.co.kr

등　록 1994년 3월 24일 제1994-000013호
ISBN 979-11-251-0233-5 (93410)

Published by Kyowoo Co., Ltd. Printed in Korea

값 21,000원

교우미디어는 (주) 교우의 Imprint 사입니다.
수학정원·과학정원은 (주) 교우의 새로운 브랜드명입니다.

잘못된 책은 구입하신 서점에서 교환해 드립니다.